Remediation Measures for Radioactively Contaminated Areas

# 放射性污染场地修复

主编 [印] 达尔门德拉·K. 古普塔（Dharmendra K. Gupta）
[俄] 安娜·沃罗妮娜（Anna Voronina）
译 朱勇兵 赵三平 王尊刚 等

中国原子能出版社

First published in English under the title
**Remediation Measures for Radioactively Contaminated Areas**
edited by Dharmendra K. Gupta and Anna Voronina, edition: 1


**图书在版编目 (CIP) 数据**

放射性污染场地修复 / ( 印 ) 达尔门德拉 · K. 古普塔 (Dharmendra K. Gupta) , ( 俄 ) 安娜 · 沃罗妮娜 (Anna Voronina) 主编 ; 朱勇兵等译 . -- 北京 : 中国原子能出版社 , 2023.12

书名原文 : Remediation Measures for Radioactively Contaminated Areas

ISBN 978-7-5221-3156-6

Ⅰ . ①放… Ⅱ . ①达… ②安… ③朱… Ⅲ . ①场地 - 放射性污染 - 修复 - 研究 Ⅳ . ① X5

中国国家版本馆 CIP 数据核字（2023）第 231093 号

**放射性污染场地修复**

---

**出版发行** 中国原子能出版社（北京市海淀区阜成路 43 号 100048）
**策划编辑** 付 真
**责任编辑** 赵 艳
**装帧设计** 邢 锐
**责任校对** 冯莲凤
**责任印制** 赵 明
**印　　刷** 北京中科印刷有限公司
**经　　销** 全国新华书店
**开　　本** 787mm × 1092mm 1/16
**印　　张** 17.25
**字　　数** 438 千字
**版　　次** 2023 年 12 月第 1 版 2023 年 12 月第 1 次印刷
**书　　号** ISBN 978-7-5221-3156-6 **定　　价 138.00 元**

---

**发行电话：010-68452845** 

# 放射性污染场地修复

Remediation Measures for Radioactively Contaminated Areas


**主　编**　达尔门德拉·K. 古普塔（Dharmendra K. Gupta）

安娜·沃罗妮娜（Anna Voronina）

**翻　译**　朱勇兵　赵三平　王尊刚　董　彬　韩梦薇　艾宪芸

郇正来　王　晴　曲　璐　聂　果　赵　华　谢东怡

王海斌　黄广伟

**审　校**　习海玲　朱勇兵　赵三平　王尊刚　艾宪芸　王善强

# 中文版序

核工业是国家的战略产业。核工业发展为人类带来了能源、医疗等领域的巨大福利，但若管理不规范，也会造成多尺度的放射性污染。由于核污染的特殊性、危害性和治理技术研发的滞后性，以及公众"谈核色变"的恐惧心理，我国放射性污染场地的治理修复一直是难点。与主要依靠市场驱动的工矿污染场地的治理修复不同，放射性污染场地的治理修复需要更多的国家层面有组织的科研攻关与工程化治理技术模式来实施。

放射性污染场地治理修复科技体系创新，需要放射化学、环境科学、土壤学、水文地质等学科原理的交叉融合，同时需要运用土壤修复学科所蕴含的管理学和工程学属性思维。"十三五"以来，国家重点研发计划在土壤修复领域部署了放射性污染场地治理项目，开展了场地放射性污染管控与修复探索及实践。相信，系统总结放射性污染场地治理成果和经验、推进管理政策完善与管控修复技术创新方面的专著已在酝酿中。

欧美发达国家对放射性污染场地的治理工作走在我们的前面。在 2019 年，Springer 出版了由印度学者达尔门德拉·K. 古普塔（Dharmendra K. Gupta）和俄罗斯学者安娜·沃罗妮娜（Anna Voronina）主编的《放射性污染场地修复》（《Remediation Measures for Radioactively Contaminated Areas》）一书。该书在阐述放射性核素毒性及修复策略的基础上，结合相关修复技术应用案例，系统介绍了放射性污染土壤和地下水修复治理修复的新技术及其发展趋势，并归纳分析了热点和难点问题。回顾我国工矿污染场地治理修复研究与发展历程，借鉴欧美国家先进的管理和技术体系是国内污染场地标准管理政策健全和修复技术体系快速建立的有效举措。同样地，借鉴欧美等国家在放射性污染场地治理修复方面的技术方法和实践经验，将有助于我国放射性污染场地治理修复政策制定和科技体系创新发展。国际上放射性污染场地治理修复的关键科学问题、核心技术难点及管理经验，除从事专业研究的专家学者之外，也应该为政策制定者、场地管理者、工程技术人员等相关人员所了解。

军事科学院防化研究院、国民核生化灾害防护国家重点实验室是核生化环境安全的国家智库和技术引领者。军事科学院防化研究院朱勇兵高级工程师组织国内放射性污染防治领域的专家、学者和管理者，翻译出版《放射性污染场地修复》可谓相得益彰。参与翻译的团队精准传播了国外放射性污染场地治理修复的技术成果和工程经验。该译著紧扣工程实践、深入浅出。相信，该译著的出版，不仅对从业人员大有裨益，而且还有益于我国放射性污染场地治理修复知识创新、工程技术发展和美丽中国建设。

中国科学院南京土壤研究所　研究员

2023 年 12 月 20 日　于江苏南京

# 中文版前言

核燃料的生产、加工，核武器研究、试验，核电厂事故及其他民用核技术应用，可能会造成世界范围内水体和土壤的放射性核素污染。放射性核素以气态、液体和固体形式排放到环境中，通过扩散途径对场地土壤、水体和动植物群落造成污染影响。放射性核素污染水体和土壤的去污、清理与修复，已经引起全球范围内科学界、管理层的广泛关注。在过去几十年里，许多国家相继研究和开发了很多用于放射性核素污染土壤和地下水环境修复技术，并开展了相关污染治理修复的工程应用。

然而，时至今日，国内还鲜见有关于放射性核素污染土壤和地下水环境修复的专业读物。鉴于此，笔者决定翻译由达尔门德拉·K. 古普塔（Dharmendra K. Gupta）和安娜·沃罗妮娜（Anna Voronina）主编的《Remediation Measures for Radioactively Contaminated Areas》一书，以飨读者。由中国原子能出版社联系获取了本书的中文版权。本书着重阐述土壤和水体中的放射性核素毒性及其可能的修复技术和策略，并通过相关放射性核素污染修复技术应用案例，循序渐进地向读者介绍放射性核素污染区域的去污、清理及修复的新技术和未来发展趋势，向读者系统介绍该领域的历史渊源和未来发展，并对放射性污染土壤地下水修复的热点和难点问题进行了提炼和总结。全书共14 章：第 1 章对当前核设施退役后的水体和土壤中的放射性核素处理方法进行了综述；第 2 章介绍处理放射性核素污染场地的物理化学方法（土壤清洗、土壤淋洗和电动力学方法）；第 3 章讨论了应用天然硅铝酸盐表面改性吸附剂作为修复放射性污染土地前瞻性技术的吸附法；第 4 章介绍作为预测放射性核素解吸条件工具的竞争性吸附理论；第 5 章讨论了生物、化学和纳米吸附方法在金属废物修复中的应用；第 6 章讨论了生物炭作为降低土壤中 $^{137}Cs$ 生物利用率措施的潜力；第 7 章讨论了克什特姆核事故（1957 年）和切尔诺贝利核事故（1986 年）及全球落下灰造成的大规模农田污染；第 8 章描述了对放射性污染土壤使用生物修复 / 植物修复技术进行修复；第 9 章描述了对放射性污染区域去除污染的生物方法；第 10 章介绍了基于各种载体（无纺布过滤织物、铝硅酸盐）的改性吸附剂，在净化被天然和人工放射性核素（如铯、锶、铀、镭、铅、铋）污染的各种含盐量天然水方面的应用前景；第 11 章介绍了与受污染地区恢复后的放射性废物处理有关的问题；第 12 章介绍模拟放射性铯对受污染土壤表面以上剂量率的机械修复的影响；第 13 章介绍了在塞米巴拉金斯克试验场（哈萨克斯坦）应用修复方法的具体实践经验；第 14 章介绍了评估放射性污染地区修复措施的影响所需辐射防护要求的基本要素。本书适用于放射性污染去污、清理及环境修复领域的从业人员，无论对初学者、研究生，亦或从事该领域教学和科研的一线工作人员，都是一本十分难得的专业读物。希望本书的翻译和出版能够为我国放射性污染场地修复相关学科发展及工程应用有所裨益。

放射性污染场地的治理与修复，需要跨部门、多学科的专业团队的通力合作。我们在对本书英文版的翻译和审校过程也采取团队合作的模式，参与本书翻译和审校的人员长期从事污染场地修复、辐射防护与环境保护教学与科研工作，在相关领域具有扎实的专业基础和丰富的实践经验。前言部分、第 1、6 章由朱勇兵、郇正来、聂果翻译，第 2、3 章由董彬、赵三平、朱勇兵翻译，第 5 章由赵三平、王晴、朱勇兵翻译，第 4、12 章由王尊刚、黄广伟、王海斌翻译，第 7、10 章由赵华、朱勇兵、王海斌翻译，第 8、9 章由韩梦薇、赵三平、朱勇兵翻译，第 11、13 章由曲璐、聂果、谢东怡翻译，第 14 章由艾宪芸、朱勇兵翻译。全书由刁海玲、朱勇兵、赵三平、王尊刚、艾宪芸、王善强统稿和审校。历时两年，虽身心专注，字斟句酌，纰漏和不足之处在所难免，期待广大读者谅解并提宝贵意见，以待改进！

本书的翻译出版得到了军事科学院防化研究院各级领导的关心和支持，翻译过程中还得到了国内污染场地修复领域同仁的支持和帮助，在此表示衷心的感谢！

本书的翻译和出版得到了国家重点研发计划项目（NO.2018YFC1801100）和国民核生化灾害防护国家重点实验室的资助。

朱勇兵

2023 年 12 月于北京

# 原著序

很高兴和荣幸地向大家介绍由达尔门德拉 · K. 古普塔和安娜 · 沃罗妮娜主编的《放射性污染场地修复》一书，本书涉及一些与最近发展和要求有关的具体专题问题。这些问题关系过去因铀开采和加工而受到污染的地区及该地区释放的放射性核素，以及该放射性核素的辐射照射或其他涉核活动的安全和保护，从而避免民众受到辐射威胁。众所周知，辐射防护标准和准则一直致力于最大限度地减少放射性污染区域对人类环境的影响。这些发展目标导致为满足目前的剂量限制和参考水平而制定一些更严格的要求，以确保在辐射照射方面充分保护人类。为了满足这些要求，必须在放射性污染严重的地区开展修复行动，并考虑国际放射防护委员会（ICRP）或国际原子能机构（IAEA）等专家团体的新方法和建议。

ICRP 推荐了相关的放射性污染的导出水平，在不同的暴露情况下应用。过去，当保护标准没有今天这样严格的时候，在进行铀矿开采和加工等核活动的地区，或发生核事故和其他核活动的地区，必须考虑可能导致放射性核素与人接触的不同潜在途径。这种情况显然需要采取一些修复行动，以使受影响人群的暴露符合目前的安全标准。这本书展示了一些旨在减少这种污染的程序及其与人类潜在接触的后果。

推荐的修复措施及其效率评估依赖于 ICRP 最新的一般性建议（ICRP, 2007），这些建议定义了现有的暴露情况，例如，在作出控制决定时，已经存在的来源所导致的情况。这些建议最近在 IAEA 编制的新国际基本安全标准中得到遵循和升级，该标准定义了与不受监管控制的过去做法相关的残留放射性物质引起的暴露情况，或在紧急照射情况后仍然存在的情况，后一种情况通常被称为遗留场地。由于不断发展的标准和 / 或由于可以揭示有关过去活动的新信息，新形式的遗留场地持续被确认，包括与天然放射性物质（NORM）的加工和使用相关的场地。

IAEA 是联合国下属的一个自治组织，在安全与和平利用核技术方面拥有世界一流的专业知识；其安全标准提供了一个基本原则体系，反映了旨在保护人类和环境免受电离辐射有害影响的高水平安全的共识（Copplestone et al, 2016）。原子能机构的安全标准适用于所有类型的核设施和活动，包括放射性废物管理、核设施退役和环境修复。这些标准旨在减少受污染的土壤、地下水和地表水的辐射暴露，这些辐射可能由铀的开采和加工等活动产生，或在核或放射性紧急情况后向环境释放放射性物质。一些非核工业也可能产生放射性物质，例如，石油和天然气生产，其中勘探和采矿活动会由于天然存在的放射性物质过量而增加暴露的可能性。

根据 IAEA（Amano, 2016），在环境修复中需要考虑 4 个主要因素：

1. 确定因污染而对人的辐射暴露水平；

2. 减少辐射剂量和风险，充分利用可用的财物、技术和劳动力资源；

3. 使场地恢复到造成污染的事件之前存在的条件。这可能不是必需的，而且无论如何通常都不容易实现；

4. 在许多情况下，修复的主要驱动力是公众对开展清理活动的风险和收益的看法。在这种情况下，当地社区的整体福祉是确定场地计划最终状态的重要因素。

本书的第 14 章涉及和讨论与修复行动相关的各个方面，包括使用一些特定的技术程序，其目标是通过按照现行国际标准和最佳做法实施的退役和环境修复措施，识别并减少放射性污染区对暴露人群的影响。

希望这本书能够实现其初衷，并成为有关用于可靠处理放射性污染区域的方法和技术的新发展相关信息的良好来源。

约泽夫萨波尔（Jozef Sabol）

捷克共和国，布拉格 PACR 危机管理系，讲师兼高级研究员，
捷克共和国，布拉格捷克技术大学，讲师兼高级研究员，
奥地利，维也纳国际原子能机构，原辐射防护经理，
中国，台湾新竹台湾大学核科学研究所，客座教授，
南非，佩林巴巴球床模块高温气冷（核反应）堆有限责任公司，高级核安全顾问

## 参考文献

Amano Y(2016). Decommissioning and remediation: enhancing safety of the public and the environment. IAEA Bulletin, April 2016. www.iaea.org/bulletin.

Copplestone D, Larsson C M, Strand P, et al (2016). Protection of the environment in existing exposure situations. Annals ICRP 45:91-105.

ICRP(2007). The 2007 Recommendations of the International Commission on Radiological Protection. ICRP Publication no. 103. Annals ICRP 37:2-4.

# 原著前言

环境清理或修复是指减少环境污染，包括对放射性土壤或水的净化。修复的目的不仅是为了清理辐射源，更是为了保护人类、动物和环境免受电离辐射的任何可能的有害影响（例如，减少由于食用受放射性污染的饮用水和食物而引起的外部和内部辐射剂量）及将受放射性污染的土地恢复为农业用途（原子能机构）。

放射性污染可以定义为“放射性水平高于该土地所在地区普遍存在的自然和人工背景的土地”。普遍的人造背景包括20世纪50年代和20世纪60年代核武器大气试验产生的放射性、切尔诺贝利和福岛核事故的放射性尘埃，以及远距离的核设施排放物产生的放射性。由于受到人工和天然放射性核素甚至天然来源的辐射污染的地方可能会出现对环境修复的要求高涨的情况，因此只有在减少现有或未来电离辐射（IAEA）暴露的必要性协调一致时，才能开始修复。在所有情况下，实际工作，即采取某些环境修复行动，始终是根据具体案例的不同情况因地施策。

大气、水圈和土壤是放射性核素最初污染的媒介。其中，大气可能是放射性核素向水圈和土壤转移的媒介。根据放射性核素释放和迁移的条件，这些放射性核素可能以不同的种类存在于环境介质中，并会影响恢复的措施方法。

控制土壤中放射性核素（和其他微量成分）迁移的基本途径包括水流的对流输送、对流速度的空间差异引起的扩散、流体内的扩散挤压，以及有时与土壤基质的物理化学交换（Walther and Gupta, 2015）。放射性核素在土壤表面沉积后，这些放射性核素在土壤中的迁移和移动基本上取决于土壤性质，即pH、质地、可交换态的钙和钾，还取决于有机质（Gupta and Walther, 2017），这些融合的放射性核素混合土壤最终进入土壤结构，并通过食物链被植物吸收，最终转移到动物和人类身上（Gupta and Walther, 2014）。在大多数情况下，放射性核素从其掺杂的土地转移到人类和其他生物体的迁移，主要是通过植物根系吸收和转移到地下水的方式进行的，这从根本上是由诱导放射性核素在土壤固相和溶液相之间循环的理化方面决定的。植物根系对大部分成分的吸收主要通过土壤溶液进行。溶液中任何化学物质的重要交换，可以影响其在土壤中的流动性和最终根系吸收，包括电荷相互作用、络合和与其他元素物质的沉淀反应。迄今为止，已被公认与污染土地评估相关的放射性核素有：$^{3}H$、$^{14}C$、$^{55}Fe$、$^{60}Co$、$^{63}Ni$、$^{90}Sr$、$^{99}Tc$、$^{129}I$、$^{134,137}Cs$、$^{226}Ra$、$^{232}Th$、$^{235,238}U$、$^{241}Am$和$^{238,239,240,241,242}Pu$。

目前，有许多方法可用于放射性污染区域的修复，常用的方法包括深耕、添加肥料、改良剂和吸附活性材料及一些环境生物技术方法，即转基因植物和细菌。在切尔诺贝利核事故（1986）和福岛核事故（2011）之后，各种原生生物修复（植物修复）方法已被用于陆域土壤修复，以减少土壤环境中的放射性核素。陆生植物通常通过两种最重要的机制积累放射性：（1）从大气中直接沉积；（2）根系吸收。转移因子（TF）是衡量放射性核素从土壤吸收到植物的重要参数，并且是评估人经口摄入量的有用的工具（Gupta and Walther, 2016）。植物单位干重对放射性核素的总吸收量（Bq/kg）由土壤中的放射性核素造成（也以 Bq/kg 为单位）。当任何放射性污染的土地正被以返回农业为用途进行修复时，必须采取措施减少放射性核素从土壤转移到植被（Voronina et al, 2015）。

目前，尽管存在大量修复工具，但官方往往倾向于重视经过验证的专业知识；在某些情况下，现有的专门知识不适合实现预期目标，需要进一步发展。为了核能的可持续性，现代核设施和运行的设计方式也将运行生命周期的结束纳入考虑范围。通过这种方式，尽可能减少大规模环境修复活动的需求（IAEA）。

本书主要侧重于在切尔诺贝利和福岛核事故后，对关于修复策略的原始出版物进行广泛综述。并且，其中一些案例研究显示了对受影响地区去除污染的技术发展和未来趋势。本书阐述的关键内容是关于土壤中的放射性核素毒性及其可能的修复技术和策略。

第 1 章对当前核设施退役后的处理方法进行了全面综述，总结了世界范围内退役核设施处理水和土壤介质中的放射性污染的不同修复方法。

第 2 章涉及用于处理放射性污染场地的物理化学方法，特别强调土壤清洗、土壤淋洗和电动力学方法的使用。

第 3 章讨论了作为修复放射性污染土地前瞻性技术的吸附法，包括从天然水体和土壤中去除放射性核素污染及减少放射性核素向农作物的转移。

第 4 章重点介绍作为预测放射性核素脱附条件工具的同期吸附理论，特别强调从受污染的固体水系统中对锶的去除。

第 5 章讨论了生物、化学和纳米吸附方法在金属废物修复中的应用。所描述的方法介绍了一种最新技术，即采用纳米粒子、纳米复合材料、核 / 壳纳米粒子以及纳米管作为吸附剂，用于去除、转化、吸附和检测所有类型的污染物，包括土壤、空气和水中的有毒放射性废物。

第 6 章讨论了生物炭作为降低土壤中 $^{137}Cs$ 生物利用率措施的潜力。该章重点阐述了对使用生物炭（经过热解处理的生物质）和土壤改良剂可能性的评估，以及它们在减少 $^{137}Cs$ 向作物转移方面的潜力。

第 7 章讨论了南乌拉尔（PA “May-ak” 1957）和切尔诺贝利核事故（1986 年）及全球落下灰造成的大规模农田污染，包括对拟议防止 $^{90}Sr$ 通过土壤进入人类饮食的修复技术的开发、试验和应用。

第 8 章描述了对放射性污染土壤使用生物修复 / 植物修复技术进行修复。现有研究表明，这些技术与其他基于化学或物理的策略相结合，有可能以廉价和有效的方式用于恢复受污染的环境。

第 9 章描述了对放射性污染区域去除污染的生物方法。其中，特别关注使用植物对环境进行植物修复。这些工艺具有对放射性污染区域进行生物修复的潜在可能性。

第 10 章介绍了基于各种载体（无纺布过滤织物、铝硅酸盐）的改性吸附剂，在净化被天然和人工放射性核素（如铯、锶、铀、镭、铅、铋）污染的各种含盐量天然水方面的预期用途。

第 11 章介绍受污染地区恢复后的放射性废物处理有关的问题，关于放射性污染土去污和灭活方案、放射性生物材料和废吸附材料的处理，以及修复后的放射性废物的处理的一些现代方法。

第 12 章阐述了模拟放射性绝对受污染土壤表面以上剂量率的机械修复的影响，并列举了应用此策略的一些示例。

第 13 章介绍塞米巴拉金斯克试验场（哈萨克斯坦）应用修复方法的具体实践经验。此外，还记录了一些通过翻耕土壤对放射性污染地区的修复效率的结果。

第 14 章介绍评估放射性污染地区修复措施的影响所需的辐射防护要求的基本要素，概述了由于存在放射性污染而对人员的辐射照射进行量化的相关数量和单位。

总的来说，本书收集的信息将带来对放射性核素毒理及其可能的修复领域的深入理解和知识扩展。达尔门德拉 · K. 古普塔博士和安娜 · 沃罗妮娜博士分别感谢作者为使本书出版而贡献出宝贵的时间、知识和兴趣。

达尔门德拉 · K. 古普塔　德国汉诺威
安娜 · 沃罗妮娜　俄罗斯叶卡捷琳堡

## 参考文献

Gupta D K, Walther C(2014). Radionuclide contamination and remediation through plants. Springer, Cham.

Gupta D K, Walther C(2016). Impact of cesium on plants and the environment. Springer, Cham.

Gupta D K, Walther C(2017)Behaviour of strontium in plants and the environment. Springer,Cham.

IAEA, iaea.org/OurWork/NE/NEFW/_nefw-documents/Environmental_Remediation.pdf. Downloaded on 23.10.2017.

Voronina A V, Blinova M O, Semenischev V S, et al (2015). Returning lands, contaminated as a result of radiation accidents, to farming use. J Environ Radioact 144:103-112.

Walther C, Gupta D K(2015). Radionuclides in the environment: influence of chemical speciation and plant uptake on radionuclide migration. Springer, Cham.

# 目 录

# 第 1 章　放射性污染环境修复技术概述

Mirjana Ćujić, Jelena Petrović, Snežana Dragović

## 1　介绍

世界范围内核设施的关闭是一个受监管的过程，包括核设施的退役或拆除，然后采取适当的修复行动，使修复区域残余的放射性水平恢复至安全水平后才能开发再利用。放射性污染场地修复的复杂性包括：问题提出、修复前调查、修复规划、修复行动、场地关闭和修复后的管控。许多放射性场地主要的修复目标之一是防止放射性核素在环境中不受控制地扩散和迁移传输。存在重大遗留清理挑战的修复项目通常考虑一种基于风险的修复方法，并考虑修复工程的可持续性和修复技术的成本。国际原子能机构（IAEA）在《国际基本安全标准》中提出了一系列要求，在执行修复行动时必须注意这些要求（IAEA 1996, 2011）。美国环境保护署（US EPA）发布了技术指导文件，旨在提高去污技术的有效性。在《放射性污染介质技术参考指南》（Technology Reference Guide for Radioactively Contaminated Media）文件中，总结了适用于处理多种介质、液体（地下水、地表水和 / 或废水）或固体（土壤、沉积物和 / 或固体废物）中的放射性污染的不同技术（USEPA 2007）。该指南介绍了 21 项技术，这些技术可以针对特定场地的应用进行评估和相互比较。一些额外的未包含在 EPA 文件（ITRC, 2008）中的技术的信息可参考“放射性污染设施的去污和退役”的文献。

天然存在的放射性核素的放射性一方面主要来自铀和钍的衰变，通常是低水平的，不被视为污染。在有工业设施的地区，例如燃煤电厂，环境介质中富含天然放射性核素的可能性增加（Dai et al, 2007；Charro et al, 2013；Lu et al, 2012；Ćujić et al, 2015）。另一方面，来源于核武器试验、核事故（例如福岛核事故和切尔诺贝利事故）及向环境合规排放的人工放射性物质而造成污染，但它均不受核设施的控制运营商或国家监管机构授权。整个欧洲地区人工放射性核素 $^{137}$Cs 在地表土壤上的主要沉积来源于切尔诺贝利核事故（Raffery et al, 2000；Petro Ⅵ ć et al, 2013, 2016a, b；Drago Ⅵ ć et al, 2015）。放射性废物中常见的放射性核素有：$^{137}$Cs（半衰期 30.5 a）、$^{90}$Sr（半衰期 28.8 a）、$^{3}$H（半衰期 12.3 a）、$^{14}$C（半衰期 5 730 a）、$^{60}$Co（半衰期 5.3 a）、$^{99}$Tc（半衰期 $2.1\times10^5$ a）、$^{129}$I（半衰期 $1.6\times10^7$ a）、$^{226}$Ra（半衰期 1 601 a）、铀核素（$^{234}$U 的半衰期为 $2.5\times10^5$ a，$^{238}$U 为 $4.7\times10^9$ a）和超铀核素（$^{239}$Pu 的最长半衰期为 $2.4\times10^4$ a）。一些元素，如 C、

M. Ćujić, J. Petrović, S. Dragović (✉)
贝尔格莱德大学文恰核科学研究所，塞尔维亚贝尔格莱德（Vinča Institute of Nuclear Sciences, University of Belgrade, Belgrade, Serbia）e-mail: sdragovic@vinca.rs

Sr、Tc 和 I，在环境中表现出很强的迁移性，因此它们具有长期的环境问题，并且它们不同的生物地球化学行为使得它们与传统修复技术的协同处置具有挑战性。对修复后的放射性场地进行监测是一个重要问题，因为场地的污染有时会扩散到控制区域以外，并可能影响地下水用户。选择合适的修复技术特别重要，它取决于几个因素，例如，存在的问题、选择清除的污染物、土壤类型、当地地质情况及预期修复目标。有时，外部压力及利益攸关方和监管机构的参与会导致错误的决策。汉福德场地（Hanford site）就是这种情况，安装并运行抽出 - 处理系统以修复哥伦比亚河附近的 $^{90}$Sr 污染羽。尽管科学家向监管机构发出警告称该系统不够有效，但它运行了将近 8 年，仅去除了不到 1%（67 GBq）的 $^{90}$Sr，而放射性衰变减少了 11 840 GBq 的活度。最后昂贵的修复系统被可渗透性反应屏障取代，以减少流入河流的通量，并且 $^{90}$Sr 已被自然衰减。监测自然衰减可能是核素清理的一个选项，IAEA 建议该技术可用于被不同放射性核素污染的介质的修复（IAEA, 2006a）。不易衰减的放射性核素的迁移速度应显著降低，并应开发基于此目的的适当技术。就地废物处理可以是一个选项，因为它避免了由“稀释和分散”或“重新分配”对处置场周围地区的定居者的暴露引起的问题（Nisbet and Woodman, 2000；Nisbet, 2002；Oughton, 2013）。广泛使用的地下水净化系统价格昂贵，需要长期在实践中应用。控制铀和其他对氧化还原具有敏感性的放射性核素（如 Tc、Np 和 Pu）的形态和迁移率的关键作用之一是通过直接代谢过程（如微生物呼吸）的生物地球化学相互作用发生，或通过改变环境氧化还原 /pH 条件间接发生，产生配体、新的生物矿物或改变矿物表面。生物地球化学过程可刺激通过自然衰减控制放射性核素迁移率，以通过生物修复加速污染环境的清理。可以使用更有效和更具成本优势的生物处理方法，而不是使用传统方法修复受污染的地下水或地表水。近年来，修复研究的重点是开发新的清理技术和提高现有技术的效率。

# 2 放射性核素污染地下水的修复：案例研究

## 2.1 美国汉福德场地的抽出 - 处理系统

美国能源部（US DOE）的汉福德场地（Hanford Site）位于华盛顿州东南部的哥伦比亚河沿岸。在汉福德场地，地下水抽出 - 处理系统预计将捕获和处理来自钚分离厂的受污染地下水羽流。据估计，约有 1 800 亿立方米的污染水从场地排放到土壤中，部分污染物已迁移到场地的地下水中。放射性水平高于地下水保护标准的受污染地下水分布在 20 700 $km^2$ 的区域。场地的主要关注污染物（COCs）是四氯化碳和 $^{99}$Tc。其他关注污染物是总铬、硝酸盐、三氯乙烯（TCE）、$^{129}$I、$^{3}$H。由于管理部门希望在 125 a 内彻底清理污染物，因此在实践中设计并应用了受监测自然衰减与其他修复方法的组合技术。地下水中四氯化碳的浓度超过 100 mg/L，约相当于 95% 的四氯化碳目前仍存在含水层中。为了将四氯化碳的质量减少 95%，在预期的时间范围内，估计地下水抽出的速率应为 9 500 L/min。提取后，地下水中的 COCs 经处理达到净化等级后，通过注射井回注到含水层。利用和依靠自然衰减技术将污染物浓度降低到修复目标值（Clean-up grade）以下，这些过程的一部分包括非生物降解、分散、吸附和氚的放射性衰变。将处理过的地下水注入受污染的含水层后，实现了流动路径的控制。

处理设施的建设包括 6 个工艺设施：2 个提取抽出设施、2 个注入输入设施、1 个放射性处理设施和 1 个生物处理设施。在地下水处理系统中实施了放射性离子交换系统和厌氧生物处理系统，以去除地下水中的非放射性污染物。为提取转移设施供水的提取井的地下水中含有高于 33 Bq/L 浓度的 $^{99}$Tc，使用离子交换树脂的处理使得放射性构筑物中核素的浓度有所降低。筒式过滤器从流入的地下水中去除细颗粒物。离子交换流出物经树脂捕集器的袋式过滤器，并被引导至生物设施进行下一步处理。当离子交换树脂达到其装载极限时，将其从容器中取出并进行清理处理并返回工厂。处理后的汽提水被泵送到生物设施进行处理。树脂用处理后的水冲洗并存入容器中以允许排放，脱水后的树脂将被运送到垃圾填埋场进行处置（US DOE, 2010；US DOE、US EPA、Ecoloy, 2009）。

## 2.2　美国西谷场地的原位渗透性反应墙系统

美国西谷（West Valley）场地（纽约州西部）的一个前商业核燃料回收和玻璃化试验场，实施了原位渗透性反应墙（PTW），目的是从地下水中去除 $^{90}$Sr。对利用可渗透屏障的潜力进行了评估，发现它可重复应用，并且更换了令人不满意的处理 $^{90}$Sr 的抽出 - 处理系统。Moor 等（2000）提供了西谷试点 PTW 项目的总体概述。Rabideau 等（2005）报道了西谷示范工程处理墙的潜在性能而进行的实验室和数值分析的结果。在现场的地下水中，检测到放射性水平范围为 37~3 700 Bq/L 的 $^{90}$Sr 污染羽。地下水向北和向东流动，地下水位从地平面以下 3 m 到近地表的深度范围内。主要的修复行动目标是减少或消除地下水泄漏中 $^{90}$Sr 的存在，使现场的活度浓度保持在实际可行的最低水平；最大限度地减少 $^{90}$Sr 羽流在未来超出其当前限制的可能性；确保选定的技术不排除在场地退役期间处理污染羽的其他计划。基于离子交换反应，从地下水中的羽流中原位去除了 $^{90}$Sr。为此，建造了长 260 m、厚 1 m 的沸石层（由大约 85% 的矿物斜发沸石组成的颗粒状结构）。在废水处理系统中，沸石材料已广泛用作离子交换介质。Robinson 等（1991）证明某些天然沸石对铯放射性同位素和 $^{90}$Sr 具有很强的选择性。与处理介质评估相关的模型方法表明，1 m 的沸石厚度可以满足预期设计寿命为 20 a。作为 1 m 厚的 PTW 的最佳安装解决方案，采用了单程挖沟。该技术包括一台挖沟机沿路线移动，并使用位于挖沟机后部的链锯式切割臂将沟渠弃土带到地表。使用输送系统联接沟槽并立即回填在切割臂后面。与其他成熟的方法相比，单从建设和成本效益考虑，优点是提高了安装效率。

PTW 性能监控系统安装在 PTW 平台上。根据获得的监测数据，估计的水力性能和从地下水中去除 $^{90}$Sr 与实验结果一致。PTW 中被测量的 $^{90}$Sr 活度浓度大多数低于 3.7 Bq/L，并且通常低于可检测水平。应该指出的是，在安装 PTW 后立即分析的 $^{90}$Sr 的活度高于 370 Bq/L。

## 2.3　美国蒙蒂塞洛尾矿区地的监测自然衰减

蒙蒂塞洛（Monticello）工厂在 1942—1960 年生产用于军事用途的铀和钒。沿着流经 Montezuma Creek 现场的一条小溪堆放的工厂尾矿是主要的污染源。尾矿中铀的浸出导致下游冲积含水层内出现地下水铀羽流。该工厂场地向下约 1.5 km 的坡度到达地下水羽流区域，该区域超过了最大污染物水平（US DOE, 2009）。

在去除工厂尾矿和额外的评级时间后，进行地下水污染羽稳定性评估。评估涵盖地下水的流动方向特征以及地下水和含水层固体中污染物浓度的分析（US DOE, 2004）。尾矿堆的清除导致调查区地下水中铀浓度显著降低。应用基于地下水和含水层材料之间平衡分配过程的模型，模拟了铀衰减，并将预测的铀活度浓度与选定场地位置的观察趋势进行比较，以评估一致性。浓度为 2.8 kg/L、较低 $K_d$ 值的溶质传输模型，预示着可通过监测自然衰减进行修复。结果显示，地下水中铀浓度低于最大污染物水平值大约需要 42 a。Davis 等（2004）报告指出，铀的 $K_d$ 值可以在 pH 为 6~9 范围内变化几个数量级。

## 2.4 美国萨凡纳河场地的强化衰减技术

1955—1988 年期间运行的核处理设施产生了 70 亿升酸性废液，贮存在萨凡纳河（Savannah River）场地的 F 区渗流盆地中。开始时假设在盆地水头下方会发生放射性核素和土壤颗粒间的接触。这一假设对于许多已处置的放射性核素是正确的，例如钚同位素和 $^{137}$Cs，但对于 $^{90}$Sr、$^{129}$I、$^{99}$Tc、$^{3}$H，铀同位素已发生向地下水流向附近迁移。现场存在非均质地质，盆地下方的含水层沉积物在 40 多年的酸性溶液影响下，沉积物的矿物学发生了变化。所有放射性核素污染物（不包括氚）衰减的最重要机制是吸附，并且由于稀释而在特定位置发生衰减。

为了测量现场的放射性核素浓度，设置了监测井。来自邻近井的地下水中的放射性核素活度浓度和受限盆地的下降表明，放射性核素的主要通量是从盆地下方的包气带向饱和带的方向。因此，受监测自然衰减不是问题的解决方案。污染问题的推荐解决方案之一——抽出 - 处理系统，由于要满足污染羽浓度监管目标的时间相对较长（数十年），并且在此期间将产生大量潜在的放射性固体废物是不可接受的。由于决定采用原位处理技术，这将导致产生低 pH 和铀、$^{90}$Sr 和 $^{129}$I 的污染羽流。大量的研究，包括实验室的土柱实验研究，然后是现场试验，指出在应用具有高缓冲能力的碱性溶液后会出现缓解的稳定性。增强技术的实施涉及组装改进的漏斗门系统。监测处理区的降梯度表明发生了铀和 $^{90}$Sr 的吸附。该系统在 $^{90}$Sr 和铀的稳定性方面显示出令人满意的结果。屏障降低了羽流中的 $^{3}$H 浓度，而 $^{129}$I 仍未处理。在该位置进行 $^{129}$I 处理的建议解决方案之一是与氯化银颗粒的相互作用。因此，当地下水中的 $^{129}$I 与这些颗粒相互作用时，碘化银会形成沉淀，与氯化银反应并释放氯离子。这种途径会导致 $^{129}$I 长期的稳定化（PNNL, 2009）。

# 3 地下水放射性核素污染协同处置的微生物生物还原技术

研究厌氧微生物群落的生物刺激作为一种从核场地受污染的地下水中去除氧化还原敏感放射性核素［如 U(Ⅵ)］的方法。受激铀生物还原通过添加电子供体以促进酶促还原水中的U(Ⅵ)至不溶性U(Ⅳ)。这已在实验室实验(Wilkins et al, 2007；Begg et al, 2011；Law et al, 2011)和原位试验(Istok et al, 2004；Wu et al, 2007；Williams et al, 2011)中得到证实。周围环境条件下的直接酶促还原是介导U(Ⅵ)还原的主要机制(Williams et al, 2012；Bargar et al, 2013)。生物吸附是微生物细胞表面被动吸收污染物(例如放射性核素)。Suzuki 和 Banfield(1999)报道了铀的微生物生物吸附能力细菌的摄取范围为45~615 mg/g 细胞干重。已经表明原核生物可以通过酶促还原U(Ⅵ)(Williams et al, 2012)。U(Ⅵ)还原发生在脱硫脱硫弧菌(*Desulfovibrio desulfuricans*)和普通脱硫弧菌(*Desulfovibrio vulgaris*)这两种硫酸盐还原菌中。这些微生物菌种使用c型细胞色素活性形成U(Ⅳ)矿物铀(Lovley and Phillips, 1992a、b)。U(Ⅵ)的酶促生物还原涉及广泛的硫酸盐还原剂物种：厌氧粘菌属物种(Sanford et al, 2007)、铁还原梭状芽孢杆菌属(Khijniak et al, 2005)、梭菌属物种(Francis et al, 1994；Suzuki et al, 2003；Madden et al, 2007)、纤维单胞菌属(Sivaswamy et al, 2011)、脱硫孢子菌属(Suzuki et al, 2003)、类芽孢杆菌属(Ahmed et al, 2012)。U的生物还原机制没有完全解释清楚。Renshaw 等(2005)使用硫还原地杆菌并得出结论，U(Ⅵ)被还原为不稳定的中间体U(V)，后者与最终产物U(Ⅳ)不成比例。革兰氏阳性细菌可能会使用细胞色素来减少Fe(Ⅲ)，这可能与U(Ⅵ)和放射性核素的减少有关(Carlson et al, 2012)。

Thorpe 等(2014)研究了从英国塞拉菲尔德(Sellafield)场地代表性沉积物中获得的微生物富集培养物在中性和碱性pH下还原沉淀含Fe(Ⅱ)的生物矿物组合的潜力。该方法用于研究微生物介导的Fe(Ⅲ)对$^{99}Tc$和Sr(稳定$Sr^{2+}$和放射性$^{90}Sr^{2+}$)迁移率的影响。在碱性条件下发生微生物介导的Fe(Ⅲ)还原，导致$^{99}Tc$还原，结果出现较少流动的Tc(Ⅳ)相，以及$^{90}Sr$通过增加的吸附和/或在较高pH下形成的沉淀。氧化还原活性物质$^{99}Tc$的迁移率可以通过从可溶性Tc(Ⅶ)还原为难溶性Tc(Ⅳ)来减弱(Lloyd et al, 2000；Burk et al, 2005)。$^{90}Sr^{2+}$离子的迁移率主要受吸附和矿物沉淀反应控制(Langley et al, 2009；Thorpe et al, 2012；Wallace et al, 2012、2013)。众所周知，梭菌属物种可以通过异化Fe(Ⅲ)还原(Dobbin et al, 1999)在较宽的pH范围内还原淡水和海洋环境中的Fe(Ⅲ)。事实证明，在如果Fe(Ⅲ)充当次要电子受体，则发酵过程会减少(Lovley and Phillips,1988；Lehours et al, 2010)。结果表明，在pH为7和9的富集培养实验中，与Fe(Ⅲ)还原同时发现溶液中添加的$1.6\times10^{-6}$ mol/L的$TcO_4^-$被消除(超过80%)。通过还原生物矿物质的X射线吸收光谱证实了Tc(Ⅶ)转化为Tc(Ⅳ)。由于$^{90}Sr^{2+}$吸附在原位生成的含Fe(Ⅱ)的生物矿物质上，微生物活性系统在pH为7的超痕量实验中证明了$^{90}Sr$的去除率高于无菌对照。相似的去除$^{90}Sr$用于无菌对照中在pH为9条件下显示的微生物活性实验，并且在无菌对照中化学沉淀的情况下归因于矿物相的Sr吸附，以及微生物活性系统中的生物沉淀。在不同的系统中，添加的$^{90}Sr$量在生物还原实验中被去除了约60%~70%。涉及生物还原和促进Fe(Ⅲ)还原条件以修复Tc(Ⅳ)的不同处理方法与地下水$^{90}Sr$污染的处理不一致(Thorpe et al, 2014)。Thorpe 等(2014)获得的结果指出了在刺激生物还原过程中从地下水中去除痕量$^{99}Tc$和$^{90}Sr^{2+}$的潜力，并指出如果存在稳定的$Sr^{2+}$，那么Tc和Sr的最佳去除效果很可能在弱碱性、还原条件下发生。地杆菌去除了大量的Tc(Ⅶ)，与仅使用细胞的实验相比，在水铁矿存在下的厌氧粘杆菌和希瓦氏菌表明生物源 Fe( Ⅱ ) 在 Tc 中的重要性生物还原（Plymale et al, 2011）。

Nyman 等（2007）在橡树岭（Oak Ridge）场地的富集培养实验中发现 U( Ⅵ ) 的抑制系数约为 100 μmol/L，在此浓度下，有效产量和生长速率降低了 50%。Spain 和 Krumholz（2011）报告了橡树岭场地 S3 池塘附近地下水中 U( Ⅵ ) 的浓度高达 11 μmol/L，而 Cho 等（2012）报告了 FW113-47 号水井中 250 μmol/L 的地下水中 U( Ⅵ ) 浓度值。

Old Rifle 处置场地被允许交给 DOE 进行保管和长期护理，并由资产管理办公室管理。该场地自 1998 年起受 DOE 管辖，需要例行检查和维护、记录相关活动和利益相关者支持（US DOE 1999）。这座前铀矿加工设施的地下水受到低浓度铀的污染，这些铀从工厂尾矿浸出到非承压含水层中，该含水层是附近科罗拉多河的冲积矿床。测试区域内的地下水铀浓度范围为 0.4~1.4 μmol/L，高于 0.18 μmol/L 的最大污染物限值（Anderson et al, 2003）。研究表明，通过刺激地下地杆菌属物种的活动，可以原位有效去除受污染地下水中的铀。当添加醋酸盐以促进地杆菌属物种的生长时，U( Ⅵ ) 被主动移除（Anderson et al, 2003）。Zachara 等（2013）指出，受铀污染的地下水的垂直迁移受到沃萨奇（Wasatch）组的限制，通过氧化从自然还原区释放的 U( Ⅳ )，以及上坡地下水中较高含量的 U( Ⅵ ) 的迁移，是造成地下水中铀浓度持续升高的原因。Williams 等（2011）在 Rifle 场地进行了研究并得出结论，当提供乙酸盐作为电子供体并且 U( Ⅵ ) 处于复合铀酰 - 碳酸钙中时，U 的浓度从 1~1.5 μmol/L 降低到 0.05~0.1 μmol/L。这些低浓度是通过确保乙酸盐的浓度保持大于 10 mmol/L 存在的硫酸盐来实现的。稳定同位素探测和基因表达分析证实，即使在硫酸盐还原过程中，地杆菌也具有活性和氧化醋酸盐，因此可能使 U( Ⅵ ) 还原和维持地下水中低浓度的 U( Ⅵ )。Bopp 等（2010）报告指出，在原位生物还原过程中，地下水中的铀同位素比率（$^{238}U/^{235}U$）显著降低。

应继续研究的领域包括在自然环境和生物刺激试验中确定细菌电子传递的主要机制。Newsome 等（2014）指出，该领域的进一步工作应致力于：确定环中性含水层沉积物中电子转移到 U( Ⅵ ) 的确切机制；U 的减少 ( Ⅵ ) 在碱性 pH 下，特别是革兰氏阳性菌所起的作用及决定生物还原 U( Ⅳ ) 的寿命。

## 4 土壤修复：挖掘和处置

放射性污染土壤的常见清理方法包括：挖掘 / 清除、运输和现场或场外处置（Environment Agency, 2002；IAEA, 1999、2006b）。在 1972—1980 年对太平洋马绍尔群岛埃内韦塔克环礁（前美国核试验场）进行的放射性清理期间，来自不同岛屿的大量钚污染土壤被挖掘、收集并运往鲁尼特岛，填埋于 Cactus 核试验坑中（DNA, 1981）。受污染的土壤与水泥混合形成泥浆，被置于 1958 年因核爆炸而形成的 Cactus 坑中，其余的污染物质与混凝土混合，以圆顶形状置于坑上的地面，最后用混凝土穹顶密封坑口（DNA, 1981；Paajanen and Lehto, 1992；Lehto, 1994；Noshkin and Robison, 1997）。乌克兰切尔诺贝利核事故（1986）和日本福岛（2011）核事故后（Balonov, 2007；Hardie and McKinley, 2014）大面积的各种环境介质（包括土壤）被放射性核素污染，不同的去污方法用于减少受污染土壤的辐射暴露。Vovk 等（1993）概述了切尔诺贝利核事故后土地净化清理的机械和物理方法。切尔诺贝利核电厂场地的清理工作包括清除高放射性土壤表层（5~10 cm）并将其运送到第五机组的固体废物储存库，以及清除放射性较低的土壤并将其运送到处置处（IAEA, 1989；Vovk et al, 1993；Rudy and Vovk, 1996）。在靠近切尔诺贝利核电厂的不同位置挖了许多废物处理坑和沟渠（Vovk et al, 1993；Rudy and Vovk, 1996）。在福岛核事故后，通常将清除放射性土壤作为污染区域的修复措施（Wada et al, 2012；Hardie and McKinley, 2014；EPA, 2016）。根据 MOE（2015）报告中的结果，在幼儿园设施的操场上刮去表土 5 cm 后，稻田的耕作层刮去表土 5 cm 后，实现了表面沾染强度的高效去污清除（超过 90%）。去污工作产生的土壤和废物可以储存在临时储存场地（不超过 3 a）、临时储存设施（不超过 30 a）直至最终处置（运离福岛外处置）（MOE, 2013, 2015；Hardie and McKinley, 2014）。事故发生后，在古里镇、汤川村、川俣镇、十荣村、三春镇、玉川村等地建立了一些临时存储场所（MOE, 2015）。2012 年，在距离福岛第一核电厂 40 km 的川俣町山木屋小学周边的运动场、草地和林区进行放射性污染清除时，清除了运动场和草地的表层土，并用沙子或新鲜草皮和来自森林地区的落叶被清除到距离森林边缘 20 m 的地方（Cresswell et al, 2016）。2014 年，在 Kami-Oguni 河下游进行的去污措施试验，距福岛第一核电厂 55 km 的福岛阿武隈河支流处，空气剂量率降低了约 1/2（Nishikiori and Suzuki, 2017）。在去污试验过程中，将所有植物从行洪河道中移出并带到垃圾焚烧厂，使用挖掘机从堤坡上清除上部 5 cm 的土壤，在去污坡上铺上草皮，行洪通道内 15~35 cm 深的沉积物被移除。去除的土壤和沉积物被装入柔性集装袋中，并运输到净化土壤的临时储存场所（Nishikiori and Suzuki, 2017）。在去污清理前，空气剂量率在离地 1 cm 和 100 cm 处分别为 0.78 和 0.66 μSv/h，而完成清理后的离地 1 cm 和 100 cm 处的空气剂量率分别为 0.34 μSv/h（Nishikiori and Suzuki, 2017）。与切尔诺贝利和福岛事故相比，1987 年发生在巴西戈亚尼亚的核事故规模较小，导致环境污染，并采取了各种修复措施（如设施去污、收集受污染的衣物、清除受污染的土壤等）以清除污染（IAEA, 1988）。去除表土（事故发生后，约 60% 的铯总活度保留在表层 1.5 cm 的土壤），然后用未受污染的清洁土壤或混凝土覆盖地表（Amaral et al, 1991）。去污过程中产生的放射性废物被包装起来，200 多辆卡车的废物被运到临时处置场（IAEA, 1988）。因清理美国盐湖城、加拿大（1976—1981）霍普港加工场（1984—1989）而产生的污染废物已被长距离传输到处置场（IAEA, 1992；Paajanen and Lehto, 1992；Lehto, 1994）。在清理盐湖城处理场期间，大量受污染的废物（包括尾矿、受污染的土壤和建筑垃圾）被火车运往 140 km 外的犹他州克莱夫附近的处理场（IAEA, 1992；Paajanen and Lehto, 1992；Lehto, 1994；DOE, 2016）。来自霍普港（Port, Hope）市的 100 000 余吨受放射性污染的土壤被卡车运送到 350 km 外乔克河核实验室（Chalk River Nuclear Laboratories）的一个储存场（IAEA, 1989, 1992；Paajanen and Lehto, 1992；Lehto, 1994；Screening Report-Port Hope Project, 2006）。

# 5 土壤修复：原位处理技术

原位修复技术用于现场处理受污染的土壤（IAEA, 1999）。根据原位修复技术是否通过处理降低流动性、毒性和 / 或体积，它们可以分为以下几类：（1）阻隔技术；（2）稳定化技术；（3）处理技术（IAEA, 1999；EPA, 2007）。原位处理技术是应用各种物理 / 化学、生物或热过程的源头控制技术，以通过破坏或去除污染物来降低污染土壤的毒性和 / 或体积（IAEA, 1999）。根据 EPA（2006、2007）和 IAEA（2006b）不同的原位技术（如电动力学修复、原位玻璃化（ISV）、植物修复等）适用于放射性污染土壤的处理。

## 5.1 电动力学修复

通过电动力学修复过程从饱和或非饱和土壤中分离和提取放射性核素，需要在放置在土壤中的电极（阳极 - 正极和阴极 - 负极）之间施加低强度的直流电（DC）（EPA 1995，2007；Cameselle et al, 2013 a,b）。电迁移和电渗析是电动技术所涉及的电场中污染物移动的主要机制（Kim et al, 2010、2016a；Cameselle et al, 2013a；Gill et al, 2014；Yang et al, 2014；Silva et al, 2017）。Kim G N 等（2008、2010、2011、2012、2015、2016a）及 Kim S S 等（2016）正在研究电动冲洗、电动电渗析和电动力学方法来净化放射性污染的土壤。

Booher 等（1997）使用电动力学方法从土壤中去除铀的实验室小试。证明该方法可用从不饱和污染的土壤中去除铀酰离子形式（$UO_2^{2+}$）的铀。为了从土壤中去除铀，制造了原始和改进的电动力学修复设备（Kim et al, 2011）。50 L 尺寸大小的原中试电动设备由试剂槽、阳极室（阳极材料为钛）、电动土壤电池、阴极室（阴极材料为 DSA-Dimensional Stable Anode）、设备支持系统、电源、pH 控制器组成。在使用该设备进行实验的过程中，产生了大量的金属氧化物并覆盖在阴极板上。因此，通过制造浸洗装置改进了原有的中试电动设备、金属氧化物分离器和循环系统，并且使用改进的中试规模电动力学修复设备再次进行修复实验（Kim et al, 2011）。修复实验表明，当土壤中初始铀浓度分别为 50 Bq/g、75 Bq/g 和 100 Bq/g 时，修复铀浓度低于 1.0 Bq/g 清除浓度所需的电动力学修复时间分别约为 34、42 和 49 天，产生的废液分别为 3.8、4.4 和 5.0 mL/g（Kim et al, 2011）。50 L 大小的电动力学修复设备（由电动土壤池、阳极 / 阴极室、试剂槽、设备支持系统、pH 控制器和电源组成）针对韩国核设施场地的土壤特征，用于从土壤中去除 $^{60}Co$ 和 $^{137}Cs$（Kim et al, 2010）。使用制造的电动力学修复化设备对被 0.01 mol/L $Co^{2+}$ 和 $Cs^{+}$ 污染的土壤和来自储存设施的放射性土壤进行了修复实验。发现受污染的土壤中，$Co^{2+}$ 的去除率为 98.4%，$Cs^{+}$ 的去除率为 94.9%，15 天后，产生了 3.4 mL/g 的废液（Kim et al, 2010）。放射性土壤的实验结果表明，试剂类型、土壤放射性浓度、土壤颗粒中的电流和土壤粒径对土壤中的 $^{60}Co$ 和 $^{137}Cr$ 去除效率有影响（Kim et al, 2010）。Kim 等（2010）发现，将土壤放射性浓度降低到清除浓度水平（100 Bq/kg）以下所需的电动力学修复时间取决于土壤中的初始放射性浓度。电动力学修复实验后（条件：修复时间为 55 天；电流为 15 mA/cm$^2$），从 2 kBq/kg 放射性土壤中去除 $^{60}$Co 和 $^{137}$Cr 的总效率为 95.8%（Kim et al, 2010）。电动力学 - 冲洗技术修复土壤的研究表明：与电动力学修复相比，电动冲洗提高了从污染土壤中去除 $Co^{2+}$ 和 $Cs^{+}$ 的效率（Kim et al, 2008）。使用电动力学方法从含有非放射性 $^{133}$Cs（0.01 mol/L $CsNO_3$）的人工污染的汉福德场地沉积物中去除铯（Jang et al, 2015）。经过 68 天的电动力学修复实验，大块沉积物中 Cs 的去除率为 47%（312 mg/kg），并且从粉土 - 黏土部分获得的 Cs 去除效率（平均为 52%）比从砂土部分（20%~55%）要高（Jang et al, 2015）。

## 5.2 原位玻璃化

原位玻璃化（ISV）是一种热处理工艺，它使用极高的温度来熔化受污染的土壤，并将其玻璃化（Campbell and Koegler, 1990；Spalding et al, 1992；IAEA, 1999、2006b；EPA, 2007）。有两种方法可用于产生热量以熔化受污染的土壤，较早的一种方法是使用电极和电阻（传统和平面原位玻璃化），而第二种是使用等离子体技术。不同的研究中描述了原位玻璃化过程（Campbell and Koegler, 1990；Spalding et al, 1992；IAEA, 2006b；EPA, 2007）。

在 1980 年代，美国太平洋西北国家实验室（PNL）为美国能源部（US DOE）开发了原位玻璃化工艺，主要用于处理被超铀核素污染的土壤（Dragun, 1991）。1987 年，橡树岭国家实验室（ORNL）- 太平洋西北国家实验室（PNL）联合开展对用于稳定化放射性污染土壤的原位玻璃化技术进行中试示范，在运行 110 h 和消耗约 29 MWh 电力后完成，产生了 $25\times10^3$ kg 玻璃化土壤，约 4.9 m 长、1.2 m 厚、2.1 m 宽（Jacobs et al, 1988）。使用现有的 DOE 大型 ISV 设备，在 Hanford 场地的 116-B-6A 矿床上被混合废物污染的土壤上进行了原位玻璃化过程的大规模演示（Luey et al, 1992；Luey, 1993）。测试于 1990 年 4 月 11 日下午 2:30 开始，并于 1990 年 4 月 23 日下午 2:55 结束，经过 288 h 的运行和约 550 MWh 的电能消耗，使得 850 t 土壤块被玻璃化，玻璃化之后的土壤中保留的铬、铅和 $^{137}$Cs 块大于 99.9%（Luey et al, 1992；Luey, 1993）。在前英国核试验场马拉林加（Maralinga）试验场再开发期间，原位玻璃化技术被技术评估组（TAG，由澳大利亚政府设立，以报告选项和相关成本，用于净化和修复位于澳大利亚的前英国核试验场）作为稳定化位于塔拉纳基（Taranaki）的一系列 21 个埋有主要受钚和铀污染的土壤和碎片的最佳选择（MARTAC, 2003）。GeoMelt-ISV 项目的开发分为四个阶段——塔拉纳基土壤的第一阶段测试和评估；Ⅱ期工程和中等规模的 ISV 测试；全尺寸 ISV 设备的第三阶段制造和测试；ISV 在塔拉纳基的第四阶段运营（MARTAC, 2003）。在 ISV 操作之前，混凝土坑盖被移除，坑的表面积和深度被确定，耐火砂沟和相关仪器及土堤被安装。1999 年在塔拉纳基的 ISV 设备如图 1-1 所示（MARTAC, 2003）。GeoMelt-ISV 工艺共处理了 11 个坑，第一次熔化是在 19 号矿坑进行。1998 年 5 月 21—25 日，最后一次熔炼在 17 号坑进行。从 1999 年 3 月 10 日至 21 日，熔体因爆炸而终止（MARTAC, 2003）。从塔拉纳基坑中取出 ISV 材料，并在 ISV 掩埋沟或碎片掩埋沟中处置（MARTAC, 2003）。

图 1-1　塔拉纳基的原位玻璃化（ISV）设备，1999 年 3 月（图片来自澳大利亚联邦的研究报告，题为 “Rehabilitation of Former Nuclear Test Sites at Emu and Maralinga (Australia)”, MARTAC 2003）

## 5.3　植物修复

植物修复是一种生物修复过程，它使用植物来提取、降解、容纳或固定土壤中存在的污染物（IAEA, 2004a、2006b；Khan et al, 2004；EPA, 2007）。在不同的植物修复机制中，植物提取和植物稳定可用于放射性核素的修复，因为它们不能被生物降解（EPA, 2007）。植物提取或植物积累是一个过程，涉及通过植物根系从土壤中吸收 / 吸附放射性核素，以及放射性核素在地上生物量（即芽和叶）中的传输 / 累积（Dushenkov, 2003；IAEA, 2004a；EPA, 2007）。植物提取去除放射性核素，对土壤结构没有破坏性影响，对肥力的影响也有限，特别适合处理大面积低放射性区域（Dushenkov, 2003）。可以收获和处置富集有放射性核素的植物的地上生物量（IAEA, 2004a；Saleh, 2016；Sheoran et al, 2016）。放射性核素超富集植物的鉴定是植物提取物成功应用的关键步骤。2009 年，研究人员测定了华南铀厂尾矿库尾矿和主要植物部分（茎、枝、根）中 U、Th、Ba、Ni、Sr 和 Pb 的浓度（Li et al, 2011）。在被研究的植物中，只有香附（地上部、根部和尾矿中的 U 浓度分别为 36.4 μg/g、2.43 μg/g 和 6.03 μg/g）和五叶地锦（Parthenocissus quinquefolia，叶、茎和尾矿中的 Sr 浓度分别为 190 μg/g、72.2 μg/g 和 154 μg/g）满足铀和 Sr 超富集植物的标准（Li et al, 2017, 2011）。类似的研究于 2011 年进行，当时在华南铀厂尾矿库的尾矿和优势植物物种（茎、枝、根）中测定了 $^{226}$Ra 活度（Hu et al, 2014）。在被研究的植物中，只有井栏边草（*Pteris multifida*，在叶、茎和根中发现的 $^{226}$Ra 和 TF）的活度是：$^{226}$Ra 分别为 150.6 Bq/g、53.65 Bq/g 和 1.782 Bq/g，TF 分别为 9.131、3.251 和 0.108），欧洲蕨（*Pteridium aquilinum*，在叶、茎和根中发现的 Ra 和转移因子的活度为：Ra 分别为 122.2 Bq/g、42.36 Bq/g 和 13.14 Bq/g，以及 TF 分别为 7.409、2.568 和 0.797），史氏鳞毛蕨（*Dryopteris scottii*，在叶、茎和根中发现的 Ra 和 TF）的活度为：Ra 分别为 105.7 Bq/g、29.685 Bq/g 和 5.699 Bq/g，而 TF 分别为 6.408、1.800 和 0.346），满足 Ra 超累加器的标准（Hu et al, 2014）。根据 Hu 等（2014）

和 Li 等（2011）的报道，这些植物可能是铀、Sr 和 $^{226}Ra$ 污染土壤的植物修复的候选物种。Huang 等（1998）发现柠檬酸能有效增强芥菜和芸苔中铀的积累性。Sou dek 等（2007）调查了捷克南波希米亚州的 Mydlovary 前铀矿厂 K1 尾矿区中生长的 3 种木本植物赤杨（*Alnus glutinosa*）、桦木（*Betula pendula*）和接骨木（*Sambucus nigra*）的叶片、花朵和果实中的 $^{226}Ra$ 活度。在 3 年内的每年 5—10 月期间采集植物样品，结果表明，叶片中的 $^{226}Ra$ 活度在植被生长期间普遍增加，并且 $^{226}Ra$ 在桦木的富集最高，在赤杨木中最低。Soudek 等（2007）认为这些具有优势的木本植物可以作为替代草本植物的修复方法。通过分析受铀矿开采影响的土壤中生长的植物，Chen 等（2005）报告说，根径吸收来自土壤的 $^{238}U$、$^{226}Ra$ 和 $^{232}Th$ 是具有不同植物特征的。$^{238}U$、$^{226}Ra$ 和 $^{232}Th$ 的最高浓度分别出现在羽扇豆（*Lupinus albus*）、白三叶草（*Trifolium pratense*）和黑麦草（*Lolium perenne*）枝条中（Chen et al, 2005）。根据 Ahammad 等（2015）在印度卡达帕（Kadapa）区杜姆拉帕（Tummalapalle）铀矿开采区附近进行的研究，羽芒菊（*Tridax procumbens L.*）、印楝（*Azadirachta indica A. Juss*）和大飞扬草（*Euphorbia hirta L*）可有效修复 $^{90}Sr$ 污染场地。Dushenkov 等（1999）发现反枝苋（*Amaran thus retroflexus cvs.L.cv.aureus*）和 PT-95（表 1-1）显示切尔诺贝利核电厂附近土壤中 $^{137}Cs$ 的总去除量最高。Sugiura 等（2016）报道，人参木（*Chengiopanax sciadophylloides*）具有积累放射性铯的能力。$^{137}Cs$ 在人参木叶片中的浓度（28.1 kBq/kg）高于生长在福岛县 Kawamata 镇附近的同一场地锯齿栎叶片中的浓度（4.13 Bq/kg），山楂叶枫（*Acer crataegifolium*，9.67 Bq/kg），庐山梣（*Fraxin-us*sie-boldiana，3.34 Bq/kg）和大柄冬青（*Ilex macropoda*，2.55 Bq/kg），该场地位于 F1 核电厂西北约 37 km 处。

**表 1-1　生物累积系数和土壤中 $^{137}Cs$ 总去除量**

| 物种和栽培变种 | 生物富集系数 | 总去除量 /（$Bq/m^2$） |
|---|---|---|
| 反枝苋 PT-95 | 1.50 | 3 225 |
| 反枝苋 aureus | 1.90 | 2 440 |
| 反枝苋 belozern Ⅱ | 1.41 | 1 392 |
| 籽粒苋 | 1.32 | 1 251 |
| 向日葵 | 0.49 | 1 221 |
| 尾穗苋 | 2.03 | 1 144 |
| 籽粒苋 myronivka | 1.07 | 1 053 |
| 菊芋 | 0.30 | 846 |
| 绿穗苋 | 0.60 | 719 |
| 反枝苋 Antey | 1.07 | 641 |
| 双色苋 | 0.59 | 417 |
| 籽粒苋 paniculatus | 0.53 | 412 |
| 玉米 | 0.28 | 409 |
| 向日葵 | 0.24 | 319 |

续表

| 物种和栽培变种 | 生物富集系数 | 总去除量 / ( $Bq/m^2$ ) |
|---|---|---|
| 豌豆 | 0.48 | 44 |
| 芥菜 Czern | 0.47 | 194 |

注：1. 数据来自 Dushenkov 等（1999）；

2. 植物生长在乌克兰切尔诺贝利西北边界的试验区，距离 1986 年受损的 ChNPP 第四反应堆以南约 10 km；生物富集系数为植物体内 $^{137}Cs$ 与土壤中 $^{137}Cs$ 的活度比值。

## 6 污染环境修复中数值模型的应用

为了获得最有效的修复策略，环境决策辅助技术常常与不同环境区划中放射性核素转移模型、辐射风险评估模型以及有关可用监管和管理策略的信息相结合。迄今为止，已经开发了许多软件模型工具（ERICA Tool、RESRAD Family of Codes、NORMALYSA、SYMBIOSE、CROM）、网络计算器（PRG、DCC）和 Excel 模型工具（UK RCLEA、NJRaSoRs）用于放射性风险和剂量评估（ANL, 2001；US EPA, 2002、2004；Bureau of Environmental Radiation、NJ, 2003；UK DEFRA, 2003；Brown et al, 2008；CIEMAT, 2011；IAEA, 2015；IRSN, n.d.）。切尔诺贝利事故后，在国际层面开始了广泛的计划开发，目的是支持评估放射性核素和其他污染物的环境影响的方法和模型，例如 VAMP（Validation and Model Predictors，验证和模型预测器）、BIOMOVS（BIOspheric Model Validation Study，生物圈模型验证研究）和 BIOMASS（BIOsphere Modelling and ASSessments Methods，生物圈模型和评估方法）。在 BIOMASS 计划中，特别强调改进模型技术和预测结果的准确性（IAEA, 2004b）。在其他重要的放射生态学问题中，该计划涉及修复因核事故、无限制排放甚至不恰当的管理实践而造成的污染环境的环境评估模型。为了估计修复步骤的成功，根据在比利时 Olen 的镭开采场地进行的修复计划的结果，在两种情景中测试了环境转移模型。Olen 场景中的“类型 A”旨在根据执行修复措施时的数据测试使用的不同模型（CLRP、DOSDIM、OLENRAD-A、RISKOLEN 和 TAMDYN）的预测准确性。这与这些作用对食物链中 $^{226}Ra$ 浓度的影响有关。在 Olen 场景“类型 B”中，评估了以下修复措施：移除受污染最严重的土壤层（1 m 深）并覆盖未受污染的土壤层（0.5 m 深），并根据对成年农民的个人剂量评估其有效性产生于外部辐射、吸入悬浮颗粒和氡气体、摄入土壤颗粒、饮用水和食品。6 种不同模型（CLRP-RAD、DOSDIM、OLENRAD-B、RESRAD-OFFSITE、RESRAD-ONSITE 和 TAMDYN-UV）在这种类型的 Olen 场景中进行了测试。对模型预测结果的分析指出，对情景的不同解释对模型预测之间的差异的贡献大于模型方法的差异（IAEA, 2004b）。

由于核事故后农村环境会长期保持污染状态，因此迫切需要有效的恢复策略来保护人群健康。在 STRATEGY 项目中，该模型用于帮助决策者根据用户定义的要求识别最佳农业对策行动（Cox and Crout, 2003）。该模型在坎布里亚郡（英国）的核电厂事故情景中的应用表明，当地污染水平与环境条件等相关信息对于采取有效的修复非常重要（Cox et al, 2005）。该模型使决策者能够在考虑当地条件和实施成本的情况下，采取耕作、氰铁酸铁铵施用、清洁饲养、食物限制的最佳方案的组合。

在放射性污染场地经过数年针对性措施后，人们认识到它们对生态系统和整个社会并不是很有效。放射性污染场地修复的有效性因实施的管理选项而存在差异（表 1-2）。在修复策略的优化中，非常需要通过预测模型对经济效益平衡进行可靠的评估。欧盟委员会 MOIRA 项目（一种基于模型的计算机化管理支持系统，以确定恢复受放射性核素污染的水生生态系统和排水区的最佳修复策略）开发了软件模型，用于对受影响地区应用的对策进行成本效益分析并确定淡水生态系统和复杂集水区的最佳修复策略（Appelgren et al, 1996）。由于在某些情况下特定场地的模型可能既昂贵又耗时，如果现有的模型在通用性方面存在限制，而不是适用于不同的环境条件，那就需要构建这种特定场地的数值模型。

**表 1-2　克什特姆和切尔诺贝利核事故后实施的减少农产品污染的选定管理方案的减少因素汇总**

| 管理选项 | 衰减系数 | | |
|---|---|---|---|
| | 克什特姆核事故（农作物） | 切尔诺贝利核事故 | |
| | $^{90}$Sr | $^{137}$Cs | $^{90}$Sr |
| 正常耕作 | 10~16 | 2.0~4.0 | n.d.[a] |
| 生石灰 | 最多 3 | 1.5~3.0 | 1.5~2.6 |
| 矿物肥料的应用 | 1.1~1.4 | 1.5~3.0 | 1.0~2.0 |
| 清洁喂养 | 3.0~4.0 | 2.0~5.0 | 2.0~5.0 |
| 对动物的投加 Cs 结合剂 | n.d. | 3.0~5.0 | n.d. |
| 给动物施用黏土矿物质 | n.d. | 2.0~3.0 | n.d. |

注：数据摘自 IAEA（2012a）。

a）n.d. 为没有数据。

Monte 开发了基于汇总的集体参数建立的用于评估复杂流域中放射性核素迁移和对策效果的模型（MARTE）（2001）。该模型包括以下子模型：（1）放射性核素迁移；（2）评估水平衡和水通量；（3）预测对策的效果。该模型被用于被 $^{137}$Cs 和 $^{90}$Sr 污染的瑞典、意大利和乌克兰的各种欧洲水体，获得的结果表明了一些修复策略的有效性，例如在放射性污染区域的复杂集水区控制受污染集水区的水（Monte, 2001）。

考虑到苏联切尔诺贝利事故受水化学条件影响该地区放射性核素活度的时空变化，开发了一种基于地理信息系统（GIS）的环境决策支持系统（EDSS），该系统综合了所有这些因素。RESTORE 项目的框架，使地方当局能够管理受污染土地的修复（Van der Perk et al, 1998）。地表污染数据（地统计插值产生的土壤污染图）、土壤类型、土地利用、粮食生产率、人口密度和结构被用作 EDSS 的输入。EDSS 通过包括地质统计分析、条件模拟和拓扑模型在内的动态模型工具包，将放射性生态数据（放射性核素向农业和野生食品、外部剂量等转移的数据）与地理数据库相结合。EDSS 能够深入了解环境中的放射性核素通量，尤其是食物链中的放射性核素通量，还能够识别由于接受了增加的辐射剂量的人群的存在而易受伤害的区域。

在白俄罗斯、俄罗斯和乌克兰受影响地区进行了十年的修复后，人们注意到，由于影响环境中放射性核素转移的因素很多，不同的污染区域并不适合采取相同的对策，因此需要采取综合措施。适应特定场地条件的修复策略。在适当的时候，根据从受影响地区的 70 个代表性污染菌落收集的广泛放射生态数据制定了一种方法，同时考虑到这些菌落中不同土壤类型的分布（Jacob et al, 2001）。对于大规模应用的 8 项修复行动（彻底改良、普鲁士蓝、供应清洁牛奶、无污染猪饲料、马铃薯矿物肥料、限制蘑菇消费、食品监测和土壤清除），考虑了减少因子的基本数据，有效性和成本的时间段。根据每个聚居地的放射性生态数据（单位面积的 $^{137}$Cs 活度、食品的转移因子）和当地生产的食品比例数据及其在受影响地区的年消费量，建立了剂量模型，并提出具有代表性的修复策略。这些数据用于评估不同放射生态学类别的修复策略，其中将受影响的区域细分，然后将结果推广到受影响的总人口（Jacob et al, 2001）。

在切尔诺贝利核事故影响地区实施决策辅助技术的经验表明，这些技术要得到有效利用，必须得到环境中放射性核素转移模型、辐射风险模型及有关可用管理和决策选项的支持（IAEA, 2012b）。切尔诺贝利核事故发生 20 年后，白俄罗斯、俄罗斯和乌克兰有数百个居民点，由于事故引起的电离辐射超过 1 mSv，这些居民点的年有效剂量受到了影响。因此，国际原子能机构启动了辐射支持项目，以修复受切尔诺贝利核事故影响的地区。出于该项目的目的，已经建立了一个软件工具 ReSCA- 切尔诺贝利核事故后的修复策略（Ulanovsky et al, 2011），以促进受影响地区农村住区的修复策略的优化。该模型使用了有关地面污染和食品中活度含量的特定定居点数据（Jacob et al, 2001）。在模型中只考虑了事故发生几十年后由于 $^{137}$Cs 作为唯一相关放射性核素的照射，为年有效剂量超过 1 mSv 的农村住区收集的放射生态数据，使用 ReSCA 计算年有效剂量并使用全身计数器测量数据进行验证（Jacob et al, 2009）。该模型的实施表明，相当具有成本效益的修复策略可以避免大量的集体剂量（Jacob et al, 2009）。FORESTLAND EDSS 在俄罗斯联邦布良斯克地区应用，用于证明受切尔诺贝利核事故影响的森林的修复策略。结果表明，摄入该地牧草所产牛奶是主要的污染暴露途径，而森林管理方案是减少放射性铯污染长期影响的最有效方法（IAEA, 2012b）。

为了评估福岛核事故后海洋生物群的剂量率，Vives i Batlle 等（2016）报告了对用于预测放射性核素辐射暴露的 8 种模型的相互比较。在这项工作中，使用基于生物半衰期（$T_{b1/2}$）的动力学计算和 / 或更复杂的代谢模型方法预测放射性核素摄取和周转率，以预测 $^{90}$Sr、$^{131}$I 的活度和剂量率及 $^{137}$Cs 在水浓度较高的情况下对鱼类、甲壳类动物、大型藻类和软体动物随着时间的变化。

模型方法也成功地应用于优化生物修复策略的一些重要问题。人们普遍认为，在乙酸上生长的异化金属还原菌能够将六价铀 [U( Ⅵ )] 固化为沉淀的 U( Ⅳ )。然而，Anderson 等（2003）认为，当乙酸氧化硫酸盐还原菌成为优化生物修复策略的重要考虑因素时，从地下水中去除U(Ⅵ)的效率不高。开发了基于乙酸盐氧化铁和硫酸盐还原微生物种群的多组分反应传输模型，以展示地下水中可溶U(Ⅵ)连续流入不溶的和固定U(Ⅳ)的生物还原过程。该模型用于确定在科罗拉多州西部Old Rifle UMTRA场地的非承压含水层中，在整个乙酸生物刺激过程中控制铀迁移的主要传输和生物过程（Yabusaki et al, 2007）。它被进一步发展为在多组分生物地球化学反应转运模拟器中包含非生物反应以及生物介导的反应网络（Fang et al, 2009）。

在规划、指导和评估修复时，需要考虑局部变化的条件，例如不同环境分区中放射性核素活度浓度随时间的变化。将放射生态模型与GIS联系起来，可以根据放射性核素活度浓度的局部变化来优化修复策略。切尔诺贝利核事故发生后，许多EDSS，例如FORCON（Fesenko et al, 1996）、SAVE（Howard and Wright, 1999）、RESTORE（Van der Perk et al, 1998）和ReSCA（Ulanovsky et al, 2011；Fesenko et al, 2012），旨在促进污染区域修复策略的优化。

了解控制水环境中污染物行为的物理、化学和生物过程对于评估陆地环境修复策略的效率是必要的。因此，在切尔诺贝利事故后的几十年里，已经开发了许多基于反应性化学输运模型（Yeh and Tripathi, 1990；Pruess, 1991；Zyvoloski et al, 1994；Fang et al, 2003；Zhang et al, 2007）。Yeh等（2013）回顾了基于机械的数值模型的发展，并通过应用于废物处理和铀厂尾矿等环境修复问题展示了它们的灵活性和能力范围。

数学模型方法已成功用于解决复杂的决策问题，例如选择替代修复方案。Jimenez-Martin等（2016）提出了一种基于多标准和模糊逻辑的方法，考虑将环境、辐射、社会和经济影响作为对场地进行可行性管理的标准（Perez-Sanchez et al, 2015）。该方法被应用于乌克兰Zapadnoe铀厂尾矿的不同修复方案的评估（Jimenez-Martin et al, 2016）。

修复封闭铀矿区的最具挑战性的工作之一是矿井水的处理。为了确保从矿井水中充分去除污染物，有必要了解可以通过水文地球化学模型解释的潜在反应过程。该方法在Wismut矿区用于研究矿井水处理过程中的反应过程，即用于对$CO_2$汽提塔中沉淀过程的水文地球化学理解，重点是pH的影响和矿井水铀形态的表征（Lietsch et al, 2015）。该模型推导出必要的pH的预测，以防止汽提塔内过饱和。模型输出结果在矿井水处理厂进行了验证，降低pH后修复效果得到显著提升。应用水文地球化学模型识别矿井水中典型的铀物种和络合物，揭示了在碱性和中性条件下矿井水中碳酸铀酰钙和酸性条件下硫酸铀酰占主导地位（Lietsch et al, 2015）。Lietsch等强调需要进一步研究铀酰化合物的热力学参数。

地下环境中的广泛污染使修复过程在经济上具有挑战性，需找寻替代方法。在铀污染的情况下，环境物理化学条件的变化可促进铀的原位固定，例如通过添加磷酸盐改良剂（Wellman et al, 2008；Mehta et al, 2014）。了解在磷酸盐修正影响下控制U(Ⅵ)传输的过程，可以确定降低其流动性的条件。Mehta等（2015）使用反应传输模型来评估U(Ⅵ)通过受污染沉积物的传输。该模型在科罗拉多州Rifle场地沉积物的批量和柱状实验中的应用表明，磷酸盐的添加可能会在一定程度上导致沉积物中的铀滞留。

迄今为止，人们致力于探索修复污染废水的新技术和新材料。模型通常用于表征拟用于环境修复的材料对放射性核素的吸附能力和吸附机理。Zhang 等（2015）通过应用双层吸附模型研究了 U(Ⅵ) 和碳纳米纤维之间的相互作用。他们发现，当与蒙脱石共存时，碳纳米纤维可以通过准二级动力学过程将吸附的铀提取到其表面。模型结果表明碳纳米纤维是一种很有应用前景的废水修复材料。利用不同的动力学和平衡模型了解从污染水中吸附铀的机制。Naeem 等（2017）通过应用 Freundlich 吸附等温线和准二级动力学模型研究了绿豆植物（*Vigna radiata*）上的铀吸附机制，并证实了其从水溶液中去除铀的效率。

在 EMRAS（Environmental Modelling for Radiation Safety，辐射安全环境模型）计划中，测试了几种数学模型（EXPURT、METRO-K、CPHR、RESRAD-RDD），这些模型用于与放射性核素污染的城市地区的修复相关的评估（IAEA, 2012a）。EXPURT 模型计算建筑环境中表面活度和外部伽马剂量率随时间的变化，并且提供如去污和土工法（soil mixing）等实施对策。嵌入在 CONDO 软件工具中的 EXPURT 可以通过提供正常生存剂量、吸入扬尘放射性核素的剂量和废物活度的估计来为决策者提供帮助（IAEA, 2012a）。具有简单数学结构的 METRO-K 模型给出了放射性物质的浓度和相关的暴露剂量在不同环境中随时间的变化。在该模型提供了不同的应对措施，如割除草、清除树木、树叶，以及清洗各种表面（IAEA, 2012a）。隔间模型 CPHR 是基于 Ecolego 工具开发的，用于评估放射性污染的随时间的衰减以及由于环境过程引起的相关剂量率变化（IAEA, 2012a）。RESRAD-RDD 隔间模型用于推导不同表面的受体位置的外照射率、放射性核素表面浓度、受体的年剂量和累积外剂量（IAEA, 2012a）。它还考虑了不同的对策，例如割除草、清除土壤、清洗和搬迁。这些模型在 3 个假设场景（点源、面源和面源 + 河流）上进行了验证。通过比较模型的输出结果，发现了许多重要议题，其中就包括模型能力可以提高并减少不确定性方面（关于污染物的初始分布及其在城市环境中传输的信息、环境数据和除 $^{137}Cs$ 之外的放射性核素数据）。

# 7　结论

在过去的几十年里，对核设施退役后周围环境的修复已经做出了很多努力。需要指出的是，对于如何修复某些介质（水或土壤），没有通用的修复计划。由于影响环境介质修复过程结果的因素很多，因此为每个考虑的案例研究选择最佳解决方案非常重要。国际组织（如 IAEA 和 EPA）根据研究和实践经验为不同的修复方法提供了指导和建议。为更多的可迁移放射性核素寻求更有效的修复方法，这应该是未来国际协作研究的一个领域。开发新的修复技术或提高现有修复技术的效率，以尽量减少二次污染物的产生，这在地下水修复战略中非常重要。监测自然衰减可能是清理放射性污染介质的替代方法。在土壤修复方面，开发适用于在产设施下方土壤的修复技术具有重要意义。与用于土壤的最常见的传统异位（土壤去除、化学提取）修复技术不同，原位技术（例如生物修复、植物修复）正被越来越多地应用。基于数学模型方法的不同处理技术已被证明在复杂决策问题的情况下是成功的，例如选择替代修复方案。

## 参考文献

Ahammad J S, Sumithra S, Yamuna R T. (2015). Screening for strontium accumulator plants in the vicinity of Tummalapalle uranium mining site Kadapa District, A.P. India. Int J Environ Sci, 6:37-45.

Ahmed B, Cao B, McLean J S, et al. (2012). Fe(Ⅲ) Reduction and U(VI) immobilization by Paenibacillus sp. strain 300A, isolated from Hanford 300A subsurface sediments. Appl Environ Microbiol, 78:8 001-8 009.

Amaral E C, Vianna M E, Godoy J M, et al. (1991). Distribution of $^{137}Cs$ in soils due to the Goiânia accident and decisions for remedial action during the recovery phase. Health Phys, 60:91-98.

Anderson R T, Vrionis H A, Ortiz-Bernad I, Resch C T, et al. (2003). Stimulating the in situ activity of Geobacter species to remove uranium from the groundwater of a uranium-contaminated aquifer. Appl Environ Microbiol, 69:5 884-5 891.

ANL. (2001). User's manual for RESRAD version 6. Environmental Assessment Division, Argonne National Laboratory, Argonne, https://web.evs.anl.gov/resrad/RESRAD_Family/.

Appelgren A, Bergström U, Brittain J, et al. (1996). An outline of a model-based expert system to identify optimal remedial strategies for restoring contaminated aquatic ecosystems: the project "MOIRA", ENEA, RT/AMB/96/17, Roma.

Balonov M I. (2007). The Chernobyl Forum: major findings and recommendations. J Environ Radioact, 96:6-12.

Bargar J R, Williams K H, Campbell K M, et al. (2013). Uranium redox transition pathways in acetate-amended sediments. Proc Natl Acad Sci USA, 110:4 506-4 511.

Begg J D C, Burke I T, Lloyd J R, et al. (2011). Bioreduction behavior of U(VI) sorbed to sediments. Geomicrobiol J, 28:160-171.

Booher W F, Lindgren E R, Brady P V. (1997). Electrokinetic removal of uranium from contaminated, unsaturated soils. Prepared by Sandia National Laboratories for US. DOE. Sandia Report SAND97-0122.

Bopp C J, Lundstrom C C, Johnson T M, et al. (2010). Uranium $^{238}U/^{235}U$ isotope ratios as indicators of reduction: results from an in situ biostimulation experiment at Rifle, Colorado, USA. Environ Sci Technol, 44:5 927-5 933.

Brown J E, Alfonso B, Avila R, et al. (2008). The ERICA tool. J Environ Radioact, 99:1 371-1 383.

Bureau of Environmental Radiation, NJ. (2003). Radioactive Soil Remediation Standards (RaSoRS). http://www.nj.gov/dep/rpp/rms/rad_cleanups.htm.

Burke I T, Boothman C, Lloyd J R, et al. (2005). Effects of progressive anoxia on the solubility of technetium in sediments. Environ Sci Technol, 39:4 109-4 116.

Cameselle C, Chirakkara R A, Reddy K R. (2013a). Electrokinetic-enhanced phytoremediation of soils: status and opportunities. Chemosphere, 93:626-636.

Cameselle C, Gouveia S, Akretche D E, et al. (2013b). Advances in electrokinetic remediation for the removal of organic contaminants in soils. In: Rashed MN (ed) Organic pollutants - monitoring, risk and treatment. Intech Open Publisher : 209-229.

Campbell B E, Koegler S S. (1990). In situ vitrification of a mixed radioactive and hazardous waste site. Presented at the American Institute of Chemical Engineer 1990. Annual Meeting November 11-16, Chicago, Illinois.

Carlson H K, Iavarone A T, Gorur A, et al. (2012). Surface multiheme c-type cytochromes from Thermincola potens and implications for respiratory metal reduction by Gram-positive bacteria. Proc Natl Acad Sci USA, 109:1 702-1 707.

Charro E, Pardo R, Peña V. (2013). Chemometric interpretation of vertical profiles of radionuclides in soil near a Spanish coal-fired power plant. Chemosphere, 90:488-496.

Chen S B, Zhu Y G, Hu Q H. (2005) Soil to plant transfer of $^{238}U$, $^{226}Ra$ and $^{232}Th$ on a uranium mining-impacted soil from southeastern China. J Environ Radioact, 82:223-236.

Cho K, Zholi A, Frabutt D, et al. (2012). Linking bacterial diversity and geochemistry of uranium-contaminated groundwater. Environ Technol 33:1 629-1 640.

CIEMAT (2011). Screening model for environmental assessment (CROM). ftp://ftp. ciemat.es/pub/ CROM/CROM_8/.

Cox G M, Crout N M J. (2003). A methodology for the selection and optimisation of countermeasure strategies, report for the STRATEGY project (CEC Contract No: FIKR-CT 2000-00018), University of Nottingham, UK.

Cox G, Beresford N A, Alvarez-Farizo B, et al. (2005). Identifying optimal agricultural countermeasure strategies for a hypothetical contamination scenario using the strategy model. J Environ Radioact, 83:383-397.

Cresswell A J, Kato H, Onda Y, et al. (2016). Evaluation of forest decontamination using radiometric measurements. J Environ Radioact, 164:133-144.

Ćujić M, Dragović S, Đorđević M, et al. (2015). Radionuclides in the soil around the largest coal-fired power plant in Serbia: radiological hazard, relationship with soil characteristiCs and spatial distribution. Environ Sci Pollut Res, 22:10 317-10 330.

Dai L, Wei H, Wang L. (2007). Spatial distribution and risk assessment of radionuclides in soils around a coal-fired power plant: a case study from the city of Baoji, China. Environ Res, 104:201-208.

Davis J A, Meece D E, Kohler M, et al. (2004). Approaches to surface complexation modelling of uranium (VI) adsorption on aquifer sediments. Geochim Cosmochim Acta, 68:3 621-3 641.

DNA. (1981). The radiological cleanup of Enewetak Atoll. Defense Nuclear Agency,

Washington, DC.

Dobbin P S, Carter J P, San Juan C G S, et al. (1999). Dissimilatory Fe(Ⅲ) reduction by Clostridium beijenrickⅡ isolated from freshwater sediment using Fe (Ⅲ) maltol enrichment. FEMS Microbiol Lett, 176:131-138.

DOE. (2016). Salt Lake City, Utah, processing and disposal sites -fact sheet, US. Department of Energy Office of Legacy Management.

Dragović S, Petrović J, Dragović R, et al. (2015). The influence of edaphic factors on spatial and vertical distribution of radionuclides in soil. In: Walther C, Gupta DK (eds) Radionuclides in the environment: influence of chemical speciation and plant uptake on radionuclide migration. Springer, Cham: 61-80.

Dragun J. (1991). Geochemistry and soil chemistry reactions occurring during in situ vitrification. J Hazard Mater, 26:343-364.

Dushenkov S (2003). Trends in phytoremediation of radionuclides. Plant Soil, 249:167-175.

Dushenkov S, Mikheev A, Prokhnevsky A, et al. (1999). Phytoremediation of radiocesium-contaminated soil in the vicinity of Chernobyl, Ukraine. Environ Sci Technol, 33:469-475.

Environment Agency. (2002). Guidance on the characterisation and remediation of radioactively contaminated land.

EPA. (1995). In situ remediation technology: electrokinetics. EPA542-K-94-007. US. Environmental Protection Agency Office of Solid Waste and Emergency Response Technology Innovation Office Washington, DC.

EPA. (2006). In situ treatment technologies for contaminated soil. EPA 542/F-06/013. US. Environmental Protection Agency.

EPA. (2007). Technology reference guide for radioactively contaminated media. EPA 402-R-07- 004. US. Environmental Protection Agency Office of Air and Radiation Office of Radiation and Indoor Air Radiation Protection Division Center for Radiation Site Cleanup.

EPA. (2016). Current and emerging post-Fukushima technologies, and techniques, and practices for wide area radiological survey, remediation, and waste management. EPA/600/R-16-140. US. Environmental Protection Agency.

Fang Y, Yeh G T, Burgos W D. (2003). A generic paradigm to model reaction-based biogeochemical processes in batch systems. Water Resour Res, 33:1 083-1 118.

Fang Y, Yabusaki S B, Morisson S J, et al. (2009). Multicomponent reactive transport modeling of uranium bioremediation field experiments. Geochim Cosmochim Acta, 73: 6 029-6 051.

Fesenko S V, Sanzharova N I, Wilkins B T, et al. (1996). FORCON: local decision support system for the provision of advice in agriculture-methodology and experience of practical implementation. Radiat Prot Dosim, 64:157-164.

Fesenko S, Jacob P, Ulanovsky A, et al. (2012). Justification of remediation strategies in the long term after the Chernobyl accident. J Environ Radioact, 119:39-47.

Francis A J, Dodge C J, Lu F, et al. (1994). XPS and XANES studies of uranium reduction by Clostridium sp. Environ Sci Technol, 28:636-639.

Gill R T, Harbottle M J, Smith J W N, et al. (2014). Electrokinetic-enhanced bioremediation of organic contaminants: a review of processes and environmental applications. Chemosphere, 107:31-42.

Hardie S M L, McKinley I G. (2014). Fukushima remediation: status and overview of future plans. J Environ Radioact, 133:75-85.

Howard B J, Wright S M. (1999). Spatial analysis of vulnerable ecosystems in Europe: spatial and dynamic prediction of Radiocaesium fluxes into European foods (SAVE). Final Report, Commission of European Communities, Brussels.

Hu N, Ding D, Li G, et al. (2014). Vegetation composition and $^{226}$Ra uptake by native plant species at a uranium mill tailings impoundment in South China. J Environ Radioact, 129:100-106.

Huang J W, Blaylock M J, Kapulnik Y, et al. (1998). Phytoremediation of uranium-contaminated soils: role of organic acids in triggering uranium hyperaccumulation in plants. Environ Sci Technol, 32:2 004-2 008.

IAEA. (1988). The radiological accident in Goiânia.International Atomic Energy Agency (IAEA). Vienna.

IAEA. (1989). Cleanup of large areas contaminated as a result of a nuclear accident. Technical Reports Series No. 300. International Atomic Energy Agency (IAEA), Vienna.

IAEA. (1992). Disposal of waste from the cleanup of large areas contaminated as a result of a nuclear accident. Technical Reports Series No. 330. International Atomic Energy Agency (IAEA), Vienna.

IAEA. (1996). International basic safety standards for protection against ionising radiation and for the safety of radiation sources. Safety Series No. 115. International Atomic Energy Agency (IAEA), Vienna.

IAEA. (1999). Technologies for remediation of radioactively contaminated sites, IAEA TECDOC1086. International Atomic Energy Agency (IAEA), Vienna.

IAEA. (2004a). Remediation of sites with dispersed radioactive contamination. Technical Reports Series No. 424. International Atomic Energy Agency (IAEA),Vienna.

IAEA. (2004b). Testing of environmental transfer models using data from the remediation of a radium extraction site report of the remediation assessment working group of BIOMASS theme 2, IAEA-BIOMASS-7, Vienna.

IAEA. (2006a). Applicability of monitored natural attenuation at radioactively contaminated sites. Technical Reports Series No. 445. International Atomic Energy Agency (IAEA), Vienna.

IAEA. (2006b). Remediation of sites with mixed contamination of radioactive and other hazardous substances. Technical Reports Series No. 442. International Atomic Energy Agency (IAEA), Venna.

IAEA. (2011). Radiation protection and safety of radiation sources: international basic safety standards for protecting people and the environment INTERIM EDITION No. GSR Part 3 (Interim) General Safety Requirements. International Atomic Energy Agency (IAEA), Vienna.

IAEA. (2012a). Environmental modelling for radiation safety (EMRAS). A summary report of the results of the EMRAS Programme (2003—2007), Vienna.

IAEA. (2012b). Guidelines for remediation strategies to reduce the radiological consequences of environmental contamination. Technical Report Series No. 475. International Atomic Energy Agency (IAEA), Vienna.

IAEA. (2015). NORM and Legacy Site Assessment (NORMALYSA). http://project.facilia.se/ normalysa/software.htmL IRSN (n.d.) SYMBIOSE. https://gforge.irsn.fr/gf/project/symbiose/.

Istok J D, Senko J M, Krumholz L R, et al. (2004). In situ bioreduction of technetium and uranium in a nitrate contaminated aquifer. Environ Sci Technol, 38:468-475.

ITRC (2008). Decontamination and decommissioning of radiologically contaminated facilities. Interstate Technology and Regulatory Council (ITRC), Washington, DC.

Jacob P, Fesenko S, Kirsakova S K, et al. (2001). Remediation strategies for rural territories contaminated by the Chernobyl accident. J Environ Radioact, 56:51-76.

Jacob P, Fesenko S, Bogdevitch I, et al. (2009). Rural areas affected by the Chernobyl accident: radiation exposure and remediation strategies. Sci Total Environ, 408:14-25.

Jacobs G K, Spalding B P, Carter J G, et al. (1988). In situ vitrification demonstration for the stabilization of buried wastes at the Oak Ridge National Laboratory. Nuc Chem Waste Manag, 8:249-259.

Jang H B, Yang J S, Um W. (2015). Bench-scale electrokinetic remediation for cesium-contaminated sediment at the Hanford Site, USA. J Radioanal Nucl Chem, 304:615-625.

Jimenez-Martin A, Martin M, Perez-Sanchez D, et al. (2016). Zapadnoe uranium mill tailings: a fuzzy approach. MVLSC, 26:529-540.

Khan F I, Husain T, Hejazi R. (2004). An overview and analysis of site remediation technologies. J Environ Manag, 71:95-122.

Khijniak T V, Slobodkin A I, Coker V, et al. (2005). Reduction of uranium (VI) phosphate during growth of the thermophilic bacterium Thermoterra bacterium ferri reducens. Appl Environ Microbiol, 71:6 423-6 426.

Kim G N, Jung Y H, Lee J J, et al. (2008). Development of electrokinetic-flushing technology for the remediation of contaminated soil around nuclear facilities. J Indust Eng Chem, 14:732-738.

Kim G N, Lee S S, Shon D B, et al. (2010). Development of pilot-scale electrokinetic remediation technology to remove $^{60}Co$ and $^{137}Cs$ from soil. J Indust Eng Chem, 16:986-991.

Kim G N, Shon D B, Park H M, et al. (2011). Development of pilot-scale electrokinetic remediation technology for uranium removal. Sep Purif Technol, 80:67-72.

Kim G N, Kim S S, Park H M, et al. (2012). Development of complex electrokinetic decontamination method for soil contaminated with uranium. Electrochim Acta, 86:49-56.

Kim G N, Kim S S, Park U R, et al. (2015). Decontamination of soil contaminated with cesium using electrokinetic-electrodialytic method. Electrochim Acta, 181:233-237.

Kim G N, Kim I, Kim S S, et al. (2016). Removal of uranium from contaminated soil using indoor electrokinetic decontamination. J Radioanal Nucl Chem, 309:1 175-1 181.

Kim S S, Han G S, Kim G N, et al. (2016). Advanced remediation of uraniumcontaminated soil. J Environ Radioact, 164:239-244.

Langley S, Gault A G, Ibrahim A, et al. (2009). Strontium desorption from bacteriogenic iron oxides (BIOS) subjected to microbial Fe(Ⅲ) reduction. Chem Geol, 262:217-228.

Law G T W, Geissler A, Burke I T, et al. (2011). Uranium redox cycling in sediment and biomineral systems. Geomicrobiol J, 28:497-506.

Lehours A, Rabiet M, Morel-Desrosiers N, et al. (2010). Ferric iron reduction by fermentative strain BS2 isolated from an iron-rich anoxic environment (Lake Pavin, France). Geomicrobiol J, 27:714-722.

Lehto J. (1994). Cleanup of large radioactive -contaminated areas and disposal of generated waste. Final report of the KAN2 project. Copenhagen Tema Nord 1994:567.

Li G Y, Hu N, Ding D X, et al. (2011). Screening of plant species for phytoremediation of uranium, thorium, barium, nickel, strontium and lead contaminated soils from a uranium mill tailings repository in South China. Bull Environ Contam Toxicol, 86:646-652.

Lietsch C, Hoth N, Kassahun A. (2015). Investigation of phenomena in uranium mine waters using hydrogeochemical modeling - a case study, In: Merkel BJ, Arab A (eds) Uranium - Past and Future Challenges. Proceedings of the 7th international conference of uranium mining and hydrogeology, Springer.

Lloyd J R, Sole V A, van Praagh C V G, et al. (2000). Direct and Fe(Ⅱ)-mediated reduction of technetium by Fe(Ⅱ) reducing bacteria. Appl Environ Microbiol, 66:3 743-3 749.

Lovley D R, Phillips E J P. (1988). Novel mode of microbial energy metabolism: organic carbon oxidation coupled to dissimilatory reduction of iron or manganese. Appl Environ Microbiol, 54:1 472-1 480.

Lovley D R, Phillips E J. (1992a). Reduction of uranium by Desulfovibrio desulfuricans. Appl Environ Microbiol, 58:850-856.

Lovley D R, Phillips E J P. (1992b). Bioremediation of uranium contamination with enzymatic uranium reduction. Environ Sci Technol, 26:2 228-2 234.

Lu X, Li X, Yun P, et al. (2012). Measurement of natural radioactivity and assessment of associated hazards in soil around Baoji second coal-fired thermal power plant, China. Radiat Prot Dosim, 148:219-226.

Luey J. (1993). In situ vitrification: demonstrated capabilities and potential applications. Presented at the Office of Technology Development 2nd semi-annual information meeting, January 25-27. Houston, Texas.

Luey J, Koegler S S, Kuhn W L, et al. (1992). In Situ Vitrification of a MixedWaste Contaminated Soil Site: The 116-B-6A Crib at Hanford. PNl-8281. Prepared for the U.S. Department of Energy under Contract DE-AC06-76RLO 1830.

Madden A S, Smith A C, Balkwill D L, et al. (2007). Microbial uranium immobilization independent of nitrate reduction. Environ Microbiol,9:2 321-2 330.

MARTAC. (2003). Rehabilitation of former nuclear test sites at Emu and Maralinga (Australlia). Report by the Maralinga Rehabilitation Technical Advisory Committee.

Mehta V S, Maillot F, Wang Z, et al. (2014). Effect of co-solutes on the products and solubility of uranium(VI) precipitated with phosphate. Chem Geol, 364:66-75.

Mehta V S, Maillot F, Wang Z, et al. (2015). Transport of U(VI) through sediments amended with phosphate to induce in situ uranium immobilization. Water Res, 69:307-317.

MOE. (2013). Decontamination guidelines. Ministry of the Environment. Retrieved from http:// josen.env.go.jp/en/framework/pdf/decontamination_guidelines_2nd.pdf.

MOE. (2015). FY2014 decontamination report. Ministry of the Environment. Retrieved from http:// josen.env.go.jp/en/cooperation/pdf/decontamination_report1503_01.pdf.

Monte L. (2001). A generic model for assessing the effects of countermeasures to reduce the radionuclide contamination levels in abiotic components of fresh water systems and complex catchments. Env Model Soft, 16:669-690.

Moore H R, Steiner R E, Fallon E, et al. (2000). Permeable treatment wall pilot project at the West Valley demonstration project. Proceedings of waste management 2000, 27 February-2 March, 2000. TuCson, AZ.

Naeem H, Bhatti H N, Sadaf S, et al. (2017). Uranium remediation using modified Vigna radiata waste biomass. Appl Radiat Isot, 123:94-101.

Newsome L, Morris K, Lloyd J R. (2014). The biogeochemistry and bioremediation of uranium and other priority radionuclides. Chem Geol, 363:164-184.

Nisbet A F. (2002). Management options for food production systems contaminated as a result of a nuclear accident. Radioprot Colloq, 37:115-120.

Nisbet A F, Woodman R F M. (2000). Options for the management of Chernobyl restricted areas in England and Wales. J Environ Radioact, 51:239-254.

Nishikiori T, Suzuki S. (2017). Radiocesium decontamination of a riverside in Fukushima, Japan. J Environ Radioact, 177:58-64.

Noshkin V, Robison W. (1997). Assessment of a radioactive waste disposal site at Enewetak Atoll. Health Phys, 73:234-247.

Nyman J L, Wu H I, Gentile M E, et al. (2007). Inhibition of a U(VI)- and sulfatereducing consortia by U(VI). Environ Sci Technol, 41:6 528-6 533.

Oughton D H. (2013). Social and ethical issues in environmental remediation projects. J Environ Radioact, 119:21-25.

Paajanen A, Lehto J. (1992). Disposal of Radioactive Wastes from the Cleanup of Large Areas Contaminated in Nuclear Accidents, A Literature Survay. Nordic Nuclear Safety Research Program 1990-93. Projekt KAN-2.

Perez-Sanchez D, Jimenez A, Mateos A, et al. (2015). Fuzzy MCDA for remediation of a uranium tailing. In: Merkel BJ, Arab A (eds) Uranium-past and future challenges. Proceedings of the 7th international conference of uranium mining and hydrogeology, Springer, Cham.

Petrović J, Ćujić M, Đorđević M, et al. (2013) Spatial distribution and vertical migration of $^{137}Cs$ in soils of Belgrade (Serbia) 25 years after the Chernobyl accident. Environ Sci Proces Imp, 15:1 279-1 289.

Petrović J, Dragović S, Dragović R, et al. (2016a). Spatial and vertical distribution of $^{137}Cs$ in soils in the erosive area of south eastern Serbia (Pčinja and South Morava River Basins). J Soil Sed, 16:1 168-1 175.

Petrović J, Dragović S, Dragović R, et al. (2016b). Using $^{137}Cs$ measurements to estimate soil erosion rates in the Pčinja and South Morava River Basins, southeastern Serbia. J Environ Radioact, 158/159:71-80.

Plymale A E, Fredrickson J K, Zachara J M, et al. (2011). Competitive reduction of pertechnetate [($TcO_4^-$)-Tc-99] by dissimilatory metal reducing bacteria and biogenic Fe(Ⅱ). Environ Sci Technol, 45:951-957.

PNNL. (2009). Scientific opportunities to reduce risk in groundwater and soil remediation. PNNL 18516. Pacific Northwest National Laboratory (PNNL).

Pruess K. (1991). TOUGH2: a general numerical simulator for multiple phase fluid and heat flow, report LBL-29400. Lawrence Berkeley Laboratory, Berkeley.

Rabideau A J, van Benschoten J, Patel A, et al. (2005). Performance assessment of a zeolite treatment wall for removing Sr-90 from groundwater. J Contam Hydro, 79:1-24.

Rafferty B, Brennan M, Dawson D, et al. (2000). Mechanisms of $^{137}Cs$ migration in coniferous forest soils. J Environ Radioact, 48:131-143.

Renshaw J C, Butchins L J C, Livens F R, et al. (2005). Bioreduction of uranium: environmental implications of a pentavalent intermediate. Environ Sci Technol, 39:5 657-5 660.

Robinson S M, Arnold W D, Byers C H. (1991). Multicomponent ion exchange equilibria in zeolite. In: Tedder D W, Pohland F G (eds). Emerging Technologies in Hazardous Waste

Treatment. ACs Symposium Series No. 486. Kluwer Academic Publishers, New York.

Rudy C G, Vovk I F. (1996). Radioactive waste management issues related to the conversion of the Chernobyl Sarcophagus into an ecologically safe system. One decade after Chernobyl: summing up the consequences of the accident. IAEA-TECDOC-964. Vienna, Austria.

Saleh H M. (2016). Biological remediation of hazardous pollutants using water hyacinth—a review. J Biotech Res, 2:80-91.

Sanford R A, Wu Q, Sung Y, et al. (2007). Hexavalent uranium supports growth of Anaeromyxobacter dehalogenans and Geobacter spp. with lower than predicted biomass yields. Environ Microbiol, 9:2 885-2 893.

Screening Report -Port Hope Project. (2006). The port hope long-term low-level radioactive waste management project. Natural Resources Canada, the Canadian Nuclear Safety Commission and Fisheries and Oceans Canada, Ottawa.

Sheoran V, Sheoran A S, Poonia P. (2016). Factors affecting phytoextraction: a review. Pedosphere, 26:148-166.

Silva E B S, Fernandes N S, Costa E C T A, et al. (2017). Scale-up on electrokinetic treatment of polluted soil with petroleum: effect of operating conditions. Int J Electrochem Sci, 12: 4 001-4 015.

Sivaswamy V, Boyanov M I, Peyton B M, et al. (2011). Multiple mechanisms of uranium immobilization by Cellulomonas sp. strain ES6. Biotechnol Bioeng, 108:264-276.

Soudek P, Petrova S, Benesova D, et al. (2007). Comparison of 226Ra nuclide from soil by three woody species Betula pendula, Sambucus nigra and Alnus glutinosa during the vegetation period. J Environ Radioact, 97:76-82.

Spain A M, Krumholz L R. (2011). Nitrate-reducing bacteria at the nitrate and radionuclide contaminated Oak ridge integrated field research challenge site: a review. Geomicrobiol J, 28:418-429.

Spalding B P, Jacobs G K, Dunbar N W, et al. (1992). Tracer-level radioactive pilot-scale test of in situ vitrification for the stabilization of contaminated soil sites at ORNL. Prepared by the Oak Ridge National Laboratory, Oak Ridge.

Sugiura Y, Kanasashi T, Ogata Y, et al. (2016). Radiocesium accumulation properties of Chengiopanax sciadophylloides. J Environ Radio, 151:250-257.

Suzuki Y, Banfield J F (1999). Geomicrobiology of uranium. Rev Mineral Geochem, 38:393-432.

Suzuki Y, Kelly S D, Kemner K A, et al. (2003). Microbial populations stimulated for hexavalent uranium reduction in uranium mine sediment. Appl Environ Microbiol, 69: 1 337-1 346.

Thorpe C L, Lloyd J R, Law G T W, et al. (2012). Strontium sorption and precipitation behaviour during bioreduction in nitrate impacted sediments. Chem Geol, 306:114-122.

Thorpe C L, Boothman C, Lloyd J R, et al. (2014). The interactions of strontium and technetium with Fe(Ⅱ) bearing biominerals: implications for bioremediation of radioactively contaminated land. Appl Geochem, 40:135-143.

UK DEFRA. (2003).The Radioactively Contaminated Land Exposure Assessment Methodology (RCLEA). https://www.gov.uk/government/publications/rclea-software-application.

Ulanovsky A, Jacob P, Fesenko S, et al. (2011). ReSCA: decision support tool for remediation planning after the Chernobyl accident. Radiat Environ Biophys, 50:67-83.

US DOE. (1999) .Final site observational work plan for the UMTRA project Old Rifle site GJO-99-88-TAR. Colorado, United States Department of Energy (US DOE)/Grand Junction.

US DOE. (2004). Monticello mill tailings site, operable unit Ⅲ-remedial investigation addendum/ focused feasibility study. GJO-2003-413-TAC.United States Department of Energy.

US DOE. (2009) .Explanation of significant difference for the Monticello mill tailings (USDOE) site operable unit Ⅲ, surface water and ground water, Monticello, Utah.Doc. No S0429400. United States Department of Energy.

US DOE. (2010). 200 west area groundwater pump-and-treat remedial design report, DOE/ RL-2010- 13, rev. 1.United States Department of Energy, Richland Operations Office. Richland, Washington, DC.

US DOE, US EPA, Ecology. (2009). Explanation of significant differences for the 300-FF-2 operable unit interim action record of decision Hanford site Benton County, Washington. United States Department of Energy, United States Environmental Protection Agency, Washington State Department of Ecology. Richland, Washington, DC.

US EPA. (2002). Preliminary Remediation Goal (PRG). https://epa-prgs.ornl.gov/cgi-bin/ radionu clides/rprg_search.

US EPA. (2004) Dose Compliance Concentration (DCC). https://epa-dcCs.ornl.gov/cgibin/ dose_ search.

US EPA. (2007). The technology reference guide for radioactively contaminated media EPA-402-R07-004. United States Environmental Protection Agency (US EPA). Washington, DC.

Van der Perk M, Burrough P A, Voigt G. (1998). GIS based modelling to identify regions of Ukraine, Belarus, and Russia affected by residues of the Chernobyl nuclear power plant accident. J Hazard Mater, 61:85-90.

Vives i Batlle J, Beresford N A, Beaugelin-Seiller K, et al. (2016). Inter-comparison of dynamic models for radionuclide transfer to marine biota in a Fukushima accident scenario. J Environ Radioact, 153:31-50.

Vovk I F, Blagoyev V V, Lyashenko A N, et al. (1993). Technical approaches to decontamination of terrestrial environments in the CIS (former USSR). Sci Total Environ, 137:49-63.

Wada K, Yoshikawa T, Murata M. (2012). Decontamination work in the area surrounding Fukushima Dai-ichi Nuclear Power Plant: another occupational health challenge of the nuclear disaster. Arch Environ Occ Health, 67:128-132.

Wallace S H, Shaw S, Morris K, et al. (2012) .Effect of groundwater pH and ionic strength on strontium sorption in aquifer sediments: implications for $^{90}Sr^{2+}$ mobility at contaminated nuclear sites. Appl Geochem, 27:482-1 491.

Wallace S H, Shaw S, Morris K, et al. (2013) .Alteration of sediments by hyperalkaline k-rich cement leachate: implications for strontium adsorption and incorporation. Environ Sci Technol, 47:3 694-3 700.

Wellman D M, Glovack J N, Parker K, et al. (2008). Sequestration and retention of uranium(VI) in the presence of hydroxylapatite under dynamic geochemical conditions. Environ Chem, 5:40-50.

Wilkins M J, Livens F R, Vaughan D J, et al. (2007) .The influence of microbial redox cycling on radionuclide mobility in the subsurface at a low-level radioactive waste storage site. Geobiology, 5:293-301.

Williams K H, Long P E, Davis J A, et al. (2011). Acetate availability and its influence on sustainable bioremediation of uranium-contaminated groundwater. Geomicrobiol J, 28:519-539.

Williams K H, Bargar J R, Lloyd J R, et al. (2012). Bioremediation of uranium contaminated groundwater: a systems approach to subsurface biogeochemistry. Curr Opin Biotechnol, 24:489-497.

Wu W M, Carley J, Luo J, et al. (2007) .In situ bioreduction of uranium (VI) to submicromolar levels and reoxidation by dissolved oxygen. Environ Sci Technol, 41:5 716-5 723.

Yabusaki S B, Fang Y, Long P E, et al. (2007). Uranium removal from groundwater via in situ biostimulation: field-scale modelling of transport and biological processes. J Contam Hydrol, 93:216-235.

Yang J S, Kwon M J, Choi J, et al. (2014) The transport behavior of As, Cu, Pb, and Zn during electrokinetic remediation of a contaminated soil using electrolyte conditioning. Chemosphere, 117:79-86.

Yeh G T, Tripathi V S. (1990) . HYDROGEOCHEM: a coupled model of HYDROlogical transport and GEOCHEMical equilibrium of multi component systems, ORNL 6371, Oak Ridge National Laboratory. Oak Ridge, Tennessee.

Yeh G T, Gwo J P, Siegel M D, et al. (2013) Innovative mathematical modeling in environmental remediation. J Environ Radioact, 119:26-38.

Zachara J M, Long P E, Bargar J, et al. (2013) .Persistence of uranium groundwater plumes: contrasting mechanisms at two DOE sites in the groundwater-river interaction zone. J Contam Hydrol, 147:45-72.

Zhang F, Yeh G T, Parker J C, et al. (2007). A reaction-based paradigm to model reactive chemical transport in groundwater with general kinetic and equilibrium reactions. J Contam Hydrol, 92:10-32.

Zhang R, Chen C, Li J, et al. (2015) .Investigation of interaction between U(VI) and carbonaceous nanofibers by batch experiments and modeling study. J Collo Inter Sci, 460:237-246.

Zyvoloski G A, Robinson B A, Dash Z V, et al. (1994) .Models and methods summary for the FEHM application, FEHM MMS SC-194, Los Alamos National Laboratory. Los Alamos, New Mexico.

# 第 2 章　放射性核素污染场地的物理化学修复

Claudio Cameselle, Susana Gouveia

## 1　引言

由于废物管理不善，20 世纪工业的快速发展导致了非常严重的环境污染。在过去，废物在没有任何适当处理的情况下沉积或分散在环境中是很常见的。由于这种管理不善，全世界有许多场地受到污染，而且这个问题不仅没有减少，反而正在增加，尤其是在发展中国家（Guerrero et al, 2013）。社会已经意识到不当的废物管理对环境和公众健康的影响，以及政府和科学界对环境污染相关问题解决方案的公众需求（Cortner, 2000）。由于这种社会压力，大量资源被用于开发流程或技术，以减少人类活动对环境的影响，以及恢复退化或受污染的场地（Khan et al, 2004）。

不受控制地将固体或液体废物直接排放到土壤或水体环境中会导致土壤和地下水受到污染。土壤是一种具有显著缓冲能力的介质，许多污染物能被吸收或沉淀到土壤颗粒上（Li, 2014）。然而，一旦超过土壤吸收能力，污染物就会开始向更深层迁移，污染地下水并在环境中扩散。因此，受污染的场地是环境的长期污染源。此外，由于存在污染物暴露风险和进入食物链的可能性，这些污染场地的土壤不能用于农业、畜牧业、住宅等正常用途，产生严重的公共卫生问题（Lu et al, 2015）。

自 1980 年代以来，已开发出多种用来修复和恢复受污染土壤的技术（Sims, 1990）。最早的方法是在安全垃圾填埋场挖掘和填埋受污染的土壤。挖掘受污染土壤可以在当地解决问题，但将受污染土壤储存在垃圾填埋场并不是最终的解决方案，只是将问题从一个场地转移到另一个场地。受污染土壤的挖掘和填埋仅适用于受高浓度污染物污染，对生态系统和人口具有高风险的小范围污染土壤的清理。当污染土壤的量非常大时，由于运输成本和垃圾填埋场储存污染土壤所需的大空间，这一过程在经济上是不可行的。作为替代方案，开发了一些非现场技术来异位处理挖掘土壤。这些技术的包括土壤清洗和焚烧。这些技术的优势是污染物去除效率高，这主要是由于在专门设计的设备中处理土壤时可以密切控制操作变量。然而，能源和化学品消耗量通常非常高，因此对于大面积的中低浓度污染土壤是不切实际的。这些技术更适合受中或高浓度污染物污染的小范围（Kuppusamy et al, 2016）。现场原位土壤修复技术的出现引起了科学家和从业者的极大兴趣，因为它不需要挖掘受污染的土壤，修复过程的成本较低（Son et al, 2017）。

本章的目的是介绍放射性核素污染土壤和地下水的主要物理化学修复技术。

C. Cameselle (✉), S. Gouveia
维戈大学化学工程系，西班牙维戈（Department of Chemical Engineering, University of Vigo, Vigo, Spain）
e-mail: claudio@uvigo.es；gouveia@uvigo.es

# 2 污染土壤的电动力学修复

电动力学修复是一种专门为土壤、沉积物、污泥和其他多孔固体材料的清洁、去污而设计的技术。该技术在文献中也称为电再生、电动或电修复（Reddy and Cameselle, 2009a）。在过去的 20 年里，电动力学得到了广泛的研究，该技术在修复受无机和有机污染物污染的土壤、沉积物和污泥方面取得了一些成果（Reddy and Cameselle, 2009b）。

电动力学修复的原理依赖于在一对电极（阴极和阳极）之间的土壤中施加低强度直流电。电场驱动带电物质，使离子和水通过土壤向电极移动（Pamukcu, 2009）。电动力学修复的原位应用如图 2-1 所示。施加到主电极的电流迫使离子和水向电极传输。这种运动会从土壤中去除污染物并将它们积聚在电极孔中。循环系统从井中提取带有污染物的加工流体（水或水溶液），并经适当的处理和调节后将流体泵回电极井。该系统可一直运行，直到土壤和 / 或加工液中的污染物浓度低于所需值（Reddy and Cameselle, 2009b）。

与其他土壤修复技术相比，电动力学修复的优势包括低功耗、对水和溶解污染物方向的密切控制，以及将污染物限制在电极壁中，从而更容易对去除的污染物进行后续处理（Virkutyte et al, 2002）。

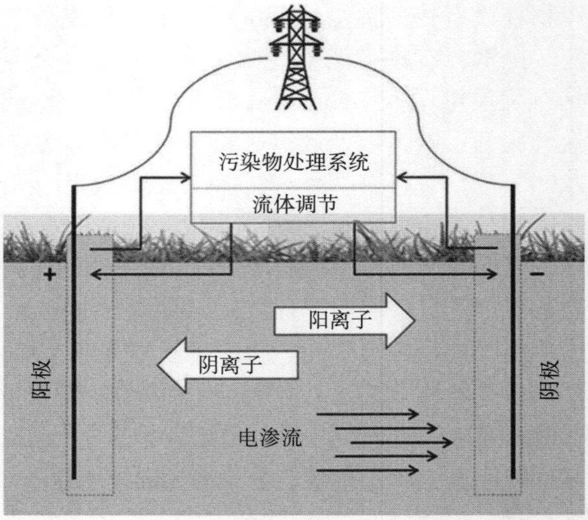

图 2-1 污染场地的电动力学修复

电动力学修复中的主要传输机制是电迁移和电渗流。电迁移被定义为通过电场向相反电荷的电极传输离子（图 2-2）。电迁移负责运输自由离子，例如 $H^+$、$OH^-$、阳离子（重金属、铵等）和阴离子（氯化物、氰化物、氟化物、硝酸盐等），也可电离有机化合物（Ricart et al, 2004）。迁移率主要取决于离子的体积及其电荷，还取决于与土壤固体颗粒表面的相互作用，因为这可能大大延缓迁移（Pamukcu, 2009）。

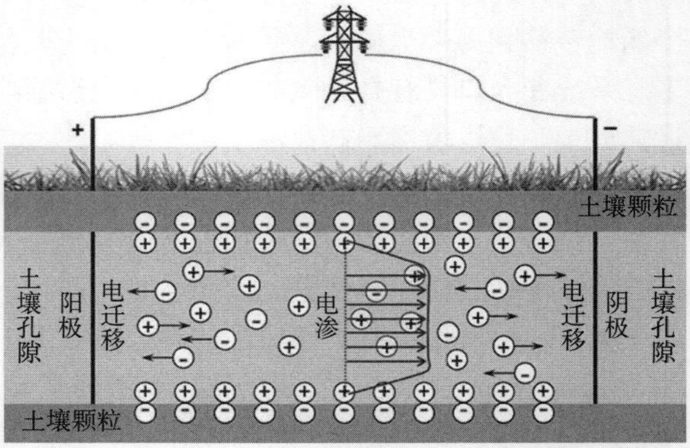

图 2-2 土壤孔隙中离子的电迁移和电渗流

电渗流被定义为由土壤多孔结构中的电场引起的净水通量（Cameselle and Reddy, 2012）。图 2-3 显示了带负电的土壤颗粒的双电层结构。

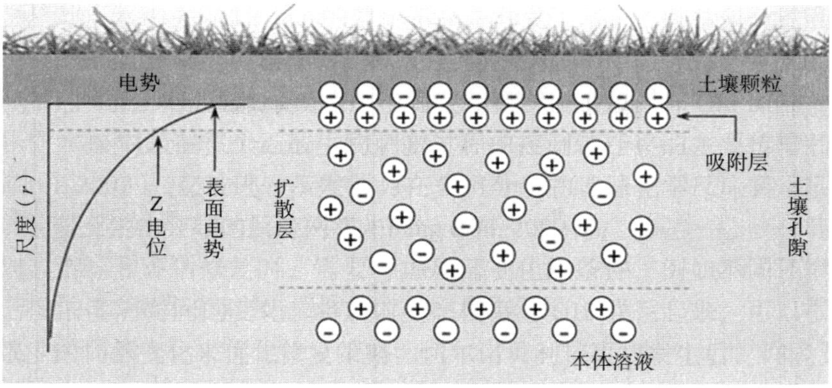


图 2-3　间隙液中土壤颗粒表面电荷诱导的双电层

图 2-4 显示了当电场诱导接近孔壁的孔隙流体中的离子运动时，土壤多孔结构中电渗流的形成。一般来说，土壤颗粒是带负电的，所以反离子是带正电的。因此，电渗流的方向是流向阴极（Cameselle, 2015a）。电渗流是溶液中无机和有机污染物在组织液中乳化的主要传输机制。电渗流是电动力学环境应用中的重要传输机制，因为水的通量会去除间隙液中溶液中的所有化合物（离子或非离子）。一般来说，电迁移比电渗流更快（Pamukcu, 2009）。电迁移是离子物质的主要传输机制（Ottosen et al, 2009），而电渗用于去除非离子有机污染物（Yang and Lee, 2009）。

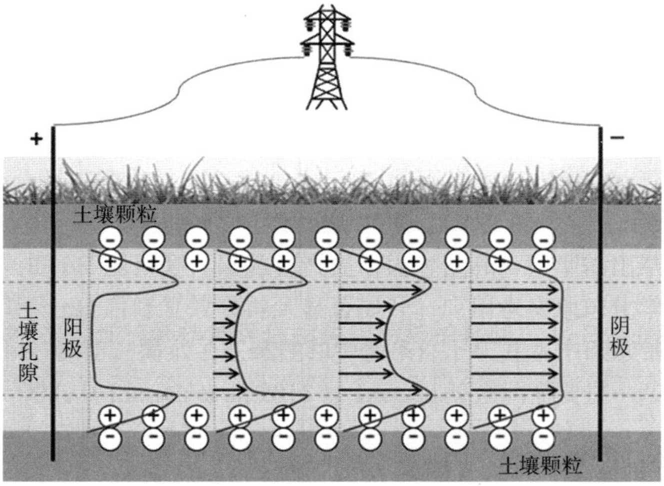


图 2-4　土壤孔隙中电渗流的形成

施加电场来润湿多孔基质的同时也会在土壤和电极表面引起化学反应。这些反应对于电动力学修复效率至关重要，因为它们会影响污染物的形态、溶解度、土壤 pH 等。这些化学反应包括酸碱反应、氧化还原反应、吸附 - 解吸和溶解 - 沉淀反应。电化学 / 电动系统中的主要反应是水在电极处的电解如反应式（2-1）和式（2-2）所示。水的电解在阳极产生氧气和氢离子（$H^+$），在阴极产生氢气和氢氧根离子（$OH^-$）。

$$2H_2O \rightarrow 4e^- + 4H^+ + O_2 \quad (2\text{-}1)$$

$$2H_2O + 4e^- \rightarrow 2H_2 + 4OH^- \quad (2\text{-}2)$$

电极上电生成的 $H^+$ 和 $OH^-$ 离子电迁移到土壤中，从而改变土壤 pH 并影响污染物的溶解度和形态（Ricart et al, 1999）。可以通过在电极室中添加酸 / 碱来促进或抑制酸和碱，以在土壤中诱导最合适的 pH 以溶解和运输污染物。此外，可以通过电渗和电迁移将添加到电极室的外部药剂（络合剂、表面活性剂、助溶剂）引入土壤，以增强污染物的溶解和去除（Cameselle and Pena, 2016）。

## 2.1 放射性核素的电动去除

世界各地普遍存在被放射性元素污染的土壤，这对生态系统和公共健康构成重大威胁。放射性污染主要与核燃料的生产、使用和处置有关（Chen et al, 2005）。其他次要的放射性污染源与一些含有放射性物质的工业和酒店废物有关。过去进行的核试验是土壤中放射性核素污染的另一个重要来源。据文献报道（Korolev, 2009），在受污染场地中发现的最常见的放射性核素有 $^{60}Co$、$^{90}Sr$、$^{90}Y$、$^{106}Ru$、$^{137}Cs$、$^{144}Ce$、$^{147}Pm$、$^{238,239,240}Pu$ 和 $^{226}Ra$，也有一些浓度较低的其他放射性核素。根据其毒性，放射性核素可分为从 A 组（极毒）到 E 组（弱毒）的 5 组（表 2-1）（Korolev, 2009）。

表 2-1　按毒性分类的放射性核素

| 组别 | 毒性 | 放射性核素 |
|---|---|---|
| A | 极毒 | H |
| B | 高毒 | C、Cu、Zn、Ge |
| C | 中毒 | Na、P、S、Cl、Mn、Fe、Co、Br、Y、Zr、Nb、In、Sn、Cs、Tl |
| D | 低毒 | Sr、Ru、Sb、I、Bi、Ce、Tm |
| E | 弱毒 | Pb、Po、Ra、Th、Pa、U、Np、Pu、Am、Cm |

注：数据引自 Korolev（2009）。

土壤中放射性核素污染主要存在于土壤上层靠近表层的土壤颗粒中和有机质的表面。因此，在大多数受污染场地中，95% 的放射性污染物集中在土壤的上层，会形成各种化学物质，但总是被吸附在土壤成分中。这种吸附会延缓但不会阻碍放射性核素向土壤深处迁移或向地下水中浸出（Yasunari et al, 2011）。受污染场地中放射性核素的实际形态或同位素分馏取决于土壤成分。一般来说，8%~30% 放射性核素以可交换形式存在，2%~10% 以水溶性形式存在，大多数（60%~80%）放射性核素以与土壤成分结合的方式存在，这阻碍了它们在环境中的传输和扩散（Nekrasova and Korolev, 1997）。

电动技术已被用于测试从受污染的土壤中去除放射性核素。研究了从壤土到黏土的不同类型土壤基质中最常见的放射性核素 $^{90}Sr$、$^{88}Sr$、$^{137}Cs$、$^{133}Cs$ 等的去除过程。$^{90}Sr$ 和 $^{137}Cs$ 不仅是受污染场地最常见的，也是生物毒性最高和最危险的两种放射性核素，半衰期分别为 28 年和 30 年。在受污染场地中，$^{90}Sr$ 和 $^{137}Cs$ 可以作为游离元素（溶解在组织液中）被吸附到土壤颗粒表面（Korolev, 2009）。在电动技术处理期间，观察到 $^{88}Sr$ 同位素向阴极迁移。靠近阳极的土壤部分显示 Sr 浓度较低，而向阴极区域 Sr 浓度增大。Sr 浓度分布证明该放射性核素作为阳离子向阴极电迁移，并在阴极区域浓缩。在测试结束时，沿土壤样品的游离（溶解）Sr 相似，而吸附的 Sr 沿土壤样品显示并增加分布。因此，电动技术能够运移放射性核素，但需要加强对放射性核素的提取和运移，以实现显著去除的效果。

西班牙维戈大学和阿尔及利亚胡阿里布迈丁科技大学之间的合作项目研究了通过电动力学技术从受污染土壤中去除放射性核素。本研究中使用的土壤主要受到 $^{137}Cs$ 和 $^{241}Am$ 的污染。实验室测试在直径 4 cm，长 20 cm 的圆柱形电池中进行。4 个测试分别以 10 $mA/cm^2$、20 $mA/cm^2$、30 $mA/cm^2$ 和 40 $mA/cm^2$ 运行 7 天（图 2-5）。为了有利于放射性核素的溶解和迁移，通过添加浓盐酸将阳极和阴极的 pH 保持在 2 以下。在 40 $mA/cm^2$ 的测试中发现了最好的结果。超过 48% 的 $^{137}Cs$ 和 61% 的 $^{241}Am$ 从土壤中去除并收集在阳极中。建议在放射性核素到达阴极室之前使用离子交换纤维以保留（吸附）这些核素（Belhadj et al, 2014）。因此，从土壤中去除的放射性核素集中在纤维中，放射性核素的收集和处置更加有效。一旦放射性核素从纤维中脱附出来，它就可以再循环回电动池进行新的循环。设计并建造了一个用于中试规模去除 $^{137}Cs$ 的电动池。在该测试中，电极被包裹在离子交换纤维中以保留放射性核素。该实验装置的设计理念是将这项技术转移到现场，对 Cs 和 Sr 污染场地进行原位修复（图 2-6）。电流强度设定为 30 $mA/cm^2$，在该条件下，约 27.5% 的 $^{137}Cs$ 从土壤中去除并在离子交换纤维中回收。当土壤样品中测得的初始放射性为 21 Bq/g，通过 40 天的电动处理可以将土壤的放射性降低到正常值。这一初步结果证明，电动技术对放射性核素（$^{137}Cs$ 和 $^{241}Am$）污染场地的修复是有效的。需要进一步研究以减少处理时间并优化工艺，以降低运营成本，这对于大规模应用至关重要。

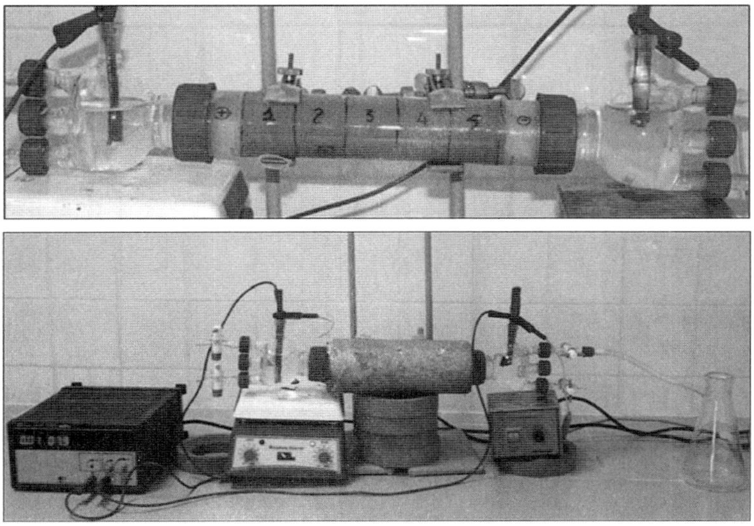


图 2-5　电动力学处理 $^{137}Cs$ 和 $^{241}Am$ 污染土壤

图 2-6　使用电极中的离子交换纤维直接电动去除 $^{137}Cs$ 的中试池

$^{137}Cs$ 和 $^{90}Sr$ 在受污染土壤中的电动力学传输模型（Yu and Neretnieks, 1997）证明，土壤和放射性核素的物理化学参数对去除效率具有决定性影响。Yu 和 Neretnieks（1997）测试了施加 100 DCV 时 $^{137}Cs$ 和 $^{90}Sr$ 在 3 m 长的柱状土壤中的电迁移，这与普遍接受的 1 V/cm 相比，只提供了一个较小的的电压梯度 0.33 V/cm（Ricart et al, 1999）。模型的预测结果表明，电动处理的效率取决于吸附和扩散参数。处理时间将随着放射性核素对土壤颗粒的吸附增加和扩散速度变慢而增加。使用膨润土作为模型土壤，当用盐水冲洗时，土壤中的 $^{137}Cs$ 和 $^{90}Sr$ 都可以去除，因为盐碱环境有利于放射性核素从土壤基质中解吸。即使在这些条件下，通过电动技术彻底清洁土壤也需要几个月的时间。

Frizon 等（2003）研究了 Cs 通过胶结材料的电迁移，其研究描述了两种极端情况：不可逆的 Cs 与固体基质结合，以及可逆的 Cs 吸附。据观察，Cs 运输和去除的主要因素是金属与固相的相互作用。他们的研究结果表明，电动处理可能是一种去除水泥基材料污染的有效方法（Frizon et al, 2005）。没有检测到电渗流，因此 Cs 的运输只是由于电迁移。3 周后，初始浓度为 100 mol/m$^3$ 的 Cs 溶液中，Cs 的电动去除率为 96%，1 mol/m$^3$ 铯污染溶液的去除率为 63%~90%。这些研究证明，放射性核素在各种多孔材料（土壤和水泥基材料）中的运输和去除是可能的。然而，典型放射性核素如 Cs、Am 和 Sr 与固体基质的吸附和相互作用会延迟并限制去除效率。下文将讨论增强的放射性核素从土壤中的运输和去除。已经提出并测试了不同的方法来改进从土壤中去除放射性核素。它们包括阳极和 / 或阴极中的 pH 控制及使用促进剂增强放射性核素溶解度。其他研究将电动力学与土壤淋洗或土壤清洗等其他修复技术相结合。

## 2.2　强化电动力学去除放射性核素

强化放射性核素从受污染土壤中的去除也就是要改变环境条件以增加其可提取性和溶解度。典型的方法包括阳极和 / 或阴极的 pH 控制、促进剂（络合剂等）的使用及各种修复技术的组合以达到协同效应。

Kim 等（2003）研究了韩国 TRIGA 反应堆周围的受污染土壤。土壤主要受 $^{137}Cs$ 和 $^{60}Co$ 污染。他们测试了电动力学修复作为从土壤中去除这些放射性核素的可能技术。使用 NaCl 溶液作为电解质来提高土壤的导电性，但由于阴极侧的碱性环境导致金属过早沉淀，因此去除了少量的 Cs 和 Co。为了提高金属去除率，使用醋酸盐缓冲溶液阴极以避免 pH 升高。

在修复初期，$Cs^{2+}$ 和 $Co^{2+}$ 离子通过电迁移而非电渗转移，在土壤柱中没有形成沉淀。5.9 天后，土柱中 96% 的铯和 94% 的钴被去除。然而，重要的是分析促进剂对放射性核素的化学影响。Kim 等（2008）发现由于这些离子与用于控制阴极中去 pH 的有机酸形成负络合物，Cs 和 Co 的去除效率降低了 10%。这是因为负配合物向阳极迁移，而阳离子 Cs 和 Co 向阴极迁移。这种去除的减少通过在水力梯度下电动和土壤淋洗的组合得到补偿。

NPO 氡气组织（俄罗斯莫斯科）开发了多种核废料管理方法和技术（Prozorov et al, 2000；Perera, 2002）。这些技术包括用于处理液体废物的胶结、沥青化和玻璃化。固体废物可通过压实和等离子焚烧处理。还研究了电动力学作为对含有放射性核素的固体材料及受污染的土壤、沉积物和污泥的去污方法。电动力学可用于原位污染场地修复，通常为倾倒固体或液体放射性废物的现场，在这些污染场地放射性核素 $^{137}Cs$ 非常常见，这就是为什么该元素是许多电动研究中的目标放射性核素的原因。研究了电压梯度、电流强度和能耗等不同参数对去除土壤中 $^{137}Cs$ 污染的影响。初步试验表明，电动力学修复在去除肥沃土壤中的放射性核素方面显示出有希望的结果（Prozorov et al, 2000）。Korolev 等（2007）测试了肥沃土壤中去除 $^{137}Cs$ 的电动力学。污染的来源是放射性液体废物的意外泄漏，导致放射性为 80~200 kBq/kg。电动测试的实验装置是具有 3 个隔室的典型电池，一个用于污染土壤的中央隔间和两侧用于电极的两个隔间，电极室填充有处理流体，不锈钢（阴极）和镀铂钛（阳极）板用作电极。未增强的电动测试结果显示只有少量 Cs 被去除。为了提高去除效率，添加了几种促进剂（$NH_4NO_3$、$KNO_3$ 和水，1 mol/L）到阳极室中，主要目的是提高 Cs 的萃取溶解度。通过控制添加浓硝酸来中和阴极中的碱性环境，避免土壤中过早沉淀 Cs。测试结果表明，从土壤中去除的放射性核素 $^{137}Cs$ 在阴极液中积累。用新溶液定期更新阴极液以避免阴极液中的高浓度 Cs 以及由于浓度效应而可能限制其去除。当阳极中的促进剂是硝酸铵时，Cs 去除率约为 50%，使用硝酸钾时去除率为 30%，而使用水时去除率仅 5%，这些结果证实了正确选择阳极电解液和阴极电解液调节的重要作用。

Korolev（2009）测试了不同促进剂将土壤中的 Cs 转化为更具流动性的种类。他们在阴极电解液中使用硝酸和磷酸的 1∶1 混合物，在阳极电解液中使用其铵盐，组合去除 $^{137}Cs$ 最有效。此外，测试结束时的土壤没有之前的测试那么酸。这是由于在阳极电解液中使用铵盐部分中和了电解水产生的 $H^+$。这一结果对于原位大规模应用和污染场地的完全修复和恢复非常重要。

铵离子除了中和阳极中的酸锋外，还导致土壤中 Cs 的解吸非常活跃。Korolev（2009）证明铵比钾更有效。使用硝酸铵提取 $^{137}Cs$ 效率是硝酸钾的 1.6 倍。Korolev 等发现使用硝酸铵提取了 50% 的 Cs，而使用硝酸钾只提取了 30% 的 Cs。与水相比，硝酸铵对 Cs 的迁移率高 5.4 倍。

## 2.3 电动力学修复中试和现场应用

关于在放射性核素污染场地原位使用电动力学的研究有限。Kim 等（2010）开发了中试规模的电动力学修复设备，用于修复适合韩国核设施场地地质特征的放射性土壤。这些试验中使用的土壤被 $^{60}Co$ 和 $^{137}Cs$ 污染，土壤样本的总放射性约为 2 000 Bq/kg。施加强度为 15 mA/cm$^2$ 的恒定电流 55 天，去除了 95.8% 的初始放射性核素，因此该结果非常有希望用于大规模应用。Kim 等得出结论：影响放射性核素去除的主要因素是初始浓度、土壤粒度和促进剂；较大颗粒的土壤更容易修复；随着初始浓度的增加，去除效率也更高；由于硝酸活化 Cs 的能力显示出比乙酸更好的去除效率；硝酸具有降低电力消耗的优点。

修复放射性核素污染场地可能具有挑战性，不仅因为待处理放射性材料的危险性，而且还因为大面积实地操作的困难。有时，解决方案可能是隔离现场的污染物，而不是去除污染物。电动装置可作为栅栏（电动栅栏）使用，以阻止放射性物质迁移到周围地区和地下水。图 2-7 显示了这种电动防护栅栏的方案，图 2-7a 显示了被放射性核素污染的场地周围的电动防护栅栏的一部分。图 2-7a 的围栏是为浅层污染场地设计的。通过两排平行的阳极和阴极井在场地周围施加电场。因此，电场将放射性核素吸引到污染场地的中心，避免了放射性核素远离场地的迁移。因此，污染物放射性核素保持在受污染区域的范围内，避免了任何扩散和对周围区域的污染。

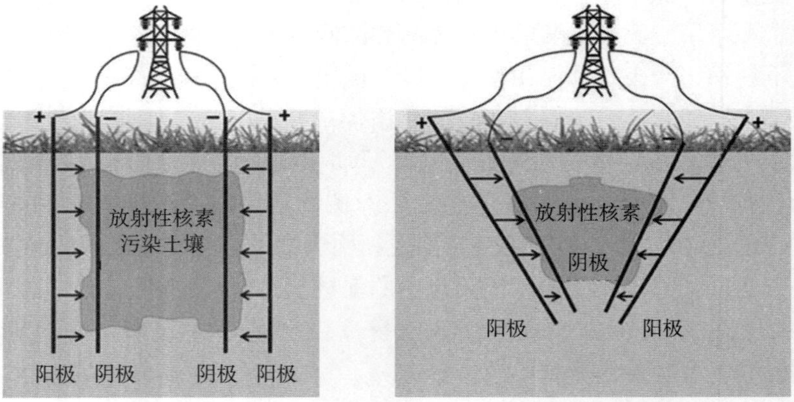

（a）浅层污染场地设计方案　　（b）地表污染场地设计方案

图 2-7　放射性核素沉积物或污染土壤的电动围栏

图 2-7b 显示了电动防护栅栏的另一种方案。这适用于放射性核素位于地表的污染场地，如液态放射性废物的积聚池。在这种池塘中存在放射性核素向下迁移污染土壤和地下水及随后放射性核素扩散的风险。为了防止放射性核素的迁移，应沿池塘的周边建造由成排的阳极和阴极井组成的倾斜防护栅栏。与图 2-7a 所示方案一样，施加电场以迫使放射性核素向池中心移动。因此，要防止对地下水和周围土壤的污染。电动围栏适用于应急场所和任何其他放射性污染无法处理或清除的场所。此外，几种具有吸附能力的矿物质可用于在污染场地周围形成吸附栅栏。这种吸附栅栏可以与电动栅栏结合或单

独使用，通常使用具有高吸附能力并含有蒙脱石和伊利石等矿物的黏土地面来建造这些围栏。此外，还可采用由其他分散场地（从沙子到壤土）制成的人工防护围栏；这种场地的吸附能力预先通过增强化合物人工增强，例如草酸二氧化硅 - 氧化铝凝胶。这些化合物会降低栅栏的过滤能力并提高其吸附特性。

## 3 原位土壤淋洗

原位土壤淋洗是一种有机和 / 或无机污染物污染土壤的修复技术（He et al, 2015; Trellu et al, 2016）。将水或促进剂的水溶液泵入地下，水流有利于污染物的溶解并将他们运输到经中，随后水和污染物的混合物被抽出并处理。在处理过程中，污染物可以从水中被分离出来，因此水可以在土壤淋洗中重复使用（图 2-8）。该过程的有效性取决于几个因素，例如土壤渗流性、土壤分层和污染物可提取性 / 溶解性。可以根据土壤的物理化学特性和污染物选择几种促进剂，因此，可溶性无机盐可以使用普通水（Zhou et al, 2009）；而酸性溶液，可使用有机酸和其他络合剂去除重金属（Yun et al, 2015）；去除疏水性有机污染物需要使用表面活性剂或生物表面活性剂，以尽量减少对底土的影响（Cheng et al, 2017）。

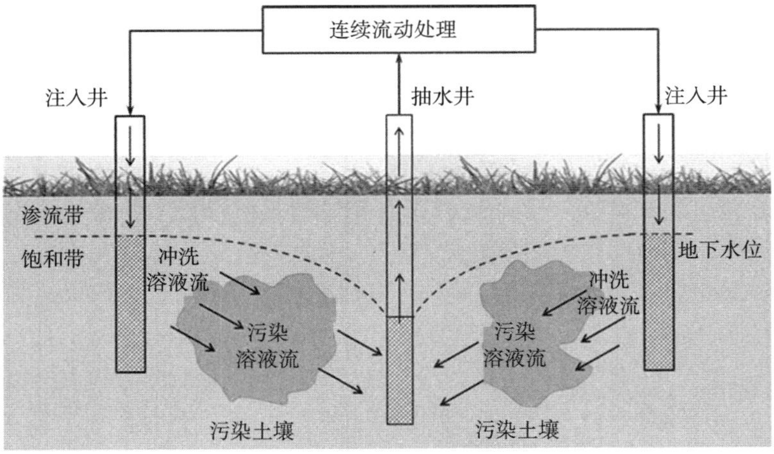


图 2-8　原位土壤淋洗

土壤淋洗已作为一种修复受放射性核素污染土壤的技术（Cameselle, 2015b）。Bea 等（2004）研究了受 $^{137}Cs$ 污染的土壤的修复替代方案。Cs 被强烈地吸附到黏土聚集体中，由于低渗流性，水通量可以忽略不计。土壤的流动部分（大孔）几乎不保留水和 Cs。Cs 的活化是通过用 K（如 KCl）冲洗与 K 交换来实现的。这些研究人员得出结论：冲洗是去除 Cs 的可行替代方案，但重要的是高速周期性渗流和排水，以及从独立细胞进行渗流以限制优先流动路径的影响，这将导致修复的不均匀。与 Cs 类似，Ishchenko 等（1990）发现水流能够在灌溉土壤中运输铀和钍。根据他们的研究结果，约为 68%~72% 的铀从犁层中浸出，而钍去除率约为 36%~41%。当未受污染的水冲过土壤时，铀迁移的距离可达 12 m，但钍仅为 6 m。这些结果证实了由于放射性核素与土壤基质的相互作用而导致的不同运输行为。Sims 等（1996）研究了铀在砂岩中的吸附和可逆性吸收的条件。铀的快速吸附意味着与岩石基质的强烈相互作用。发现吸附过程高度依赖于浓度，并且在相对较短的时间内达到饱和。通过注入镉和盐水冲洗对铀的解吸进行了研究。大部分铀很容易回收，但一小部分在冲洗时释放得非常缓慢，这表明已转化为更稳定的形式。

放射性核素与土壤的物理化学相互作用是修复受污染土壤的限制因素，但当目标是固定和限制放射性核素时，此信息可用于设计吸附系统以保留放射性核素（Van et al, 2004）。

## 4 固化和稳定化

通过固化和稳定化修复污染土壤是指一系列倾向于将污染物固定在原始位置而不是降解、破坏或去除它们的技术。尽管污染物被保留在同一位置，但它们不会在环境中显示出负面影响，因为它们保持在固相状态，在间隙水中只有少量溶解。因此，污染物被固定在固相中并且它们不是生物可利用的（Kogbara, 2014）。例如，Qi 等（2015）报道了用于固定各种金属和放射性核素的介孔硅酸钙材料的制备。他们指出当流体通过硅酸钙材料后 Co 和放射性核素被完全去除，硅酸钙材料是限制放射性核素污染物的极好屏障。吸收放射性核素达到饱和的材料最终可以使用固化工艺处理，使其形成陶瓷或玻璃陶瓷材料，以确保放射性核素在送往垃圾填埋场之前被固定（Guo et al, 2017）。

使用水泥或水泥类材料进行固化稳定化是处理放射性核素污染土壤的一个有趣过程（Falciglia et al, 2013）。使用不同的波特兰水泥和重晶石骨料在不同土壤：黏合剂比例下的黏合剂混合物稳定 / 固化土壤中的氧化钍。结果表明，与未经处理的土壤相比，钍被很好地固定，γ 辐射被显著抑制。de-Freitas 和 Al-Tabbaa（2013）提出了使用低 pH 水泥来胶结中等强度放射性废物。他们声称，超碱性孔隙水会损害波特兰水泥固化稳定化的有效性。此外，波特兰水泥的制造也会产生大量 $CO_2$ 排放。低 pH 水泥更适合环境，并已成为核废料固化稳定化的潜在替代品。这些研究人员指出，活性氧化镁和磷酸镁水泥在降低渗流性、更高密度和控制酸碱反应的能力方面具有显著的优势。

Falciglia 等（2014）测试了重晶石骨料强化波特兰水泥胶结氧化钍污染土壤的作用。受到钍污染的土壤成功地被限制在水泥材料中，并且在较高的结合材料比例下获得了最佳结果，这得益于重晶石骨料的使用，该骨料可显著抑制 γ 辐射并显著减少污染物浸出。重晶石骨料的唯一缺点是会导致水泥材料的力学性能略有降低。Falciglia 等认为对于低浓度放射性核素污染的土壤，这是一种很好的替代修复技术（Falciglia et al, 2015）。

## 5 玻璃化

玻璃化是一种将受污染土壤转化为玻璃状材料的修复技术（Yuan et al, 2017）。受污染的土壤通过污染场地周围的一组电极直接向土壤施加电流而被加热。温度必须高于 1 000 ℃才能达到土壤成分的熔点。金属和其他无机污染物被困在玻璃状材料中，而有机污染物被焚烧或挥发并收集在处理点上方的通风橱中（图 2-9）。Taylor-Pashow 等（Taylor-Pashow et al, 2017）研究了低活性废物的玻璃化。废物中的主要放射性核素是锝（$^{99}Tc$）。他们通过使用氯化亚锡从废气过程的冷凝物流中还原沉淀来去除 Tc。尽管 Taylor-Pashow 等表示，在大规模应用这项技术之前，还需要进行更多的研究，但初步结果表明 Tc 的分离和固定效果令人满意。

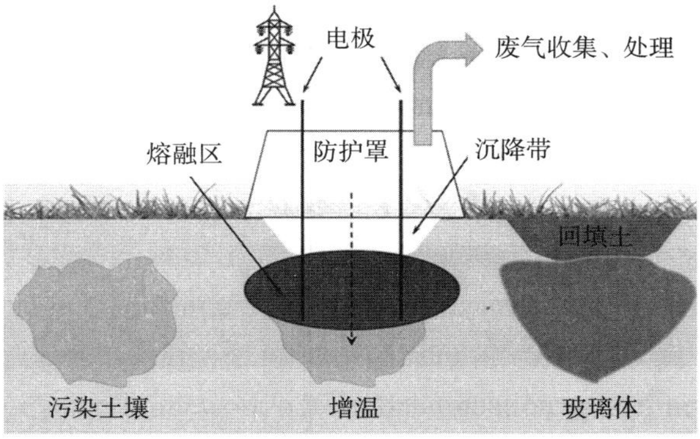


图 2-9 污染土壤原位玻璃化

Yuan 等（Yuan et al, 2017）通过微波加热（1 200 ℃）模拟了放射性污染土壤的玻璃化。对最终材料的分析表明，微波烧结具有无定形结构，而通过常规烧结技术检测到结晶型二氧化硅结构。Yuan 等认为，在放射性污染土壤的玻璃化中，微波技术比传统的烧结方法可更好地进行玻璃固化。

总体而言，玻璃化是一种可应用于含有机和无机污染物的污染场地的修复技术，是一种很好的替代处理含有放射性核素的土壤和废物的方法。其主要优点是原位应用、处理时间短、无机污染物的良好稳定性和有机物的去除；主要缺点是能量需求高。

## 6 结论

电动力学修复是一种经过验证的可用于去除土壤、沉积物和其他固体材料中的有机和无机污染物的技术。已经测试了电动力学修复从土壤和核废料中去除放射性核素，在大规模操作中取得了令人期待的结果。添加促进剂和在阴极上控制 pH 以避免碱性环境，明显提高了该过程的效率。考虑到已有文献报道的研究成果，有必要测试能够提取并保持在溶液中的放射性核素的新型促进剂，以便它们在电场的作用下可以迁移。各种修复技术的组合可以通过两种（或更多）耦合技术的协同效应来增强放射性核素的去除。因此，土壤淋洗和电动力学的结合在实验室和中试规模测试中产生了非常有希望的结果。土壤淋洗能够去除放射性核素的可溶性和可交换部分，而电动力学可以调动和提取与土壤结合更好的其他放射性核素部分。原位土壤淋洗、固化和稳定化及玻璃化是去除放射性核素的替代物理化学技术。人们普遍认为，它们主要适用于中、低浓度放射性核素污染的土壤。

## 参考文献

Bea S A, Carrera J, Soler J M, et al. (2004). Simulation of remediation alternatives for a $^{137}Cs$ contaminated soil. Radiochim Acta De Gruyter, 92:827-833.

Belhadj B, Cameselle C, Akretche D E. (2014). Physico-chemical effects of ion-exchange fibers on electrokinetic transportation of metal ions. Sep Purif Technol, 135:72-79.

Cameselle C. (2015a). Enhancement of Electro-Osmotic flow during the electrokinetic treatment of a contaminated soil. Electrochim Acta, 181:31-38.

Cameselle C. (2015b). Electrokinetic remediation and other physico-chemical remediation tech- niques for in situ treatment of soil from contaminated nuclear and NORM sites. In: Velzen L V (ed). Environmental remediation and restoration of contaminated nuclear and norm sites. Elsevier, Cambridge:161-184.

Cameselle C, Pena A. (2016). Enhanced electromigration and electro-osmosis for the remediation of an agricultural soil contaminated with multiple heavy metals. Proc Saf Environ Prot, 104:209-217.

Cameselle C, Reddy K R. (2012). Development and enhancement of electro-osmotic flow for the removal of contaminants from soils. Electrochim Acta, 86:10-22.

Chen S Y, Moeller D W, Dornsife W P, et al. (2005). Toward the framework and implementation for clearance of materials from regulated facilities. Health Phys, 89:115-126.

Cheng M, Zeng G, Huang D, et al. (2017). Advantages and challenges of Tween 80 surfactant-enhanced technologies for the remediation of soils contaminated with hydrophobic organic compounds. Chem Eng J, 314:98-113.

Cortner H J. (2000). Making science relevant to environmental policy. Environ Sci Policy, 3:21-30.

de-Freitas R M, Al-Tabbaa A. (2013). Development of low-pH cements for immobilisation of intermediate level radioactive waste: Achievements and challenges. In: Proceeding of ASME，2013, 15th international conference on environmental remediation and radioactive waste man- agement, Brussels, Belgium.

Falciglia P P, Cannata S, Pace F, et al. (2013). Stabilisation/solidification of radionuclides polluted soils: A novel analytical approach for the assessment of the γ-radiation shielding capacity. Chem Eng Trans, 32:223-228.

Falciglia P P, Cannata S, Romano S, et al. (2014). Stabilisation/solidification of radio-nuclide polluted soils, Part I: Assessment of setting time, mechanical resistance, γ-radiation shielding and leachate γ-radiation. J Geochem Explor, 142:104-111.

Falciglia P P, Puccio V, Romano S, et al. (2015). Performance study and influence of radiation emission energy and soil contamination level on γ-radiation shielding of stabilised/solidified radionuclide-polluted soils. J Environ Radioact, 143:20-28.

Frizon F, Lorente S, Ollivier J P, et al. (2003). Transport model for the nuclear decontamination of cementitious materials. Comput Mater Sci, 27:507-516.

Frizon F, Lorente S, Auzuech C. (2005). Nuclear decontamination of cementitious materials by electrokinetics: An experimental study. Cem Concr Res, 35:2 018-2 025.

Guerrero L A, Maas G, Hogland W. (2013). Solid waste management challenges for cities in developing countries. Waste Manag, 33:220-232.

Guo B, Sasaki K, Hirajima T. (2017). Solidification of ettringite after uptaking selenate as a surrogate of radionuclide in glass-ceramics by using industrial by-products. J Mater Sci, 52:12 999-12 913,011.

He F, Gao J, Pierce E, et al. (2015). In situ remediation technologies for mercury-contaminated soil. Environ Sci Pollut Res, 22:8 124-8 147.

Ishchenko G S, Butnik A S, Ratopchina V A. (1990). Migration of uranium and thorium resulting from soil leaching and irrigation. Sov Soil Sci, 22:1-6.

Khan F I, Husain T, Hejazi R. (2004). An overview and analysis of site remediation technologies. J Environ Manage, 71:95-122.

Kim G N, Oh W Z, Won H J, et al. (2003). Removal of cesium and cobalt from soil around TRIGA reactor using electrokinetic method. J Ind Eng Chem, 9:306-313.

Kim G N, Jung Y H, Lee J J, et al. (2008). An analysis of a flushing effect on the electrokinetic-flushing removal of cobalt and cesium from a soil around decommissioning site. Sep Purif Technol, 63:116-121.

Kim G N, Lee S S, Shon D B, et al. (2010). Development of pilot-scale electrokinetic remediation technology to remove $^{60}Co$ and $^{137}Cs$ from soil. J Ind Eng Chem, 16:986-991.

Kogbara R B. (2014). A review of the mechanical and leaching performance of stabilized/solidified contaminated soils. Environ Rev, 22:66-86.

Korolev V A. (2009). Electrokinetic removal of radionuclides. In: Reddy K R, Cameselle C (eds). Electrochemical remediation technologies for polluted soils, sediments and groundwater. Wiley, Hoboken:127-139.

Korolev V A, Barkhatova Y, Shevtsova E. (2007). Electrokinetic remediation of the radionuclide contaminated soils. In: Proceedings of 6th symposium on electrokinetic remediation. EREM, 2007, Vigo, Spain:169-170.

Kuppusamy S, Palanisami T, Megharaj M, et al. (2016). Ex-situ remediation technologies for environmental pollutants: A critical perspective. Rev Environ Cont Toxicol, 236:117-192.

Li W C. (2014). Occurrence, sources, and fate of pharmaceuticals in aquatic environment and soil. Environ Pollut, 187:193-201.

Liu Y, Kong F, Santibanez Gonzalez EDR. (2017). Dumping, waste management and ecological security: Evidence from England. J Clean Prod, 167:1 425-1 437.

Lu Y, Song S, Wang R, et al. (2015). Impacts of soil and water pollution on food safety and health risks in China. Environ Int, 77:5-15.

Nekrasova M A, Korolev V A. (1997). Electrochemical cleaning of polluted soils. In: Proceedings of international symposium on engineering geology and the environment, organized by the Greek National Group of IAEG, Athens, Greece, 2:2 047-2 052.

Ottosen L M, Hansen H K, Jensen P E. (2009). Electrokinetic removal of heavy metals. In: Reddy K R, Cameselle C (eds). Electrochemical remediation technologies for polluted soils, sediments and groundwater. Wiley, Hoboken:95-126.

Pamukcu S. (2009). Electrochemical transport and transformations. In: Reddy K R, Cameselle C (eds). Electrochemical remediation technologies for polluted soils, sediments and groundwater. John, Hoboken:29-64.

Perera J. (2002). Waste control and management in Moscow. Nucl Eng Int, 47:39-41.

Prozorov L B, Shcheglov M Y, Nikolaevsky V B, et al. (2000). The influence of electric parameters on the dynamics of the electrokinetic decontamination of soils. J Radioanal Nucl Chem, 246:571-574.

Qi G, Lei X, Li L, et al. (2015). Preparation and evaluation of a mesoporous calcium-silicate material (MCsM) from coal fly ash for removal of Co(Ⅱ) from wastewater. Chem Eng J, 279:777-787.

Reddy K R, Cameselle C. (2009a). Electrochemical remediation technologies for polluted soils, sediments and groundwater. Wiley, Hoboken.

Reddy K R, Cameselle C (2009b). Overview of electrochemical remediation technologies. In: Reddy K R, Cameselle C (eds). Electrochemical remediation technologies for polluted soils, sediments and groundwater. Wiley, Hoboken:1-28.

Ricart M T, Cameselle C, Lucas T, et al. (1999). Manganese removal from spiked kaolinitic soil and sludge by electromigration. Sep Sci Technol, 34:3 227-3 241.

Ricart M T, Hansen H K, Cameselle C, et al. (2004). Electrochemical treatment of a polluted sludge: Different methods and conditions for manganese removal. Sep Sci Technol, 39: 3 679-3 689.

Sims R C. (1990). Soil remediation techniques at uncontrolled hazardous waste sites. J Air Waste Manag Assoc, 40:704-732.

Sims R, Lawless T A, Alexander J L, et al. (1996). Uranium migration through intact sandstone: Effect of pollutant concentration and the reversibility of uptake. J Contam

Hydrol, 21:215-228.

Song B, Zeng G, Gong J, et al. (2017). Evaluation methods for assessing effectiveness of in situ remediation of soil and sediment contaminated with organic pollutants and heavy metals. Environ Int, 105:43-55.

Taylor-Pashow K M L, McCabe D J, Nash C A. (2017). Tc removal from the waste treatment and immobilization plant low-activity waste vitrification off-gas recycle. J Sep Sci Technol:1-10.

Trellu C, Mousset E, Pechaud Y, et al. (2016). Removal of hydrophobic organic pollutants from soil washing/flushing solutions: A critical review. J Hazard Mater, 306:149-174.

Van L, Soler J M, Müller W, et al. (2004). Anisotropic diffusion in layered argillaceous rocks: A case study with opalinus clay. Environ Sci Technol, 38:5 721-5 728.

Virkutyte J, Sillanpää M, Latostenmaa P. (2002). Electrokinetic soil remediation-critical overview. Sci Total Environ, 289:97-121.

Yang J W, Lee Y J. (2009). Electrokinetic removal of PAHs. In: Reddy K R, Cameselle C (eds). Electrochemical remediation technologies for polluted soils, sediments and groundwater. Wiley, Hoboken:195-217.

Yasunari T J, Stohl A, Hayano R S, et al. (2011). Cesium-137 deposition and contamination of Japanese soils due to the Fukushima nuclear accident. Proc Natl Acad Sci USA, 108: 19 530-19 519.

Yu J W, Neretnieks I (1997). Theoretical evaluation of a technique for electrokinetic decontamination of soils. J Contam Hydrol, 26:291-299.

Yuan X, Qing Q, Zhang S, et al. (2017). Vitrification of radioactive contaminated soil by means of microwave energy. AIP conference proceedings, 1820.

Yun S M, Kang C S, Kim J, et al. (2015). Evaluation of soil flushing of complex contaminated soil: An experimental and modeling simulation study. J Hazard Mater, 287:429-437.

Zhou J, Zheng X, Flury M, et al. (2009). Permeability changes during remediation of an aquifer affected by sea-water intrusion: A laboratory column study. J Hydrol, 376:557-566.

# 第 3 章　应用天然硅铝酸盐表面改性吸附剂修复放射性污染土地

Anna V. Voronina[1], Marina O. Blinova[1], Vladimir S. Semenishchev[1], Dharmendra K. Gupta[2]

## 1　引言

吸附法是一种具有前瞻性的放射性污染场地修复技术，包括净化天然水体和土壤中的放射性核素和减少放射性核素向农业植被的转移。对净化大量放射性污染的水和土壤、建立地球化学屏障和减少岩石圈中的放射性核素迁移，有必要使用适用且有效的吸附材料。在这些吸附剂中，天然铝硅酸盐是用于从天然水中分离放射性核素的最受关注的吸附剂。

在切尔诺贝利核事故发生后，研究人员有针对性地开发了利用天然铝硅酸盐修复放射性污染的技术。乌克兰的 Sokirnitskoye 矿床、西伯利亚和外高加索矿床的沸石，俄罗斯和白俄罗斯的膨润土或黏土对包括饮用水在内的各种天然水中 $^{137}Cs$、$^{134}Cs$、$^{90}Sr$ 和 $^{239}Pu$ 都有很好的吸附效果。沸石和黏土矿物（Ovchinnikov and Bezdenezhnykh, 1996；Campbell and Davies, 1997；Bondar, 1998；Misaelides, 2011）及复合吸附剂（Budarkov et al, 1994）被用于减少放射性核素铯和锶从土壤到农业植被的转移。由于添加了天然吸附剂，放射性 $^{137}Cs$ 和 $^{90}Sr$ 从土壤向植物的转移减少了 100%~150%（Katsnelson et al, 1983）。此外，吸附剂改善了土壤的农业化学特性，促进了根系的发育和植物的生长。

与其他铝硅酸盐相比，斜发沸石对铯和锶具有较高的吸附亲和力，具有较强的机械特性及耐酸碱稳定性。Tarasevich（1981, 1996）研究了斜发沸石对重金属和过渡金属离子的选择性吸附性能。海绿石是一种广泛分布的矿物，可用作环境修复的天然吸附剂。Tretyakov（2002）研究了海绿石浓缩物对饮用水（自来水）和俄罗斯别洛亚尔斯克核电厂冷却池水中 $^{90}Sr$ 和 $^{137}Cs$ 的吸附。海绿石从水溶液中吸附 $^{137}Cs$ 和 $^{90}Sr$ 的程度取决于

1　A. V. Voronina (✉), M. O. Blinova , V. S. Semenishchev
乌拉尔联邦大学物理技术学院放射化学与应用生态系，俄罗斯叶卡捷琳堡（Radiochemistry and Applied Ecology Department, Physical Technology Institute, Ural Federal University, Ekaterinburg, Russia）

2　D. K. Gupta
汉诺威戈特弗里德·威廉·莱布尼茨大学放射生态学与辐射防护研究所，德国汉诺威（Institut für Radioökologie und Strahlenschutz (IRS), Gottfried Wilhelm Leibniz Universität Hannover, Hannover, Germany）

矿物结构中云母和蒙脱石相之间的比例。随着溶胀夹层百分比的增加，对锶的吸附量增加，而对铯的吸附量减少。

天然吸附剂是廉价且适用的吸附材料，但它们的吸附容量和机械强度均较低。此外，天然吸附剂对放射性核素的吸附是可逆的，这可能导致放射性核素脱附重新回到土壤或水中。因此开发和改进制备价廉、有效且具有生物相容性吸附剂的方法对于放射性污染土地的修复非常有意义。

本章对基于天然硅铝酸盐（海绿石和斜发沸石）的亚铁氰化物表面改性吸附剂的特性数据进行了梳理，这对于使用这些吸附剂修复放射性污染土地很重要。通过对来自俄罗斯车里雅宾斯克地区 Karinskoye 矿床的天然海绿石（Nat-Gl）和来自俄罗斯赤塔地区 Shivertooyskoye 矿床的天然斜发沸石（Nat-Cl）进行表面改性，获得了混合的亚铁氰化镍钾（NPF）和亚铁氰化铁钾（IPF）。

## 2 修复受放射性污染土地吸附材料的要求

（1）吸附剂应该是环保的并且与环境相容的。

（2）吸附剂在存在类似离子的情况下对放射性核素应具有高交换容量和特异性，因为天然水和土壤溶液中的类似离子浓度很高，且明显超过放射性核素浓度。因此，存在放射性核素和类似离子的竞争吸附。

（3）与土壤和植物截获放射性核素的速率相比，吸附剂应具有更高的放射性核素吸附速率。

（4）吸附剂应该是保留放射性核素的可靠基质，以最大限度地减少放射性核素浸回污染介质。

（5）吸附剂生产技术应简单、价廉；这将允许使用这些吸附剂对大量放射性土壤和水进行净化。

具有以上这些特性的吸附剂可以有效地修复受污染的土地。

## 3 天然硅铝酸盐对铯和锶放射性核素的吸附特性和吸附容量

当吸附剂用于天然水体净化和土壤修复时，应考虑吸附材料的特异性和容量。放射性核素的高分配系数提供了对水介质的高度去污。如果放射性核素的吸附不是选择性的，吸附剂的吸附能力对于含有高浓度宏观成分（$Na^+$、$K^+$ 和 $Ca^{2+}$ 阳离子）的介质也很重要。

表 3-1 列出了天然硅铝酸盐及其亚铁氰化物吸附剂的基本吸附特性。从低矿化水（自来水）中获得铯和锶的分配系数（*Kd*）和静态交换容量（SEC）。自来水中主要离子浓度分别为：$K^+$ 3.6 mg/L、$Na^+$ 25.5 mg/L、$Ca^{2+}$ 40.0 mg/L、$Mg^{2+}$ 8.0 mg/L、Fe 1.8 mg/L、$Cl^-$ 16.5 mg/L、$SO_4^{2-}$ 52.5 mg/L。

**表 3-1　天然硅铝酸盐和亚铁氰化物吸附剂的铯和锶分配系数及静态吸附容量**

| 放射性核素类型 | 吸附剂 | 吸附位点数 | 亨利区 /（mg/L） | lg *Kd*/（mL/g） | SEC/（mg/g） |
|---|---|---|---|---|---|
| 铯 | Nat-Gl | 1 | $10^{-5}$~$10^{0}$ | 3.1 ± 0.4 | 15 ± 4 |
| | NPF-Gl | 2 | $10^{-7}$~$10^{0}$ | 5.0 ± 0.3 | 220 ± 23 |
| | | | $10^{2}$~$10^{3}$ | 2.4 ± 0.6 | |
| | Nat-Cl | 1 | $10^{-5}$~10 | 4.4 ± 0.5 | 21 ± 6 |
| | NPF-Cl | 3 | $10^{-7}$~$10^{-5}$ | 7.0 ± 1.0 | 500 ± 60 |
| | | | 5 × $10^{-5}$~$10^{0}$ | 5.7 ± 0.4 | |
| | | | $10^{2}$~$10^{3}$ | 3.2 ± 0.7 | |
| | IPF-Cl | 2 | $10^{-7}$~$10^{0}$ | 4.9 ± 0.3 | 500 ± 25 |
| | | | $10^{2}$~$10^{3}$ | 3.6 ± 0.6 | |
| 锶 | Nat-Gl | 1 | $10^{-5}$~$10^{0}$ | 1.9 ± 0.2 | 21 ± 2 |
| | NPF-Gl | 1 | $10^{-5}$~$10^{0}$ | 2.1 ± 0.3 | 37 ± 4 |
| | Nat-Cl | 1 | $10^{-5}$~$10^{0}$ | 3.4 ± 0.4 | 63 ± 6 |
| | NPF-Cl | 1 | $10^{-5}$~$10^{0}$ | 3.9 ± 0.4 | 560 ± 39 |

注：数据摘自 Voronina 等（2015a, b）。

与天然海绿石和斜发沸石相比，亚铁氰化物吸附剂对铯表现出更高的吸附特性和吸附容量。铯吸附实验还表明，基于天然硅铝酸盐的亚铁氰化物吸附剂是多功能的（Orlov et al, 2017）。表 3-1 还显示了在不同初始浓度溶液中获得的铯分配系数。NPF-Gl 和 IPF-Cl 吸附剂具有两种类型的吸附位点，而在 NPF-Cl 吸附剂中发现了 3 种类型的吸附位点。在铯初始浓度高达 1 mg/L 时（这对应于天然水中稳定铯的典型浓度范围），所有吸附剂均表现出最大的铯分配系数（Kulsky et al, 1980；Polyakov, 2007；Polyakov et al, 2015）。

天然硅铝酸盐和改性吸附剂对锶的吸附特性在误差范围内大致相同。不过，改性吸附剂对锶具有更高的静态吸附容量。

# 4　类似元素存在情况下对铯和锶吸附的选择性

不同矿化度的天然水体含盐成分可能有很大差异。对放射性核素去除来讲，含有放射性核素的海水、高度矿化的地下水和土壤溶液是完全不同的介质。使用选择性吸附剂分离放射性核素并保存相同的盐成分，可以在这些介质中获得较高的去污因子。

研究了基于天然铝硅酸盐（斜发沸石和海绿石）的亚铁氰化物吸附剂在 KCl、NaCl、$NH_4Cl$ 和 $CaCl_2$ 溶液中对铯的吸附选择性。在 $Ca^{2+}$ 离子阻断非选择性吸附位点的条件下，测定了天然和改性铝硅酸盐对铯的磨损边缘位点容量（FES）。在 0.000 5 mol/L KCl 或 $NH_4Cl$ 存在下测定放射性铯的截留电位（RIP）。表 3-2 显示了天然和改性铝硅酸盐对铯的选择性吸附参数。测定了相同吸附剂样品的静止交换容量和 FES，因此，可以评估由于亚铁氰化物对斜发沸石和海绿石样品的表面改性而导致的容量变化。表 3-1 和表 3-2 给出了来自不同方硅铝酸盐样品的数据，因此静态吸附容量的值也不同。通常，天然硅铝酸盐（如海绿石和斜发沸石）明显不均匀，可能导致它们的吸附特性不同。Slavkina 和 Babayev（2015）报道了 Shivertooyskoye 沉积层的斜发沸石的均匀性。表 3-1 中给出的容量值与托木斯克理工大学（俄罗斯）研究小组获得的来自 Shivertooyskoye 沉积层（0.19 mg-eq/g）的斜发沸石的值相似。

**表 3-2　天然和改性铝硅酸盐对铯的选择性吸附参数**

| 吸附剂 | SEC/（mg/g） | [FES]/（mg/g） | RIP(K)/（mmol/kg） | | RIP（$NH_4$）/（mmol/kg） | |
|---|---|---|---|---|---|---|
| | | | 1 d | 7 d | 1 d | 7 d |
| Nat-Gl | 114 ± 11 | 14.8 ± 1.5 | $1.6 \times 10^3$ | $8.6 \times 10^3$ | $4.3 \times 10^3$ | $6.0 \times 10^3$ |
| NPF-Gl | 211 ± 15 | 138 ± 14 | $3.8 \times 10^3$ | $6.1 \times 10^3$ | $1.3 \times 10^3$ | $4.9 \times 10^3$ |
| Nat-Cl | 224 ± 28 | 135 ± 10 | $8.8 \times 10^2$ | $2.1 \times 10^3$ | $1.6 \times 10^3$ | $2.3 \times 10^3$ |
| NPF-Cl | 402 ± 28 | 136 ± 12 | $3.3 \times 10^3$ | $5.0 \times 10^6$ | $2.9 \times 10^3$ | $7.0 \times 10^3$ |

注：数据摘自 Kulyaeva 和 Voronina（2016，2017）。

混合亚铁氰化镍钾对海绿石的表面改性使 [FES] 增大，而改性的斜发沸石仅观察到 SEC 增大。此外，与天然铝硅酸盐相比，改性铝硅酸盐的 RIP(K) 值明显更高。NPF-Cl 吸附剂的 RIP(K) 达到 $5.0 \times 10^6$ mmol/kg，比 Nat-Cl 高 1 000 倍。NPF-G1 吸附剂的 RIP(K) 为 $6.1 \times 10^5$ mmol/kg，比天然海绿石高 100 倍。

根据公式（3-1）计算痕量铯和 $K^+$ 离子交换的选择性因子 $\alpha$（Popov et al, 2011），其中 $\alpha$（Cs/M）是铯和一价离子 $M^+$ 的选择性因子；[FES] 是磨损边缘位点的容量，mmol/kg。

$$\alpha\text{（Cs/M）=RIP（M）/[FES]} \qquad (3\text{-}1)$$

为了评估在大量钠存在下铯吸附的选择性，研究了从 NaCl 溶液中同时吸附 $^{137}Cs$ 和 $^{22}Na$ 过程。根据公式（3-2）计算分离因子 $Fs$（Cs/Na），式中 $Kd_{,Cs}$ 为铯的分配系数，L/kg；$Kd_{,Na}$ 为钠的分配系数，L/kg。

$$Fs\text{（Cs/Na）}=Kd_{,Cs}/Kd_{,Na} \qquad (3\text{-}2)$$

表 3-3 给出了海绿石和斜发沸石的天然和改性样品的选择因子和分离因子值。在钾和钠存在下 NPF-Cl 吸附剂对铯的选择性最高。文献中介绍了天然和改性铝硅酸盐的铯分配系数对宽浓度范围内 $K^+$、$Na^+$、$NH_4^+$ 和 $Ca^{2+}$ 浓度的依赖性（Voronina et al, 2013, 2017）。

表 3-3　在 $K^+$ 和 $Na^+$ 存在情况下对铯的吸附选择性

| 吸附剂 | *Fs*（Cs/K） | *Fs*（Cs/Na） |
|---|---|---|
| Nat-Gl | 78 | — |
| NPF-Gl | 58 | — |
| Nat-Cl | 2 | 2 |
| NPF-Cl | 4 892 | 250 |

注：数据摘自 Voronina 等（2017）。

## 5　天然硅铝酸盐吸附剂对放射性核素浸出的稳定性研究

天然硅铝酸盐吸附剂对铯和锶放射性核素的吸附是可逆吸附。例如，Petrova 等（2008）报道锶几乎完全从蒙脱石黏土中解吸。因此，研究吸附剂对放射性核素浸出的化学稳定性对于实际应用非常重要。在天然水体去污或土壤修复的条件下，吸附剂可能与各种矿化的天然水体、土壤溶液和雨水接触，导致放射性核素浸出。这个过程主要取决于溶液的矿物成分。

俄罗斯采用长期浸出技术（俄罗斯国家标准 52126-2003）从天然硅铝酸盐及其吸附剂中浸出了铯。其浸出剂中用到的水有：矿泉水（矿物含量 1.5 g/L）、淡水和雨水。将含有 600 Bq/g 的 $^{137}Cs$ 的饱和吸附剂样品转移到容器中，并用 25 mL 的浸出溶液填充。实验开始后分别于第 1、3、7、10、14、21 和 28 天采集浸出液，分析浸出液和冲洗溶液中 $^{137}Cs$ 的活度。通过获得的数据，计算铯从吸附剂中的浸出度和浸出率。

根据公式（3-3）计算浸出率（$R$）的值，

$$R=a/(A \cdot S \cdot t) \tag{3-3}$$

式中：$a$——浸出的放射性核素的活度（Bq）或质量（g）；

$A$——浸出前样品中放射性核素的初始活度（Bq/g）或浓度（g/g）；

$S$——样品的表面积，$cm^2$；

$t$——自最后一次浸出剂取样以来的浸出持续时间，d。

表 3-4 列出了饱和吸附剂样品中铯的浸出度和浸出速率。天然海绿石对各种水溶液对铯浸出的化学稳定性最低。海绿石和斜发沸石的表面改性导致铯浸出度显著降低。在 NPF-Cl 吸附剂的情况下，所有浸出液的铯浸出度不超 2%。此外，还观察到浸出剂中盐含量和组成对铯浸出度的影响。由于模拟离子的竞争影响，在矿泉水中观察到最高浸出度和浸出速率。与 NPF-Cl 和 NPF-Gl 吸附剂相比，IPF-Cl 吸附剂对铯浸出的稳定性较差，这可能是由于混合铁氰化钾相的稳定性较低造成的。

**表 3-4　饱和吸附剂样品中铯的整体浸出度和浸出率**

| 吸附剂 | 浸出度 /% | | | 浸出速率 / [ g/ ( cm · d ) ] | |
|---|---|---|---|---|---|
| | 雨水 | 淡水 | 矿泉水 | 淡水 | 矿泉水 |
| Nat-Cl | — | 6.5 | 24.7 | $2.4 \times 10^{-18}$ | $9.0 \times 10^{-18}$ |
| NPF-Cl | — | 1.6 | 2.0 | $2.0 \times 10^{-19}$ | $2.5 \times 10^{-19}$ |
| IPF-Cl | — | 1.8 | 17.8 | $2.6 \times 10^{-19}$ | $2.1 \times 10^{-18}$ |
| Nat-Gl | 28.8 | 41.6 | 63.4 | $6.7 \times 10^{-18}$ | $9.9 \times 10^{-18}$ |
| NPF-Gl | 6.6 | 14.6 | 1.5 | $3.7 \times 10^{-18}$ | $3.9 \times 10^{-18}$ |

注：数据摘自 Voronina 等（2015b）。

# 6　天然硅铝酸盐吸附剂修复放射性污染土地的生态安全研究

用于减少放射性核素从土壤转移到农业植物的吸附剂将与土壤溶液接触；因此，这些吸附剂不应因浸出而成为有毒化合物的来源。当基于天然硅铝酸盐的混合镍 - 钾和铁钾亚铁氰化物用于修复时，镍和亚铁氰化物离子浸出的评估很重要。根据土壤卫生规范（2.1.7.2041-06，2006），土壤中镍的最大允许浓度为 4.0 mg/kg，而铁和亚铁氰化物的浓度不受管制。因此，使用饮用水卫生规范 2.1.5.1315-03（2003）从亚铁氰化物离子浸出的角度对改性吸附剂的生态安全性进行近似评估。

根据这些规范，$[Fe(CN)_6]^{4-}$ 的浓度不应超过 1.25 mg/L。在接近放射性污染土地恢复条件的前提下，使用上述长期浸出技术评估了从改性吸附剂中浸出的镍和亚铁氰离子的量。

以弱矿化水为浸出剂，浸出时间为 28 天，吸附剂样品（200 mg）与 25 mL 浸出剂接触。分别在实验开始后第 1、7、14、21 和 28 天后更换浸出剂。测定每个渗滤液样品中镍和亚铁氰化物离子的浓度。以 1% 的二甲基乙二肟溶液为着色剂，过硫酸钾为氧化剂，采用比色法测定镍浓度，所有被分析的溶液都在 80 ℃ 的干燥箱中加热 15~20 min（Sandell, 1959）。利用 Fe( Ⅲ ) 作为 $Fe_4[Fe(CN)_6]_3$ 的胶体溶液通过比色法测定亚铁氰化物浓度（Lurye, 1973）。为了进行比较，还研究了基于斜发沸石的薄层亚铁氰化物（TL-NPF-Cl）和基于泥灰岩的亚铁氰化铁钾（IPF-Marl）两种吸附剂的镍和亚铁氰化物离子浸出。

表 3-5 给出了通过弱矿化水从基于硅铝酸盐的亚铁氰化物吸附剂样品中浸出镍的结果。结果表明，在整个使用期间，改性吸附剂 NPF-Cl 和 NPF-Gl 向土壤中的 Ni 浸出总程度不会超过最大允许浓度，分别为 3.4 和 3.1 mg/kg。相比之下，从薄层吸附剂 TL-NPF-Cl 中浸出的 Ni 的总浓度为土壤中最大允许浓度的 3 倍；因此，这种吸附剂不能用于放射性污染土地的修复。

表 3-6 和图 3-1，图 3-2 显示了亚铁氰化物从吸附剂浸出到弱矿化水中的结果。NPF-Cl 吸附剂 1 天的最大浸出值为 0.06 mg/g，NPF-G1 吸附剂为 0.03 mg/g。在雨后或灌溉后土壤湿度高达每千克土壤 1 L 水的情况下，土壤溶液中亚铁氰化物的最大浓度将分别为 0.6 mg/L 和 0.3 mg/L，没超过最大浓度允许浓度。

**表 3-5　亚铁氰化物吸附剂样品中镍的浸出**

| 吸附剂 | 浸出时间 /d | | | | | 从吸附剂中浸出的镍的质量 /（mg/g） |
|---|---|---|---|---|---|---|
| | 1 | 7 | 14 | 21 | 28 | |
| NPF-Cl | 0.05 | 0.08 | 0.09 | 0.08 | 0.05 | 0.34 |
| NPF-Gl | 0.03 | 0.08 | 0.08 | 0.07 | 0.05 | 0.31 |
| TL-NPF-Cl | 0.44 | 0.42 | 0.15 | 0.11 | 0.06 | 1.20 |

注：数据引自 Blinova（2017）。

**表 3-6　亚铁氰化物吸附剂样品中亚铁氰化物离子的浸出量**　　mg/g

| 吸附剂 | 浸出时间 /d | | | | |
|---|---|---|---|---|---|
| | 1 | 7 | 14 | 21 | 28 |
| NPF-Gl | 0 | 0.241 | 0.131 | 0 | 0 |
| NPF-Cl | 0.055 | 0.345 | 0.138 | 0 | 0 |
| IPF-Cl | 0.442 | 6.540 | 2.359 | 0.014 | 0.007 |
| TL-NPF-Cl | 0 | 0.159 | 0.097 | 0 | 0 |
| IPF-marl | 0.304 | 0.538 | 0.938 | 0.842 | 6 912 |

注：数据引自 Blinova（2017）。

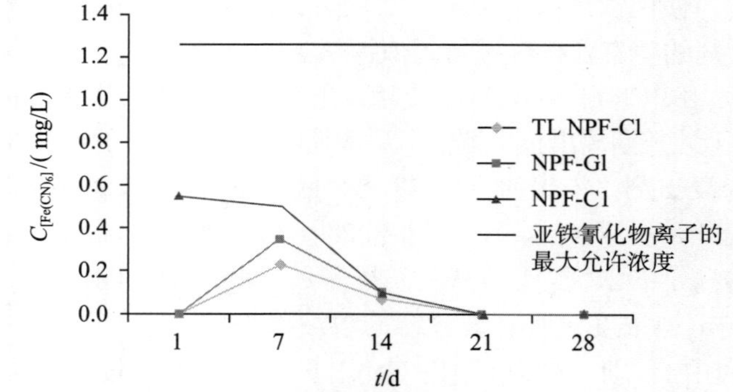


图 3-1　改性铝硅酸盐样品浸出亚铁氰化物

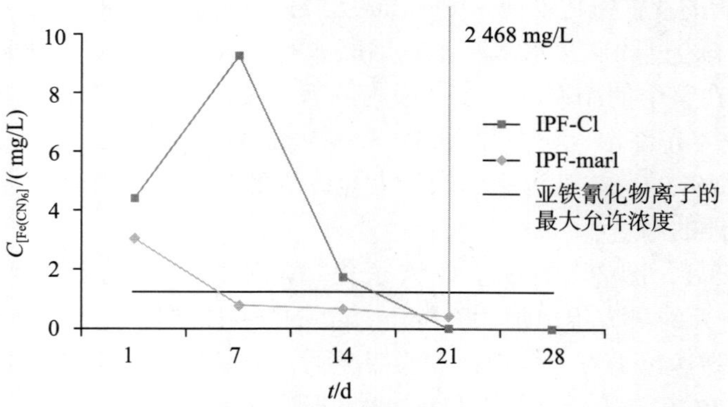


图 3-2　改性铝硅酸盐样品中的亚铁氰化物浸出

对于含有亚铁氰化铁钾的吸附剂，长时间接触后浸出到水中的亚铁氰化物浓度明显超过最大允许浓度。对于 IPF-Cl IPF-Marl 吸附剂，1 天浸出的亚铁氰化物的最大浓度分别为 9.3 mg/L 和 2 468 mg/L。因此，含有亚铁氰化铁钾的吸附剂显示出高的放射性铯和亚铁氰化物的浸出率，表明这些吸附剂的化学稳定性较低。这一事实可能是由亚铁氰化物离子中的铁从 Fe( Ⅱ ) 氧化为 Fe( Ⅲ ) 的过程决定的。因此，不推荐将斜发沸石和泥灰岩的混合铁 - 氰化亚铁钾用于放射性土壤的修复。

## 7　减少铯放射性核素从土壤到农业植被的转移

分别根据公式（3-4）和（3-5），基于植物中铯的累积因子（$K_a$）和在存在吸附剂的情况下从土壤到植物中的铯转移减少因子（$K_{tr.dec}$）评估修复效果的评估。

$$K_a=A_{veg}/A_{soil} \tag{3-4}$$

式中：$A_{veg}$——植物中放射性铯的比活度，Bq/g；

$A_{soil}$——土壤中放射性铯的比活度，Bq/g。

$$K_{tr.dec}=A_{control}/A_{veg} \tag{3-5}$$

式中：$A_{control}$——来自对照组植物的植物中放射性铯的比活度，生长在被 $^{137}Cs$ 污染土壤中，未添加吸附剂，Bq/g。

以天然硅铝酸盐的表面改性吸附剂可用于减少铯和锶从土壤转移到农业植被。土壤的矿物组成、土壤中有机物的数量和组成、土壤的湿度和粒度组成、吸附剂的理化特性及植物的种类都会影响放射性核素在土壤、土壤中溶液、植物和吸附剂之间的分布。以每 100 g 土壤中阳离子吸附容量为（54.5 ± 1.3）mg-eq，且有机质浓度为 5.5% 的高阳离子吸附容量的黏土为表面改性吸附剂，考察了其对减少 $^{137}Cs$ 从土壤转移到农业植被中的影响。

土壤中铯的活度为（300 ± 20）Bq/g。在实验中，使用了两种方法将吸附剂添加到土壤中。在第一种方法（混合）中，吸附剂定期与污染土壤混合，之后将燕麦的种子播种在土壤中。在第二种方法（表面添加）中，在播种后将吸附剂添加到土壤表面。为了比较，设置相同植物在不添加吸附剂的相同条件下生长的对照组。之后，灌溉土壤以获得稳定的湿度。燕麦在受污染的土壤中生长了 21 天后收获燕麦。收获后，将样品在 65 ℃的烘箱中干燥 1 h 并称重取平均值；通过 γ 光谱法测量植物中铯的比活度。图 3-3 和图 3-4 显示了燕麦中的铯、从土壤到燕麦中的铯的累积因子（$K_a$）和铯转移减少因子（$K_{tr.dec}$）的值。

结果表明，与改性铝硅酸盐相比，天然硅铝酸盐存在时铯转移因子显著降低。添加天然硅铝酸盐不能独立于添加吸附剂（混合或表面添加）对土壤溶液进行有效净化。天然铝硅酸盐的低 $K_{tr.dec}$ 取决于它们对铯的低特异性、土壤溶液中宏观元素的竞争吸附以及铯吸附的可逆性。所得结果与黏土矿物在放射性污染土地恢复中的实际应用结果吻合较好。将这些矿物质添加到轻质土壤中的 $K_{tr.dec}$ 为 1.5~3.0；在其他类型的土壤中，铯的转移没有减少（Sanzharova et al, 2005；Zubets et al, 2011）。

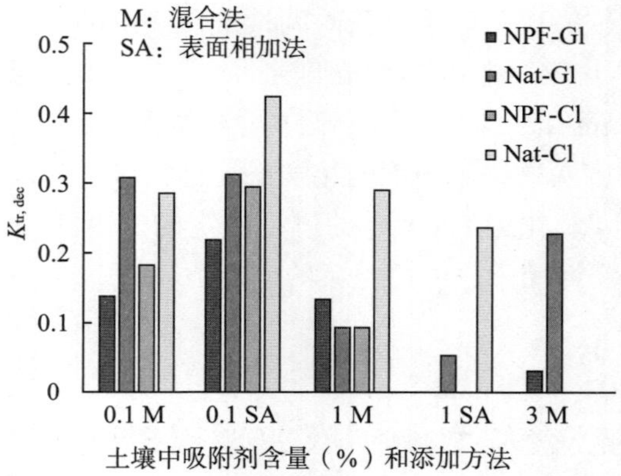


图 3-3　燕麦中 $^{137}Cs$ 积累因子与土壤吸附剂含量和添加方法的依赖关系

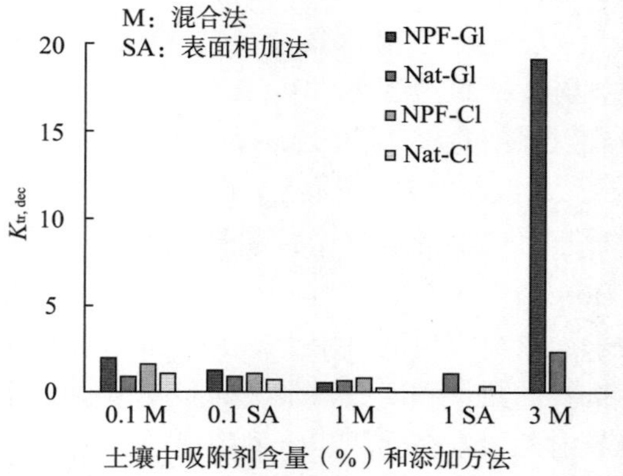


图 3-4　燕麦的铯转移因子对土壤中吸附剂浓度的依赖性

在混合添加质量分数 3% NPF-Gl 的情况下，获得铯转移因子的最高值为 19.1 ± 0.8。该方法的有效性超过了文献中描述的其他方法。

## 8　结论

研究结果表明，基于天然硅铝酸盐（NPF-Cl 和 NPF-Gl）的亚铁氰化物吸附剂满足用于修复放射性污染土地的吸附材料的以下要求：

（1）吸附剂基于天然载体，对环境无害。其整个使用期间从改性样品 NPF-Cl 和 NPF-Gl 浸出到土壤中的镍和亚铁氰化物离子的总程度不会超过俄罗斯的允许限值。

（2）吸附剂对类似离子具有高吸附容量和选择性。NPF-Gl 吸附剂的 RIP(K) 为 $6.1 \times 10^5$ mmol/kg，NPF-Cl 吸附剂为 $5.0 \times 10^6$ mmol/kg。他们对铯的静态交换容量分别为（220 ± 23）和（500 ± 60）mg/g；对于锶，这些值分别为（37 ± 4）和（560 ± 39）mg/g。

（3）吸附剂具有放射性铯浸出度和浸出率。浸出 7 天后，饱和吸附剂中铯浸出到 1.5 g/L 矿化水中的含量为每天 0.05%；30 天总浸出度不超过 2%。

（4）生产这些吸附剂的技术简单且成本低。

（5）除了使天然水去除放射性外，吸附剂还可用于减少铯从土壤到农业植被的转移。正如在黏土上显示的那样，$^{137}Cs$ 转移到燕麦中的减少因子为 19.1 ± 0.8。

因此，NPF-Gl 和 NPF-Cl 吸附剂对于实现放射性污染土地修复的吸附是有意义的。

## 参考文献

Blinova M O. (2017). Ferrocyanide sorbents based on natural aluminosilicates foe rehabilitation of radioactively contaminated territories. PhD thesis, Ural Federal University, Ekaterinburg.

Bondar P F. (1998). About the assessment of efficiency of sorbents as means of radionuclides retention in soils. Rad Biol Radioecol, 2:267-272.

Budarkov V A, Mayakov E A, Torubarova A A, et al. (1994). Method of caesium radionuclides transfer decreasing from soil to vegetation. Russian Federation Patent No.2013913.1994-06-15.

Campbell L S, Davies B E. (1997). Experimental investigation of plant uptake of caesium from soils amended with clinoptilolite and calcium carbonate. Plant Soil, 189:65-74.

Hygienic norms 2.1.5.1315-03. (2003). Maximal permissible concentrations of chemical agents in water of water bodied used for drinking and domestic purposes.

Hygienic norms 2.1.7.2041-06. (2006). Soil, decontamination of populated areas, industrial and domestic waste, sanitary protection of soils. Maximal permissible concentrations of chemical agents in a soil.

Katsnelson Y Y, Sklyarova E S, Likhachyov V A, et al. (1983). Using of natural sorbents from Rostov region deposits for ecological remediation of lands being under high anthropogenic impact. Radiochemistry, 2:111-121.

Kulsky L A, Goronovsky I T, Koganovsky A M, et al. (1980). Handbook on properties, analytical methods and decontamination of water. Naukova Dumka, Kiev, USSR.

Kulyaeva I O, Voronina A V. (2016). Parameters of selective sorption of $^{137}Cs$ by natural and modified aluminosilicates. Abstracts of the Symposium Chernobyl: 30 years after the acci- dent the International Conference of Students, Post-Graduates and Young Scientists Lomonosov-2016: 54.

Kulyaeva I O, Voronina A V. (2017). Selectivity of sorption of $^{137}Cs$ by natural and modified aluminosilicates in presence of $Na^+$ ions. Abstracts of the IV international youth scientific conference: physics technology innovation PTI-2017:121-122.

Lurye Y Y. (1973). Unified methods of water analysis. Chemistry, Moscow, USSR.

Misaelides P (2011). Application of natural zeolites in environmental remediation: a short review.mMicropor Mesopor Mat, 144:15-18.

Orlov P A, Voronina A V, Blinova M O, et al. (2017). Modeling statics and kinetics of $^{137}Cs$ sorption by modified aluminosilicates from aqueous solutions of various chemical compositions. AIP Conf Proc, 1886:020058.

Ovchinnikov N A, Bezdenezhnykh V S. (1996). Method of soils rehabilitation. Russian Federation Patent NO.2064748. 1996-08-10.

Petrova M A, Flowers A G, Krip I M, et al. (2008). Sorption of Sr on clay minerals modified with ferrocyanides and hydroxides of transition metals. Radiochemistry, 50:502-507.

Polyakov E V (2007). Behavior of ionic and colloid forms of microelements in colloidal chemical extraction from humic acid solutions. Radiochemistry, 49:432-438.

Polyakov E V, Volkov I V, Khelbnikov N A. (2015). Competitive sorption of cesium and other microelements onto iron(Ⅲ) hexacyanoferrate(Ⅱ) in the presence of humic acids. Radiochemistry, 57:161-171.

Popov V E, Il'icheva N S, Stepina I A, et al. (2011). Influence of the potassium and ammonium ion concentrations on the selective sorption of $^{137}Cs$ by illite and clinoptilolite. Radio- chemistry, 53:97-102.

Russian State Standard R 52126-2003. (2003). Radioactive waste. Determination of chemical stability of solidified high-level radioactive waste using the continuous leaching.

Sandell E B (1959). Colorimetric determination of traces of metals, 3rd edn. Revised and Enlarged. Interscience Publishers Inc., New York.

Sanzharova N I, Sysoeva A A, Isamov N N, et al. (2005). Chemistry role in remediation farming land being under radioactive pollution. Russ Chem J, 49:26-34.

Slavkina O V, Babayev B B. (2015). Obtaining and study of characteristiCs of selective inorganic sorbents. In: Proceedings of the Russian scientific conference of physicists students and young scientists (VNKSF-21). http://asf.ural.ru/VNKSF/tezis_v6/4/1.htmL.

Tarasevich Y I. (1996). Use of natural sorbents as a deactivation agent during the elimination of the consequences of Chernobyl disaster. Water Chem Technol, 2:127-131.

Tarasevich Y I. (1981). Prirodnye sorbenty v protsessakh ochistki vody (Natural sorbents in processes of water treatment). Naukova Dumka, Kiev.

Tretyakov S Y. (2002). Sorption of 90Sr and $^{137}Cs$ on natural sorbents in model environmental systems. Radiochemistry, 43:93-95.

Voronina A V, Semenishchev V S, Savchenko M O, et al. (2013). Approaches to rehabilitation of radioactive contaminated territories. J Chem Technol Biotechnol, 88:1 606-1 611.

Voronina A V, Blinova M O, Kulyaeva I O, et al. (2015a). Sorption of cesium radionuclides from aqueous solutions onto natural and modified alumino- silicates. Radiochemistry, 57:446-452.

Voronina A V, Blinova M O, Semenishchev V S, et al. (2015b). Returning land contaminated as a result of radiation accidents to farming use. J Environ Radioact, 144:103-112.

Voronina A V, Gorbunova T V, Semenishchev V S. (2017). The effect of the synthesis method on the parameters of pore structure and selectivity of ferrocyanide sorbents based on natural minerals. J Radioanal Nucl Chem, 312:241-254.

Zubets M V, Prister B S, Alexakhin R M, et al. (2011). Urgent problems and tasks of scientific support of farming in radioactively contaminated zone of Chernobyl NPP. Agroecol J, 1:5-20.

# 第 4 章　自足型放射性污染物去污区的物理化学基础——竞争性吸附

Evgeny V. Polyakov, Aleksey A. Ioshin, Ilya V. Volkov

## 1　介绍

20 世纪核试验、核武器的使用（González, 1998）及尚不完善且复杂的核能利用（Gonzalez, 1996；Yadigaroglu, 2012）产生的全球放射性核素沉降，对天然物、土壤和水体表面造成了严重污染。为应对全球放射性污染威胁，学者们首先研究了针对水体和土壤的核素去污方法。目前已积累了较多针对水体的核素去污经验，但针对土壤的经济、高效的核素去污方法仍是一个难题（Warner and Harrison, 1993；Ding et al, 2016）。研究者们已提出了一些针对土壤放射性核素和重金属的无试剂处理（Nikulina, 2016）、化学试剂处理（Hamby, 1996；Streletskaya, 2003）及二者结合（Valcke et al, 1997；Maslova et al, 2013）的去污方法。然而，目前尚没有一种核去污技术可以同时兼顾实现经济、高效及环境友好（Ding et al, 2016）。无试剂处理方法在这方面最具前景，基于该方法，可以通过浓缩最具吸附活性的黏土（含量约占土壤总质量的 15%）来实现污染指数为 10 左右黏土的去污（Nikulina, 2016）。对于辐射污染程度较低的土壤，可采用耕翻及挖掘表面土壤的方法进行去污；为防止长半衰期放射性核素向土壤迁移，通常利用石灰固定土壤中的 $^{90}$Sr，并使用钾肥来控制 $^{137}$Cs 的离子交换吸附（Guillen et al, 2008）。化学试剂处理方法包括对土壤进行高压水处理（Kato, 2015）、土壤表面活性物质浮选处理以实现放射性核素的电迁移分离（Veshev et al, 1996；Chirkst et al, 2001；Sanzharova et al, 2005）。由于 $^{90}$Sr 和 $^{137}$Cs 主要被黏土矿物固定，因此基于这些放射性核素离子交换解吸的放射性去除技术更具前景，该技术利用含有高交换能力的阳离子 [ 如 Fe( Ⅲ )] 盐溶液（Chirkst et al, 2001；Streletskaya, 2003）。此外，还可利用微生物菌株和植物吸附剂处理土壤放射性核素（Vandana et al, 2000；Sasaki and Takeno, 2014）。由于土壤放射性去除技术的大规模应用，通过在土壤中添加吸附剂来对放射性核素进行吸附固定的方法对控制土壤放射性核素的行为具有越来越重要的意义（Wauters et al, 1996a, b；Valcke et al, 1997）。

吸附剂的作用是在“土壤物质 - 土壤溶液 - 吸附剂 - 植物根系”系统中与植物对放

E. V. Polyakov ( ✉ ), A. A. Ioshin, I. V. Volkov
俄罗斯科学院乌拉尔分院固态化学研究所物理化学分析方法实验室，俄罗斯叶卡捷琳堡（Laboratory for Physicochemical Analytical Methods, Institute of Solid State Chemistry,Ural Branch Russian Academy of Sciences, Ekaterinburg, Russia）e-mail: polyakov@ihim.uran.ru；mr.kj@uralweb.ru；Ilyavolkov@ihim.uran.ru

射性核素的吸收形成竞争吸附，可利用静态和动态相互作用的物理化学模型定量分析这种多组分系统。该模型在朗缪尔理论（Langmuir）框架内，主要是基于多相离子交换定律、选择性常数及矿物吸附剂吸附不均匀性的概念（Langmuir, 1916；Brunauer et al, 1938；Sips, 1948；Elovich and Larionov, 1962）。

随着研究人员对土壤成分吸附现象的认识愈发深入，放射性污染防治技术也随之发展。Cremers 和 Wauters 等课题组的工作很大程度上解释了自然环境中放射性污染物分布的吸附规律（Cremers et al, 1988；Wauters et al, 1996a, b）。通过统计不同类型土壤的吸附特性，可以对土壤中的 Cs 分配系数值进行先验估计（Cremers et al, 1988）。由于土壤吸附中心具有选择性和离散性，以及伊利石对 Cs 离子的高度选择性吸附中心的存在，产生了 $^{137}$Cs 放射性截留势（RIP）的概念。RIP 是由于硅酸盐相对于高选择性中心的容量和 Cs(I) 相对于 K(I) 的选择性系数在普通和高选择性中心上交换而产生的（Cremers et al, 1988；Wauters et al, 1996a；Sanzharova et al, 2005）。利用 RIP 可以依据 Cs 离子的化学组成来估计其在土壤溶液和土壤之间的分配系数 $K_d$，也可用来表征阳离子（$Cs^+$-$K^+$, $Cs^+$-$NH_4^+$）对吸附中心的竞争（Wauters et al, 1996b），这使得研究人员可以根据含有几种竞争性吸附剂的吸附系统中微量元素的竞争性吸附来考虑去污过程，如土壤（吸附剂 1）- 膨润土（吸附剂 2）- 铯放射性同位素土壤溶液 - 植物（Vandenhove et al, 2005）。为防止放射性核素从土壤转移到植物中，将吸附剂（膨润土）置于受污染的土壤中，这种吸附剂在（Cs/K）的 RIP 值方面优于竞争吸附剂（土壤和植物），因此竞争性吸附剂将抑制或拦截放射性核素在土壤 - 溶液 - 植物系统中的转移。

利用植物抑制吸附可能会给土壤带来更深层次的放射性污染，因此用这种方法处理后，为去除土壤放射性核素，还需要从土壤中分离出具有吸附性放射性核素的膨润土颗粒。但土壤中吸附剂颗粒会不可避免地发生降解（由于土壤中腐殖质和微生物、大气中水分和肥料作用下的分散、相变及化学成分的改变），将导致土壤的二次污染，因此从具有高吸附亲和力的吸附剂中分离放射性核素相比该方案初始阶段的去污是一个更复杂的吸附问题（Vandenhove et al, 2005）。

为了发挥竞争吸附法作为净化材料、天然土壤及人工材料工具的潜力，首先可以考虑在简单的竞争系统模型中从非均相平衡和微量元素转移动力学的角度考虑固体去污，这是比较容易的。该模型包含吸附微量元素的材料、从材料向周围环境运输微量元素的电解质水溶液和能够与污染材料竞争微量元素的人工吸附剂。将去污因子作为因变量，是一个对基于自我维持竞争吸附和绿色化学原理的天然和合成离子交换材料去污技术更容易理解的视角（Polyakov, 2012；Polyakov et al, 2015a）。

## 2 竞争吸附：静力学

考虑系统中竞争吸附的静力学和动力学模型，其中微量元素的相见分布服从 Henry 分布，其中高吸附物浓度遵循朗缪尔方程，如图 4-1 所示（Langmuir, 1916；Egorov, 1975；Benes and Majer, 1980；Polyakov, 2003）。

微量元素离子对材料的污染可看作是一个可逆的吸附过程，无限接近热力学平衡。根据质量作用定律，任意竞争性吸附剂有效解吸污染物质中微量元素离子的条件是吸附剂与材料相比具有更高的分配系数值（$Kd^{*} > Kd^{m}$）。假设一个系统中的竞争性吸附：具有吸附离子的材料（如伊利石）- 吸附物（含电解质、简单、复杂离子、真胶体、和/或这种微量元素的吸附胶体）- 吸附剂 [ 如膨润土、普鲁士蓝、KU2（Dowex-50）]。其中，解吸溶液既充当复合溶液又充当传输介质，可以提供吸附剂离子在材料和吸附剂之间的相间转移，将络合剂（如腐植酸，HA）或竞争离子 [ 如 K(I) 离子 ] 引入该溶液会打破吸附系统中的平衡，同时由于微量元素和其他微量元素转移到吸附物上进一步被污染材料吸附，使得它们的解吸更深（Valcke and Cremers, 1994；Polyakov et al, 2015b）。

式（4-1）描述了平衡竞争系统材料 - 吸附物 - 吸附剂中微量元素从材料中解吸到外来吸附剂上的基本模型（Polyakov et al, 2015b）。

$$A \overset{K^{m}}{\rightleftarrows} B \overset{K^{*}}{\rightleftarrows} C \tag{4-1}$$

式中：A——A 材料中微量元素 M 的吸附状态；

B——吸附物中微量元素 M 的状态，是电解质 B 与材料 A 和人为引入吸附剂 C 接触的溶液；

C——微量元素 M 在吸附剂中的吸附状态（Polyakov, 2003）。

系数 $K^{m}$、$K^{*}$——微量元素 M 在物质 m 和吸附剂 * 参与下的吸附平衡的浓度常数，如图 4-1 所示。

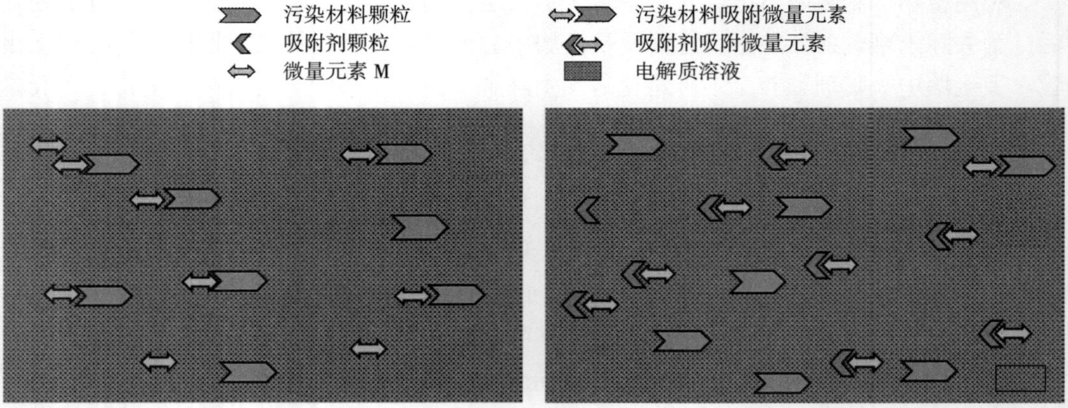


（a）初始状态，污染材料　　（b）最终状态，污染材料与吸附剂接触

图 4-1　物质 - 吸附物 - 吸附剂系统中的任意微量元素平衡竞争吸附示意图（Polyakov, et al, 2015b）

公式（4-1）中解吸的微量元素的化学分布的动力来自每个接触的平衡态子系统中的材料 - 吸附物、吸附剂 - 吸附物的化学势之差（常数 $K^{m}$、$K^{*}$，分配系数 $Kd^{m}$、$Kd^{*}$）。微量元素分配系数值还进一步受到悬浮液中引入的竞争性离子（Valcke and Cremers, 1994）或者类似 HA 这样复杂药剂（Polyakov et al, 2015a；Volkov et al, 2013）的影响。图 4-1 中解吸方案与络合剂均质溶液解吸方案的不同之处在于其竞争吸附的结果是微量元素离子的积累物处于竞争吸附相，而不是溶液相，解吸完成后，吸附剂将被留在污

染材料的介质中（Vandenhove et al, 2005），或者可从中移除并以最终形式进行长期储存（Polyakov et al, 2015a；Nikulina, 2016），后者的可能性大大提高了整个去污过程的效率和生态安全性。土壤、建筑物样品、道路、纺织物和其他具有表面离子交换基团的材料都可以考虑作为去污对象（Cremers et al, 1988；Sanzharova et al, 2005；Stepina et al, 2013）。如果污染物质中的某一微量元素不是以离子形式存在，而是以真胶体或吸附胶体的形式存在，则可采用超滤和胶体化学萃取进行竞争性吸附（Polyakov et al, 2000；Polyakov, 2000）。

从方法学的角度来看，利用去污因子 $K_0$ 比较去污材料 M 因溶液中吸附悬浮液的络合和吸附而化学解吸的热力学估计结果是有充分理由的（Maslova et al, 2013；Cremers et al, 1988；Stepina et al, 2013；Polyakov et al, 2015b）。根据定义，材料的去污因子 $K_0$ 定义为：

$$K_0 = \frac{M^{\text{in}}}{M^{\text{m}}} \tag{4-2}$$

式中：$M^{\text{in}}$、$M^{\text{m}}$——物质中某种微量元素解析后的初始和平衡质量，mol（Moskvin, 2004）。

接下来考虑多相平衡体系（4-1），即在溶液中微量元素被材料吸附并形成络合物，这是已知的吸附的例子，1948 年由 Shubert 首次提出，1975 年 Egorov 对其进行了详细分析。在这种方法的框架下，对一种材料去污效率的评价可以简化描述为该材料在有其他竞争吸附材料存在的情况下的竞争吸附：在图 4-1 中的亨利常数区微量元素 M- 单配基络合剂 (HA) 和单功能吸附剂（标记为 *）。将微量元素在材料、溶液和吸附剂之间的独立分布条件作为整个系统（1）及其子系统的吸附比（$\varepsilon$），可记做“材料 - 吸附剂（$\varepsilon^{\text{m}}$）”和“吸附物 - 吸附剂（$\varepsilon^*$）”。

$$\varepsilon = \frac{M^{\text{m}}}{M + M^*} = \frac{\varepsilon^{\text{m}}}{1+\varepsilon^{\text{m}}},\quad \varepsilon^{\text{m}} = \frac{M^{\text{m}}}{M},\quad \varepsilon^* = \frac{M^*}{M},\quad M^{\text{tot}} = M + M^{\text{m}} + M^*,$$

$$\varepsilon = \frac{Kd^{\text{m}}\left[m^{\text{m}}\right]}{1+Kd^*\left[m^*\right]},\quad \left[m^{\text{m}}\right] = \frac{m^{\text{m}}}{V},\quad \left[m^*\right] = \frac{m^*}{V},\quad Kd^{\text{m}} = \frac{\left[\dfrac{M^{\text{m}}}{m^{\text{m}}}\right]}{\left[\dfrac{M}{V}\right]},\quad Kd^* = \frac{\left[\dfrac{M^*}{m^*}\right]}{\left[\dfrac{M}{V}\right]} \tag{4-3}$$

式中： $M$——微量元素在体积为 $V$（单位：mL）的溶液中的平衡质量；

$M^{\text{m}}$、$M^*$—— 分别是微量元素在材料 m 和吸附剂 * 中的平衡质量，$M^{\text{tot}}$ 是系统（1）中微量元素的总质量（单位：mol），$m$ 和 $m^*$ 分别是材料和吸附剂的质量（单位：g，吸附物溶液可以同时含有微量元素和络合剂 HA）；

$Kd^{\text{m}}$、$Kd^*$—— 分别是微量元素在材料和溶液（m）及吸附剂和溶液（*）中的分配系数，单位是 mL/g，方括号内是微量元素在不同相之间的溶度。

式（4-3）描述了具有两种竞争吸附剂的系统中微量元素竞争吸附的最简单情况，根据式（4-3）可以估计材料和吸附剂对被吸附微量元素（$Kd^{\text{m}}$、$Kd^*$）吸附亲和力的比值以及材料应当达到的理论去污程度。

在竞争系统初期，式（4-1）中没有吸附剂的情况下，有必要评价络合剂 HA 作为脱附剂的作用。将微量元素 M 与 HA 分子的络合反应式写成均相反应：

$$\mathrm{M+HA+MHA},\ \beta=\frac{[\mathrm{MHA}]}{[\mathrm{M}][\mathrm{MA}]}$$

假设络合剂 HA 和络合物 MHA 分子不会被材料吸附，则可以将材料与溶液之间的微量元素分配系数 $Kd^{\mathrm{m}}$ 写成络合剂平衡浓度的函数 [HA]：

$$Kd^{\mathrm{m}}=\frac{Kd_0^{\mathrm{m}}}{\left(1+\beta[\mathrm{HA}]\right)},\ \varepsilon^{\mathrm{m}}=Kd^{\mathrm{m}}[m] \tag{4-4}$$

式（4-4）中，$Kd_0^{\mathrm{m}}$ 是在材料没有络合剂情况下的分配系数。根据式（4-2），当解吸是由于微量元素通过络合剂 HA 的化学合成产生时，材料的去污因子可描述为：

$$K_0=\frac{M^{\mathrm{in}}}{M^{\mathrm{m}}}=\frac{M+M^{\mathrm{m}}}{M^{\mathrm{m}}}=\frac{1+\varepsilon^{\mathrm{m}}}{\varepsilon^{\mathrm{m}}},\ Kd^{*}=0 \tag{4-5}$$

显然，根据式（4-4），只有当络合剂浓度增加，解吸导致的 $Kd^{\mathrm{m}}$ 相对于 $Kd_0^{\mathrm{m}}$ 下降时，去污因子才会大于该系统。在络合剂溶液均匀吸附的情况下，去污因子的表达式（4-5）可用式（4-6）表示：

$$K_0=\frac{1+\varepsilon^{\mathrm{m}}}{\varepsilon^{\mathrm{m}}}=\frac{1+Kd^{\mathrm{m}}[m]}{Kd^{\mathrm{m}}[m]} \tag{4-6}$$

图 4-2 展示了在 3 个不同的微量元素分配系数值 $Kd_0^{\mathrm{m}}$ 下根据式（4-6）计算的材料和吸附物溶液去污因子的特征依赖性。解吸效率随络合剂溶液浓度 [HA] 的增加而增加。这种依赖性是化学去污方法的特点（Moskvin, 2004）。

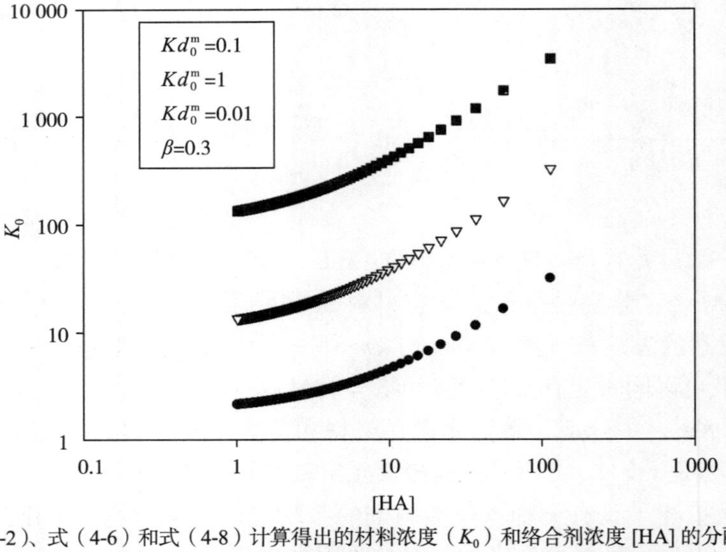


图 4-2　根据式（4-2）、式（4-6）和式（4-8）计算得出的材料浓度（$K_0$）和络合剂浓度 [HA] 的分配系数之间的关系及去污材料的吸附性能（$Kd_0^{\mathrm{m}}$），图中 $Kd_0^{\mathrm{m}}$ 值是在 $\beta$=0.3 的条件下计算得出

络合剂溶液在实际去污中会产生高浓度脱附微量元素的二次放射性溶液，其化学状态更加稳定。固化解吸溶液以将其转换成适于长期独立储存的放射性微量元素，将产生更高成本。通过聚合物涂层表面去污的现代方法对粉末材料的去污有一定限制（Hamby, 1996）。

从技术角度考虑，根据示意图 4-1（Valcke et al, 1997；Polyakov et al, 2015b），当受污染材料与溶液中竞争性吸附剂悬浊液接触时，解吸是更好的方法。由于化学势的巨大差异，吸附剂浓缩了被材料吸收的微量元素。在达到所需的去污因子后，吸附剂与物料将一起留下（Valcke et al, 1997），或是通过其他有效的相分离方法从材料中去除（Chirkst et al, 2001；Streletskaya, 2003；Ioshin et al, 2016；Nikulina, 2016）。

根据式（4-1），当微量元素吸附平衡时，式（4-2）描述的去污因子 $K_0$ 可以转换为：

$$K_0=\frac{M^{\mathrm{in}}}{M^{\mathrm{m}}}=\frac{M+M^{\mathrm{m}}+M^{*}}{M^{\mathrm{m}}} \tag{4-7}$$

式（4-5）和式（4-7）的差异在于 $M^*$，即污染物质与吸附剂悬浮液达到吸附平衡后的质量平衡。为便于分析，假设溶液中不含络合剂 HA，且分配系数 $Kd^*$ 不再为 0，表达式（4-7）中的去污因子可以描述为：

$$K_0=\frac{1+\dfrac{M^{\mathrm{m}}}{M}+\dfrac{M^{*}}{M}}{\dfrac{M^{\mathrm{m}}}{M}}=\frac{1+\dfrac{Kd^{\mathrm{m}}[m]}{M}+Kd^{*}\left[m^{*}\right]}{Kd^{\mathrm{m}}[m]} \tag{4-8}$$

$$K_0=\frac{1}{Kd^{\mathrm{m}}[m]}+1+\frac{Kd^{*}\left[m^{*}\right]}{Kd^{\mathrm{m}}[m]} \tag{4-9}$$

式（4-8）是受污染物质、吸附剂和溶液吸附参数影响的去污因子的理论值，式（4-9）中第一项是材料对 $K_0$ 的吸附贡献，材料的分配系数越高，其去污因子越小，原因是材料是与确定体积的解吸溶液接触。当分配系数和材料质量（$Kd^{\mathrm{m}}[m]$）增加时，去污因子的第一项逐渐趋于 0，根据式（4-9），很明显吸附剂对吸附剂 - 污染材料系统的作用类似于模型 [ 式（4-4）] 中络合剂的作用。当络合剂 [HA] 浓度增加或者吸附剂质量 $[m^*]$ 增加时，去污因子也随之增大，如图 4-3 所示。需要注意的是，这种技术中液体解吸物质和水悬浮液形式的吸附剂的作用是不同的。对于前一种情况，微量元素从材料的解吸是由于在溶液中与 HA 分子形成了更稳定的离子 - 分子络合物，并将微量元素从材料转移到溶质，该溶液被留下储存或去污，解吸的微量元素被转化为固体。对于后一种情况，微量元素在溶液的作用下，以热力学更稳定的吸附形式从材料转移到吸附剂中，进一步作为固态存储。

式（4-9）中的第三项——材料与吸附剂微量元素分配系数的比值 [（$Kd^*[m^*]$）/（$Kd^{\mathrm{m}}[m]$）]，在本去污模型中扮演最重要的角色。其确定了作为去污悬浮液的吸附剂应用的技术上可接受的策略，即在相同体积的解吸溶液中，达到指定的去污因子所需要的吸附剂与去污材料的质量比。例如，依据式（4-9），若吸附剂 $Kd^*=10^3$，污染材料 $Kd^{\mathrm{m}}=10$，则吸附剂材料质量比为 0.1，那么去污因子可以达到 $10^2$，如图 4-3 所示。

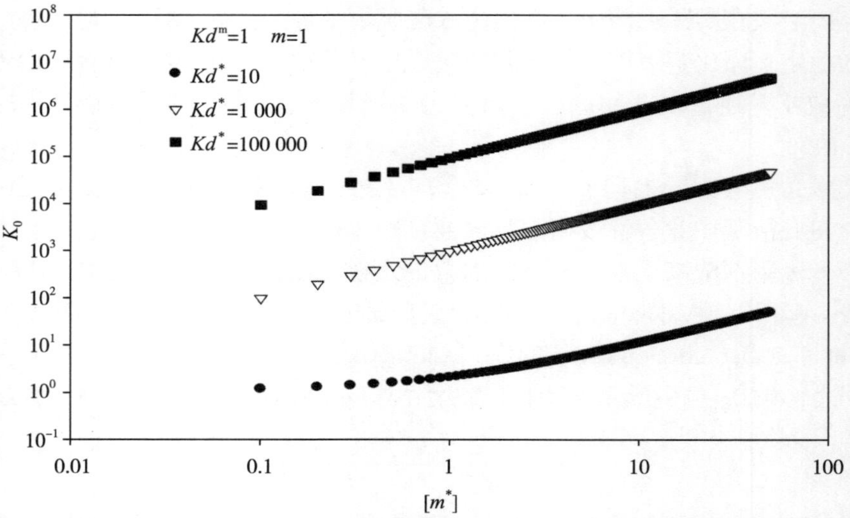


图 4-3 吸附剂分配系数（$Kd^*$）增长时去污因子 $K_0$ 随吸附剂单位溶液体积质量（$m^*$）的变化关系

土壤中 Cs( Ⅰ ) 和 Sr( Ⅱ ) 的放射性去污是最具有技术挑战的难题（Sanzharova et al, 2005）。根据土壤对微量元素，尤其是 $^{137}Cs$ 放射性核素的吸附特性研究，土壤作为天然吸附剂有 3 种类型的交换中心，它们的铯离子分配系数相差约一个数量级（Cremers et al, 1988）。Ⅰ型交换中心为低选择性交换中心，占土壤总交换容量约 95%~98%，典型的 $Kd^m$(Ⅰ) 值约为 $10^2$ mL/g。Ⅱ型交换中心对 Cs 离子的选择性介于Ⅰ、Ⅲ之间，占土壤总量约 2%~5%，分配系数 $Kd^m$( Ⅱ ) 约为 $10^4$ mL/g。最后是超选择性中心Ⅲ，在土壤总容量中占约 0.02%~0.06%，其 $Kd^m$( Ⅲ ) 约为 $10^5$ mL/g。土壤中 $Kd^m$( Ⅱ ) 和 $Kd^m$( Ⅲ ) 交换中心是由于水云母亚群中的伊利石矿物的存在，以及水云母微晶体"磨边"位置的特殊晶体结构而形成的（Cremers et al, 1988）。

在考虑的模型中，土壤（物质）分配系数与竞争吸附剂质量的比值（$Kd^*[m^*]$）/（$Kd^m[m]$）决定了去污因子的值。下面来估算竞争体系"土壤 - Cs 离子 - 普鲁士蓝（PB）"平衡吸附相互作用的结果。假设样品具有选定类型的交换中心 [$Kd^m$(Ⅰ)≈$10^2$ mL/g、$Kd^m$( Ⅱ )≈$10^4$ mL/g、$Kd^m$( Ⅲ )≈$10^5$ mL/g] 且质量 [$m$] 与吸附剂达到平衡，例如 PB 粉，其分配系数 $Kd^*=6.3\times10^6$ mL/g，其吸附剂质量记作 [$m^*$]（Polyakov et al, 2015b）。土壤、PB 粉和土壤溶液参与的吸附过程包括 Cs(Ⅰ) 和类离子物，主要是 K(Ⅰ)、$NH_4^+$、Mg( Ⅱ )、Ca( Ⅱ ) 及其 HA - 络合物的竞争吸附平衡（Valcke and Cremers, 1994；Vandenhove et al, 2005；Polyakov et al, 2015a）。进一步地，为简单起见，假设电解质组成成分保持不变，吸附剂容量几乎不随吸附作用而变化（Henry 区），且溶液和吸附剂中 Cs(Ⅰ) 的与竞争阳离子的浓度比分配系数值分别为 $Kd^*$ 和 $Kd^m$。根据土壤去污因子（例如，$K_0$=3 或 50），可以使用式（4-9）来估计通过平衡条件下预期的去污程度所需要的吸附剂水平，以及估计土壤的去污因子。

根据估计的结果，如果土壤只包含Ⅰ类型的非选择性中心，单位质量的吸附剂可以分别对 100 单位质量（$K_0$=50）和 2 600 单位质量（$K_0$=3）的土壤进行特定去污（Polyakov et al, 2015b）。将钾离子、铵离子等竞争性阳离子引入去污溶液，可以进一步降低土壤的铯分配系数，从而提高去污质量（Sanzharova et al, 2005；Stepina et al, 2013）。建筑材料（混凝土、花岗岩、石灰石、砖、沥青等）的 $^{137}Cs$ 的 $Kd^*$ 值估计在 $10^3$ mL/g 之内（Stepina et al, 2013），与 I 型非选择性交换土壤的去污效果类似，因此根据式（4-9），若使用添加 $Kd^*=6.3\times10^6$ 的 PB 的吸附剂，对于含有非选择性交换中心的土壤［$Kd^m$(Ⅰ)］中去污土壤和吸附剂的质量比约为 $2\times10^3$，则铯离子去污因子 $K_0=3$。假设厚度 10 cm、面积 1 $m^2$，密度 1.1 $g/cm^3$（Yu et al, 2000）的土壤质量是 110 kg，我们知道利用 1 kg 所选吸附剂，可以对 20 $m^2$ 的土壤进行去污，因此面积为 10 000 $m^2$ 厚度为 10 cm 的土壤需要约 500 kg 的吸附剂。

Sr(Ⅱ)离子的特征是对黏土颗粒的低特异性官能团的可逆吸附（reversible sorption，RES）。由于比 Ca(Ⅱ)、Sr(Ⅱ)的吸附更稳定，因此土壤溶液中将产生 $^{90}Sr$(Ⅱ)，且 $^{90}Sr$(Ⅱ)/Ca(Ⅱ)比在 049~0.78 间。大多数土壤的阳离子（$^{90}Sr/Ca$）交换的选择性系数在 1~2 范围内变化（Wauters et al, 1996a；Sanzharova et al, 2005；Comans et al, 1997）。利用高选择性吸附剂对土壤中 $^{90}Sr$ 放射性核素进行吸附净化的可行性进行估算，结果与“土壤 - Cs(I) - 普鲁士蓝”系统相似。可以使用“伊利石 -$^{85}Sr$-0.01 mol/L $CaCl_2$”系统［$Kd^m$ 约为 20 mL/g，pH 在 4~7 之间（Wissocqa et al, 2017）]，以及“吸附剂 - 聚锑酸 $Sb_2O_5\cdot nH_2O$（PAA）”系统 [$Kd^m$ 约为 $10^6$ mL/g，（Belinskaya and Militsina, 1980；Zhang et al, 2016）] 进行估算。从图 4-4 可以看出，面积为 10 000 $m^2$、厚度为 10 cm 的土壤，$K_0$ 分别为 3 和 50 的 $^{90}Sr$ 进行去污需要 43 kg 和约 1 000 kg 的 PAA。

综上所述，对于高放射性核素污染区域 [50 Ci/$km^2$ 甚至更高（Kryshev et al, 2013）]，利用选择性吸附剂对 Cs(I) 和 Sr(Ⅱ)进行解吸（Belinskaya and Militsina, 1980；Zhang et al, 2016；Remez, 1994）是行之有效的方案。虽然高分配系数是必需的，但对放射性核素解吸来说仍然不够，为进一步应用，吸附技术还应包括适当的动力学，因此需要了解动力学规律，同时掌握一个基本系统 [ 式（4-1）、式（4-7）和式（4-9）] 达到平衡时所需要的时间。

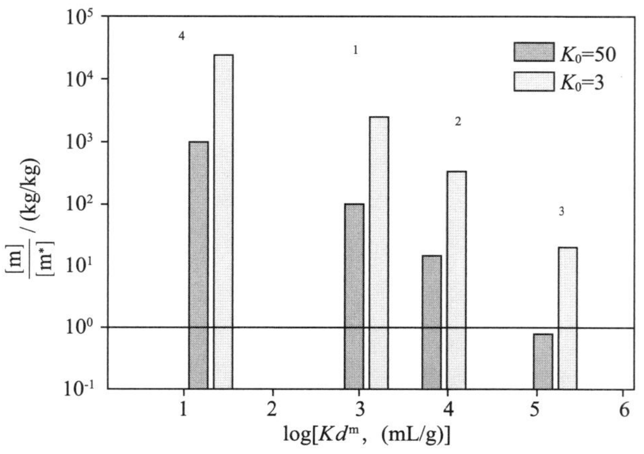


图 4-4　去污土壤的质量比与土壤 $Kd^m$ 和去污因子 $K_0$ 的关系

条形图上方为土壤对放射性核素的吸附中心，1~3 为土壤 -$^{137}CsCl$-PB，$Kd^*=6.3\times10^6$ mL/g；4 为伊利石 -$^{85}Sr$-0.01 mol/L $CaCl_2$ $Sb_2O_5\cdot nH_2O$（PAA），pH=4~7，$Kd^*=10^6$ mL/g（Belinskaya and Militsina, 1980；Zhang et al, 2016）

# 3 竞争吸附：动力学

上一节讨论了的基于放射性核素从材料到吸附剂的竞争吸附去污过程，材料中吸附状态的微量元素的静力学吸附属于“材料 - 水溶液 - 吸附剂”系统自发的竞争吸附过程。该系统的平衡热力学表明了材料通过络合剂溶液和吸附剂悬浊液处理后得到的去污因子在形式上是相同的。Cs 离子通过 PB 的吸附例子证明了竞争吸附对土壤去污处理的潜力（Polyakov et al, 2015a）。这里提出了一种使用半渗透轨道膜壁的密封袋作为吸附剂来对溶液和固体材料进行去污的方法，有望实现竞争性吸附。这种“微型反应器”中的吸附剂可以根据竞争吸附原则自发对材料进行去污，并且可以较容易的（利用天然或人工方法）从去污材料粉末中去除微型反应器（Ioshin et al, 2016）。

吸附剂中的微量元素在吸附剂 A 和吸附剂 C 中化学势的差异是污染物微量元素离子相转化 [ 从材料（吸附剂 A，图 4-1）通过水溶液“B”中的离子态转移到吸附剂（吸附剂“C”）中的吸附态 ] 的驱动力。微量元素“B”分配系数在“A”和“C”相之间达到平衡值所需的时间（弛豫时间）理论上可用于不同尺度吸附系统中的静态或动态去污。

为估计图 4-1 中反应弛豫时间值的顺序，需要分析竞争吸附系统的动力学模型。

$$\mathrm{A} \underset{b_1}{\overset{k_1}{\rightleftarrows}} \mathrm{B} \underset{b_2}{\overset{k_2}{\rightleftarrows}} \mathrm{C} \tag{4-10}$$

在 Henry 定律理论结构下，该模型被认为是在超稀溶液中微量元素 M 的离子在材料和吸附剂吸附点位之间的一阶连续化学反应。当反应式（4-10）达到平衡时，系统转移到状态 [ 式（4-1）]（Yablonskii et al, 1983；Polyakov and Betenekov, 1988）。

动力学模型式（4-10）是一个组分最少的基本模型，满足微量元素离子从材料 A 经过水溶液离子态 B 向吸附态 C 的界面转移的化学动力学（Polyakov, 2003）。该模型的优点是考虑了溶液组分 B 和微量元素络合的副反应对竞争吸附基本阶段速率的影响，也可以用于溶液中的扩散吸附（Kokotov and Pasechnik, 1970；Betenekov et al, 1999）。如上节所述，假设系统 [ 式（4-1）和式（4-10）] 的吸附行为服从 Henry 定律，也就是说微量元素在各相中可以形成理想稀释溶液。

线性吸附机制式（4-10）的系数 $k_{1,2}$ 和 $b_{1,2}$ 表明了在竞争吸附动力学中，微量元素正向转化（$k_{1,2}$）和逆向转化（$b_{1,2}$）的特定转化率。在 $t$=0 时刻，微量元素浓度在材料 A 中为 $C_0$，在溶液 B 和吸附剂 C 中为 0 时，可以作为式（4-10）的初始条件给出其解析解（Rodigin and Rodigina, 1960）。与平衡系统式（4-1）相同，类动力学去污因子 $K_0(t)$ 对模型（10）中的独立吸附参数（质量 $m$、$m^*$ 及正向和逆向反应速率）具有依赖性。为此，可以将平衡吸附中的参数 $Kd^{\mathrm{m}}$ 和 $Kd^*$ 转化为依赖相接触时间的类平衡参数 $Kd^{\mathrm{m}}(t)$ 和 $Kd^*(t)$。利用已知公式（4-10）的动力学方程解析解给出具有时间依赖性的微量元素在“A、B 和 C”状态中的浓度（Rodigin and Rodigina, 1960），将式（4-9）改写为：

$$K_0=\frac{1}{Kd^{\mathrm{m}}(t)[m]}+1+\frac{Kd^{*}(t)[m^{*}]}{Kd^{\mathrm{m}}(t)[m]} \tag{4-11}$$

式（4-11）中，$K_0(t)$ 是非平衡去污因子，其对相接触时间 $(t)$ 的依赖性由式（4-10）决定，且可以给出 $t$ 趋于无穷大时的平衡去污因子 $K_0$。式（4-11）在初始条件 $A$（$t$=0）=$A_0$，$B$（$t$=0）=$C$（$t$=0）=0 的条件下具有解析解的形式（Rodigin and Rodigina, 1960），不考虑吸附 - 解析动力学方程的相关分析和结论可以给出其解析解。

非平衡去污因子 $K_0(t)$、非平衡微量元素分配系数在"材料 - 吸附物"和"吸附剂 - 吸附物"子系统中与变量 $[m]$、$[m^*]$、$k_{1,2}$ 和 $b_{1,2}$ 的关系如式（4-12）描述：

$$Kd^{\mathrm{m}}(t)=\frac{A(t)}{B(t)},\ Kd^{\mathrm{m}}(t\to\infty)=Kd^{\mathrm{m}},\ Kd^{*}(t)=\frac{C(t)}{B(t)},\ Kd^{*}(t\to\infty)=Kd^{*} \tag{4-12}$$

使用"Mathcad 14.0"软件对上述数值进行分析，得到的结果如下：

考虑这样一种情况，即当一种材料吸附微量元素至饱和（浓度 $A_0$，在污染阶段），然后将其与溶液 B 中的吸附剂 C 接触，由于吸附物与吸附剂和材料的竞争作用，材料的去污动力学过程将自发进行。根据式（4-10）~式（4-12）计算得知，典型的材料、溶液和吸附剂中微量元素浓度随接触时间的变化关系如图 4-5 所示。由于吸附剂的竞争吸附会导致溶液中非平衡浓度 $B(t)$ 可能远高于平衡浓度且超过浓度限制，因此材料中 $M$ 浓度会降低。非平衡分配系数与接触时间的关系一般单调的，达到平衡的 $Kd^{\mathrm{m}}$ 和 $Kd^{*}$ 值的时间是约 10 倍的 $tk_1$。非平衡状态下去污因子也是随时间单调增加的，如图 4-6 所示。

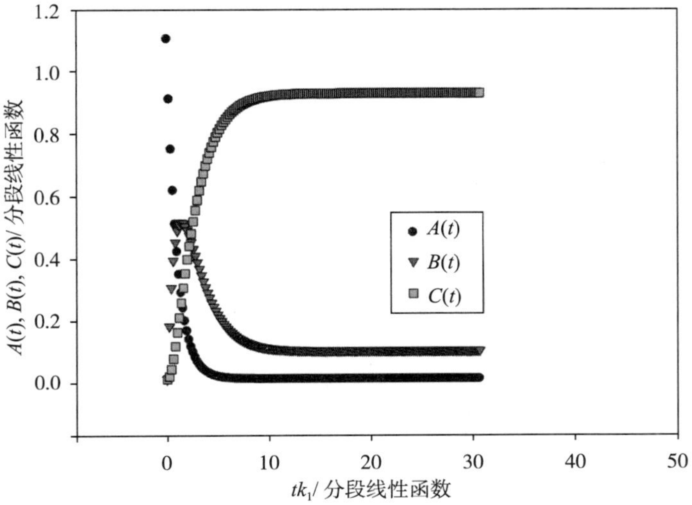


图 4-5 根据线性机制式（4-10），微量元素 M 在"A"、"B"和"C"状态的浓度与相对相接触时间 $t/\tau_1=tk_1$ 的关系式（4-11）和式（4-12）中，材料中初始微量元素 $A_0$=1，吸附率系数 $k_1$=0.2，$b_1$=0.001，$b_2$=0.01，$[m]$=1，$[m^*]$=0.1，平衡分配系数 $Kd^{\mathrm{m}}=5\times10^{-4}$，$Kd^{*}$=10

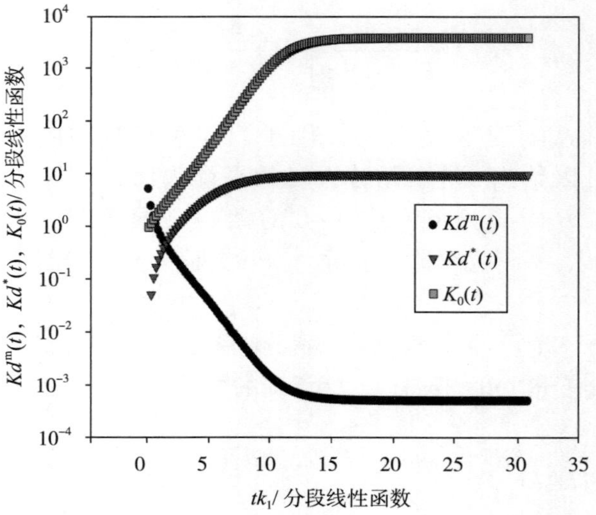


图 4-6 根据模型 [ 式（4-11）和式（4-12）] 获得的分配系数、
去污因子 $Kd^m(t)$、$Kd^*(t)$、$K_0(t)$ 与相对相接触时间（$tk_1$）之间的变化关系
参数与图 4-5 中参数基本相同，仅 $[m]=0.1=[m^*]$ 不同

式（4-12）是正、逆基本反应速率的复函数，其指数项包含 $x_{1,2}$ 两个动力学系数，可由材料及吸附剂的微量元素吸附实验结果确定（Emanuel and Knorre, 1984）。根据式（4-11）和式（4-12）对系数 $x_{1,2}$ 和基本反应阶段速率常数（$k_1$、$k_2$、$b_1$、$b_2$）进行数值分析可以知道，如果每个基本反应阶段的正、逆反应常数的差异超过一个数量级，将会很大程度上影响 $x_{1,2}$。$x_{1,2}$ 随逆反应常数的增大而增大，如果正反应常数大于逆反应常数，则系数 $x_1$ 将等于 $k_1$，且 $x_2$ 将不再依赖 $k_2$。

如图 4-7 所示，$K_0(t)$ 与 $t$ 的关系曲线中出现拐点：大致在 3~5 个 $tk_1$ 时间内，非平衡去污因子逐渐变为定值，最终达到平衡值。其原因是在式（4-10）的阶段 B，微量元素水合物在溶液中形成和积累时动力学过程可逆性的影响。在动力学的模型下，基本阶段可逆性程度是影响去污效果的重要因素，其主要影响去污因子值。当吸附剂质量变化 1~2 个数量级，材料质量保持不变时，$K_0(t)$ 与 $t$ 的关系图可保持原来的形状。对式（4-10）进行数值分析的结果表明，不可逆性的增加将导致非平衡和平衡去污因子的增加。

利用两种吸附材料对 Cs(I) 离子吸附的静、动力学数据对模型计算结果与实际吸附系统进行对比，第一种材料是用二氧化硅珍珠作为污染材料，粒径为 200~500 μm，第二种是吸附剂（PB，粒径 40~80 μm）（Polyakov et al, 2015a）。先用蒸馏水对硅胶粉进行清洗，然后在空气中进行干燥，利用高纯 CsCl 原液和 0.1 mmol/L 的 HCl 溶液制备溶液，最后在聚乙烯试管中进行 24 h 相接触，每 50 min 进行搅拌悬浮液，得到吸附等温线。每个试管中吸附剂质量和溶液体积分别对应 $[m]$=20.0 g/L（$SiO_2$）及 $[m^*]$=4.0 g/L（PB）。通过过滤进行吸附剂粉末的吸附和分离，然后使用 Elan 9000（Perkin Elmer）设备工作在定量模式下进行溶液分析测量 Cs 含量。利用对数郎格缪尔（Langmuir）方程的吸附静力学等温线估计 $Kd$ 和浓度区域可满足 Henry 定律（表 1）(Volkov et al, 2017)。铯离子在 $SiO_2$ 和 PB 中的吸附动力学等温线与 Cs(I) 阳离子的一级可逆反应十分接近，因此可以确定这些反应对于材料和吸附剂的参数，基于式（4-10）~ 式（4-12）、表 4-1 和图 4-7 给出了材料（二氧化硅）在吸附剂（PB）上的去污动力学等温线，每个子系统的吸附参数见表 4-1。非平衡去污因子很大程度上取决于材料 - 吸附剂质量比（$[m^*]/[m]$）和相接触时间，在 $[m^*]/[m]$=20/0.2~20/40 范围内，$K_0$ 在约 10 倍 $tk_2$ 时间范围内可以达到 400~8 000，约为实验室条件下 3~5 h 时间范围。这一结果与实际土壤模型结果接近（Valcke and Cremers, 1994；Johnson and Dortch, 2014）。需要说明的是，该结果仅是对含有硅胶、电解质和普鲁士蓝溶液竞争体系 [ 式（4-10）] 在接近化学或混合扩散吸附动力学模式条件下的初步估计。为建立静态和动态系统中竞争吸附机理的实际动力学特性，还需要进一步研究。

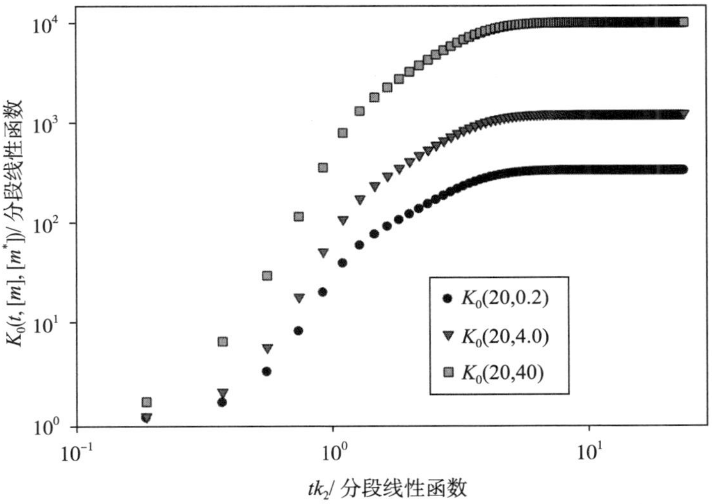


图 4-7 根据式（4-11）和式（4-12）计算竞争系统“材料（$SiO_2$）-CsCl- 吸附剂（PB）”非平衡去污因子 $K_0$（$t,[m],[m^*]$）随时间 $tk_2$ 变化的动力学例子
括号中的数字是式（4-12）中物质 $[m]$ 和吸附剂 $[m^*]$ 的质量浓度值：
$Kd^m$=50 mL/g，$Kd^*$=$10^5$ mL/g，$tk_2$ 是相对相接触时间

**表 4-1 符合 Henry 定律的竞争吸附动力学系统“$SiO_2$-CsCl-PB”模型的初始条件（相对误差 < 0.4）**

| | $Kd$/(mL/g) | $k_1$/min$^{-1}$ | $k_2$/min$^{-1}$ | $b_1$/min$^{-1}$ | $b_2$/min$^{-1}$ | $F$ |
|---|---|---|---|---|---|---|
| PB | $1.0\times10^5$ | — | $6.6\times10^{-2}$ | — | $2.0\times10^{-3}$ | 180 |
| $SiO_2$ | 50.0 | $2.0\times10^{-2}$ | — | $42.2\times10^{-2}$ | — | 2200 |

注：$F$ 是因变量均值关于回归比的回归变量。回归模型是一级可逆反应动力学方程（表中的 2 维曲线），测量点：10 个，$[m]$=0.02 g/mL，$[m^*]$=0.000 4 g/mL。

# 4 “HA- 水”系统中的 Sr（Ⅱ）质量传递

腐殖酸（Humic acids，HA）在环境中微量元素和放射性核素的质量传递中起着重要作用，其很大程度上决定了放射性核素在地球化学系统中的流动性，以及与金属离子结合和被植物吸收的能力（Twardowska and Kyziol, 2003）。这使 HA 可以通过络合作用降低元素（Hg、Cd、Pb、As）的毒性（Varshal and Buachidze, 1983；Varshal et al, 1993），以及促进污染水介质中离子在土壤中的迁移和固定（Orlov, 1990），从而使 HA 具备生物保护作用。

由于 HA 及其盐类具有客观复杂性和双重性，腐殖酸金属离子络合物的化学吸附规律还没有得到详尽的研究。根据 pH、溶液化学成分的离子组成和 HA 的浓度，它们可以通过质子化、二聚化（Bergelin, 2001），与阳离子相互作用（Davis et al, 2002）从主要的阴离子态转移到胶体态。HA 能够在天然酸碱度范围内以分子离子态和胶体态共存。HA 的分子状态转移到胶体状态取决于其总浓度（阴离子质子化程度接近 0.5 mol/mol 时，pH=3~4 范围内）。

HA 的酸碱性质在自然水溶液中结合放射性核素，尤其是 Sr(Ⅱ) 离子方面起着重要作用（Nash et al, 1981；Paulenova et al, 2000；Ozaki et al, 2003；Qiu et al, 2013）。锶离子在中性和碱性介质中与 HA 会形成稳定的络合物，其稳定性随着酸性的增强而降低（Paulenova et al, 2000）。与天然有机配体络合将会抑制中性或碱性介质矿物中锶的吸附，但会加剧锶向固相和固态 HA 的转移（Paulenova et al, 2000；Qiu et al, 2013；Yu et al, 2015）。蒙脱石在腐殖酸盐溶液中以 K 和 Ca 形式的 $^{137}Cs$ 和 $^{85}Sr$ 离子的吸附等温线符合朗格缪尔（Langmuir）和弗罗因德利希（Freundich）方程（Shaban and Macasek, 1988；Sips, 1948, 1950）。这里，根据文献（Shaban and Macasek, 1988），$^{85}Sr$(Ⅱ)-HA 络合物的稳定常数与其他碱土元素离子腐殖酸盐络合物的差异极大（约 3 个数量级）（Paulenova et al, 2000）。腐殖酸络合物的吸附行为主要涉及矿物或通过热处理或化学处理得到的人造类 HA（Choppin, 1999）（Kemdorff and Schnitzer, 1980；Čežíková et al, 2001；Celebi et al, 2009）。虽然 Sr(Ⅱ) 与 HA 共沉淀的过程确定了锶向底部沉积物的转移，但科学家们对这些过程的了解还不太清楚（Volkov et al, 2017）。

在可变吸附剂（HA）和吸附物［Sr(Ⅱ)+$^{90}Sr$］浓度下的“$^{90}Sr$-HA”吸附平衡的实验数据表明，在 pH=2 时，HA 与 Sr(Ⅱ) 的腐植酸盐络合物共沉淀期间的吸附容量（$E$, mg Sr/g）和分配系数（$Kd$, mL/g）取决于 HA 的浓度，但不取决于吸附物的初始 pH。根据郎格缪尔（Langmuir）等温线，在与 HA 共沉淀期间锶离子吸附（图 4-8）服从具有两个能量不等价吸附中心的吸附剂的行为（Kassandrova and Lebedev, 1970；Adamson, 1979；Čežíková et al, 2001；Volkov et al, 2017），HA 沉淀物的 IR 和 NMR 光谱数据及 HA 的酸碱性质证实了这一点（Polyakov et al, 2015a）。“双位”朗缪尔等温线决定了 Sr(Ⅱ) 在吸附相 $C(s)$ 中的总浓度，它是两个能量和吸附不相等且化学上相互不结合的第 $i$ 个位置 $C(s)_i$ 中的元素浓度的总和，单位是 mg/g，如式（4-13）所示（Volkov et al, 2017）：

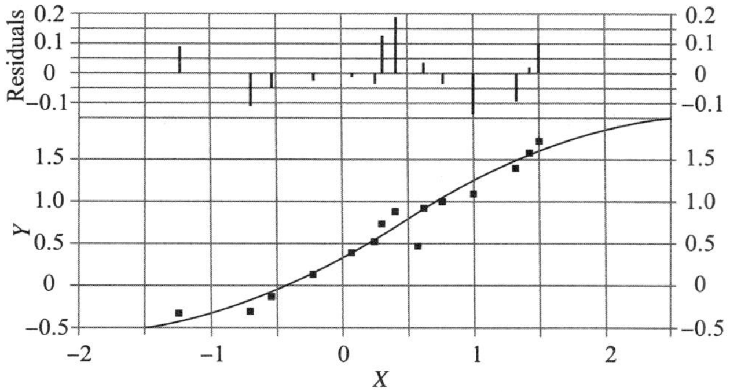


图 4-8　pH=2 ± 0.3 时 22C 新鲜 HA 沉淀物 (I)Sr( Ⅱ ) 离子的吸附等温线

图 4-8 中 $Y$=lg[$C$（Sr,HA）]，$X$=lg[$C$（Sr,aq.）]，$C$（Sr,HA）是 HA 中的锶浓度（单位：mg/g），$C$（Sr,aq.）是 HA 沉淀物溶液中的锶浓度。置信曲线是郎格缪尔（Langmuir）吸附方程在两种类型的均匀中心 [ 式（4-13）]。

$$C(s)=\sum C(s)_i，\ C(s)_i=a_i/\left[1+b_iC\left(\mathrm{Sr_{aq}}\right)\right]_i，\ i=1,2$$
$$Y=X-\lg\left[a_1/\left(1+b_1\cdot 10^X\right)+a_2/\left(1+b_2\cdot 10^X\right)\right] \tag{4-13}$$

在式（4-13）中，系数 $a_{1,2}$（mL/g）=$Kd$(1,2) 为指数为“1”和“2”的中心的分配系数；系数比（$a_{1,2}/b_{1,2}$）=$E$（1,2）是中心“1”和“2”的吸附容量，mmol/g。

模型（13）的有效性由 ANOVA 技术证明，根据实验数据计算的模型参数值表明，在 Sr( Ⅱ ) 离子浓度 < 0.1~1.0 mg/L 时，固态 HA 对复合 Sr(HA) 的吸附由分配系数 lg[($Kd$(1), mL/g]=3.3 ± 0.6 表征，HA 质量分数小于 0.02%（图 4-9）。$Kd$(1) 剩余部分的 HA 沉淀容量由 lg[$Kd$(2), mL/g]=2.8 ± 0.2 表征（Volkov et al, 2017）。

考虑到 Sr( Ⅱ ) 共沉淀过程中固态 HA 的能量不均匀性，分配系数对 HA 浓度的依赖性从溶液中 Sr( Ⅱ ) 的两个初始浓度 20.0 μg/L 和 1 mg/L 着手。在前一个浓度区域，吸附由“1”中心决定，而在后一个区域主要由“2”中心决定，如图 4-9 所示（Volkov et al, 2017）。考虑到低 HA 浓度下的 $Kd$(1) 是由 $Sr(HA)_{aq}$ 络合物的吸附决定的（Paulenova et al, 2000），研究人员通过 Shubert 方法模拟了共沉淀过程中锶离子与 HA 的吸附相互作用，而在高浓度时，由 $Sr(HA)_{aq,2}$ 络合物决定（Paulenova et al, 2000；Kostić et al, 2013），后一种络合物被认为是不可吸附的。

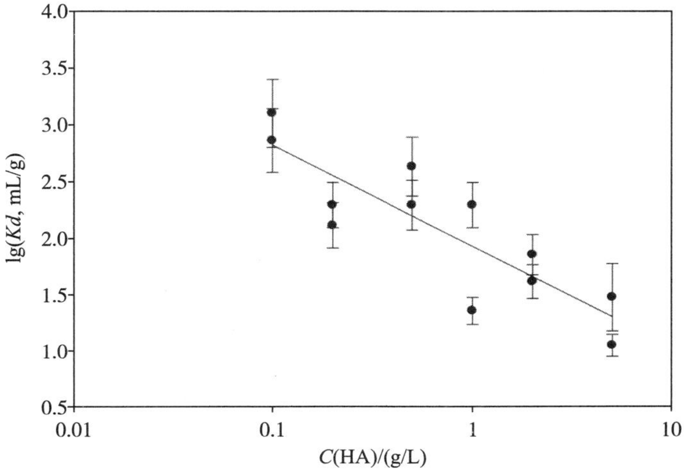


图 4-9　HA 类沉淀物的 Sr( Ⅱ ) 的吸附等温线及其平衡浓度

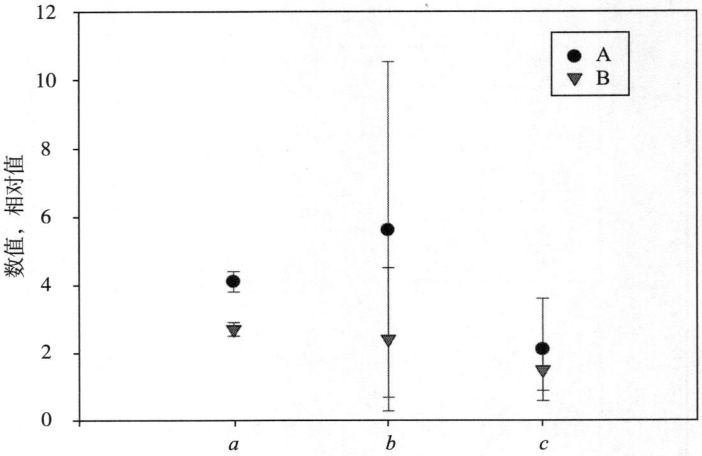


图 4-10　在腐殖酸的共沉淀模式下，用不同浓度的 HA 进行实验，验证了 Sr( Ⅱ ) 在腐殖酸上的吸附模型式（4-14）和式（4-15）中 HA 是腐殖酸浓度，单位 g/L，在式（4-16）中，初始 Sr( Ⅱ ) 的浓度分别为 20 μg/L（A），1.0 mg/L（B），$a$=lg（$K_1$），$b$=$\beta$, $c$=$c$（Volkov et al, 2017）。

$$\mathrm{Sr(HA)_{aq}} = \overline{\mathrm{Sr(HA)}}，\ K_1 = \left[\overline{\mathrm{Sr(HA)}}\right] / \left[\mathrm{Sr(HA)_{aq}}\right] \quad (4\text{-}14)$$

$$\mathrm{Sr(HA)_{aq}} + \mathrm{HA} = \mathrm{Sr(HA)_{2,aq}}，\ \beta = \left[\mathrm{Sr(HA)_{2,aq}}\right] / \left[\mathrm{Sr(HA)}\right] \cdot \left[\mathrm{HA}\right] \quad (4\text{-}15)$$

这里，$K_1$ 是锶离子吸附到 HA 上的浓度常数，$\beta$ 是形成不可吸附的络合物 $\mathrm{Sr(HA)_{aq,2}}$ 的浓度常数。HA 固相（带有 vinculum 的符号）与根据模型的解之间的 HA 络合物 $\mathrm{Sr(HA)_{aq}}$ 和 $\mathrm{Sr(HA)_{aq,2}}$ 的总体分配系数 $Kd$ 的依赖性 [ 式（4-14）~ 式（4-17）] 在浓度近似有形式：

$$Kd = \left[\overline{\mathrm{Sr(HA)}}\right] / \left\{\left[\mathrm{Sr(HA)_{aq}}\right] + \left[\mathrm{Sr(HA)_{2,aq}}\right]\right\} = K_1 / 1\left\{1 + \beta\left[(\mathrm{HA})\right]\right\} \quad (4\text{-}16)$$

公式（4-16）用对数形式可以写作：

$$\lg(Kd) = \lg(K_1) - \lg\left[1 + \beta(\mathrm{HA})^c\right] = a - \lg\left[1 + b(\mathrm{HA})^c\right]$$
$$a = \lg(K_1)，\ b = \beta \quad (4\text{-}17)$$

指数项上的 $c$ 表示游离腐殖酸 (HA) 的浓度，是一个用来平衡式（4-14）~ 式（4-17）的附加参数 [ 依据式（4-16）~ 式（4-17），$c$=1]，图 4-10 给出了在两种不同初始浓度的 Sr( Ⅱ ) 下，用最小二乘法对吸附等温线进行的处理系数比较。可以看出，对于不同 Sr( Ⅱ ) 浓度下的等温线，只有系数 $a$ 表现出统计上的显著差异，这与式（4-16）~ 式（4-17）模拟 Sr( Ⅱ ) 吸附的结果是一致的。系数 $b$ 的平均值为 $b$=4 ± 3.5，$c$=1.8 ± 1.3 与 1 显著不同，由式（4-17）确定的锶络合物 $\mathrm{Sr(HA)_{aq,2}}$ 的稳定常数 $b$ 的值比 $\mathrm{Sr(HA)_{aq}}$ 小 3 个数量级，这表明 $\mathrm{Sr(HA)_{aq,2}}$ 络合物在浓缩溶液中的稳定性较差。

因此溶液中锶浓度和 HA 吸附中心的能量不均匀性会导致新沉淀的 HA 对 Sr( Ⅱ )

离子的吸附特性，当锶离子共沉淀到 HA 上时，超稀释溶液中分配系数 [($Kd$(1), mL/g]=3.3 ± 0.6，高离子含量溶液中分配系数 lg[$Kd$(2), mL/g)=2.8 ± 0.2，在酸性溶液中，HA 与腐殖酸盐络合物 $Sr(HA)_{aq}$ 有很高的亲和力，且会形成 $Sr(HA)_{aq,2}$ 的未吸附络合物。这表明，可以从土壤中解吸 Sr( Ⅱ ) 放射性核素，然后通过共沉淀的方法将锶从腐殖酸溶液中分离到固体 HA 上。由于与其他更具选择性但有毒的吸附剂（聚锑酸及其盐）相比，天然 HA 溶液相对价廉且可用，因此 HA 对 Sr( Ⅱ ) 的吸附性能可用于制定防止未来因事故导致土壤受到 $^{90}Sr$ 污染的对策（Davis et al, 2002）。

## 5 新型竞争吸附技术

当前有很多方法可以从溶液中提取微量元素：在有限体积的反应器中吸附、在流量型反应器中吸附以及在吸附柱上吸附。去污实践的重要性在于开发用于土壤和其他天然材料去污的微量元素吸附浓度的新方法，竞争吸附用于材料去污需要其实际的应用技术，即发挥选择性吸附的优势：在达到满足条件的去污因子后，可以很容易地将吸附剂从材料中分离出来。为此，Ioshin 等提出一种对水溶液中提取重金属和放射性同位素的新方法：吸附剂和反应器统一在一个独立的薄膜密封的小型反应器中，其外壁由膜材料制成（如核径迹膜，如图 4-11 所示）（Ioshin et al, 2016），吸附剂、萃取剂或其溶液置于小型反应器内。为制备这一膜反应器容器，需要使用径迹膜（图 4-11a 中第 Ⅰ 阶段），吸附剂、萃取剂放入容器内用于制作小型反应器的半渗透膜（阶段 Ⅱ ）。然后将小型反应器密封（阶段 Ⅲ ）用于液相 / 土壤的吸附（阶段 Ⅳ ），图 4-11b 展示了 PB 粉置于水电解液的小型反应器，如果没有膜壁，PB 会在整个容器内形成稳定胶体溶液。在该设计中，吸附剂、液体萃取剂和膜容器是一体的，这是由于吸附剂是独立于膜材料之外的。通过小型反应器进行吸附有很多优点，其中就包括简化了吸附过程并证明了扩散动力学模式下吸附浓缩的可行性。当去污时间与规模及去污程度相比不是主要考虑因素时，后者对于天然环境下大体积土壤、水域和河流的去污尤其重要。该方法不需要使用任何特殊的分离设备，吸附物溶液的注入 / 排出系统或是吸附剂的加载 / 去除过程。径迹膜的性能结果是技术层面考虑最重要的因素。与独立的吸附剂相比，填充颗粒状吸附剂或萃取剂（硅胶，粒径 0.50~1.5 μm；KU2 型离子交换树脂，粒径 200~500 μm；普鲁士蓝（PB），粒径 0.2~0.9 μm, TBP, DEHPA, TOA）的小型反应器的对于大量微量元素离子的吸附性能在去污因子、分配系数和分离系数方面表现接近。图 4-12 是填充 PB 吸附剂的小型反应器中 Cs 离子从电解液中的吸附与相接触时间的关系。扩散质量传递模式决定了时间，在该过程中吸附物溶液中的膜反应器未被搅动且形成平衡。可以证明在图 4-12 的条件下，质量传递速率取决于反应容器的面积、膜壁的孔径和溶液与反应器的搅拌速率。达到平衡吸附特性的时间通常为几个月。虽然这些吸附弛豫时间值相对较高，但对于发生大面积人为事故而采取措施进行修复时是可以接受的。综上所述，具有半透壁的小型反应器可用于竞争吸附技术，以净化土壤和土壤中有毒 / 放射性微量元素。

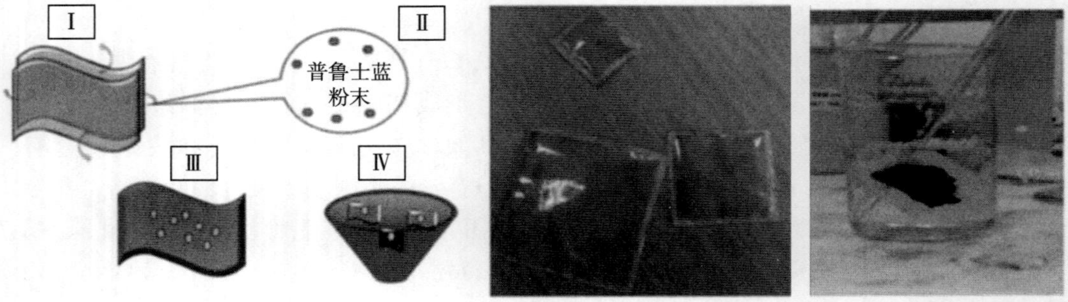


（a）（b）（c）

图 4-11　制备示意图（a）、带有吸附剂 / 萃取剂的袖珍膜微型反应器视图（b）和（a）玻璃杯中的微型反应器（c）

图 4-11 中反应器壁——孔径为 0.1 μm 的核径迹膜 [Flerov Laboratory of Nuclear Reaction,Russian Federation（FLNR JINR, Dubna, RF）]，吸附剂——质量为 56.0 mg 的 PB 或尺寸为 0.2~0.9 μm 的普鲁士蓝粉末。

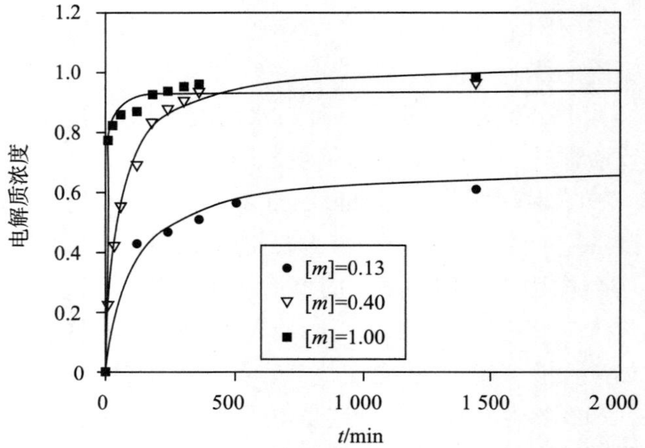


图 4-12　自来水中的 CS（I）位于填充有 PB 的膜微反应器上时，其吸附动力为吸附剂质量与外部溶液体积 [m]( 图中，mg/L) 之间的比值函数。吸附条件与图 4-8 中相同，初始 Cs 浓度为 6.03 mg/mL, 混合的摇动频率为 0.1 $min^{-1}$，实验过程温度 22 ℃，lg(Kd,mL/g)=5.0 ± 0.2

# 6　结论

本章所讨论的材料吸附态中微量元素的解吸模型表明，在平衡条件下，使用对铯和锶放射性核素具有高选择性的竞争吸附剂可以与通过络合剂溶液解吸一样有效。以铯离子吸附为例考虑的基本竞争系统“材料 - 吸附物 - 吸附剂”的动力学特性表明，在对流质量传递期间，根据材料与吸附剂的质量比，可以在数小时或数天内达到平衡，这与扩散模式下土壤中的铯离子自发质量传递速率相当。HA 作为放射性核素的络合剂的应用，其与选择性材料（如 PB）共沉淀，允许人们尽可能地将吸附过程的干扰水平定位在吸附物的物理化学状态中，并将去污调整为一个自我维持的过程。将吸附剂用作具有半透壁的袋装微型反应器的一部分提供了额外的优势，即可促进自持吸附质质量传递及材料与吸附质相分离，这可以大大促进大面积土壤、地面和水域的吸附净化。

## 参考文献

Adamson AA. (1979). Physical chemistry of surface (trans: Abidor IG). Mir, Moscow.

Belinskaya F A, Militsina E A. (1980). Inorganic ion-exchange materials based on sparingly soluble antimony (V) compounds. Uspekhi chim Ⅱ, 49:1 904-1 936.

Benes P, Majer V. (1980). Trace chemistry of aqueous solutions: general chemistry and radiochemistry/ Published Amsterdam. Elsevier Scientific Publishing Company, New York.

Bergelin A. (2001). Acid-base properties and aggregation of humic materials. Dissertation Abstract International. Kungliga Tekniska Hogskolan, Royal Institute of Technology, Stokholm, Sweden.

Betenekov N D, Kaftailov V V, Nedobukh T A, et al. (1999). Influence of the true colloid state of sorbate on sorption kinetics and statics. Radiochemistry, 41:253-257.

Brunauer S, Emmett P H, Teller E. (1938). Adsorption of gases in multimolecular layers. J Amer Chem Soc, 60:309-319.

Celebi O, Kilikli A, Erten H N. (2009). Sorption of radioactive cesium and barium ions onto solid humic acid. J Hazard Mater, 168:695-703.

Čežíková J, Kozler J M L, Novák J, et al. (2001). Humic acids from coals of the North-Bohemian coal field. Ⅱ. Metal-binding capacity under static conditions. React Funct Polym, 47:111-118.

Chirkst D E, Litvinova T E, Cheremisina O V, et al. (2001). Experimental technology for deactivation of Sr-90 radionuclide contaminated ground. Radiochimiya, 43:475-478. [in Russian]

Choppin G R. (1999). Chemical separation technologies and related methods of nuclear waste management. Kluwer Publishers, Dordrecht.

Comans R N J, Hilton J, Cremers A, et al. (1997). Interpreting and predicting in situ distribution coefficients of radiocaesium in aquatic systems. Edited by G. Desmet et al. Elsevier Science B.V.

Cremers A, Elsen A, De Preter P, et al. (1988). Quantitative analysis of radiocaesium retention in soils. Nature, 335:247-249.

Davis C J, Eschenazi E, Papadopulos D (2002). Combined effect of $Ca^{2+}$ and humic acid on colloid transport through porous media. Coll Polym Sci, 280:52-58.

Ding D, Zhang Z, Lei Z, et al. (2016). Remediation of radiocesium-contaminated liquid waste, soil, and ash: a mini review since the Fukushima Daiichi Nuclear Power Plant accident. Environ Sci Pollut Res, 23:2 249-2 263.

Egorov Y V. (1975). The statics of microcomponent sorption onto oxyhydrates. Atomizdat, Moscow Elovich S Y, Larionov O G (1962). Theory of adsorption from solutions of non electrolytes on solid (I) equation adsorption from solutions and the analysis of its simplest form, (Ⅱ) verification of the equation of adsorption isotherm from solutions Izvestiya AkademⅡ Nauk SSSR. Otdelenie Khimicheskikh Nauk, 2:209-212.

Emanuel N M, Knorre D G. (1984). A course of chemical kinetics. Vysshaya shkola, Moscow Fukushima M, Tanaka S, Nakamura H, Ito S (1996) Acid-base characterization of molecular weight fractionated humic acid. Talanta, 43:383-390.

Gonzalez A J. (1996). Chernobyl-Ten years after Global experts clarify the facts about the 1986 accident and its effects. IAEA Bull, 4:2-13.

González A J. (1998). Radioactive residues of the cold war period: a radiological legacy. IAEA Bulletin, 3:2-11.

Guillen J, Baeza A, Mocanu N. (2008). Radioecology and environmental radioactivity. In: Browwn J, Jolle T, Strand P (eds). Analysis of the poltential disadvantages of chemical countermeasures against the transfer of radionuclides to plants. Proceedings of Norwegian Radiation Protection Authority, Bergen. Norway:126-129.

Hamby D M. (1996). Site remediation techniques supporting environmental restoration activities. A review. Sci Total Environ, 191:203-224.

Ioshin A A, Polyakov E V, Volkov I V. (2016). The possibilities of removing heavy metals and radionuclides from aqueous solutions in membrane reactor with pocketed sorbents. All-Russian Conference “Solid state chemistry and functional materials - 2016” . Materials of the Conference. Ural Branch RAS, Ekaterinburg:214-215.

Johnson B E, Dortch M S. (2014). Application of TREECs modeling system to Strontium-90 for Borschi Watershed near Chernobyl, Ukraine. J Environ Radioact, 131:31-39.

Kassandrova O N, Lebedev V V. (1970). Analysis of observations. Nauka, Moscow Kato K (2015) Radioactive contaminated soil cleaning apparatus and system for the same for efficient and safe handling of the radioactive contaminated soil. Japan Kokai Tokkyo Koho Patent JP 2015211956A, 20151126B.

Kemdorff H, Schnitzer M. (1980). Sorption of metals on humic acid. Geochim Cosmochim Acta, 44:1 701-1 708.

Kokotov Y A, Pasechnik V A. (1970). Ion exchange equilibrium and kinetics. Khimiy, Leningrad Kostić I S, Anđelković T D, et al. (2013). Binding strengths of heavy metals with humic acid. Hem Ind, 67:773-779.

Kryshev I I, Vakulovskii S M, Katkova N M, et al. (2013). The radiation situation on the territory of Russia and bodering countries in 2012. In: Bulgakov V G (ed). FGBU Scientific Production Association, Taifun, Obninsk.

Langmuir I (1916). The constitution and fundamental properties of solids and liquids. Part I. solids. J Amer Chem Soc, 35:2 221-2 295.

Maslova K, Stepina I, Konoplev A, et al. (2013). Fate and transport of radiocesium, radiostrontium and radiocobalt on urban building materials. J Environ Radioact, 125:74-80.

Moskvin A V. (2004). New chemistry and technology handbook. Radioactive substances. Hazardous substances. Hygienic regulations. Part 11. Radioactive contamination and deactivation, vol 11. ANO NPO Professional, Moscow.

Nash K, Frled S, Friedman A M, et al. (1981). Redox Behavior, Complexing, and Adsorption of Hexavalent Actinides b y Humic Acid and Selected Clays. Environ Sci Technol, 15:834-837.

Nikulina U S. (2016). Decontamination of technogenic soil and ground from radium series and mercury radionuclides by hydroclassification method. PhD thesis abstract. D. Mendeleev University of Chemical Technology of Russia, Moscow:1-16.

Orlov D S. (1990). Humic acids of soil and the general theory of humification. MGU, Moscow.

Ozaki T, Ambe S, Abe T, Arokiasamy J F. (2003). Effect of humic acid on the bioavailability of radionuclides to rice plants. Anal Bioanal Chem, 375:505-510.

Paulenova A, Rajec P, Zemberyova M, et al. (2000). Strontium and calcium complexation by humic acid. J Radioanalyt Nucl Chem, 246:623-628.

Polyakov E V. (2000). Colloidal chemical extraction of microcomponents from aqueous phase Radiochimiya, 42:423-426.

Polyakov E V. (2003). Reaction of ion-colloid forms of microelements and radionuclides in water solutions. Ural Branch RAS, Ekaterinburg.

Polyakov E V. (2012). Physicochemistry of humate complexes as a basis of green chemistry in radioecology. Book of Abstracts of the 7th Russian Conference on radiochemistry “Radiochemistry-2012”. OOO VDV PAK, Dimitrovgrad:43.

Polyakov E V, Betenekov N D. (1988). Linear sorption mechanism for a microcomponent sorbate by independent pathways. Kinet Catal, 29:560-566.

Polyakov E V, Ilves G N, Surikov V T. (2000). Study of estepxtraction equilibria with participation of trace hydroxide colloids. Radiockhimiya, 42:427-431.

Polyakov E V, Volkov I V, Khelbnikov N A. (2015a). Competitive sorption of cesium and other microelements onto iron(Ⅲ) hexacyanoferrate (Ⅱ) in the presence of humic acids. Radiochemistry, 57:161-171.

Polyakov E V, Volkov I V, Khlebnikov N A, et al. (2015b). Competitive sorption as a method for decontamination of materials. Radiochemistry, 57:172-177.

Qiu Y, Yu S, Song Y, et al. (2013). Investigation of solution chemistry effects on sorption behavior of Sr(Ⅱ) on sepiolite fibers. J Mol Liq, 180:244-251.

Remez V P. (1994). Composite sorbent and a method for the production of composite sorbents. RF Patent 2:021,009.

Rodigin N M, Rodigina E N. (1960). Consecutive chemical reactions. Mathematical analysis and calculation. Edited by Fyodorov GV. Moscow: AN SSSR.

Sanzharova N I, Sysoeva A A, Isamov N N, et al. (2005). The role of chemistry in remediation of radioactive contaminated agricultural land. Ros Khim zh (J D Mendeleev Rus Chem

Soc), 49:26-29.

Sasaki K, Takeno K. (2014). Removal of uranium, Cesium, strontium, toxic metals and radioactive cesium by a photosynthetic bacteria. Yosui to Haisui (Japan), 56:60-68.

Shaban IS, Macasek F. (1988). Influence of humic substances on sorption of cesium and strontium on montmorillonite. J Radioanalyt Nucl Chem, 229:73-77.

Shubert J. (1948). Ion-exchanger for the detn. of phys.-chem. Properties of substances, esp. radiotracers, in soln. (I) theoretical. J Phys Coll Chem, 52:340-344.

Sips R. (1948). On the structure of a catalyst surface. J Chem Phys, 16:490-495.

Sips R. (1950). On the structure of a catalyst surface Ⅱ. J Chem Phys, 18:1 024-1 026.

Stepina I A, Maslova K M, Popov V E. (2013). Potentials of radiocesium fixation in constructional materials. Radiochimiya, 55:249-252.

Streletskaya M I. (2003). Physico-chemical substantiation of ion-exchange deactivation of grounds. PhD thesis, St. Petersburg State Mining University after GV Plekhanov.

Twardowska I, Kyziol J. (2003). Sorption of metals onto natural organic matter as a function of complexation and adsorbent - adsorbate contact mode. Environ Int, 28:783-791.

Valcke E, Cremers A. (1994). Sorption-desorption dynamiCs of radiocaesium in organic matter soils. Sci Total Environ, 157:275-283.

Valcke E, Vidal M, Cremers A, et al. (1997). The use of zeolites as amendments in radiocaesium- and radiostrontium-contaminated soils: a soil-chemical approach.

Part Ⅲ: A soil-chemical test to predict the potential effectiveness of zeolite amendments. Zeolites, 18:218-224.

Vandana A P, More A K, Sachan S R, et al. (2000). Bioaccumulation of $^{137}Cs$: deep soil decontamination. Rad Prot Environ, 23:37-40.

Vandenhove H, Cremers A, Smolders E, et al. (2005). Effect of K and bentonite additions on Cs-transfer to ryegrass. J Environ Radioact, 81:233-253.

Varshal G M, Buachidze N S. (1983). Study of coexisting forms of mercury (Ⅱ) in surface water. Zhurn analit Chim Ⅱ, 38:2 156-2 167.

Varshal G M, Velyukhanova T K, Koshcheyeva I Y. (1993). Geochemical role of humic acids in element migration. Humic substances in biosphere. Nauka, Moscow.

Veshev S A, Aleekseev S G, Dukhanin A S. (1996). Study on radionuclide migation process in soil under the action of constant electric field. Geokhimiya, 10:1 005-1 009.

Volkov I V, Polyakov E V, Khlebnikov NA, et al. (2013). Sorption properties of silicate materials based on $Ca_2SiO_4$ in solutions of humic acids. Radiochimiya, 55:425-430.

Volkov I V, Polyakov E V, Denisov E I, et al. (2017). Sorption bahavior of strontium ions in humic acid solutions. Radiochimiya, 59:63-70.

Warner F, Harrison R M. (1993). Radioecology after Chernobyl. Biogeochemical pathways of artificial radionuclides. Willey, New York.

Wauters J, Elsen A, Cremers A, et al. (1996a). Part one: a simplified procedure for the solid phase characterization. Appl Geochem, 11:589-594.

Wauters J, Vidal M, Elsen A, et al. (1996b). Part two: a new procedure for solid phase speciation of radiocaesium. Appl Geochem, 11:595-599.

Wissocqa A, Beaucairea C, Latrillea C. (2017). Ca and Sr sorption on Ca-illite: experimental study and modelling. Procedia Earth and Planetary Science. Proc Earth Planet Sci, 17:662-665.

Yablonsk ii G S, Bykov V I, Gorban A N. (1983). Kinetic models of catalytic reactions. Nauka, Novosibirsk.

Yadigaroglu G. (2012). Safety and safety analysis: from CP1 to Fukushima. Internationale Zeitschrift fuer Kernenergie, 57:86-92.

Yu C, Loureiro C, Cheng J J, et al. (2000). Data collection handbook to support modeling impacts of radioactive material in soil. Handbook. Environmental Assessment and Information Sciences Division Argonne National Laboratory, Argonne. Illinois, USA.

Yu S, Mei H, Chen X, et al. (2015). Impact of environmental conditions on the sorption behavior of radionuclide $^{90}Sr(II)$ on Na-montmorillonite. J Mol Liq, 203:39-46.

Zhang L, Wei J, Zhao X, et al. (2016). Competitive adsorption of strontium and cobalt onto tin antimonite. Chem Engg J, 285:679-689.

# 第 5 章　生物、化学和纳米吸附方法修复金属废物

Santa Rom Joshi, Debajit Kalita

## 1　放射性废物和金属废物的来源

当金属和放射性物质作为原材料或生产工具应用于生产活动中时，会产生相关的金属废物和放射性废物。这些废物多来源于医疗、科研或工业等不同行业，可以方便进行分类处理（Radiation Safety General Regulations, 1988；Méndez de Vigo, 2000）。放射性废物的处置管理必须遵守保护人类健康和环境的原则。从废物产生到最终处置有几个基本步骤，包括废物减量化、预处理、表征、处理、调节、运输、贮存和处置（IAEA, 1970）。为确保整个过程安全、健康、环保、经济，应在废物管理处置的所有步骤中使用管理系统，这是安全和环境保护的重中之重（IAEA, 2006a,b, 2008）。

自 1940 年以来，核武器材料的生产、使用及其相关处置过程可能对水体、空气和土壤造成了一定污染（Chukanov et al, 1993）。有时液体放射性废物会被直接排放，然后用金属容器密封并埋在地下，这可能导致污染物泄漏造成环境污染。同时，被天然核素 U、Th 和人工放射性核素 $^{60}Co$、$^{137}Cs$、$^{90}Sr$、$^{239}Pu$、$^{241}Am$ 等放射性物质污染的机械、衣物等固体废物被堆弃在沟槽中，通过呼吸吸入、体表接触、饮食摄入等暴露方式，放射性物质带来的健康风险不断显现（IAEA, 1999）。工业生产、科学研究和医疗活动中产生的固、液、气态放射性同位素废物，以及放射性同位素相关的开采、加工、贮存和废物处理等各途径环节，都会导致潜在的环境污染（IAEA, 1994；Sobolev, 1994）。2010 年，Rastogi 等曾通过高密度 16S 微阵列基因芯片和克隆库方法，研究了铀矿开采对土壤微生物多样性的影响。

处理含水放射性废物常用的技术包括离子交换 / 吸附、沉淀、蒸发、超滤 / 反渗透等。根据国际原子能机构（IAEA）的指南，在初级处理前和处理后，在处置废物之前必须先去除悬浮颗粒物与液体（IAEA, 2001；Abdel et al, 2011）。

---

S. R. Joshi (✉), D. Kalita

东北山大学生物技术与生物信息学系微生物实验室，印度西隆（Microbiology Laboratory, Department of Biotechnology and Bioinformatics, North-Eastern Hill University, Shilong, India）

# 2 吸附剂的类型和功能特性

术语“吸附”包含吸收和吸附两方面的含义，吸收是指将一种状态的物质整合到另一种不同状态的物质，而吸附是指某种物质的离子或分子物理附着或键合于另一个分子表面。吸附会导致在界面处形成稳定的分子相，从而导致表面络合物的形成（Stumm and Morgan, 1996）。物质通过物理和 / 或化学相互作用，从液相结合到固体表面的质量传递过程造成了吸附现象（Kurniawan and Babel, 2003）。分子水平的吸附络合物决定了吸附的效果，吸附作用分为吸附、吸收和表面沉淀机制（Sposito, 1982, 1986）。吸附过程中，离子、液体或气体分子被保持在固 - 液界面，没有形成三维分子排列，而表面络合物在固体吸附剂表面积累，导致了吸附的发生（Sposito, 1986）。

吸附作用受到污染物分布、静电特性和矿物表面反应性等因素的影响（Stumm, 1992）。在各种介质中均会发生污染物的吸附，例如用于处理放射性元素的活性氧化铝和选择性络合物。颗粒状活性炭是水处理中常用的吸附材料。在需要净化气体污染物时，会使用可扩散渗透氡的聚乙烯涂层活性炭吸附氡气。天然物质也可以作为吸附材料，例如波兰 Sudety 地区的白垩纪砂岩和高岭石基质的混合物，被证明可作为有效的天然吸附剂（IAEA, 1999）。在吸附技术中，固体吸附剂被广泛用于污染水体修复，这些化学污染物很难通过传统的生物方法去除。活性炭是水体修复中应用最广泛的吸附剂（Ramakrishna and Viraraghavan, 1997；Derbyshire et al, 2001；Babel and Kurniawan, 2003）。

## 2.1 生物吸附剂

生物吸附是指通过生物代谢或生物材料介导的物理化学作用，从废水中富集重金属和污染物的过程（Fourest and Roux, 1992）。在生物材料的物理化学吸附作用下，金属离子会附着在生物质表面（Drake and Rayson, 1996）。1982 年，Oscik 将吸附定义为“发生在两相边界处的基本表面现象”。在生物吸附过程中，胞外聚合物被细菌释放到细胞外，可发生离子交换反应，并与带负电荷的基团络合、沉淀（Brown and Lester, 1982；Rudd et al, 1984；Chang et al, 1995；Fukushi et al, 1996）。由于是天然来源，使用方便，且吸附速度快，生物吸附剂具有相当的应用潜力。

生物吸附过程涉及生物吸附剂、生物材料等固相部分，以及含有溶解状态的吸附质（金属）的液相部分。由于吸附剂和吸附质之间的高亲和力，吸附质会附着在吸附剂表面，依靠化学作用结合，直到吸附质与其溶液中的剩余部分达到平衡。吸附剂和吸附质的亲和力取决于吸附剂在固相和液相中的分布（Ramachandra et al, 2005）。研究发现各种微生物，包括细菌、真菌、酵母菌、蓝细菌和藻类都具有对多种重金属结合、吸附、去除和回收的能力（Greene and Darnall, 1990；Volesky, 1990；Wase and Foster, 1997）。

### 2.1.1 影响生物吸附的因素

影响生物吸附的各种因素包括：

（1）根据 Aksu 等（1992）的说法，在 20~35 ℃之间发生生物吸附，温度不是一个重要的影响因素。

（2）pH 是影响金属间反应的最重要参数，生物质和溶液中的官能团种类、分布也显著影响生物吸附的效果（Friis and Myers-Keith, 1998）。

（3）生物质浓度会影响特定的摄入过程（Sao et al, 2014）。

（4）利用生物吸附方法从废水中去除一种以上的金属离子时，不同金属离子间会相互影响。根据金属结合位置的差异，生物吸附可分为细胞外积累 / 沉淀、细胞表面吸附 / 沉淀、细胞内积累（Sao et al, 2014）。

### 2.1.2 植物

一些植物具有从根部吸收污染物的能力。这种将污染物从土壤和地下水吸收到根部的过程会导致在根部区域积聚或沉淀污染物。一些植物的根、芽会从土壤、沉积物和污泥中超富集金属、类金属、放射性核素以及有机污染物（EPA, 2000；Prasad and Oliveira Freitas, 2003）。据报道，苦瓜（*Momordica charantia*）可在生物质体内积累 0.88 mg/L 的砷（Pandey et al, 2009）。花生壳生物吸附剂则表现出对 Cr( Ⅲ ) 的高吸附效率（WitekKrowiak et al, 2010）。夜光眼子菜（*Potamogeton lucens*）、鼠尾草（*Salvinia herzogoi*）、凤眼莲（*Eichhornia crassipes*）、巴西紫苏（*Myriophyllum brasillensis*）、穗花毛茛（*Myriophyllum spicatum*）、甘草（*Caomba sp*）及石竹（*Ceratophyllum demersum*）等淡水大型植物，已被发现具有广泛的重金属吸收能力（Wang et al, 1996；Schneider and Rubio, 1999；Schneider et al, 1999；Keskinkan et al, 2003）。

### 2.1.3 藻类

在 pH=4.5 的最适情况下，马尾藻（*Sargassum* sp.1）对镉（Cd）的最大生物吸附量为 $q_{max}$=0.90 mmol/g，而悬疣马尾藻（S. *filipendula* I）的最大生物吸附量为 $q_{max}$= 0.66 mmol/g，存在 36% 的差异。普通马尾藻（S. *vulgare*）、悬疣马尾藻（S. *filipendula* I）和流动马尾藻（S. *fluitans*）对铜（Cu）的最大生物吸附量分别为 0.93、0.89 和 0.80 mmol/g（Davis et al, 2000）。据报道，红藻中的 *Palmaria tevera* 和 P. *palmate*、鹿角菜（*Chondrus crispus*）和褐藻（*Ascophyllum nodosum*）也会积累铜、锌、镉、铀等金属元素（Kuyuack 和 Volesky 1988）。另外，蛋白核小球藻（*Chlorella Pyrenoidosa*），类蓝藻（*Cyanidium caldarium*）和螺旋藻（*Spirulina platensis*）对 $Au^{3+}$、$Ag^{+}$ 和 $Hg^{2+}$ 的吸附完全依赖于 pH（Darnall et al, 1988）。在含有 $Au^{3+}$、$Cu^{2+}$、$Fe^{2+}$、$Zn^{2+}$ 的溶液中，蓝藻和螺旋藻（*Spirulina platensis*）能选择性吸附溶液中的 $Au^{3+}$（Gee and Dudeney, 1988）。也有实验表明在低 pH 培养基中，墨角藻（*Fucus vesiculosus*）和褐藻（*Ascophyllum nodosum*）对铅吸收量高达 370 mg Pb/g（Holan et al, 1993），而斜生栅藻（*Scenedesmus obliquus*）的生物残体可吸附铜（Mattuschka et al, 1993）（表 5-1）。

**表 5-1　具有金属吸附能力的藻类及其功能**

| 藻类 | 生物吸附功能 / 活性 | 放射性金属 | 参考文献 |
|---|---|---|---|
| 小球藻 | 在体表生物吸附 Cm( Ⅲ ) | 锔 | Ozaki 等（2004） |
| 单细胞绿藻 | 从海水中去除 95% 的溶解铀 | 铀 | Heide 等（1973） |
| 小球藻 | 铀 (VI) 的吸附能力 | 铀 | Horikoshi 等（1979） |

续表

| 藻类 | 生物吸附功能 / 活性 | 放射性金属 | 参考文献 |
|---|---|---|---|
| 马尾藻 | 铀 (VI) 的生物吸附能力 | 铀 | Yang 和 Volesky（1999） |
| 膜地卷 | 生物吸附能力为 42 mg U gd/m | 铀 | Haas 等（1998） |
| 石蕊 | 生物吸附能力为 10 mg U gd/m | 铀 | Haas（1998） |
| 石耳 / 岩耳 | 生物吸附能力为 29 mg U gd/m | 铀 | Haas（1998） |
| 四尾栅藻 | 铀积累分两个步骤，一个快速（取决于温度）和一个慢速 | 铀 | Pribil 和 Marvan（1976） |
| 水绵 | 藻细胞内的 U(VI) 晶体 | 铀 | Mann 和 Fyfe（1984, 1985） |
| 蓝藻 | 可在 pH=3.0~5.0 条件下去除铀 | 铀 | Liu 和 Wu（1993） |
| 鹿石蕊（地衣） | 在酸性条件下以铀酰离子的形式去除铀 | 铀 | Boileau 等（1985） |
| 轮藻 | 铀通过吸附在有机沉积物中积累 | 铀 | Koval'skiy 和 Vorotnitskaya（1965） |

### 2.1.4 真菌和酵母

多种酵母菌，特别是根霉属（*Rhizopus*）、曲霉属（*Aspergillus*）、链霉菌属（*Streptoverticullum*）和双孢干霉菌属（*Xeromyces bisporus*）已显示出极好的金属吸附潜力（Volesky and Tsezos, 1982；Galun et al, 1984；Siegel et al, 1986；Polman and Breckenridge, 1996）。其中，枝孢霉（*Cladosporium resinae*）、少根根霉（*Rhizopus arrhizus*）、白霉（*Mucor miehei*）和青霉（*Penicillium chrysogenum*）以对 Cu、Ni、Zn、Cd、Ag 和 Pb 的生物吸附能力显著而闻名（Gadd et al, 1988；Fourest et al, 1992）。各种报告表明，青霉（*Penicillium chrysogenum*）吸收 $Pb^{2+}$（Niu et al, 1993），绿色木霉（*Trichoderma viride*）积累铜（Cu）（Townsley et al, 1986）；犁头霉菌（*Absidia orchidis*）则是一种吸收钴（Co）的真菌（Kuycak and Volesky, 1988）。1993 年，Khalid 等的一项研究报道了固定化微生物扭曲毛壳菌（*Chaetomium distortum*）和链格孢菌（*Alternaria tenulis*）对铀的生物吸附。2002 年，Dilek 等将白腐真菌（*Polyporus versicolor*）用作生物吸附剂，并研究了对 Ni(Ⅱ) 的去除。在酵母中，热带念珠菌（*Candida tropicalis*）、毕赤酵母（*Pichia guilliermondii*）、酿酒酵母（*Sacchromyces cerevisiae*）也显示出了优异的金属吸附能力（Mattuschka et al, 1993；Volesky and Prasetyo, 1994）（表 5-2）。

**表 5-2 具有金属元素生物吸附能力的真菌及其功能**

| 真菌 | 生物吸附功能 / 活性 | 放射性金属元素 | 参考文献 |
|---|---|---|---|
| AM 真菌 | 体外吸收和转运放射性铯 | 铯 | Declerck 等（2003）和 Dupréde Boulois 等（2005） |
| 酿酒酵母 | 非生命生物质可生物吸附 U(VI) 离子 | 铀 | Dhankhar 等（2011） |
| 克鲁维酵母 | 生物吸附能力为 180 mg U gd/m | 铀 | Bustard 等（1996） |
| 埃默森塔拉酵母 | 生物吸附能力为 323 mg U gd/m | 铀 | Bengtsson 等（1995） |

续表

| 真菌 | 生物吸附功能 / 活性 | 放射性金属元素 | 参考文献 |
| --- | --- | --- | --- |
| 烟曲霉 | 生物吸附能力为 423 mg U gd/m | 铀 | Bhainsa and D'Souza（1999） |
| 曲霉属黄曲霉 | 生物吸附能力为 40 mg U gd/m | 铀 | Hafez 等（1997） |
| 根霉属 | 生物吸附能力超过 180 mg U gd/m | 铀 | Bhainsa and D'Souza（1999） |
| 根霉 | 生物吸附能力为 42.3 mg U gd/m | 铀 | McCready and Lakshmanan（1986） |
| 青霉属 | 生物吸附能力为 20.3 mg U gd/m | 铀 | McCready and Lakshmanan（1986） |
| 根霉 | 生物吸附 | 钍 | Tsezos and Volesky（1982） |

### 2.1.5　细菌

1993 年，Mattuschka 等报道了诺氏链霉菌（*Streptomyces noursei*）残体对几种金属元素的结合能力为 Ag > Cr > Pb > Cu > Zn > Cd > Co≥Ni。据报道，枯草芽孢杆菌（*Bacillus subtillis*）的细胞壁可吸收并保留金属（Beveridge, 1986）。一种革兰氏阴性菌的泛菌属细菌（*Pantoea* sp. TEM18）在含铜浓度为 180 mg/L 的生长培养基中显示出良好的耐受性（Guven Ozdemir et al, 2004）。从印度洋沉积物中分离出的肠杆菌科细菌（*Enterobacter cloaceae*）具有胞外多糖，可以螯合铜（20%）和钴（8%）（Iyer and Jha, 2005）。Liu 等（2004）发现，Zn( Ⅱ ) and Cu( Ⅱ ) 及二者组合分别在 2.0~6.0 和 4.0~5.0 的 pH 范围内被氧化硫硫杆菌（*Thiobacillus thiooxidans*）有效吸收。锰氧化细菌可利用 1.6 g/L 的 $Mn^{2+}$ 并产生锰氧化物（Stuetz et al, 1993）。在工业区的花椰菜根际土壤中分离出的苏云金芽孢杆菌（*Bacillus thuringiensis* OSM29）对镉、铬、铜、铅和镍的生物吸附能力在 25~150 mg/L 之间（Oves et al, 2013）。除此之外，还有若干关于不同细菌和放线菌菌株 [ 如假单胞菌（*Pseudomonas* sp.）、枝状动胶菌（*Zoogloea ramigera*）和链霉菌（*Streptomyces* sp.）] 对金属吸附的报道（Norberg and Persson, 1984；Norberg and Rydin, 1984；Mullen et al, 1989；Nakajima and Sakaguchi, 1986；Addour et al, 1999）。此外，还有关于有极端耐受能力的抗辐射不动杆菌（*Acinetobacter radioresistens* 50v1）的报道（McCoy et al, 2012）（表 5-3）。

**表 5-3　金属元素生物吸附中使用的细菌和相关功能**

| 细菌 | 生物吸附功能 / 活性 | 放射性金属元素 | 参考文献 |
| --- | --- | --- | --- |
| *Bacillus sp. GTG 83* | 在水溶液中吸收锶元素 | 锶 | Ghazvini 等（2007） |
| *Shewanella halotolerans* | 在厌氧条件下与草酸盐或柠檬酸盐络合，将 U(VI) 还原为 U( Ⅳ ) 而不产生铀沉淀 | 铀、锝 | Ganesh 等（1997） |
| *Shewanella putrefaciens, S. oneidensis* | 将 Pu(VI) and Pu(V) 直接酶促还原为 Pu( Ⅳ ) | 钚 | Neu 等（2005） |
| *Geobacter metallireducens* | 将 Pu(VI) and Pu(V) 直接酶促还原为 Pu( Ⅳ ) | 钚 | Neu 等（2005） |

续表

| 细菌 | 生物吸附功能 / 活性 | 放射性金属元素 | 参考文献 |
|---|---|---|---|
| *Shewenella putrefaciens* | 还原 $Np^{5+}$ 至 $Np^{4+}$ | 镎 | Lloyd 等（2000） |
| *Pseudomonas fluocesecns* | 显著吸附镎酰（$NpO^{2+}$） | 镎 | Songakasiri 等（2002） |
| *Halomonas sp* | 在生物表面吸附 Cm( Ⅲ ) | 锔 | Ozaki 等（2004） |
| *Halobacterium salinarum* | 在生物表面吸附 Cm( Ⅲ ) | 锔 | Ozaki 等（2004） |
| *Microccous luteus* | 细胞被膜上存在对 Sr 的结合活性 | 锶 | Faison 等（1990） |
| *Desulfovibrio desulfuricans* | 将碘酸盐还原为碘化物 | 碘 | Bors 等（1991） |
| *Citrobacter sp.* N14 | 去除铀酰离子 [$UO_2$（2+）] 并以多晶磷酸铀酰（$HUO_2PO_4$）的形式沉积 | 铀 | Basnakova 等（1998） |
| *Citrobacter sp.* | 通过磷酸酶释放的磷酸配体沉淀铀酰离子 [$UO_2$（2+）] | 铀 | Macaskie 等（2000） |
| *Citrobacter sp.* | 以金属磷酸盐的形式在细胞表面沉淀 U(VI) | 铀 | Roig 等（1997） |
| *Salmonella subterranea* | 从位于田纳西州的美国能源部橡树岭实验室的受硝酸盐和 U(VI) 污染、低 pH 的地下沉积物中分离出来 | 铀 | Shelobolina 等（2004） |
| *Citrobacter freudII* | U(VI) 生物吸附 | 铀 | Xie 等（2008） |
| *Firmicutes* | U(VI) 生物吸附 | 铀 | Haferburg 等（2007） |
| *Cystoseira indica* | 吸附 U(VI) | 铀 | Khani 等（2005） |
| *Serratia marcescens* PKRS1 | 耐铀（U） | 铀 | Kumar 等（2011） |

## 2.2 化学吸附剂

由于吸附剂和金属污染物间会发生化学反应，使用化学吸附法对受稀有金属污染的天然水体和工业废水进行全面修复是一种相当有效的方法。化学吸附剂被用于在特定条件下从混合污染物中去除某种单一离子（Pozhidaev et al, 2003）。

目前已开发的通过电化学再生的石墨基化学吸附剂，用于去除有机污染物，在第一阶段就能去除 95% 的放射性废油，并能去除 99% 的乳化油（Brown and Roberts, 2007）。在吸附过程中，80%~90% 的放射性物质转入液相，并释放少量的气态氚（Brown et al, 2013）。化学吸附过程中产生的化学键要比吸附剂和被吸附物间的物理吸附作用强，后者通过形成吸附物的单分子层来释放热量（Eckenfelder and Allen, 1990）。

另一种有前景的吸附剂是连接到多孔载体支架中杂多酸（HPA）（Novacarb and

SBA-15），以及钨磷酸与溶胶 - 凝胶 $SiO_2$ 络合物（Lapkin et al, 2003）。作为新型吸附剂，其中一类是添加了具有额外的框架金属硫化物离子交换剂（MSIE）的不稳定阳离子，主要用于去除重金属离子（例如 $Pb^{2+}$、$Hg^{2+}$、$Ni^{2+}$、$Cd^{2+}$ 和 $Co^{2+}$）和核废料（$UO_2^{2+}$、$Cs^+$ 和 $Sr^{2+}$）(Manos et al, 2005)。另外，Druzhinina 等（2011）开发的一种化学吸附纤维，其接枝共聚物上具有可提供高萃取度（接近 99%）的胺络合物，镉离子吸附量高达 150~160 mg/g。

### 2.2.1　化学共轭吸收剂

化学共轭型吸收剂和吸附剂依赖于对金属结合信号分析能力的发展，这种吸附方法在技术上更先进、实践上更可靠、易于操作，成本效益、选择性和灵敏度高（Awual et al, 2013）。N,N'- 双水杨酸水酯 -1,3- 二氨基丙烷（DDPD）中存在的功能性配体与介孔二氧化硅的共轭体可检测超痕量的 Cu( Ⅱ ) 离子，并去除铜（Awual et al, 2014）。研究发现，在各类有机硅聚合物、碳官能聚有机硅倍半硅氧烷（carbofunctional polyorganyl silsesquioxanes，DDPD）中，V(V)、Mo(VI)、W(VI)、Th( Ⅳ ) 和 U(VI) 的吸附性能非常活跃，具有广泛的适用性（Voronkov et al, 1996, 2000）。2009 年，Shashkova 等报道了一种由磷酸镍和碳酸钙组成的化学吸附剂，已用于从 $Ni^{2+}$-$Fe^{3+}$-$Pb^{2+}$ 的混合组分中提取铁 ( Ⅲ ) 离子。

## 2.3　纳米材料

纳米材料吸附剂的特有性能，如具有高比表面积、高孔隙率、小尺寸颗粒、对金属离子的高表面反应性、强吸附能力和结合能力，使其成为广泛应用于生物修复方法的候选材料（Uheida et al, 2006；Zhou et al, 2009）。通过利用纳米材料的新特性，纳米技术在污染检测和预防领域有着巨大的前景（Baruah and Dutta, 2009）。

利用氧化物纳米粒子从水体中去除重金属是一个新兴的研究领域（Hua et al, 2012）。在水生系统中，介孔载体（SAMMS）上的自组装单分子层是一种有效的重金属吸附剂（Yantasee et al, 2010）。氧化石墨烯和磁性氧化石墨烯的纳米复合材料已被合成、表征，并随 pH 条件的变化，被用于 Am( Ⅲ )、Pu( Ⅳ )、Co( Ⅱ )、Ni( Ⅱ )、Cu( Ⅰ ) 和 Pb( Ⅱ ) 的吸附过程（Lujaniene et al, 2016）。已发现平均直径为 40 mm 的钼酸铈 ( Ⅲ ) 纳米颗粒可有效去除水体中的 Tl(I)、Pb( Ⅱ )、Th( Ⅳ )、U( Ⅵ ) 和 Cs( Ⅰ )（Yousefi et al, 2012）（表 5-4）。

**表 5-4　金属纳米材料吸附方法中涉及纳米材料及其功能**

| 纳米材料 | 修复功能 / 活性 | 金属 / 类金属 | 参考文献 |
|---|---|---|---|
| 铁基纳米颗粒 | 作为吸收剂对不同污染物具有高亲和力 | $Cr^{3+}$、$Co^{2+}$、$Ni^{2+}$、$Cu^{2+}$、$Cd^{2+}$、$Pb^{2+}$ | Gupta 等（2015） |
| 锰氧化物（MnO）纳米颗粒 | 由于离子交换过程的内层机制，金属被吸附到表面 | Pb( Ⅱ )、Cd( Ⅱ )、Zn( Ⅱ ) | Gupta 等（2015） |
| 氧化锌（ZnO）纳米颗粒 | 微孔纳米组件依靠纳米材料的正电性质吸附金属 | $Pb^{2+}$、$Hg^{2+}$、$As^{3+}$ | Singh 等（2013） |

续表

| 纳米材料 | 修复功能 / 活性 | 金属 / 类金属 | 参考文献 |
|---|---|---|---|
| 混合金纳米复合膜 | 高效脱盐并去除放射性碘 | 碘（Ⅰ） | Mushtaq 等（2017） |
| 普鲁士蓝涂层磁性纳米颗粒 | 从放射性污染物中去除铯 | 铯（Cs） | Jang 等（2014） |
| 钛酸盐生物纳米复合材料 | 具有吸附能力的高效吸附剂 120 mg/g（1.75 meq/g） | 钡（$Ba^{2+}$） | Xu 等（2014） |

### 2.3.1 锰和锆

由于多晶型排列和高比表面积，锰氧化物（MnOs）纳米颗粒比块状锰具有更高的吸附活性（Luo et al, 2010）。Nandi 等（2013）合成了含锰的磁性 Fe(Ⅲ)氧化物纳米粒子，该纳米粒子具有从水溶液中吸附 Cd(Ⅱ)和 Cu(Ⅱ)的能力。研究发现，水合氧化铁（HFO）可吸附 $Cd^{2+}$；水合氧化锰（HMO）专性吸附 $Pb^{2+}$、$Zn^{2+}$ 和 $Cd^{2+}$；通过复杂的氧化还原过程，HMO 可吸附 $Tl^{+}$。根据这些金属的柔软性差异，HMO 对这些金属离子的吸附顺序为 $Pb^{2+} > Zn^{2+} > Cd^{2+} > Tl^{+}$。在 $H^{+}$ 和其他吸附离子存在的情况下，除了铅以外其他金属离子的吸附过程均是可逆的（Gadde and Laitinen, 1974；Fan et al, 2005）。由于 Pb（Ⅱ）、Cd（Ⅱ）和 Zn（Ⅱ）吸附到水合氧化锰（HMO）上是一个离子交换过程，会形成内层络合物（Parida et al, 1981）。

为了减少放射性废料的威胁，通过与锕系元素特异性螯合剂 MNP-Che 共轭的磁性纳米颗粒，从水性核废料中分离锕系元素（Np、Am 和 Cm）是一种非常有效的方法。在这里，MNP 作为涂层可以选择性地将污染物吸附到纳米颗粒表面，再通过磁场收集带有磁性的纳米颗粒（Kaur et al, 2013）。

### 2.3.2 Fe 和 $Fe^{0}$

硫酸盐还原菌可以合成磁性硫化铁纳米颗粒，该纳米颗粒比表面积范围 400~500 $m^2/g$ 的溶液中吸附 $^{99}Tc$ 放射性离子（Watson et al, 2001）。Pb-Fe 基吸附剂可去除放射性废水中的 Mo 离子（Dodbiba et al, 2008）。添加 Cu(Ⅱ)、Cd(Ⅱ)和 $Fe^{0}$ 纳米颗粒的纳米炭黑对地下水中 As(Ⅲ)具有结合亲和力（Kanel et al, 2005）。通过磁辅助化学分离（MACs）方法，已实现对 U(VI)93.8% 的吸附率（Mansouri et al, 2014）。在浓度范围为 1~10 mg/L 的情况下，纳米级零价铁（NZVI）可在 2 h 内吸收约 85%~100% 的 As(V)（Bezbaruah et al, 2014）。

### 2.3.3 磁赤铁矿

进行了对碳包封的磁性纳米粒子（CEMNP）的吸收研究，以观察对 $Cu^{2+}$、$Co^{2+}$ 和 $Cd^{2+}$ 离子的去除能力（Bystrzejewski et al，2009）。此外，还可以利用纳米晶 γ-$Fe_2O$ 吸收和净化 $^{137}Cs$、$^{90}Sr$、$^{115}Cd$、$^{51}Cr$、$^{203}Hg$，或通过超顺磁性氧化铁纳米粒子（IO-MNP）去除 $^{60}Co$ 放射性核素，这是两种高效且低成本的放射性核素去除方法（Bagla and Thakur，2017；El-Deen et al，2017）。

### 2.3.4 碳纳米材料（CNM）

碳基纳米材料包括单壁碳纳米管（SWCNTs）、多壁碳纳米管（MWCNTs）、纳米多孔碳、碳珠及碳纤维。对于二价金属离子，碳纳米管（CNTs）的吸附效率顺序为 $Pb^{2+} > Ni^{2+} > Zn^{2+} > Cd^{2+}$，其中铅为 49~97 mg/g，镍为 9~47 mg/g，锌为 11~43 mg/g，镉为 10~11 mg/g（Dresselhaus et al, 2001；Li et al, 2002, 2003a, b, 2005, 2006；Chen and Wang, 2006；Lu and Chiu, 2006；Lu et al, 2006）。含 $Al_2O_3$ 的 CNTs 对 $Pb^{2+}$、$Cu^{2+}$、$Cd^{2-}$ 的吸收率分别为 67.11 mg/g、33.78 mg/g 和 11.23 mg/g（Hsieh and Horng, 2007）。2007 年，Stafiej 和 Pyrzunska 报道了 MWCNTs 对 $Cu^{2+}$、$Co^{2+}$、$Cd^{2+}$、$Zn^{2+}$、$Mn^{2+}$、$Pb^{2+}$ 的吸收。SWCNTs、MWCNTs 和粒状活性炭分别可吸附 47.85、38.46 和 26.39 mg/g 的 $Ni^{2-}$（Lu et al, 2008）。化学气相沉积工艺（CVD）是一种广泛使用的合成碳纳米颗粒的工艺，合成的碳纳米颗粒具有重金属吸附能力（Ruparelia et al, 2008）。氧化碳纳米管与未处理碳纳米管对 $Cd^{2+}$、$Cu^{2+}$、$Ni^{2+}$、$Pb^{2+}$ 和 $Zn^{2+}$ 的吸附能力有差异（Rao et al, 2007）。

### 2.3.5 Ti、MgO 和 ZnO 纳米颗粒

目前已合成基于氧化镍和二氧化钛的新型纳米颗粒，应用于去除水溶液中的 $^{90}Sr$、$^{137}Cs$ 和 $^{152\sim154}Eu$（Brynych et al, 2014）。此外，纳米二氧化钛在去除 As(Ⅲ) 方面也极具前景，并已广泛应用（Visa and Duta, 2013）。据报道，二氧化钛纳米颗粒的平均直径为 10~50 nm，可分别吸附 15.3 mg/g and 7.9 mg/g 的 Zn 和 Cd（Liang et al, 2004）。在 pH≈5.5 的情况下，MCM-41 介孔分子筛负载 $TiO_2$ 可从 100 mg/L G1 Cr(VI) 溶液中去除高达 91% 的 Cr(VI)（Parida et al, 1981）。

花状介孔 MgO 微球制备方法简便，并显示出对 Cd(Ⅱ) 和 Pb(Ⅱ) 的强吸附能力（Li et al, 2003a；Gao et al, 2009）。去除污染物及纳米修复应用中，氧化锌纳米颗粒具有极佳前景。研究表明，暴露于多孔纳米片时，多孔 ZnO 纳米板和 ZnO 中空微球具有很高的 Cu(Ⅱ) 去除效率（Wang et al, 2010）。此外，多孔 ZnO 纳米组件还能从废水中去除有毒的 $Co^{2+}$、$Ni^{2+}$、$Cu^{2+}$、$Cd^{2+}$、$Pb^{2+}$、$Hg^{2+}$ 和 $As^{3+}$（Singh et al, 2013）。

## 3 结论

修复环境中金属废物污染是人类无法回避的长期挑战，目前的研究成果为环境修复新技术的开发应用开辟了积极前景。尽管植物修复在修复重金属污染方面取得了成功，但利用藻类、细菌、真菌和放线菌等其他生物的新方法，为现有生物修复技术增加了潜在的候选者。尽管化学修复方法得到了广泛的应用，但由于化学方法大多容易引起二次污染，因此其更广泛的适用性令人担忧。作为化学修复的替代方案，当前的研究专注于纳米修复方法，将纳米颗粒和生物体同时用于金属废物的修复。纳米材料与微生物的协同作用已经在修复金属废物污染的土壤和废水的过程中产生了可喜成果，有望成为改进金属废物污染场地修复策略的令人期待的新技术。

# 参考文献

Abdel R O, Rahman H A, Hung Y T. (2011). Liquid radioactive wastes treatment: a review. Water, 3:551-565.

Addour L, Belhocine D, Boudries N, et al. (1999). Zinc uptake by *Streptomyces rimosus* biomass using a packed-bed column. J Chem Technol Biotechnol, 74:1 089-1 095.

Aksu Z, Sag Y, Kutsal T (1992). The biosorption of copper (Ⅱ) by C. *vulgaris* and Z. *ramigera*. Environ Technol, 13:579-586.

Awual R M, Yaita T, El-Safty S A, et al. (2013). Investigation of palladium(Ⅱ) detection and recovery using ligand modified conjugate adsorbent. Chem Eng J, 222:172-179.

Awual M R, Rahman I M M, Yaita T, et al. (2014). pH dependent Cu(Ⅱ) and Pd (Ⅱ) ions detection and removal from aqueous media by an efficient mesoporous adsorbent. Chem Eng J, 236:100-109.

Babel S, Kurniawan T A. (2003). Low-cost adsorbents for heavy metals uptake from contaminated water: a review. J Hazard Mater B, 97:219-243.

Bagla H, Thakur J. (2017). Decontamination of radionuclides using $\gamma$-$Fe_2O_3$ as a nanosorbent. Geophys Res Abs, 19:EGU2017-EG14952.

Baruah S, Dutta J. (2009). Nanotechnology applications in pollution sensing and degradation in agriculture: a review. Environ Chem Lett, 7:191-204.

Basnakova G, Stephens E R, Thaller M C, et al. (1998). The use of *Escherichia coli* bearing a phoN gene for the removal of uranium and nickel from aqueous flows. Appl Microbiol Biotechnol, 50:266-272.

Bengtsson L, Johansson B, Hackett T J, et al. (1995). Studies on the biosorption of uranium by *Talaromyces emerson ii* CBS 814.70 biomass. Appl Environ Microbiol, 42:807-811.

Beveridge T J. (1986). The immobilization of soluble metals by bacterial walls. In: Ehrlich H L, Holmes D S (eds). Biotechnology and bioengineering symposium no. 16: biotechnology for the mining, metal-refining and fossil-fuel processing industries. Wiley, New York:127-140.

Bezbaruah A N, Kalita H, Almeelbi T, et al. (2014). Ca-alginate-entrapped nanoscale iron: arsenic treatability and mechanism studies. J Nanopart Res, 16:2 175.

Bhainsa K C, D'Souza F S. (1999). Biosorption of uranium(VI) by *Aspergillus fumigatus*. Biotechnol Tech, 13:695-699.

Boileau L, Nieboer J R E, Richardson D H S. (1985). Uranium accumulation in the lichen *Cladonia rangiferina*. Part I. Uptake of cationic, neutral, and anionic forms of the uranyl ion. Can J Bot, 63:384-389.

Bors J, Erten H, Martens R. (1991). Sorption studies of radioiodine on soils with special references to soil microbial biomass. Radiochim Acta, 52/53:317-325.

Brown M J, Lester J N. (1982). Role of bacterial extracellular polymers in metal uptake in pure bacterial culture and activated sludge - Ⅱ effects of mean cell retention time. Water Res, 6:1 549-1 560.

Brown N W, Roberts E P L. (2007). Electrochemical pre-treatment of effluents containing chlorinated compounds using an adsorbent. J Appl Electrochem, 37:1 329-1 335.

Brown N W, Campen A K, Wickenden D A, et al. (2013). On-site destruction of radioactive oily wastes using adsorption coupled with electrochemical regeneration. Chem Eng Res Des, 91:713-721.

Brynych V, Pospechova J, Prochazkova L, et al. (2014). Sorption of Cs(I), Sr(Ⅱ) and Eu(Ⅲ) on modified nickel oxide. Nanocon, November 5th-7th, Brno, Czech Republic, EU.

Bustard M, Donnellan N, Rollan A, et al. (1996). The effect of pulse field strength on electric field stimulated biosorption of uranium by *Kluyveromyces marxianus* IMB3. Biotechnol Lett, 18:479-482.

Bystrzejewski M, Pyrzynska K, Huczko A, et al. (2009). Carbon-encapsulated magnetic nanoparticles as separable and mobile sorbents of heavy metal ions from aqueous solutions. Carbon, 47:1 201-2 009.

Chang D, Fukushi K, Ghosh S. (1995). Simulation of activated sludge cultures for enhanced heavy metals removal. Water Environ Res, 67:822-827.

Chen C, Wang X. (2006). Adsorption of Ni(Ⅱ) from aqueous solution using oxidized multiwall carbon nanotubes. Ind Eng Chem Res, 45:9 144-9 149.

Chukanov V N, Volobuev P V, Poddubnyj V A, et al. (1993). Ecological problems of Ural. Russ J Nondestruct, 29:516-521.

Darnall D W, Greene B, Gradea-Torresday J. (1988). Gold binding to algae in BioHydrometallurgy: In: Norris P R, Kelly D P (eds). Proceedings International Symposium, Science and Technology Letters, Kew, Surrey, UK:487-498.

Davis T A, Volesky B, Vieira R H S F. (2000). *Sargassum* seaweed as biosorbent for heavy metals. Water Res, 34:4 270-4 278.

Declerck S, Dupréde Boulois H, Bivort C, et al. (2003). Extra radical mycelium of the arbuscular mycorrhizal fungus *Glomus lamellosum* can take up, accumulate and translocate radiocaesium under root-organ culture conditions. Environ Microbiol, 5:510-516.

Derbyshire F, Jagtoyen M, Andrews R, et al. (2001). Carbon materials in environmental applications. In: Radovic L R (ed). Chemistry and physiCs of carbon, vol 27, Marcel Dekker, New York:1-66.

Dhankhar R, Hooda A, Solanki R, et al. (2011). *Saccharomyces cerevisiae*: a potential biosorbent for biosorption of uranium. Int J Engg Sci Technol, 3:5 397-5 407.

Dilek F B, Erbay A, Yetis U. (2002). Ni(Ⅱ) biosorption by polyporous versicolor. Process Biochem, 37:723-726.

Dodbiba G, Wu I C, Kikuchi T, et al. (2008). Adsorption of molybdenum in nitric acid solution by using Pb-Fe based adsorbents. In: Proceedings of the 2008 Global Symposium on Recycling, Waste Treatment and Clean Technology (REWAS 2008), Cancun, Mexico, 12-15 October:63-68.

Drake L R, Rayson G D. (1996). Plant derived materials for metal ion-selective binding and pre-concentration. Anal Chem, 68:22A-27A.

Dresselhaus G, Dresselhaus M S, et al. (2001). Carbon nanotubes synthesis, structure, properties and applications. Springer, Berlin.

Druzhinina T V, Kilyushik Y A, Plotnikov D P. (2011). Sorption of cadmium ions with chemisorbing polymer fibers. Theor Found Chem, 45:482-486.

Dupréde Boulois H, Delvaux B, Declerck S. (2005). Effects of arbuscular mycorrhizal fungi on the root uptake and translocation of radiocaesium. Environ Pollut, 134:515-524.

Eckenfelder Jr W W, Allen P W. (1990). Toxicity reduction of industrial effluents, Van Norstrand Reinhold, New York:203-228.

El-Deen G E S, Imam N G, Ayoub R R. (2017). Preparation, characterization and application of superparamagnetic iron oxide nanoparticles modified with natural polymers for removal of $^{60}$Co-radionuclides from aqueous solution. Radiochim Acta, 105:141-159.

Faison B D, Cancel C A, Lewis S N, et al. (1990). Binding of dissolved strontium by *Micrococcus luteus*. Appl Environ Microbiol, 56:3 649-3 656.

Fan M, Boonfueng T, Xu Y, et al. (2005). Modeling Pb sorption to microporous amorphous oxides as discrete particles and coatings. J Colloid Interface Sci, 281:39-48.

Fourest E, Roux J C. (1992). Heavy metal biosorption by fungal mycelial by-products: mechanisms and influence of pH. Appl Microbiol Biotechnol, 37:399-403.

Fourest E, Canal C, Roux J C. (1992). Improvement of heavy metal biosorption by mycelial dead biomasses (Rhizopus arrhizus, Muchor miehei, and Pencillium chrysogenum): pH control and cationic activation. FEMS Microbiol Rev, 14:325-332.

Friis N, Myers-Keith P. (1998). Biosorption of uranium and lead by *Streptomyces longwoodensis*. Biotechnol Bioeng, 28:21-28.

Fukushi K, Chang D, Ghosh S. (1996). Enhanced heavy metal uptake by activated sludge cultures growth in the presence of bioplymer stimularors. Water Sci Technol, 34:267-272.

Gadd G M, White C, de Rome L. (1988). Heavy metal and radionucleide uptake by fungi and yeasts, in bio hydrometallurgy. In: Norris P R, Kelly D P (eds). Proceedings International Symposium, Science and Technology letters, Kew, Surrey:421-436.

Gadde R R, Laitinen H A. (1974). Studies of heavy metal adsorption by hydrous iron and manganese oxides. Anal Chem, 46:2 022-2 026.

Galun M, Keller P, Malki D, et al. (1984). Removal of uranium(VI) from solution by fungal biomass: inhibition by iron. Water Air Soil Pollut, 21:411-414.

Ganesh R, Robinson K G, Reed G R, et al. (1997). Reduction of hexavlaent uranium from organic complexes by sulfate- and iron-reducing bacteria. Appl Environ Microbiol, 63: 4 385-4 391.

Gao Z, Bandosz T J, Zhao Z, et al. (2009). Investigation of factors affecting adsorption of transition metals on oxidized carbon nanotubes. J Hazard Mater, 167:357-365.

Gee A R, Dudeney A W L. (1988). Adsorption and crystallisation of gold at biological surfaces, in biohydrometallurgy. In: Norris P R, Kelly D P (eds). Proceedings International Symposium, Science and Technology letters, Kew. Surrey:437-451.

Ghazvini P T M, Ghorbanzadeh Mashkani S, Ghafourian H. (2007). Bioabsorption of strontium from aqueous solution by new strain *Bacillus* sp. GTG-83. WM'07 conference, Tuscon, AZ.

Greene B, Darnall D W. (1990). Microbial oxygenic photoautotrophs for metal-ion binding. In: Ehrlich H L, Brierley C L (eds). Microbial mineral recovery. McGraw-Hill, New York:277-302.

Gupta V K, Tyagi I, Sadegh H, et al. (2015). Nanoparticles as adsorbent a positive approach for removal of noxious metal ions: a review. Sci Technol Dev, 34:195.

Haas J R. (1998). A comparison of U and lanthanide bioaccumulation by some common lichens. Geological Society of America, Annual meeting, Toronto, 30:204-205.

Haas J R, Bailey E H, Purvis O W. (1998). Bioaccumulation of metals by lichens; uptake of aqueous uranium by *Peltigera membranancea* as a function of time and pH. Am Mineral, 83:1 494-1 502.

Haferburg G, Merten D, Buchel G, et al. (2007). Bio-sorption of metal and salt tolerant microbial isolates from a former uranium mining area. Their impact on changes in rare earth element patterns in acid mine drainage. J Basic Microbiol, 47:474-484.

Hafez N, Abdel-Razek A S, Hafez M B. (1997). Accumulation of some heavy metals on Aspergillus *flavus*. J Chem Technol Biotechnol, 68:19-22.

Heide E A, Wagener K, Paschke M, et al. (1973). Extraction of uranium from sea water by cultured algae. Naturwissenschaften, 60:431.

Holan Z R, Volesky B, Prasetyo I. (1993). Biosorption of cadmium by biomass of marine algae. Biotechnol Bioeng, 41:819-825.

Horikoshi T, Nakajima A, Sakaguchi T. (1979). Uptake of uranium by *Chlorella regularis*. Agric Biol Chem, 43:617-623.

Hsieh S H, Horng J J. (2007). Adsorption behavior of heavy metal ions by carbon nanotubes grown on microsized $Al_2O_3$ particles. J Univ Sci Technol Bejing Min Matel Mater, 14:77-84.

Hua M, Zhang S, Pan B, et al. (2012). Heavy metal removal from water/wastewater by nanosized metal oxides: a review. J Hazard Mater, 211/212:317-331.

International Atomic Energy Agency. (1970). Standardization of radioactive waste categories. Technical reports series no. 101. International Atomic Energy Agency (IAEA), Vienna.

International Atomic Energy Agency. (1994). Handling, treatment, conditioning and storage of biological radioactive wastes, IAEA-TECDOC-775, Vienna.

International Atomic Energy Agency. (1999). Technologies for remediation of radioactively contaminated sites, Austria ISSN 1011-4289.

International Atomic Energy Agency. (2001). Handling and processing of radioactive waste from nuclear applications. Technical reports series no. 402. International Atomic Energy Agency (IAEA), Vienna.

International Atomic Energy Agency. (2006a). Application of thermal technologies for processing of radioactive waste. IAEA-TECDOC-1527. International Atomic Energy Agency (IAEA), Vienna.

International Atomic Energy Agency. (2006b). Fundamental safety principals. IAEA safety standards series. SF-1. IAEA, Vienna.

International Atomic Energy Agency. (2008). The management system for the processing, handling and storage of radioactive waste. Safety guide no. GS-G-3.3. International Atomic Energy Agency (IAEA), Vienna.

Iyer A, Jha B. (2005). Biosorption of heavy metals by a marine bacterium. Mar Pollut Bull, 50:340-343.

Jang S C, Hong S B, Yang H M, et al. (2014). Removal of radioactive cesium using Prussian blue magnetic nanoparticles. Nano, 4:894-901.

Kanel S R, Manning B, Charlet L, et al. (2005). Removal of arsenic(Ⅲ) from groundwater by nanoscale zero-valent iron. Environ Sci Technol, 39:1 291-1 298.

Kaur M, Zhang H, Martin L, et al. (2013). Conjugates of magnetic nanoparticle actinide specific chelator for radioactive waste separation. Environ Sci Technol, 47:11 942-11 959.

Keskinkan O, Goksu M Z L, Yuceer A, et al. (2003). Heavy metal adsorption characteristics of a submerged aquatic plant (*Myriophyllum spicatum*). Process Biochem, 39:179-183.

Khalid A M, Ashfaq S R, Bhatti T M, et al. (1993). The uptake of microbially leached uranium by immobilized microbial biomass. In: Torma A E, Apel M L,Brierley C L (eds). Biohydrometallurgical technologies. In: Proceedings of the International Biohydrometallurgical Symposium, The Minerals, Metals and Materials Society, Warrendale, PA.

Khani M, Keshtkar A, Meysami B, et al. (2005). Biosorption of uranium from aqueous solutions by nonliving biomass of marine algae Cystoseira ical heterogeneity in an in situ uranium bioremediation field site. Appl Environ Microbiol, 71:6 308-6 318.

Koval'skiy V V, Vorotnitskaya I Y. (1965). Biogenic migration of uranium in Lake Issyk-Kul. Geokhimiya, 6:724-732.

Kumar R, Acharya C, Joshi S R. (2011). Isolation and analyses of Uranium tolerant Serretia marcescens strains and their utilization for aerobic Uranium U(VI) bioadsorption. J Microbiol, 49:568-574.

Kurniawan T A, Babel S. (2003). A research study on Cr(VI) removal from contaminated wastewater using low-cost adsorbents and commercial activated carbon. In: Second International Conference on Energy Technology towards a Clean Environment (RCETE), vol 2. Phuket, Thailand, 12-14 February:1 110-1 117.

Kuycak N, Volesky B. (1988). Biosorbents for recovery of metals from industrial solutions. Biotechnol Lett 10:137.

Lapkin A, Bozkaya B, Mays T, et al. (2003). Preparation and characterization of chemisorbents based on heteropolyacids supported on synthetic mesoporous carbons and silica. Catal Today, 81:611-621.

Li Y H, Wang S, Wei J, et al. (2002). Lead adsorption on carbon nanotubes. Chem Phys Lett, 357:263-266.

Li Y H, Ding J, Luan Z, et al. (2003a). Competitive adsorption of $Pb^{2+}$, $Cu^{2+}$ and $Cd^{2+}$ ions from aqueous solutions by multiwalled carbon nanotubes. Carbon, 41:2 787-2 792.

Li Y H, Wang Z, Luan J, et al. (2003b). Adsorption of cadmium(Ⅱ) from aqueous solution by surface oxidized carbon nanotubes. Carbon, 41:1 057-1 062.

Li Y, Di Z, Ding J, et al. (2005). Adsorption thermodynamic, kinetic and desorption studies of $Pb^{2+}$ on carbon nanotubes. Wat Res, 39:605-609.

Li Y H, Zhu Y, Zhao Y, et al. (2006). Different morphologies of carbon nanotubes effect on the lead removal from aqueous solution. Diam Relat Mater, 15:90-94.

Liang P, Shi T, Li J. (2004). Nanometer-size titanium dioxide separation/pre concentration and FAAS determination of trace Zn and cd in water sample. Int J Environ Anal Chem, 84:315-321.

Liu H H, Wu J T. (1993). Uptake and recovery of americium and uranium by *Anacystis* biomass. J Environ Sci Health A Tox Hazard Subst Environ Eng, 28:491-504.

Liu H L, Chen B Y, Lan Y W, et al. (2004). Biosorption of Zn(Ⅱ) and Cu(Ⅱ) by the indigenous Thiobacillus thiooxidans. Chem Eng J, 97:195-201.

Lloyd J R, Yong P, Macaskie L E. (2000). Biological reduction and removal of np(V) by two microorganisms. Environ Sci Technol, 34:1 297-1 301.

Lu C, Chiu H. (2006). Adsorption of zinc(Ⅱ) from water with purified carbon nanotubes. Chem Eng Sci, 61:1 138-1 145.

Lu C, Liu C. (2006). Removal of nickel(Ⅱ) from aqueous solution by carbon nanotubes. J Chem Technol Biotechnol, 81:1 932-1 940.

Lu C, Chiu H, Liu C. (2006). Removal of zinc(Ⅱ) from aqueous solution by purified carbon nanotubes: kinetics and equilibrium studies. Ind Eng Chem Res, 45:2 850-2 855.

Lu C, Liu C, Rao G P. (2008). Comparisons of sorbent cost for the removal of $Ni^{2+}$ from aqueous solution by carbon nanotubes and granular activated carbon. J Hazard Mater, 151:239-246.

Lujaniene G, Semcuk S, Kulakauskaite I, et al. (2016). Sorption of radionuclides and metals to graphene oxide and magnetic graphene oxide. J Radioanal Nucl Chem, 307:2 267-2 275.

Luo T, Cui J, Hu S, et al. (2010). Arsenic removal and recovery from copper smelting wastewater using $TiO_2$. Environ Sci Technol, 44:9 094-9 098.

Macaskie L E, Bonthrone K M, Yong P, et al. (2000). Enzymically mediated bioprecipitation of uranium by a Citrobacter sp.: a concerted role for exocellular lipopolysaccharide and associated phosphatase in biomineral formation. Microbiology, 146:1 855-1 867.

Mann H, Fyfe W S. (1984). An experimental study of algal uptake of U, Ba, V, Co and Ni from dilute solutions. Chem Geol, 44:385-398.

Mann H, Fyfe W S. (1985). Uranium uptake by algae: experimental and natural environments. Can J Earth Sci, 22:1 899-1 903.

Manos M J, Iyer R G, Quarez E, et al. (2005). $\{Sn[Zn_4Sn_4S_{17}]\}$6-: a robust open framework based on metal-linked penta-supertetrahedral $[Zn_4Sn_4S_{17}]$10- clusters with ion-exchange properties. Angew Chem, 44:3 552-3 555.

Mansouri N, Saberyan K, Noaparast M. (2014). Adsorption of U(VI) from aqueous solution by Triocthylamine (TOA) functionalized magnetite nanoparticles as a novel adsorbent. J Adv Chem, 10:2 403-2 414.

Mattuschka B, Junghaus K, Straube G. (1993). Biosorption of metals by waste biomass. In: Torma A E, Apel M L, Brierley C L (eds). Biohydrometallurgical technologies. Proceedings of the International Biohydrometallurgical Symposium, The Minerals, Metals and Materials Society, Warrendale, PA.

McCoy K B, Derecho I, Wong T, et al. (2012). Insights into the extremotolerance of *Acinetobacter radioresistens* 50v1, a gramnegative bacterium isolated from the Mars Odyssey spacecraft. Astrobiology, 12:854-862.

McCready R G L, Lakshmanan V I. (1986). Review of bioabsorption research to recover uranium from leach solutions in Canada. In: Eclles S (ed). Immobilisation of Ions by bio-sorption. Canada Centre for Mineral and Energy Technology, Energy Mines and Resources Canada, Ottawa:219-225.

Méndez de Vigo G E. (2000). Origin and radioactive waste management, In: Official College of Physicians Illustrious. 3rd edition, 105:188.

Mullen M D, Wolfe D C, Ferris F G, et al. (1989). Bacterial sorption of heavy metal. Appl Environ Microbiol, 55:3 143-3 149.

Mushtaq S, Yun S E, Yang J E, et al. (2017). Efficient and selective removal of radioactive iodine anions using engineered nanocomposite membranes. Environ Sci Nano, 4:2 157-2 163.

Nakajima A, Sakaguchi T. (1986). Selective accumulation of heavy metals by microorganisms. Appl Microbiol Biotechnol, 24:59-64.

Nandi D, Basu T, Debnath S, et al. (2013). Mechanistic insight for the sorption of Cd(Ⅱ) and Cu(Ⅱ) from aqueous solution on magnetic Mn-doped Fe(Ⅲ) oxide nanoparticle implanted graphene. J Chem Eng Data, 58:2 809-2 818.

Neu M P, Icopini G A, Boukhalfa H. (2005). Plutonium speciation affected by environmental bacteria. Radiochim Acta, 93:705-714.

Niu H, Xu X S, Wang J H. (1993). Removal of lead from aqueous solutions by *Penicillium* biomass. Biotechnol Bioeng, 42:785-787.

Norberg A, Persson H. (1984). Accumulation of heavy metal ions by *Zoogloea ramigera*. Biotechnol Bioeng, 26:239-246.

Norberg A, Rydin S. (1984). Development of a continuous process for metal accumulation by *Zoogloea ramigera*. Biotecnol Bioeng, 26:265-268.

Oscik J. (1982). Adsorption. Chichester, Ellis Horwood Ltd. Publishers.

Oves M, Khan M S, Zaidi A. (2013). Biosorption of heavy metals by *Bacillus thuringiensis* strain OSM29 originating from industrial effluent contaminated north Indian soil. Saudi J Biol Sci, 20:121-129.

Ozaki T, Gillow J B, Kimura T, et al. (2004). Sorption behavior of europium(Ⅲ) and curium(Ⅲ) on the cell surfaces of microorganisms. Radiochim Acta, 92:741-748.

Ozdemir G, Ceyhan N, Ozturk T, et al. (2004). Biosorption of chromium(VI), cadmium(Ⅱ) and copper(Ⅱ) by *Pantoea* sp. TEM18. Chem Eng J, 102:249-253.

Pandey P K, Choubey S, Verrma Y, et al. (2009). Biosorptive removal of arsenic from drinking water. Bioresour Technol, 100:634-637.

Parida K M, Kanungo S B, Sant B R. (1981). Studies on $MnO_2$-I, chemical composition, microstructure and other characteristiCs of some synthetic $MnO_2$ of various crystalline modifications. Electrochim Acta, 26:435-443.

Polman J K, Breckenridge C R. (1996). Biomass-mediated binding and recovery of textile dyes from waste effluents. Text Chem Colour, 28:31-35.

Pozhidaev Y N, Panezhda E V, Grigor'eva O Y, et al. (2003). Carbofunctional Polyor-ganylsilsesquioxanes as sorbents for some rare metals. Dokl Chem, 389:97-100.

Prasad M N V, Oliveira Freitas H M D. (2003). Metal hyperaccumulation in plants-biodiversity prospecting for phytoremediation technology. Electron J Biotechnol, 6:110-146.

Pribil S, Marvan P. (1976). Accumulation of uranium by the chlorococcal alga *Scenedesmus quadricauda*. Arch Hydrobiol Suppl, 49:214-225.

Radiation Safety General Regulations. (1988). Official Journal of the Federation, November 22.

Ramachandra T V, Ahalya N, Kanamadi R D. (2005). Biosorption: techniques and mechanisms. CES Tchnical Rep 110:33.

Ramakrishna K R, Viraraghavan T. (1997). Dye removal using low cost adsorbents. Water Sci Technol, 36:189-196.

Rao G P, Lu C, Su F. (2007). Sorption of divalent metal ions from aqueous solution by carbon nanotubes: a review. Sep Purif Technol, 58:224.

Rastogi G, Osman S, Vaishampayan P A, et al. (2010). Microbial diversity in uranium mining-impacted soils as revealed by high-density 16S microarray and clone library. Microb Ecol, 59:94-108.

Roig M G, Manzano T, Diaz M. (1997). Biochemical process for the removal of uranium from acid mine drainages. Water Res, 31:2 073-2 083.

Rudd T, Sterritt R M, Lester J N. (1984). Formation and conditional stability constants of complexes formed between heavy metals and bacterial extracellular polymers. Water Res, 18:379-384.

Ruparelia J P, Duttagupta S P, Chatterjee A K, et al. (2008). Potential of carbon nanomaterials for removal of heavy metals from water. Desalination, 232:145.

Sao K, Khan F, Pandey P K, et al. (2014). A review on heavy metals uptake by plants through biosorption. Intl Proc Econ Develop Res, 75:78.

Schneider I A H, Rubio J. (1999). Sorption of heavy metal ions by the non-living biomass of freshwater macrophytes. Environ Sci Tech, 33:2 213-2 217.

Schneider I A H, Rubio J, Smith R W. (1999). Effect of some mining chemicals on biosorption of Cu(Ⅱ) by the non-living biomass of the freshwater macrophyte *Potamogeton lucens*. Miner Eng, 12:255-260.

Shashkova I L, Rat'ko A I, Mil'vit N V, et al. (2009). The use of chemisorption technologies in separation of multicomponent mixtures of metal ions. Russ J Appl Chem, 82:940-946.

Shelobolina E S, Sullivan S A, O'Neill K R, et al. (2004). Isolation, characterization, and U(VI)-reducing potential of a facultatively anaerobic, acid-resistant bacterium from low-pH, nitrate- and U(VI)-contaminated subsurface sediment and description of *Salmonella subterranea* sp. nov. Appl Environ Microbiol, 70:2 959-2 965.

Siegel S, Keller P, Galun M, et al. (1986). Biosorption of lead and chromium by Penicillium preparations. Water Air Soil Pollut, 27:69-75.

Singh S, Barick K C, Bahadur D. (2013). $Fe_3O_4$ embedded ZnO nanocomposites for the removal of toxic metal ions, organic dyes and bacterial pathogens. J Mater Chem A, 1: 3 325-3 333.

Sobolev L A. (1994). Radiation anomalies in Moscow region. Ecomaz, Moscow 52.

Songakasiri K, Reed D T, Rittmann B E. (2002). Biosorption of neptunium(V) by Pseudomonas fluorescens. Radiochim Acta, 90:785-789.

Sposito G. (1982). On the surface complexation model of the oxide aqueous solution interface. J Coll Interf Sci, 91:329-340.

Sposito G. (1986). Distinguishing adsorption from surface precipitation. Geochem Process Miner Surf, 323:217-228.

Stafiej A, Pyrzynska K. (2007). Adsorption of heavy metal ions with carbon nanotubes. Sep Purif Technol, 58:49.

Stuetz R M, Madgwick J C, Gee A R. (1993). Immobilisation of biosorbed metal ions. In: Torma A E, Apel M L, Brierley C L (eds). Biohydrometallurgical technologies.

Proceedings of the International Biohydrometallurgical Symposium, The Minerals, Metals and Materials Society, Warrendale, PA.

Stumm W. (1992). Chemistry of the solid-water Interface: processes at the mineral-water and particle-water Interface in natural systems. Wiley, Canada.

Stumm W, Morgan J J. (1996). Aquatic chemistry: chemical equilibria and rates in natural waters. Wiley, New York.

Townsley C C, Ross I S, Atkins A S. (1986). Biorecovery of metallic residues from various industrial effluents using filamentous fungi. In: Lawrence R W, Branion R M R, Ebner H G (eds). Fundamental and applied biohydrometallurgy. Elsevier, Amsterdam:279-289.

Tsezos M, Volesky B. (1982). The mechanism of thorium biosorption by Rhizopus arrhizus. Biotechnol Bioeng, 24:955-969.

U.S. Environmental Protection Agency. (2000). Introduction to phytoremediation. National Risk Management Research Laboratory, EPA/600/R-99/107.

Uheida A, Iglesias M, Fontas C, et al. (2006). Sorption of Palladium(Ⅱ), Rhodium(Ⅲ), and Platinum(IV) on $Fe_3O_4$ nanoparticles. J Coll Interf Sci, 301:402-408.

Visa M, Duta A. (2013). $TiO_2$/fly ash novel substrate for simultaneous removal of heavy metals and surfactants. Chem Eng J, 223:860-868.

Volesky B. (1990). Biosorption of heavy metals. CRC Press, Boston, November. ISBN 0849349176, 408.

Volesky B, Prasetyo I. (1994). Cadmium removal in a biosorption column. Biotechnol Bioeng, 43:1 010-1 015.

Volesky B, Sezos M. (1982). Separation of uranium by biosorption. Biotechnol Bioeng, 23:583-604.

Voronkov M G, Vlasova N N, Pozhidaev Y N. (1996). Organosilicon ion-exchange and complexing sorbents. Zh Prikl Khim, 69:705-718.

Voronkov M G, Vlasova N N, Pozhidaev Y N. (2000). Organosilicon ion exchange and complexing adsorbents. Appl Organomet Chem, 14:287-303.

Wang T C, Weissman J C, Ramesh G, et al. (1996). Parameters for removal of toxic heavy metals by water milfoil (*Myriophyllum spicatum*). Bull Environ Cont Toxicol, 57:779-786.

Wang X, Cai W, Lin Y, et al. (2010). Mass production of micro/nanostructured porous ZnO plates and their strong structurally enhanced and selective adsorption performance for environmental remediation. J Mater Chem, 20:8 582-8 590.

Wase J, Forster C F. (1997). Biosorbents for metal ions. Taylor & Francis, London:238.

Watson J H P, Croudace I W, Warwick P E, et al. (2001). Adsorption of radioactive metals by strongly magnetic iron sulfide nanoparticles produced by sulfatereducing bacteria. Sep Sci Technol, 36:2 571-2 607.

Witek-Krowiak A, Szafran R G, Modelski S. (2010). Biosorption of heavy metals from aqueous solutions onto peanut shell as a lowcost biosorbent. Desalination 265(1/3):126-134.

Xie S, Yang J, Chen C, et al. (2008). Study on biosorption kinetics and thermodynamics of uranium by *Citrobacter freudii*. J Environ Radioact, 99:126-133.

Xu M, Wei G, Liu N, et al. (2014). Novel fungus-titanate bio-nanocomposites as high performance adsorbents for the efficient removal of radioactive ions from wastewater. Nanoscale, 6:722-725.

Yang J, Volesky B. (1999). Biosorption of uranium on *Sargassum* biomass. Water Res, 33: 3 357-3 363.

Yantasee W, Rutledge R D, Chouyyok W, et al. (2010). Functionalized nanoporous silica for the removal of heavy metals from biological systems: adsorption and application. ACS Appl Mater Interf, 2:2 749-2 758.

Yousefi T, Khanchi A R, Ahmadi S J, et al. (2012). Cerium(Ⅲ) molybdate nanoparticles: synthesis, characterization and radionuclides adsorption studies. J Hazard Mater 215/216:266-271.

Zhou Y T, Nie H L, White C B, et al. (2009). Removal of $Cu^{2+}$ from aqueous solution by chitosan-coated magnetic nanoparticles modified with aketoglutaric acid. J Colloid Interface Sci, 330:29-37.

# 第 6 章　使用生物炭降低土壤中 $^{137}Cs$ 的生物有效性

Aleksander Nikolaevich Nikitin, Olga Aleksandrovna Shurankova,
Olga Il'inichna Popova, Ihar Anatol'evich Cheshyk, Ruslan Kovsarovich Spirov

## 1　引言

当前世界全球性问题的数量和尖锐程度不断加剧，这些问题包括：气候变化、农业用地缩减、粮食安全和环境污染等，使得我们有必要现在或在不久的将来要寻找解决这些问题的手段和方法。很明显，针对所有全球性问题的统一决策是不存在的。但其中一个问题的解决不应该伴随着另一个问题的恶化，最理想的情况是立即减少整个复杂问题的紧张局势。

生物炭是应对复杂的全球挑战的解决方案之一。这种材料不仅是一种有价值的土壤改良剂，也是防止二氧化碳在大气中积累的便利工具。在调整生产生物炭的生产条件的同时，有可能可以实现大量沼气和生物柴油的生产。这些由当地原材料制成的燃料和能源资源产品，可以使电力供应来源多样化。此外，这些能源资源被认为是“绿色”的，因为它们在减少化石能源自然分解过程释放到大气中的二氧化碳。

在土壤中施用吸附剂，可以减少植物根部对放射性核素的吸收，这是在受污染的土地上获得标准作物净产量的方法之一。切尔诺贝利核事故发生后，人们测试了一系列与 $^{137}Cs$ 相关的具有吸收特性的改良剂，其中可以找到腐殖质含量高的泥土（由有机物质组成的淡水水库的淤泥沉积物）（Perepel'atnikova et al, 1993；Burdakov et al, 1994；Kunovskij et al, 1996）；铁氰化物（Ageets, 2001），特别是酿酒废料，如铁氰化物 - 膨润土吸附剂（Azarenko, 2012）；褐煤提取物（Ageets, 2001）；蛭石和膨润土（Ratnikov et al，1996）；特别合成的聚 -N,N- 二甲基 -3,4- 二甲氨基氯化物聚合物（Bakunov and Archipov，1994；Krugliakov et al, 2008）；含钙改良剂（硅藻土和黏土泥灰）（Azarenko, 2012）；铝硅酸盐（Krugliakov et al, 2008）。

切尔诺贝利核事故发生 30 年后，寻找经济和生态上有效的保护措施，以减少土壤中 $^{137}Cs$ 和 $^{90}Sr$ 向农作物转移，提高土壤的肥力具有重要意义（Ageets et al, 2003；Israel and Bogdevich, 2009）。这个问题对泥炭土和沼泽土尤其重要，这些土壤在该地区广泛存在，并且有机物质含量高。与矿物土壤相比，这些土壤在农作物中显示出了明显较高的 $^{137}Cs$ 的转移系数。在白俄罗斯境内进行的研究已经证明了传统措施的有效性（施用

A. N. Nikitin (✉), O. A. Shurankova, O. Il' inichna Popova, I. A. Cheshyk, R. K. Spirov
白俄罗斯国家科学院放射生物学研究所，白俄罗斯戈梅利（State Scientific Institution, Institute of Radiobiology of the National Academy of Sciences of Belarus, Gomel, Republic of Belarus）

粪肥、增加剂量的磷钾肥)。然而，系统地增加矿物肥料施加量会损害土壤的生态条件并增加生产成本。同时，铯的选择性吸附剂(膨润土、氯丁橡胶和沸石)的使用效果不佳。铯在土壤中的长期滞留导致 $^{137}Cs$ 的可迁移态减少，而应用黏土矿物对减少植物从土壤中摄入铯的放射性同位素没有明显的影响。

生物炭的特点包含单位质量或体积的高自由表面面积及高吸附能力。基于这一事实我们提出假设：在土壤中应用生物炭不仅可以提高土壤的肥力，还可以减少重金属和人工放射性核素等污染物在农产品中的积累。

该研究的目的是评估使用生物炭(经过热解处理的生物质)和土壤改良剂以减少 $^{137}Cs$ 在作物生产中的转移的可能性。

# 2 生物炭及其在农业中的应用

## 2.1 生物炭的一般特征

生物炭是由有机物(木材、粪便、草木、树叶等)经热处理(温度约为 700 ℃)后，在没有氧气的情况下(或很少有氧气的情况下)得到的高碳含量(达到 90%)的材料。应该注意的是，在同一时间内形成了气态、液态和固态产品，生物炭只是全部生成物的一个组分，但这种产品自古以来就被人类使用(Harris, 1999)。

生物炭的化学特性因其生产的原材料和技术过程的条件不同而有很大的差异。这里的主要元素是碳，部分碳原子之间可以呈现线性或芳香族联系。某些部分获得了石墨的原子结构特征。然而，在整体上，该材料具有无定形结构。具有规则晶体结构的部分并不多。晶体的呈现随着热解温度的增加而增加(Emmerich and Luengo, 1996)。

Brennan(Brennan et al, 2001)指出，生物炭中存在有机杂环，包括氧、氮、磷和硫。在有机化合物的主要官能团中，有羟基、羰基、羧基、氨基和酮基。具有碱或酸特性的微粒存在于一个样品中，彼此之间有几微米的距离。

生物炭包括氧和氮(0.2%~5.6%)。矿物质常量元素也出现在其组成中(磷：0.3%~4.8%，钾：0.1%~5.8%)(Schmidt and Noack, 2000)。当加热到几百摄氏度以上的温度时，钾和氯的挥发性很高。钙和硅在更高的温度下也开始挥发。镁以矿物形式和有机化合物的一部分(共价键)出现在有机物质中。生物质只有在极高的温度下才能失去它。

磷、硫和氮与复杂的有机物质结合。但是，如果前两种元素在低温热解中保持相当稳定，氮在这种条件下的流动性就会增加(Schnitzer et al, 2007)。其他元素，如铁、锰和其他元素，作为各种有机和无机化合物的一部分，几乎在热解中不会丢失。

微量元素作为生物炭的一部分，已经开展了大量的研究。众所周知，这种材料可以吸附重金属(Swiatkowski et al, 2004)。

大多数研究人员倾向于矿物元素不与生物炭的碳元素结合。然而，至少在某些类型的生物炭中，钾和钙加入到碳基体中，生成物质命名为酚盐，这种物质也可以在石墨烯层之间发现（Wornat et al, 1995）。作为生物炭的一部分，发现了诸如锡石、石英、无定形硅、方解石、羟基磷灰石、磷酸盐、硫酸盐和钙的硝酸盐、钙、镁、铝、钛、锰、锌和铁的氧化物和氢氧化物等无机物质（Parr, 2006）。

Schnitzer 等（2007）指出生物炭中存在有机化合物的残留物；他将这些有机物分为六类：N- 杂环化合物、呋喃类化合物、酚类和类酚类化合物、烃类和类烃类化合物、碳环化合物、脂肪族化合物。其中一些化合物对种子发芽和植物生长的速度有积极影响，另一些则对微生物（倍半萜）的发育产生有利影响，但这类化合物中大部分是有毒物质。Trompowsky 等（2005）从生物炭中提取腐殖酸的结果显示，其 H/C 比率与一般的生物炭相似。然而，与生物炭相比，所提取的腐殖酸的 O/C 比率要高得多。

从生物炭的微观结构可以获得它的有机材料的特征。在微观调查中，发现了植物传导系统的残骸，以及直径约为 10 μm 的小孔（Fukuyama et al, 2001；Martínez et al, 2006）。生物炭的微观分析也指出其结构中存在许多微裂纹。

## 2.2　生物炭对土壤农化性质的影响

在土壤中施用生物炭可以极大地改变其特性，如结构、孔隙度、保水能力、透气性、自由表面的面积、颗粒的大小分布、密度等。通常情况下，这些条件与改善植物的生长条件有关。生物炭有很高的保水能力。它可以在土壤中作为水的缓冲器，吸收多余的水分保障根部氧气，并在干旱时期逐渐给水。此外，生物炭对植物的基本营养元素有很高的吸收能力。以此为基础，它可以延长矿物肥料的有效期，消除过量使用矿物肥料的毒害作用（Woods et al, 2009）。

生物炭的不同之处在于它具有相当高的化学稳定性。它可以在土壤中保留很多年，几乎不会失去其特性（Shindo, 1991；Cheng et al, 2008）。

生物炭对金属的吸收能力是由其表面存在的电荷和 π- 电子云决定的。同时，如果环境的 pH 发生变化，它也会发生基本的变化。我们还应注意到，吸收能力是由金属的化学性质决定的。在测量土壤的酸度和氧化还原能力时，多价金属和具有酸碱两性特性的金属可以改变生物炭表面结构的亲和力。

## 2.3　生物炭在农业中的应用

在农业中使用生物炭的迹象可以追溯到亚马逊河流域的刀耕火种和人造土壤的创造。在科学出版物中生物炭的最早记录可以追溯到 19 世纪。Trimble（1851）报道，他注意到在他去过的所有农场和国家中都使用了木炭的灰烬。Retan（1915）和 Tryon（1948）首次研究了生物炭对土壤特性和栽培植物生长的影响。在 20 世纪上半叶，许多实用农业手册都建议将生物炭作为改善土壤保水能力的一种手段，作为温室和草坪土壤的混合成分来提高生产力（Santiago and Santiago, 1989；Morley, 1927）。在 20 世纪 80 年代，日本积极研究了生物炭作为土壤改良剂的可能性（Kishimoto and Sugiura，1980, 1985）。

对生物炭的下一个研究兴趣热点是寻找实用的工具来防止二氧化碳在大气中的积累，并且揭示亚马逊流域的肥沃土壤是由人类使用生物炭这种技术实现的（Glaser et al,

2001）。Petersen 等（2001）认为，前哥伦布时期美洲文明的高水平发展在很多方面都归功于生物炭在农业中的使用。

生物炭提高土壤肥力和改善植物生长的能力与其许多特性有关。其中之一是这种材料中存在宏观和微观元素。这些元素对于植物的生长是必要的。然而，值得注意的是，材料中的元素并不能完全被植物所吸收。它们中的相当一部分可能是植物的根系几乎无法接触到的。因此，有必要只考虑钾、磷、氮、钙、镁、铁及一些其他元素，这些元素可以自由进入溶液或与根部分配的其他阳离子或阴离子交换，或由于微生物的活动而进入环境。

特别是，尽管生物炭中的氮含量相当高，但其铵和硝酸盐中的含量非常少（Bridle and Pritchard, 2004）。相反的是，这里的钾主要是以流动态存在。

有机质增加了沙土和沙壤土的自由表面的面积。在黏土土壤下，有机物质促进了结构化和气穴的形成。研究表明，将生物炭应用于土壤中，其功能类似于有机质——这种技术可以显著增加砂岩的自由表面面积，并改善黏土的透气性（Chan et al, 2007）。还需要指出土壤有机质和生物炭之间的一个相似之处——这些因素都有助于土壤微生物群的发展。

此外，生物炭可以吸收土壤溶液中的元素。在一定程度上它可以减少这些元素的可利用性。事实证明，这种现象有时发生在土壤中的有效氮方面（Rondon et al, 2007）。但是，另一方面，生物炭的这种能力可以防止营养元素从根系层中被冲走和流失。因此，生物炭在土壤中的可利用性增加了矿物肥料的有效期。生物炭对肥力的间接影响还有一个因素，那就是它能够调节土壤环境的酸度，并能够固化造成表层土壤植物生长缓慢的有毒物质。

一些作者建议使用生物炭作为减少土壤中重金属和有机污染物的生物有效性的手段（Zhang et al, 2013）。其高吸附能力和大表面积可以减少污染物在土壤中的流动性。然而，它也会减少矿物营养元素的可用性；因此，将生物炭与堆肥产物和其他改良剂复合应用，可以成为一种最佳的复合体（Beesley et al, 2011）。实验室研究表明，生物炭对 Cs 离子具有相当高的吸附性（$K_d > 100$）（Hamilton et al, 2016）。当将生物炭引入土壤时，该特性以及该材料中高含量的可溶性钾必然促进植物根系对 Cs 的摄入量减少。对于黏质土的灰质和泥炭土壤来说，应用生物炭导致土壤酸度下降也需要引起注意。

# 3 实验目的和方法

## 3.1 实验设计

进行了植物试验，以评估生物炭和土壤改良添加剂对 $^{137}Cs$ 的生物有效性及其向农作物的转移的影响。本实验的示范植物是瑞士甜菜（中文名：莙荙菜。英文：*Beta vulgaris var. cycla*），种类为“红梗”。

我们在实验中使用了在切尔诺贝利核电厂禁区取样的土壤，与泥炭按 1:4 的质量比混合。土壤混合物表面的剂量率为 0.8~1.0 μSv/h。土壤混合物 $^{137}Cs$ 的比活度为 34.0~49.6 kBq/kg。

研究中不仅测试了生物炭，矿物吸附剂伯格粉（方解石的一种白色粉状品种）和腐殖土（小麦、水稻和荞麦生产废料的微生物处理产品，即堆肥产物）也被作为土壤改良剂进行了测试。生物炭和腐殖土的用量分别为土壤混合物总质量的 1% 和 3%；伯格粉的用量为 0.1% 和 0.4%。在实验方案②~⑤、⑧~⑨和⑭~⑮中，我们使用了来自小麦加工废料的腐殖土；在方案⑩中，使用了来自水稻加工废料的腐殖土；在方案⑪中，使用了来自荞麦加工废料的腐殖土。添加剂按土壤混合物总质量的一定比例单独或混合使用。整个植物实验计划包括 17 个方案。

①对照组（C）

②生物炭 3%+ 腐殖土 1%（BC 3%+B 1%）

③生物炭 3%+ 腐殖土 3%（BC 3%+B 3%）

④生物炭 1%+ 腐殖土 1%（BC 1%+B 1%）

⑤生物炭 1%+ 腐殖土 3%（BC 1%+B 3%）

⑥生物炭 1%（BC 1%）

⑦生物炭 3%（BC 3%）

⑧腐殖土 1%（B 1%）

⑨腐殖土 3%（B 3%）

⑩来自水稻加工废料的腐殖土 3%（Br 3%）

⑪来自荞麦加工废料的腐殖土 3%（Bg 3%）

⑫腐殖土 3%+ 伯格粉 0.1%（B 3%+T 0.1%）

⑬腐殖土 3%+ 伯格粉 0.4%（B 3%+T 0.4%）

⑭生物炭 1%+ 腐殖土 3%+ 伯格粉 0.1%（BC 1%+B 3%+T 0.1%）

⑮生物炭 1%+ 腐殖土 3%+ 伯格粉 0.4%（BC 1%+B 3%+T 0.4%）

⑯伯格粉 0.1%（T 0.1%）

⑰伯格粉 0.4%（T 0.4%）

在 70%~80% 的完全水分容量的恒定湿度建立之前的 7 天内，实验土壤混合物用水进行湿润。土壤的湿润程度以该水平为支撑，并通过质量法控制。

实验设置了 5 个平行样本。在塑料盆中填入土壤混合物（每盆 860 g）。每个花盆中，种植 21 粒瑞士甜菜种子，深度为 2 cm。在种植后的第 65 天收割植株。对每个实验方案的所有平行样本，均确定了植物的数量、隆起部分和根系的质量、植物绿色部分的长度。干燥后测量了地上部分的 $^{137}Cs$ 的活度。将试验后的土壤干燥后，进一步开展农业化学分析和 $^{137}Cs$ 活度的测量。

在实验中，测试了以下土壤改良添加剂。

生物炭——硬木阔叶树种的木材热解处理的产物。在施入土壤之前，将生物炭细碎至 50~500 μm 的颗粒大小。

来自“Stalnoye”矿床的伯格粉是一种复杂的多矿物组成，由 5 种分散的、稀薄的混合相组成：蛋白石 - 方石英、X 射线无定形蛋白石、沸石、方解石和黏土矿物。伯格粉的孔隙率从 40%~60% 不等。由于钙含量高，来自“Stalnoye”地块的伯格粉属于石灰质伯格粉，其特点是沸石和其他天然矿物质含量高。

腐殖土是小麦、大米和荞麦等粮食作物加工废料的发酵产物。每 10 kg 废物，我们使用 0.4 L 微生物制剂 EM Konkur（在特殊环境中培养的细菌：植物乳杆菌、干酪乳杆菌、乳酸链球菌、酿酒酵母）和 0.4 L 糖蜜。荞麦加工的废料制成的腐殖土富含鱼粉，这增加了磷和其他常量元素的含量。这些成分与水混合，其量可以使混合物快速成型为球状，但如果在手中也容易破裂。混合物略微凝结，装入密实的塑料袋中，在黑暗、温暖的地方放置 15~30 天。混合物被白霜覆盖，这表明微生物发酵过程顺利进行。可供使用的腐殖土具有均匀的稠度和酸甜的格瓦斯气味。为了长期储存腐殖土，需要将其在空气中干燥并保持干燥状态，然后，将其粉碎至不超过 1 cm 的大小。

## 3.2　测量土壤和植物中 $^{137}Cs$ 的活度，并评估其物理化学形式的分布

将土壤样品干燥，在 1 mm 的筛子上过筛。研究中的植物被切下并称重。植物体被烘干至风干状态，并在搅拌器中研磨成粉状。土壤样品被放置在容积为 1 L 的马林器皿（Marinelli's vessels）容器中，植物样品被放置在容积为 0.1 L 的“Denta”容器中。在分离 $^{137}Cs$ 的物理化学形式时得到的裂解物被放入到容积为 1 L 的马林器皿中。

样品中 $^{137}Cs$ 活度的测量是按照公认的手册进行的，使用带有扩展能量范围的同轴半导体探测器 Ge（Li）的堪培拉公司（Canberra-Packard，美国）生产的伽马光谱仪。1.33 MeV 能量下的探测效率为 22.4%。样品中 $^{137}Cs$ 活度的测量相对误差在 5%~10% 的范围内，具体取决于样品的活度。在体积为 0.1 L 的“齿管（Denta）”容器中测量持续时间等于 1 h 的情况下，检测到的 $^{137}Cs$ 的最小比活度为 3 Bq。

$^{137}Cs$ 的物理化学形式的分离是通过改进的技术进行的（Ure and Davidson, 2002）。分离用的土壤样品是在其中的 $^{137}Cs$ 活度等于 300~800 Bq 的情况下采集的。我们评估了放射性核素在以下形式的分布。

A——交换态和可溶态。

B——还原态，主要与铁和锰的氧化物有关。

C——氧化态，主要与土壤的有机物质有关。

D——残余态。

微软电子表格软件（Microsoft Excel）和史丹索特数据统计分析软件 6（StatSoft Statistica6）软件包被用来处理获得的数据。主要的统计特征是：平均值、标准差、平均值的置信区间、*T* 检验和 *F* 检验。如果 $p$ 值不小于 0.05，我们认为差异具有统计学意义。

## 3.3　瑞士甜菜的形态生物学特征及栽培生态条件

瑞士甜菜是滨藜属（Atriplexceae）的一种两年生蔬菜植物。它是从地中海沿岸野生植物中长期筛选出来的，名为海甜菜。瑞士甜菜是普通甜菜的近亲，通常作为一年生作物进行栽培。瑞士甜菜属于养分消耗一般的植物，它更喜欢富含有机物质的深农

耕层的土壤。它适宜生长在有外源改良剂、松散的且富含丰富有机质的土壤中，阳光充足的条件下生长。瑞士甜菜喜欢在中性 pH（6.5~7.0）的土壤中生长。1 m 长度窄地块的平均产量约为 1 kg。种子发芽的最佳温度为 25 ℃，植物生长和发育的最佳温度为 15~23 ℃。该植物相当耐旱。当种子发芽和叶冠形成时，瑞士甜菜需要大量的水。在其余时间，它是一种喜欢光和热的抗旱的植物。图 6-1 显示了种植后第 65 天，实验中各种方案的植物外观。

图 6-1　实验第 65 天的瑞士甜菜

# 4 生物炭及其与土壤改良剂的组合对植物生长和生物质中 $^{137}Cs$ 累积的影响

## 4.1 生物炭对土壤农业化学指标的影响

土壤混合物的农业化学指标如下：代表性酸度 $pH_{KCl}$=6.1~6.5（对照组为 6.2）；$P_2O_5$ 含量 1 100~3 000 mg/kg（对照组为 1 320 mg/kg）；$Ca^{2+}$ 含量 37.5~50.3 mmol/（100 g）土壤 [ 对照组为 7 600 mmol/（100 g）]；$Mg^{2+}$ 含量 1 000~1 400 mmol/（100 g）土壤 [ 对照组为 100 mmol/（100 g）]；灰分含量 40%~55%（对照组为 40%）；腐殖酸 (HA) 8~15 mmol/（100 g）土壤 [ 对照组为 11 mmol/（100 g）]；吸收碱的量 ($s$) 84~92 mmol/（100 g）土壤 [ 对照组为 90 mmol/（100 g）]。吸收容量 ($t$) 95~105 mmol/（100 g）土壤 [ 对照组约为 100 mmol/（100 g）]；碱饱和度 ($V$)81%~92%（对照组为 90%）。农业化学分析数据表明，将所研究的添加剂应用到土壤混合物中，导致了土壤混合物的交换态钾和土壤吸附容量的增加（表 6-1），这进一步导致可溶态 $^{137}Cs$ 的减少。

**表 6-1　土壤混合物的农业化学品指数**

| 实验方案 | $pH_{KCl}$ | $Ca^{2+}$/ [mmol/ (100 g)] | $Mg^{2+}$/ [mmol/ (100 g)] | $P_2O_5$/（mg/g） | 水溶性 $K_2O$/（mg/kg） | $s$/ [mmol/ (100 g)] | HA/ [mmol/ (100 g)] | $T$/ [mmol/ (100 g)] | $V$/% |
|---|---|---|---|---|---|---|---|---|---|
| C | 6.20 | 42.20 | 8.75 | 1 324 | 66.1 | 90.60 | 12.83 | 103.40 | 87.63 |
| BC 3%+B 1% | 6.41 | 38.15 | 8.54 | 1 431 | 90.4 | 91.80 | 10.30 | 102.10 | 89.95 |
| BC 3%+B 3% | 6.24 | 37.55 | 9.13 | 2 004 | 110.8 | 90.35 | 12.80 | 103.15 | 87.60 |
| BC 1%+B 1% | 6.33 | 40.95 | 8.20 | 1 558 | 74.3 | 91.40 | 11.80 | 103.20 | 88.58 |
| BC 1%+B 3% | 6.30 | 38.15 | 8.16 | 1 974 | 86.5 | 90.35 | 11.60 | 101.95 | 88.68 |
| BC 1% | 6.36 | 41.65 | 6.27 | 1 338 | 70.2 | 91.45 | 10.70 | 101.90 | 89.53 |
| BC 3% | 6.48 | 41.28 | 7.79 | 1 160 | 93.5 | 92.55 | 10.30 | 102.85 | 90.03 |
| B 1% | 6.29 | 43.30 | 8.10 | 1 555 | 68.2 | 91.70 | 12.50 | 104.20 | 88.08 |
| B 3% | 6.19 | 37.68 | 8.86 | 2 124 | 79.4 | 88.00 | 13.10 | 101.10 | 87.03 |
| Br 3% | 6.08 | 37.53 | 12.14 | 3 014 | 84.1 | 85.20 | 14.30 | 99.50 | 85.68 |
| Bg 3% | 6.18 | 41.20 | 8.13 | 1 609 | 88.6 | 88.15 | 13.80 | 101.95 | 86.45 |
| B 3%+T 0.1% | 6.12 | 37.83 | 8.15 | 2 202 | 114.3 | 86.80 | 15.05 | 101.85 | 85.33 |
| B 3%+T 0.4% | 6.22 | 42.35 | 10.08 | 2 337 | 121.6 | 88.70 | 13.10 | 101.80 | 87.15 |
| BC 1%+B 3% + T 0.1% | 6.27 | 40.88 | 8.80 | 2 110 | 134.8 | 87.80 | 12.90 | 100.70 | 87.23 |
| BC 1%+B 3% + T 0.4% | 6.32 | 44.10 | 8.91 | 2 254 | 141.3 | 89.40 | 13.60 | 103.00 | 86.80 |

续表

| 实验方案 | $pH_{KCl}$ | $Ca^{2+}$/[mmol/(100 g)] | $Mg^{2+}$/[mmol/(100 g)] | $P_2O_5$/（mg/g） | 水溶性 $K_2O$/（mg/kg） | *s*/[mmol/(100 g)] | HA/[mmol/(100 g)] | *T*/[mmol/(100 g)] | *V*/% |
|---|---|---|---|---|---|---|---|---|---|
| T 0.1% | 6.30 | 46.10 | 7.13 | 1 060 | 92.4 | 92.20 | 12.90 | 105.10 | 87.73 |
| T 0.4% | 6.32 | 50.33 | 8.39 | 1 200 | 123.7 | 91.90 | 12.70 | 104.60 | 87.90 |

放射性核素在土壤中的持久性取决于环境的反应、土壤的吸附能力、交换阳离子的结构和有机物的含量。植物从酸性土壤中吸收铯比从中性土壤中容易。因此，影响这些指标的农业化学技术改变了土壤中放射性核素的形态。在实验方案中，土壤混合物的酸度为 6.1~6.5 不等。在以下试验方案中（按降序记录），土壤的酸度下降到 6.5：3% 生物炭 -1% 生物炭 -3% 腐殖土 -0.1% 伯格粉 -0.4% 伯格粉。在土壤中投加相应的添加剂，以中和其酸度并产生农业化学屏障，可以减少植物对放射性核素的吸收。考虑到泥炭土壤混合物的农业化学分析指标，应该指出，单独使用 3% 的生物炭或与小麦废料来源的腐殖土，会使土壤的酸度从 6.2 降到 6.5。换句话来说，相比于对照组，绿色植物瑞士甜菜中的 $^{137}Cs$ 的含量增加 7%~18%。随着该实验泥炭土壤中生物炭浓度的增加，土壤的酸度逐渐向中性转变。

土壤中水溶性钾（K）含量低会增加根系对 Cs 的吸收。因此，在其浓度低于 250 μmol/L 的情况下，其浓度的增加会大幅度降低 Cs 的放射性同位素的积累。在土壤中水溶性 K 浓度较高的情况下，它对 Cs 积累的影响要小得多。这种现象与根系吸收 K 的两种主要机制有关：载体和通道。通道在土壤中高浓度 K 的条件下运行，并根据电化学势将其输送。K- 通道具有明显的选择性，K>Rb>N>Cs。它们甚至可以被 Cs 阻断。K- 转运蛋白（如 HKT1）可以在根部逆电化学梯度转移离子，并在土壤中存在低浓度的水溶性 K 时被激活。HKT1 对 Cs 离子具有高亲和力，在根系中运输 $Cs^+$ 的效率高于 K 通道（Zhu, 2000）。

试验中的任何土壤添加剂都会增加土壤中水溶性 K 的浓度。但对照组中的水溶性 K 的浓度相当高，所以土壤中的 K 含量的增加效果不明显。在某些情况下，它可能被其他因素所掩盖。剂量为 3% 的生物炭使水溶性 K 的浓度提高了 30% 左右，但使水溶性 K 浓度提高最多的是复合添加剂，它包含生物炭、腐殖土和 0.4% 的伯格粉。

具有较大吸收能力土壤的特点是植物吸收的放射性核素较少。将伯格粉分别以 0.1% 和 0.4% 的质量分数添加到土壤混合物中，发现其吸附容量最大。在土壤混合物中引入 3% 的腐殖土时，土壤的吸附容量最小。

在阳离子交换量高度饱和的土壤中，Cs 对植物的影响较小。将观察到的 Ca 交换量的最大值降序排列：0.4% 的伯格粉>0.1% 的伯格粉>1% 的生物炭 +3% 的腐殖土 +0.4% 的伯格粉。

## 4.2 生物炭对瑞士甜菜生长的影响

将生物炭以土壤混合物质量的 1% 和 3% 施入泥炭土中，会对红豆杉的生物生产力产生不同程度的影响。表 6-2 列出了关于植物生物量升高的数据。

**表 6-2　生物质在泥炭土施用过程中瑞士甜菜的生物量增加的生产力**

| 实验方案 | 植物存活数 | 植物高度 /cm | 地上部分质量（干重）/g |
| --- | --- | --- | --- |
| 对照组 | 25.00 ± 6.9 | 14.25 ± 2.24 | 1.67 ± 0.29 |
| 生物炭 1% | 23.00 ± 4.1 | 11.47 ± 0.71 | 1.47 ± 0.05 |
| 生物炭 1%+ 腐殖土 1% | 19.50 ± 1.8 | 12.22 ± 0.26 | 1.50 ± 0.14 |
| 生物炭 1%+ 腐殖土 3% | 18.75 ± 3.7 | 10.93 ± 1.26 | 0.83 ± 0.27 |
| 生物炭 1%+ 腐殖土 3%+ 伯格粉 0.1% | 20.00 ± 3.1 | 12.50 ± 1.22 | 1.47 ± 0.30 |
| 生物炭 1%+ 腐殖土 3%+ 伯格粉 0.4% | 17.75 ± 5.8 | 12.82 ± 1.67 | 1.51 ± 0.63 |
| 生物炭 3% | 25.05 ± 2.3 | 11.80 ± 0.94 | 1.91 ± 0.29 |
| 生物炭 3%+ 腐殖土 1% | 30.75 ± 3.3 | 11.39 ± 1.32 | 1.89 ± 0.39 |
| 生物炭 3%+ 腐殖土 3% | 25.25 ± 3.7 | 10.98 ± 1.49 | 1.67 ± 0.34 |

数据分析表明，在泥炭土中使用 1% 的生物炭会使植物的生长和发育比对照组减少 12%。泥炭土中的生物炭浓度增加到 3%（从质量看），会使瑞士甜菜的地上部分的质量比对照组增加 15%。

在泥炭土中加入 1% 的生物炭和 1% 的小麦加工废料制成的腐殖土；1% 的生物炭和 3% 的腐殖土以及 0.1% 的伯格粉；1% 的生物炭和 3% 的腐殖土以及 0.4% 的伯格粉，与对照组相比，植物的生物量指标略有下降。然而，当把 1% 的生物炭和 3% 的小麦加工废料制成的腐殖土一起引入泥炭土中时，会对瑞士甜菜的生长和发育造成抑制。对照组比该方案中植物的生物量多两倍。

使用浓度为土壤混合物质量的 3% 的生物炭与 1% 和 3% 的小麦加工废料制成的腐殖土对瑞士甜菜的生产力产生了不同的影响。在泥炭土中加入 3% 的生物炭和 1% 的小麦加工废料制成的腐殖土，植物的生物量有了明显的增加。与对照组相比，由 3% 的生物炭和 3% 的小麦加工废料制成的腐殖土组成的添加剂并没有明显地改变生物生产力。

在泥炭土中施用 1% 和 3% 浓度的小麦加工废料制成的腐殖土。数据分析如表 6-3 所示，与对照值相比，在泥炭土中施用 1% 的小麦加工废料制成的腐殖土使植物的生物量减少 40%。在泥炭土中加入浓度为 3% 的腐殖土也有同样的效果。

**表 6-3　在泥炭土中引入腐殖土时瑞士甜菜地上生物量的生物生产力**

| 实验方案 | 植物存活数 | 植物高度 /cm | 地上部分质量（干重）/g |
| --- | --- | --- | --- |
| 对照组 | 25.00 ± 6.9 | 14.25 ± 2.24 | 1.67 ± 0.29 |
| 腐殖土 1% | 14.25 ± 5.3 | 11.12 ± 1.19 | 1.02 ± 0.49 |
| 腐殖土 3% | 17.25 ± 3.3 | 10.95 ± 0.29 | 1.11 ± 0.19 |
| 腐殖土 3%（水稻） | 28.25 ± 5.5 | 11.12 ± 1.39 | 1.82 ± 0.27 |
| 腐殖土 3%（荞麦） | 11.50 ± 3.4 | 12.91 ± 1.98 | 0.88 ± 0.43 |

续表

| 实验方案 | 植物存活数 | 植物高度 /cm | 地上部分质量（干重）/g |
|---|---|---|---|
| 腐殖土 3%+ 伯格粉 0.1% | 12.25 ± 4.4 | 11.23 ± 0.45 | 0.73 ± 0.16 |
| 腐殖土 3%+ 伯格粉 0.4% | 19.00 ± 3.5 | 13.37 ± 0.79 | 1.48 ± 0.20 |

使用由 3% 的腐殖土和 0.1% 的伯格粉或 0.4% 的伯格粉组成的混合物，会抑制植物的生长；还会进一步导致植物的生物量明显下降，与对照组相比，植物地上部分质量下降了 60%。

在土壤中加入 3% 的荞麦加工废料制成的腐殖土后，植物的质量比对照组减少了 50%。在泥炭土中加入 3% 的水稻加工废料制成的腐殖土，生物量增加了对照值的 10%。

将 3% 的小麦加工废料制造的腐殖土单独和与伯格粉一起应用到泥炭土壤中，会导致瑞士甜菜的生物生产力相对下降，为对照值的 11%~56%。当使用 3% 的腐殖土和 0.1% 的伯格粉时，有机土壤中的植物生长和发育受到了很大的抑制。

将小麦和荞麦加工废料制造的腐殖土施入土壤中，浓度为土壤混合物质量的 3%，会导致红豆的生长和发育受到抑制，分别为对照值的 33% 和 47%。在泥炭土混合物中施用 3% 的加工废料制造的腐殖土后，植物的生物质量下降幅度最大。在有机土壤中施用 3% 的加工废料制造的腐殖土，可以促进瑞士甜菜的生物量相对增加，比对照值增加 10%。

在土壤中施用浓度为 0.1% 和 0.4% 的伯格粉。在所有的方案中，在有机土壤中施用伯格粉后，植物的生物质量都有增加（表 6-4）。在土壤中引入低浓度的伯格粉（0.1%）时，植物的生物质量增加幅度最大。在泥炭土中加入浓度为 0.1% 的伯格粉，这一指标提高了 30%，而 0.4% 的伯格粉则提高了 20%。从获得的数据可以得出一个结论，在泥炭土中加入浓度为 0.1%~0.4% 的伯格粉有利于植物的生长，因而生物量会增加。

**表 6-4　在有机土壤中施用伯格粉后瑞士甜菜的生物生产力**

| 实验方案 | 植物存活数 | 植物高度 /cm | 地上部分质量（干重）/g |
|---|---|---|---|
| 对照组 | 25.00 ± 6.9 | 14.25 ± 2.24 | 1.67 ± 0.29 |
| 伯格粉 0.1% | 33.25 ± 2.30 | 13.15 ± 1.16 | 2.13 ± 0.26 |
| 伯格粉 0.4% | 27.25 ± 4.20 | 12.65 ± 1.20 | 1.87 ± 0.25 |

数据分析表明，在泥炭土中施用浓度为 0.1% 的伯格粉的方案的效果最好。在这种情况下，植物地上部分的生物量为（2.13 ± 0.26）g，比对照组高出 1.5 倍。在向土壤中施用腐殖土（3%）和伯格粉（0.1%）混合物的方案中，植物地上部分的生物质量最小，为（0.73 ± 0.16）g。

与对照组相比，在泥炭土混合物中使用以下添加剂时，植物的地上生物量有明显的增加：3% 的生物炭；3% 的生物炭和 1% 的腐殖土；3% 的水稻废料加工的腐殖土；0.1% 的伯格粉和 0.4% 的伯格粉。

## 4.3 生物炭对泥炭土壤生长植物累积 $^{137}Cs$ 的影响

表 6-5 数据分析表明，在泥炭土中加入 1% 的生物炭可以显著减少植物中 $^{137}Cs$ 的积累。在土壤中加入浓度为 3% 的生物炭的效果要弱得多（图 6-2）。ANOVA 方差分析表明这些依赖关系的可信度，其显著性值为 $p < 0.05$。

**表 6-5 生物炭对植物地上器官 $^{137}Cs$ 积累的影响**

| 实验方案 | $^{137}Cs$ 在土壤中的活度 / $\times 10^3$（Bq/kg） | $^{137}Cs$ 在植物中的活度 / $\times 10^3$（Bq/kg） |
| --- | --- | --- |
| 对照组 | 37.85 ± 0.99 | 8.98 ± 0.36 |
| 生物炭 1% | 33.47 ± 0.58 | 6.02 ± 0.43 |
| 生物炭 1%+ 腐殖土 1% | 34.75 ± 0.74 | 7.89 ± 0.46 |
| 生物炭 1%+ 腐殖土 3% | 32.62 ± 0.82 | 9.75 ± 0.46 |
| 生物炭 1%+ 腐殖土 3%+ 伯格粉 0.1% | 39.19 ± 0.63 | 7.55 ± 0.49 |
| 生物炭 1%+ 腐殖土 3%+ 伯格粉 0.4% | 39.76 ± 0.67 | 7.98 ± 0.47 |
| 生物炭 3% | 33.58 ± 0.80 | 7.28 ± 0.31 |
| 生物炭 3%+ 腐殖土 1% | 29.45 ± 0.78 | 7.38 ± 0.32 |
| 生物炭 3%+ 腐殖土 3% | 29.66 ± 0.74 | 7.26 ± 0.28 |

在泥炭土壤中加入 1% 的生物炭，以及浓度为 1% 和 3% 的小麦加工废料制成的腐殖土，会导致植物中 $^{137}Cs$ 的积累增加（图 6-3）。此外，在土壤中施用 1% 的生物炭和 3% 的小麦加工废料制成的腐殖土时，观察到了最大值。在土壤中施用 1% 的生物炭，同时施用腐殖土和伯格粉，观察到植物中 $^{137}Cs$ 的累积量没有明显增加。从获得的数据来看，在有机土壤中将 1% 的生物炭与腐叶土和麦芽粉相结合的 3 组分添加剂组合应用时，不会使植物中的 $^{137}Cs$ 累积量明显增加。

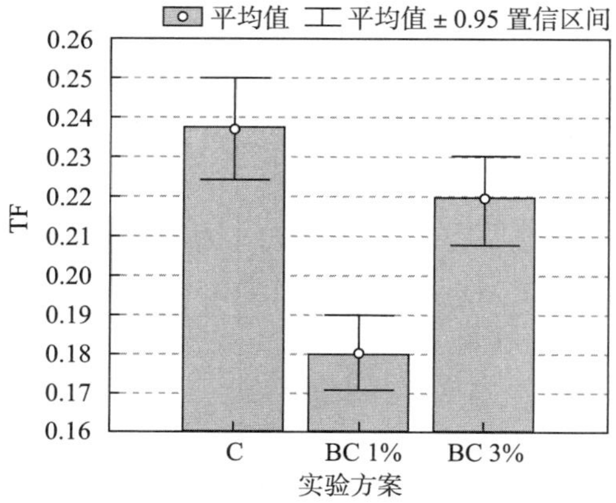


图 6-2 生物炭对植物 $^{137}Cs$ 转移系数的影响

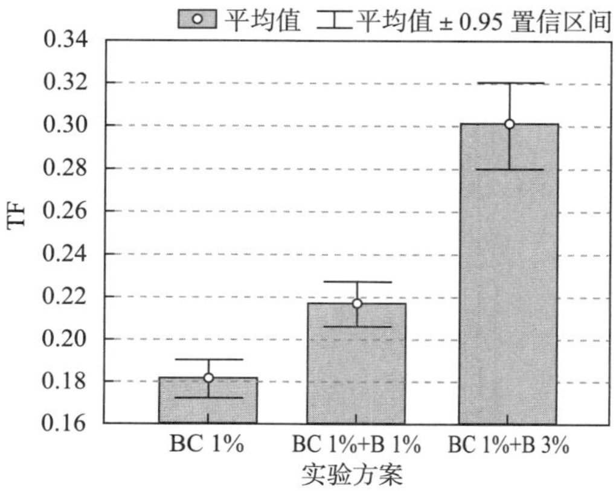


图 6-3 生物炭及其与腐殖土的混合物对植物 $^{137}Cs$ 转移系数的影响

在泥炭土中使用浓度为 3% 的生物炭和 1% 或 3% 的小麦加工废料制成的腐殖土双组分添加剂时，植物中 $^{137}Cs$ 的积累量会下降。因此，我们的结论是，由 1% 的生物炭和 3% 的腐殖土组成的复合添加剂在最大程度上增加了植物中 $^{137}Cs$ 的累积系数。在向泥炭土中仅施用 1% 的生物炭的实验方案中，植物中 $^{137}Cs$ 的累积系数达到了最低值。

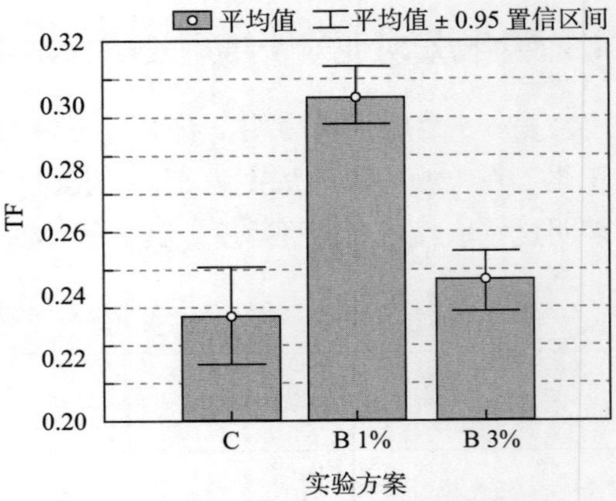

图 6-4　腐殖土对植物中 $^{137}Cs$ 转移系数的影响

在土壤混合物中施用 3% 的不含生物炭的腐殖土略微增加了植物中 $^{137}Cs$ 的转移（表 6-6），而 1% 的腐殖土将该系数提高了 30%（图 6-4）。统计分析结果揭示了这些指标在显著性值 $p < 0.05$ 时的可靠依赖性。

**表 6-6　腐殖土对植物地上部分 $^{137}Cs$ 积累的影响**

| 实验方案 | $^{137}Cs$ 在土壤中的活度 / ×10$^3$（Bq/kg） | $^{137}Cs$ 在植物中的活度 / ×10$^3$（Bq/kg） |
|---|---|---|
| 对照组 | 37.85 ± 0.99 | 8.98 ± 0.36 |
| 腐殖土 1% | 36.37 ± 0.72 | 11.18 ± 0.61 |
| 腐殖土 3% | 39.84 ± 0.70 | 9.88 ± 0.60 |
| 腐殖土 3%（水稻） | 41.83 ± 0.58 | 8.49 ± 0.43 |
| 腐殖土 3%（荞麦） | 42.59 ± 0.69 | 16.23 ± 0.50 |
| 腐殖土 3%+ 伯格粉 0.1% | 42.36 ± 0.67 | 9.21 ± 0.37 |
| 腐殖土 3%+ 伯格粉 0.4% | 34.37 ± 0.67 | 5.34 ± 0.37 |

将 3% 的小麦、水稻和荞麦加工废料制成的腐殖土施用到土壤中，分析其对植物中 $^{137}Cs$ 转移的影响，结果表明来自荞麦的腐殖土在植物中的累积系数最高；转移系数几乎超过了对照组的两倍。在使用来自水稻的腐殖土的方案中，该指数略微超过了对照组值。然而，这些规律在统计学上是存在疑问的。

$^{137}Cs$ 在植物的转移系数显示，在添加 3% 来自小麦的腐殖土的土壤中，添加 0.1% 和 0.4% 的伯格粉后，$p < 0.05$ 的显著性值可靠降低（图 6-5）。

将伯格粉以土壤混合物质量的 0.1% 和 0.4% 的浓度施用到土壤中，相对于对照值，植物中 $^{137}Cs$ 的积累减少了 76.9%（表 6-7）。对这一关系进行的统计分析表明（图 6-6），平均值之间的差异具有统计学意义（$p < 0.05$）。

因此，数据分析表明，在有机物含量高的土壤中施用 1% 的生物炭以及以 1% 的生物炭与 3% 的腐殖土和 0.1% 的伯格粉三物质组成的添加剂，可以减少植物中 $^{137}Cs$ 的积累超过 10%。在其他实验方案中，在实验的其他选项中，在有机土壤中使用以生物炭为基础结合腐殖土和伯格粉的二组分和三组分添加剂并没有达到预期的效果。在泥炭土中施用伯格粉可减少植物中 $^{137}Cs$ 的积累。

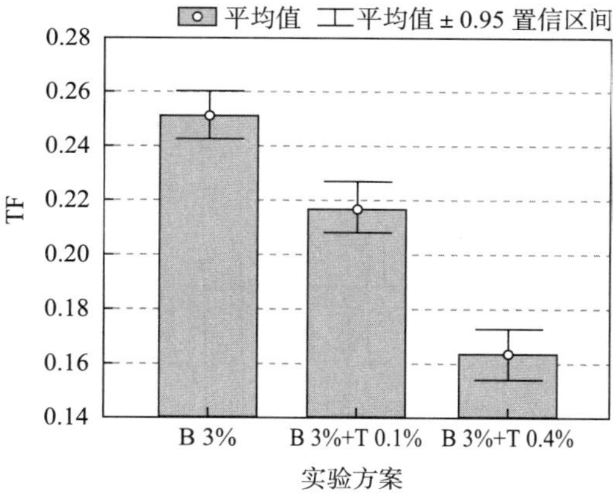


图 6-5 腐殖土及其与伯格粉的络合物对植物 $^{137}Cs$ 转移系数的影响

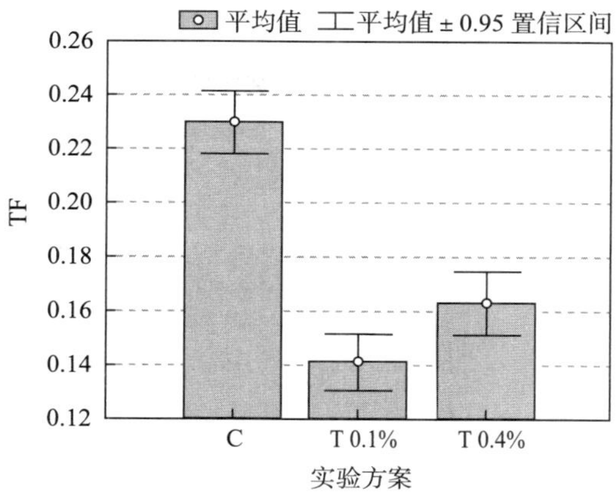


图 6-6 将浓度为 0.1% 和 0.4% 的伯格粉施用到土壤对植物中 $^{137}Cs$ 转移系数的影响

**表 6-7 伯格粉对植物地上器官 $^{137}Cs$ 积累的影响**

| 实验方案 | $^{137}Cs$ 在土壤中的活度 / $\times 10^3$（Bq/kg） | $^{137}Cs$ 在植物中的活度 / $\times 10^3$（Bq/kg） |
|---|---|---|
| 对照组 | 37.85 ± 0.99 | 8.98 ± 0.36 |
| 伯格粉 0.1% | 41.05 ± 0.64 | 5.87 ± 0.41 |
| 伯格粉 0.4% | 38.86 ± 0.64 | 5.83 ± 0.41 |

## 4.4 生物炭对 $^{137}Cs$ 物理和化学形态分布及其对植物生物有效性的影响

放射性核素与土壤的相互作用过程主要决定了它们在垂直方向上的迁移，以及它们对植物的生物有效性。土壤的多样性是造成放射性核素在土壤中的行为和在植物中的积累有较大差异的原因。在相同放射性污染水平的不同土壤类型中种植农作物时，放射性核素的摄入量可能相差数十倍。

放射性核素的生物流动性主要取决于它们在土壤中可溶态和交换态的存量。它可以通过用中性盐类溶液从土壤中提取放射性核素来评估。在实验中观察到在可溶态和交换态的 $^{137}Cs$ 的百分比与瑞士甜菜地上部分的转移系数之间的线性关系证实了这一事实（图 6-7）。

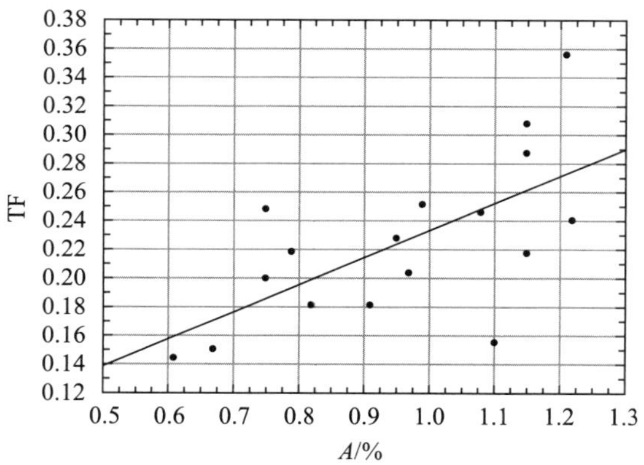


图 6-7 可溶态和交换态 $^{137}Cs$ 百分比（$A$）与瑞士甜菜地上部分中 $^{137}Cs$ 转移系数的关系

通过研究具有多样生物有效性的物理化学组分，以及转移到植物生物质中放射性核素的量，分析了来自硬木阔叶树种木材的各种生物炭化合物以及酶微生物处理的有机废物（腐殖土）和矿物吸附剂（伯格粉）对土壤中 $^{137}Cs$ 再分配的影响。表 6-8 列出了 $^{137}Cs$ 在泥炭土中的物理化学组分的分布数据。

**表 6-8　土壤中 $^{137}Cs$ 在物理 - 化学形式之间的分布情况**

| 实验方案 | A 在种植前 /% | A 在植物收割后 /% | A 下降的比例 /［Bq/（kg · d）］ | B/% | C/% | D/% |
|---|---|---|---|---|---|---|
| C | 1.01 | 1.22 | 1.9 | 4.48 | 90.66 | 3.64 |
| BC 3%+B 1% | 1.73 | 1.08 | 4.1 | 5.61 | 84.92 | 8.39 |
| BC 3%+B 3% | 1.80 | 0.99 | 5.3 | 4.45 | 71.49 | 23.08 |
| BC 1%+B 1% | 1.22 | 0.95 | 2.0 | 4.25 | 67.19 | 27.60 |
| BC 1%+B 3% | 1.33 | 1.15 | 1.1 | 3.96 | 72.18 | 22.72 |
| BC 1% | 1.47 | 0.91 | 4.2 | 4.40 | 69.12 | 25.57 |
| BC 3% | 1.36 | 0.79 | 3.9 | 4.20 | 69.41 | 25.60 |
| B 1% | 1.34 | 1.15 | 1.4 | 4.40 | 77.47 | 16.99 |
| B 3% | 1.53 | 0.75 | 7.0 | 3.47 | 64.29 | 31.49 |
| Br 3% | 1.21 | 0.97 | 2.1 | 4.73 | 94.40 | 0 |
| Bg 3% | 1.24 | 1.21 | 0.2 | 4.27 | 71.15 | 23.37 |
| B 3%+T 0.1% | 1.29 | 1.15 | 1.1 | 4.77 | 70.67 | 23.41 |
| B 3%+T 0.4% | 1.71 | 1.10 | 4.9 | 3.27 | 57.28 | 38.35 |
| BC 1%+B 3%+T 0.1% | 1.30 | 0.82 | 3.9 | 3.34 | 77.20 | 18.64 |
| BC 1%+B 3%+T 0.4% | 1.21 | 0.75 | 3.5 | 3.03 | 62.24 | 33.98 |
| T 0.1% | 1.07 | 0.61 | 3.8 | 2.88 | 61.54 | 34.97 |
| T 0.4% | 1.01 | 0.67 | 2.8 | 2.70 | 71.72 | 24.91 |

在向土壤中施用生物炭和腐殖土后的第 10 天，观测到可溶态 $^{137}Cs$ 的量增加。以 0.1% 和 0.4% 的剂量向土壤中添加伯格粉，对可溶态 $^{137}Cs$ 的变化没有产生积极影响。

在土壤中施用 3% 的生物炭或 3% 的腐殖土，导致可溶性 $^{137}Cs$（组分 A）的比例分别比对照组增加 135% 和 152%。在土壤中联合施用 3% 的生物炭和 1% 的腐殖土时，可溶性 $^{137}Cs$ 的百分比增幅最大（与对照组相比为 253%）。

在向土壤中施用添加剂后的第 65 天，采用前面描述的技术方法对 $^{137}Cs$ 的物理化学组分进行了提取。实验前后获得的数据与对照组的结果进行了比较。进行实验 65 天后，观察到土壤中可溶态 $^{137}Cs$ 的百分比下降。在土壤中施用 3% 的生物炭，可溶性 $^{137}Cs$ 的百分比降低了 58.8%；在土壤中施用 0.1% 的伯格粉，降低了 55.6%；在土壤中施用 3% 的腐殖土，与实验前的数值相比，可溶态 $^{137}Cs$ 的值降低了 50%。与实验前的数值相比，在土壤中联合施用 3% 的生物炭和 1% 的腐殖土时，可溶态 $^{137}Cs$ 的比例下降最大为 41.7%。同时，在对照组中，观察到可溶态 $^{137}Cs$ 的组分增加，这是由于有机物质的有氧矿化过程造成的。

将所研究的添加剂应用到土壤中的过程中，观察到可利用态 $^{137}Cs$ 组分存量的变化。在向土壤中联合施用 3% 的生物炭和 3% 的腐殖土时，观察到 $^{137}Cs$ 向不溶态组分转移的速度相当高 [5.3 Bq/(kg · d)]。在向土壤中施用 3% 的腐殖土后，可利用态 $^{137}Cs$ 组分的存量出现减少最大值 [7.04 Bq/(kg · d)]。

在可利用态 $^{137}Cs$ 组分的高速变化中，向土壤中施用 3% 的腐殖土会导致植物生物量中 $^{137}Cs$ 的积累增加。向土壤中添加 3% 的生物炭，可减少其在植物中的积累。

在土壤中施用 3% 的生物炭和 1% 的腐殖土，以最大速度改变铯的可利用态，可以减少 $^{137}Cs$ 在植物的生物量中的积累。

通过分析收到的结果，我们可以区分哪些添加剂在土壤中的应用能够降低生物可利用 Cs 的百分比，并以未提取的形式增加其存量。在土壤中施用 0.1% 的伯格粉（实验方案⑯）对减少 Cs 流动态的比例和增加未提取态铯的比例影响最大。在双组分和三组分的土壤添加剂中，由 3% 的腐殖土和 0.4% 的伯格粉组成的混合物（实验方案⑬）在 Cs 流动态控制方面显示出最高的有效性。此外，由 1% 的生物炭、3% 的腐殖土和 0.4% 的伯格粉组成的混合添加剂也应值得注意（实验方案⑮）。

在实验室进行的植物实验中，研究了以生物炭和有机废物的微生物处理产品为基础的复合土壤改良剂对有机土壤中 $^{137}Cs$ 的生物利用率的影响，结果指出，导致 $^{137}Cs$ 从土壤中转移到植物中的主要成分是生物炭，其剂量为土壤混合物质量的 3%。当以 3% 的生物炭和 1% 的腐殖土的比例向土壤中施用两种成分时，生物可利用的 $^{137}Cs$ 形式的减少率最大。将生物炭与腐殖土和伯格粉一起施入土壤中，减少了可溶态 $^{137}Cs$ 组分的部分，增加了不可接触（未提取）铯组分的比例，但它使铯从土壤中转移到植物中的比例提高了 1.4~1.7 倍。这可以解释为实验中使用了泥炭（有机）土壤，其特点是 $^{137}Cs$ 向植物的转移系数非常高。单独或联合使用有机肥料（腐殖土）导致固定 $^{137}Cs$ 的百分比增加，观察到其生物有效性下降。

## 5 结论

研究表明，在土壤中施用生物炭和一些复合改良剂会降低 $^{137}Cs$ 的生物有效性，及其向植物地上生物量的转移，但对其生长和发育没有显著影响。但在有机物质含量高的土壤（泥炭）上，生物炭对植物的放射性同位素 Cs 积累的改善特性并不明显。

揭示的生物炭对 Cs 的生物有效性的两种影响机制第一种机制（快速）与将生物炭施用到土壤中时钾离子浓度的增加有关，这导致常量元素的主动运输转为通过对 Cs 的影响较小的离子通道的被动运输。在可利用钾含量较少的土壤中，施用生物炭可以大大降低 $^{137}Cs$ 的转移系数。第二种机制（缓慢）与生物炭对 Cs 的吸附有关。在向土壤中施用生物炭的最初几天，Cs 的生物有效性会增加，然后开始下降。在向土壤中加入生物炭和复合土壤改良添加剂后的两个月内，可溶性组分的含量与对照组相比下降了 15%~25%。具有生物活性的有机肥料 – 腐殖土改变了生物炭对放射性核素的吸附速度。

# 参考文献

Ageets V Y. (2001). The system of radioecological measures in agrosphere of Belarus. Institute of Radiology, Minsk.

Ageets V Y, Averin V S, Zuchenko Y M,et al. (2003). Recommendations for the safe living and keeping of personal subsidiary plots in the conditions of radioactive contamination of the territory. Institute of Radiology, Minsk.

Azarenko Y V. (2012). The influence of a new polymer-sorbent on the behavior of cesium-137 in soil. In: Proceedings of the international scientific and practical conference of young scientists, graduate students, undergraduates and students Innovations in technologies of cultivation of agricultural crops. Belarussian State Agricultural Academy, Gorki:3-5.

Bakunov N A, Archipov N P. (1994). Binding of $^{137}$Cs in organic soils with minerals and clays fixing $^{137}$Cs. In: Proceedings of the international conference Radioecology of peat soils. St. Petersburg State Agricultural University, Saint Petersburg:3-4.

Beesley L, Moreno-Jiménez E, Gomez-Eyles J L,et al. (2011). A review of biochars, potential role in the remediation, revegetation and restoration of contaminated soils. Environ Pollut,159:3 269-3 282.

Brennan J K, Bandosz T J, Thomson K T,et al. (2001). Water in porous carbons. Collid Surf A Physicochem Eng Aspect,187/188:539-568.

Bridle T R, Pritchard D (2004). Energy and nutrient recovery from sewage sludge via pyrolysis. Water Sci Technol,50:169-175.

Burdakov V A, Majakov E A, Torubarova A A,et al. (1994). The method for reducing the transition of cesium radionuclides from soil to plants. Russian Federation Patent,2013913.

Chan K Y, Van Zwieten L, Meszaros I,et al. (2007). Agronomic values of green waste biochar as a soil amendment. Austral J Soil Res,45:629-634.

Cheng C H, Lehmann J, Thies J E,et al. (2008). Stability of black carbon in soils across a climatic radient. J Geophy Res,113:20-27.

Emmerich F G, Luengo C A. (1996). Babassu charcoal: a sulfur less renewable thermo-reducing feedstock for steelmaking. Biomass Bioenergy,10:41-44.

Fukuyama K, Kasahara Y, Kasahara N,et al. (2001). Small-angle Xray scattering study of the pore structure of carbon fibers prepared from a polymer blend of phenolic resin and polystyrene. Carbon,39:287-290.

Glaser B, Haumaier L, Guggenberger G,et al. (2001). The Terra Preta phenomenon: a model for sustainable agriculture in the humid tropics. Naturwissenschaften,88:37-41.

Hamilton T F, Martinelli R E, Kehl S R,et al. (2016). A preliminary assessment on the use of biochar as a soil additive for reducing soil-to-plant uptake of cesium isotopes in radioactively contaminated environments. J Radioanalyt Nucl Chem,307:2 015-2 020.

Harris P (1999). On charcoal. Interdiscip Sci Rev,24:301-306.

Israel Y A, Bogdevich I M. (2009). Atlas of modern and predictive aspects of the consequences of the Chernobyl accident in the affected territories of Russia and Belarus. Priroda, Moscow.

Kishimoto S, Sugiura G. (1980). Introduction to charcoal making on Sunday. Sougou Kagaku Shuppan, Tokyo.

Kishimoto S, Sugiura G. (1985). Charcoal as a soil conditioner. In: Symposium on forest products research, international achievements for the future,5:12-23.

Krugliakov S V, Anisimov V S, Anisimova L N,et al. (2008). The specific sorption capacity of soils and mineral sorbents for $^{137}Cs$. Pedology,6:693-703.

Kunovskij V M, Maister A A, Perepel'atnikova L V. (1996). Impact of sapropel on accumulation of cesium-137 by potato tubers, In: Proceedings of Ⅱ International Scientific Conference 'The problems of agricultural radioecology - ten years after the accident at the Chernobyl nuclear power plant', State Agricultural Academy of Ukraine, Zitomir:24-25.

Martínez M L, Torres M M, Guzmán C A,et al. (2006). Preparation and characteristics of activated carbon from olive stones and walnut shells. Indus Crops Prod,23:23-28.

Morley J. (1927). Following through with grass seeds. Nat Greenkeep, 1:15.

Parr J F. (2006). Effect of fire on phytolith coloration. Geoarch Int J,21:171-185.

Perepel'atnikova L V, Prister B C, Omel'anenko N P. (1993). Assessment of the effectiveness of the application of sapropels in the Ukrainian Polissye for crop production according to the level of radioactive contamination. Probl Agric Radiol Inst Agric Radiol Kiev,3:139-143.

Petersen J B, Neves E, Heckenberger M J. (2001). Gift from the past: Terra Preta and prehistoric Amerindian occupation in Amazonia. In: McEwan C, Barreto C, Neves E (eds). Unknown Amazonia. British Museum Press, London:86-105.

Ratnikov A N, Popova G I, Petrov K V,et al. (1996). Fundamental principles for obtaining agricultural produce of standard purity in those parts of the Russian Federation which were radioactively contaminated as a result of the Chernobyl accident, and the effectiveness of the measures being taken. In: One decade after Chernobyl: summing up the consequences of the accident. IAEA, Vienna:233-236.

Retan G A. (1915). Charcoal as a means of solving some nursery problems. Forest Quart,13:25-30.

Rondon M A, Lehmann J, Ramirez J,et al. (2007). Biological nitrogen fixation by common beans (Phaseolus vulgaris L.) increases with bio-char additions. Biol Fert Soil,43:699-708.

Santiago A, Santiago L. (1989). Charcoal chips as a practical substrate for container horticulture in the humid tropics. Acta Hortic, 238:141-147.

Schmidt M W, Noack A G. (2000). Black carbon in soils and sediments: analysis, distribution, implications, and current challenges. Glob Biogeochem Cycl,14:777-793.

Schnitzer M I, Monreal C M, Facey G A,et al. (2007). The conversion of chicken manure to bio oil by fast pyrolysis I. Analyses of chicken manure, bio oils and char by C-13 and H-1 NMR and FTIR spectrophotometry. Environ Sci Health,42:71-77.

Shindo H. (1991). Elementary composition, humus composition, and decomposition in soil of charred grassland plants. Soil Sci Plant Nut,37:651-657.

Swiatkowski A, Pakula B, Biniak S,et al. (2004). Influence of the surface chemistry of modified activated carbon on its electrochemical behaviour in the presence of lead(Ⅱ) ions. Carbon,42:3 057-3 069.

Trimble W H. (1851). On charring wood. Plough, the Loom and the Anvil,3:513-516.

Trompowsky P M, Benites V D, Madari B E,et al. (2005). Characterization of humic like substances obtained by chemical oxidation of eucalyptus charcoal. Org Geochem,36: 1 480-1 489.

Tryon E H. (1948). Effect of charcoal on certain physical, chemical, and biological properties of forest soils. Ecol Monogr,18:81-115.

Ure A M, Davidson C M. (2002). Chemical speciation in the environment, 2nd edn. Wiley, New York.

Woods W I, Teixeira W, Lehmann J,et al. (2009). Where to from here? A Tribute to Wim. Sombroek, Springer, Terra Preta Nova:473-486.

Wornat M J, Hurt R H, Yang N C,et al. (1995). Structural and compositional transformations of biomass hars during combustion. Comb Flame,100:131-143.

Zhang X, Wang H, He L,et al. (2013). Using biochar for remediation of soils contaminated with heavy metals and organic pollutants. Environ Sci Pollut Res,20:8 472-8 483.

Zhu Y G. (2000). Plant uptake of radiocaesium: a review of mechanisms, regulation and application. J Exp Bot,51:1 635-1 645.

# 第 7 章　$^{90}Sr$ 污染农田土壤修复

Natalia I. Sanzharova, Irina V. Geshel, Rena A. Mikailova, Dmitry V. Krylenkin, Ekaterina V. Gordienko

## 1　简介

核武器试验和核设施事故对农田造成了严重的污染。在北半球中纬度区域，在全球放射性沉降期间，$^{90}Sr$ 的沉降密度估计大约为 $2.1 \times 10^4$ Bq/m$^2$（Vasilenko and Vasilenko, 2002）。东乌拉尔地区在克什特姆核事故中被放射性污染的面积（«Mayak" PA, 1957）达 106 000 hm$^2$。另外，总面积的 54% 是农业用地，包括超过 29% 的耕地（Ilyin and Gubanov, 2001）。形成放射性核素的主要物质为 $^{90}Sr$。废弃土地的放射性污染水平范围为 230~300 kBq/m$^2$。在切尔诺贝利事故之后约 150 000 km$^2$ 的苏联领土被 $^{137}Cs$ 污染，污染水平超过 37 kBq/m$^2$（Israel et al, 1987）。切尔诺贝利（ChNPP）附近地区以及白俄罗斯和乌克兰的一些邻近地区的放射性沉降物含量较高。在白俄罗斯的 6 个污染区，$^{90}Sr$ 污染密度超过 5.55 kBq/m$^2$ 的农田面积达到 375 000 hm$^2$，污染密度超过 111 kBq/m$^2$ 有 70 hm$^2$（Israel and Bogdevich, 2009）。在乌克兰 7 个地区的土地上，$^{90}Sr$ 污染密度超过 5.55 kBq/m$^2$ 达到 307 800 hm$^2$，污染密度超过 111 kBq/m$^2$ 有 1 400 hm$^2$（Nadtochiy, 2003）。

在自然因素的影响下，土壤表面剥落下来的 $^{90}Sr$ 融入迁移过程中，尤其沿食物链迁移，这一事实已被证实会进入人类饮食途径。$^{90}Sr$ 的生物危害与其裂变产率高、半衰期长（约 30 a）、活度强等因素有关 $^{90}Sr$ 的生物危害由几个方面因素所决定：一是高裂变产率，二是长半衰期（约 30 a），三是在自然环境中流动密集。放射性核素的迁移速率主要由放射性沉降物的状态、土壤性质、放射性核素的生物流动性、天气条件和作物种植技术等决定。$^{90}Sr$ 在土壤中的固定与分布主要取决于其同位素稳定载体锶及其非同位素化学同类物钙（$Ca^{2+}$）的行为机制（Nishita and Taylor, 1964；Klechkovsky et al, 1973）。

为了限制放射性核素进入人类饮食，已发展出一套较为复杂的修复措施。农业土地修复的机械和物理化学方法是其中重要的修复措施。这些方法旨在减少放射性核素向土壤中的迁移率，即降低其在土壤 - 植物系统中的迁移率。效率通常通过降低因子

N. I. Sanzharova (✉), I. V. Geshel, R. A. Mikailova, D. V. Krylenkin, E. V. Gordienko
俄罗斯放射学和农业生态学研究所，俄罗斯奥布宁斯克（Russian Institute of Radiology and Agroecology, Kievskoe shosse, 109 km, Obninsk 249032, Russian Federation）

来评估，即采用修复措施后植物对 $^{90}Sr$ 的吸收量的下降程度。由于农业修复措施多是建立在已有作物栽培技术之上，所以还会对土壤性质及土壤肥力提升产生影响。一切降低作物对 $^{90}Sr$ 吸收量的土壤修复技术均建立在它们与土壤、农业化学品指示剂、土壤质地及矿物学组成、植物特异性及品种特性，以及矿质营养状况之间相互作用的规律之上。

## 2　$^{90}Sr$ 在土壤中的行为是开发修复方法的基础

Timofeyev-Resovsky 依据 Sr 在土壤 - 植物系统内的行为把 Sr 归入第二组放射性核素（Timofeye-Resovsky, 1966, Titlyanova, 1966）。其行为类型为可交换态，对土壤的固定作用机制以离子交换为主。

放射性核素可以以液相或固相的形式存在于土壤中。溶液中，放射性核素可作为阳离子存在于复杂的化合物及胶体颗粒中。在固相中，这种放射性核素以可交换 - 吸附态存在。土壤中的 $^{90}Sr$ 离子有 3 种形式：（1）土壤溶液中的离子；（2）矿物和有机颗粒表面的可交换态离子；（3）几乎不溶的化合物中的离子成分（Timofeyeva, 1960; Pavlotskaya, 1981）。土壤中的 $^{90}Sr$（60%~90%）大部分是可交换的。这种放射性核素的不同形态之间存在动态平衡（Pavlotskaya, 1974）。

土壤有机质对 $^{90}Sr$ 的行为有影响。$^{90}Sr$ 主要与低分子黄腐酸结合，这解释了其较高的迁移能力和对植物的可利用性。$^{90}Sr$ 可以是腐殖酸与细矿物的络合物中的成分（Pavlotskaya, 1981）。有机质的破坏会导致 $^{90}Sr$ 迁移性的增加，因为有机质的破坏会造成 $^{90}Sr$ 转化为可交换态。（Taylor, 1968；Pavlotskaya, 1974）。

矿物中的同晶替代物，如含有钙和镁的方解石、石灰石（$CaCO_3$）、石膏（$CaSO_4 \cdot 2H_2O$）、白云石 [$CaMg(CO_3)_2$] 对 $^{90}Sr$ 具有重要意义（Spitsin and Gromov, 1959）。离子交换是固相吸收 $^{90}Sr$ 的主要机制，这就是取决于溶液中存在竞争性阳离子的原因。以下离子范围会影响土壤固相对 $^{90}Sr$ 的吸附：$Al^{3+} > Fe^{3+} > Ba^{2+} > Ca^{2+} > Mg^{2-} > K^{+} > NH^{4+} > Na^{+}$（Pavlotskaya, 1974；Alexakhin and Korneyev, 1992）。在吸附 $^{90}Sr$ 时，钙或其他阳离子可以在晶格表面发生交换性替代，同时形成难溶的磷酸锶（Havely and Tzur, 1964; Kudelya, 1969；Nikolayeva, 1970）。

土壤矿质部分的含量显著影响土壤吸附复合体中 $^{90}Sr$ 状态及固定。$^{90}Sr$ 在含有大量泥沙颗粒的土壤中固定得更牢固（Yudintseva and Gulyakin, 1968）。土壤中的黏土矿物可以吸收率高达 99% 的放射性核素（Yudintseva and Gulyakin, 1968）。相对于水白云母和水针铁矿，$^{90}Sr$ 更容易被阿斯坎石、膨润土、蛭石、金云母和胶布林等矿物吸收。蒙脱石族矿物吸收 92%~99.9% 的 $^{90}Sr$，高岭石族矿物吸收 40%~68% 的 $^{90}Sr$，闪辉石吸收 71%~87% 的 $^{90}Sr$，水闪石吸收 80%~88% 的 $^{90}Sr$。方解石、长石、石英和石膏组的矿物吸收 10%~50% 的 $^{90}Sr$（Spitsin and Gromov, 1959）。在 pH 为 8~9 的溶液中，在无钙和有钙的情况下，分别有 44% 和 21% 的 $^{90}Sr$ 被方解石吸附。

对放射性核素的离子交换吸附部位按选择性率分为3种主要类型。常规交换位点（RES）位于土壤固相表面；磨损边缘位点（FES）位于晶格层之间的展开边缘区域和高亲和力位点（HAS）（Bolt et al, 1963；Cremers et al, 1988）。

从定量角度讲，某一特定放射性核素（R）的交换位点选择性由该放射性核素与其中一个竞争离子（M）的离子交换平衡常数定义，称为选择性系数（*Ks*），

$$Ks = \frac{[R]_{ex} \times [M]_w}{[M]_{ex} \times [R]_w} \tag{7-1}$$

其中 $[R]_{ex}$ 和 $[M]_{ex}$ 为放射性核素和竞争阳离子在固相中的交换形式的含量；$[R]_w$ 和 $[M]_w$ 为它们在水提取物中的浓度。

放射性 Sr 在黏土颗粒 RES 上具有简单且几乎完全交换的特点（Valcke, 1992）。

由于 Sr 和 Ca 在土壤溶液中以特定的比例存在，当土壤溶液中 Ca 的萃取量增加时，$^{90}Sr$ 在土壤溶液中的萃取量也增加。然而，$^{90}Sr$ 在土壤溶液和吸附络合物中的分配与 Ca 在土壤溶液和吸附络合物中的分配存在差异。土壤溶液中 $^{90}Sr/Ca$ 的比值为土壤中这些离子比值的 0.49~0.78。这是因为与 Ca 相比，$^{90}Sr$ 的吸附更牢固（Kokotov et al, 1960）。大多数土壤对于 $^{90}Sr$ 的锶和钙的阳离子选择性交换系数 $Ks(^{90}Sr/Ca)$[式（7-1）]介于 1~3 之间（Konoplev 和 Bulgakov, 2000）。

Sysoeva 的研究表明，$^{90}Sr$ 交换态含量随土壤性质的变化范围为 64%~93%；选择性交换系数变化 2.3 倍（表 7-1）。

**表 7-1　$^{90}Sr$ 在不同土壤类型中土壤 - 土壤溶液系统中的迁移因子**

| 土壤类型 | $^{90}Sr$ 的可交换态 /% | *Ks*（$^{90}Sr/Ca$） |
|---|---|---|
| 灰化土 | 93 ± 0.07 | 2.5 ± 0.5 |
| 浅灰色森林土壤 | 76 ± 0.09 | 1.5 ± 0.2 |
| 浸出黑钙土 | 73 ± 0.10 | 2.1 ± 0.3 |
| 黑钙土 | 82 ± 0.11 | 1.3 ± 0.1 |
| 普通黑钙土 | 68 ± 0.01 | 1.8 ± 0.1 |
| 莫代尔黑钙土 | 69 ± 0.02 | 1.9 ± 0.2 |
| 草甸黑钙土 | 64 ± 0.02 | 1.4 ± 0.1 |
| 栗钙土 | 76 ± 0.09 | 1.7 ± 0.5 |
| 低地泥炭土 | 79 ± 0.01 | 1.1 ± 0.3 |

注：数据引自 Sysoeva（2004）。

分配系数 *Kd* 可定义为放射性核素在固相中的平衡浓度与其在溶液中的浓度之比（Sheppard, 1985），通常用作放射性核素在土壤固、液相之间分配的指标。以 *Kd* 为基础建立了一个简单的模型，该模型是基于固相中放射性核素与溶液中放射性核素存在平衡使得交换过程得以实现这一假设情况下开发的。

*Kd*(Sr) 可由土壤固相中 Ca 和 Mg 交换络合物（mol/kg）与土壤溶液中 Ca 和 Mg 浓度之和（mmol/kg）来预测（Rauret and Firsakova, 1996；Hilton and Comans, 2001），并乘以 Sr 对 Ca 和 Sr 对 Mg 的痕量选择性系数 [*Kc*(Sr/Ca-Mg)]。这对应于式 (7-2)：

$$Kd\left(\mathrm{RN}\right)=Kd\left(\mathrm{AN}\right)\times Kc\left(\frac{\mathrm{RN}}{\mathrm{AN}}\right) \tag{7-2}$$

其中 *Kd*(RN) 由 *Kd*(AN) 乘以系数来计算，其中系数等于 RN-AN 在吸附位点上的选择性系数 *Kc*(RN/AN)。

*Kd*(Sr) 可由土壤固相中 Ca 和 Mg 交换络合物（mol/kg）与土壤溶液中 Ca 和 Mg 浓度之和（mmol/kg）的比值来预测（Rauret Firsakova, 1996；Hilton and Comans, 2001），并乘以 Sr 对 Ca 和 Sr 对 Mg 的痕量选择系数。这对应于式 (7-3)：

$$Kd\left(\mathrm{Sr}\right)=\frac{Kc\left(\frac{\mathrm{Sr}}{\mathrm{Ca}}-\mathrm{Mg}\right)\times\left(\mathrm{Ca_{exch}}+\mathrm{Mg_{exch}}\right)}{\mathrm{Ca_{ss}}+\mathrm{Mg_{ss}}} \tag{7-3}$$

当 *Ks*(Sr/Ca-Mg) 接近 1 时（Valcke, 1992），大多数情况下可以假定 Sr 对 Ca 和 Sr 对 Mg 的痕量选择性系数相似，从而得到简化模型。这样，可以简化为：

$$Kd\left(\mathrm{Sr}\right)=\frac{\mathrm{Ca_{exch}}+\mathrm{Mg_{exch}}}{\mathrm{Ca_{ss}}+\mathrm{Mg_{ss}}} \tag{7-4}$$

如果没有关于交换性阳离子的数据，可以使用阳离子交换容量（CEC, mol/kg）与土壤溶液中 Ca 和 Mg 浓度之和的比值。这种方法对 *Kd*(Sr) 的估计有令人满意的结果，特别是对于具有饱和交换的土壤。

通过分析土壤中 $^{90}$Sr 的行为机制，得出以下特点：

· 由于可交换性，$^{90}$Sr 具有较高的流动性；
· 同位素载体稳定锶、非同位素载体稳定化学类似物钙以及其他竞争离子的影响；
· 土壤有机质的影响；
· 黏土矿物对 $^{90}$Sr 的高吸附能力；
· 形成不溶性化合物，特别是磷酸锶。

由此得出的土壤中 $^{90}$Sr 的行为机制，成为土壤修复方法研究的基础。

## 3 $^{90}$Sr 污染农田机械修复方法

$^{90}$Sr 污染的农业土地修复方法的开发始于乌拉尔南部核事故（«Mayak” PA）（Klechkovsky, 1973）之后。这一技术在切尔诺贝利核事故后得到利用和进一步发展（The guide, 1988；Alexakhin, 1991；Guidelines for agricultural, 1994）。

在大量调查的基础上，对多种不同修复方案的效果和影响修复效果的因素进行了评价。应用修复方法的目的是减少放射性核素在土壤中的迁移，从而减少其向植物的转移。对于土壤中放射性核素的修复方案可以分为 2 类：一类是耕作操作相关技术，另一类是以改变土壤理化性质为基础的技术。不同技术的有效性取决于许多因素，其中之一是事故发生后的时间。在放射性沉降后的第一个阶段，大多数放射性核素位于土壤表面（或上层）。为降低污染，可直接清除上层污染土层。在克什特姆事故（«Mayak” PA）后，开发了两种主要的耕地净化方法（Klechkovsky, 1973；Ternovsky and Teverovsky, 1984；Klechkovsky, 1973；Romanov, 1993）。

第一种选择通过清除表层土壤来去除污染。施用该药剂可使作物的转移量减少了 98%~98.9%。该方法推荐用于小面积场地，特别是在种植蔬菜作物时采用这种方法。克什特姆核事故发生后，在农业实验企业的 50 $hm^2$ 区域内移除了受污染的土壤。

第二种选择包括将土壤的上层（污染最严重的）土层混合在翻起的底土中。它是为了在大面积耕地上应用而开发的（Teplyakov et al, 1997）。开发了专用设备——现代化的犁和土壤层犁移机。现代化的犁可将土壤污染层埋深的 30~40 cm（使可耕层中 $^{90}$Sr 浓度降低了 80%），土壤层犁移机可将土壤层深埋 30~70 cm（使可耕层中的 $^{90}$Sr 含量降低了 80%~90%）（Ilyin and Gubanov, 2004）（表 7-2）。这种原位清除方法的应用确保了 $^{90}$Sr 对收率的转移平均减少了 50%（最高为 85.7%）。1960—1961 年深耕面积约 6 550 $hm^2$。

**表 7-2　不同类型机械修复方法的还原系数**

| 修复方法 | 处理深度 /cm | 还原系数 |
|---|---|---|
| 土壤清理 | 5 | 50~90 |
| 普通耕作（首次应用） | 20~25 | 2.0（1.5~3.0） |
| 清除表层污染和翻耕填埋 | 50~70 | 2.0（最大 7.0） |
| 轮作、耙地（首次应用） | 10~12 | 1.5 |
| 轮作、耙地 + 普通耕作 | 20~25 | 3.0~4.0 |

注：数据引自 Alexakhin（1991）和 Ilyin and Gubanov（2001）。

另外，还指出了各种污染清除方法在使用过程中存在的不足与局限性。因此，在清除表层土壤的情况下，可能会产生大量的放射性物质，而掩埋这些放射性物质可能会因为高昂的成本而产生重大问题。福岛第一核电厂事故后，日本的污染土地修复面临这个问题。对于腐殖质堆积层厚度大的土壤，埋置污染层是有效的。腐殖质积累层厚度小于 20 cm 的土壤，上部肥沃土层向深层位移导致土壤肥力损失。切尔诺贝利事故后对这一方案的验证表明，它不适用于质地较轻的砂土和砂壤土。这两种方法的成本都很高，因此使用时必须有充分的理由。

在农业实践中，修复措施的应用还取决于农业用地的类型——耕地和饲草地（天然和改良的草地和牧场）。对于耕地，耕作作业（犁耕）是耕作技术的一个基本要素，应该每年进行一次。放射性沉降后的首次耕作使 $^{90}$Sr 向农作物的转移量减少了约 1/2。它的下一步应用对减少放射性核素对作物的转移。

在土壤表面污染的情况下，对双层犁（清除表层污染和翻耕填埋）掩埋污染层的方法进行了研究和试验。该技术可确保将 $^{90}Sr$ 的积累量减少至 1/10（Alexakhin, 1991）。该方法的主要局限性是不能适用于腐殖质积累层较薄的轻质结构土壤。

牧场的耕作作业（轮作和翻耕）是草地改良（根本改良）的一部分，通常每 5 年进行一次。在切尔诺贝利核事故地区，对在不同类型的草地和耕地上应用耕作作业（轮作、犁耕）的有效性进行了大量研究。轮作破坏草皮，处理深度为 10~12 cm 的土壤；犁耕深度可达 20~25 cm。在实践中，两种技术的应用可以实现草地土壤的处理。该技术在第一次应用于土地覆盖表面污染时具有最大的有效性（sanzarova et al, 1996；Firsakova et al, 2002）。草中 $^{90}Sr$ 的积累量减少了 33.3%~66.7%。在下一次应用时，该措施的有效性平均降低了 50%（Firsakova et al, 2002）。

这些修复方法都是基于土壤剖面中 $^{90}Sr$ 的机械组成。混合污染的上层与矿物层，从一方面，可减少单位土壤放射性核素的含量；但是另一方面，交换点的数量增加，这导致了放射性核素固定在土壤中吸附复杂（Sanzharova et al, 1996；Vidal et al, 2001）。

# 4　$^{90}Sr$ 污染农田物化修复方法

在克什特姆和切尔诺贝利核事故发生后，通过多种农化措施降低 $^{90}Sr$ 进入植物体内；土壤石灰化和施用有机和矿质肥料被广泛使用（Lard radiation accidents: consequences andprotective countermeasures（ Ilyin and Gubanov, 2001）。这些措施改善了土壤的理化性质，从而提高了土壤肥力，提高了作物产量，并将放射性核素对作物产量的吸收降低了 16.7%~66.7%（Bogdevitch et al, 2002）。

大量研究发现，施用化肥和改良剂后，作物中 $^{90}Sr$ 积累量的下降可能是由以下原因造成的：

· 由于放射性核素迁移至固定状态或者形成难溶化合物而使植物可用性发生变化（Havely and Tzur, 1964；Kudelya, 1969；Shaw, 1993）；

· 可交换阳离子（以钙离子浓度升高为主）(Nishita and Taylor, 1964；Klechkovsky et al, 1973；Kozhevnikova and Teplyakov, 1989）；

· 增强土壤溶液对放射性核素离子与施盐离子的拮抗作用（Timofeyev-Resovsky and Titlyanova, 1966；Nisbet et al, 1994）；

· 改善植物营养条件并提高其生物量以“稀释”其每千克生物量中放射性核素的含量（Yudintseva and Gulyakin, 1968）。

## 4.1　矿物肥料的应用

通常，在农业实践中，矿质肥料以包括氮（N）、钾（K）和磷（P）肥的复合肥料的形式施用于土壤。肥料的用量取决于作物对营养元素的需求及它们在土壤中的含量。在放射性污染地区可以采用矿物肥作为修复方法。在这种情况下，建议改变肥料的用量和它们所含营养元素含量的比例（即N、K和P）。减少$^{90}Sr$植物根系吸收的肥料使用是基于降低磷肥（N：P：K为1：2：1.5）的施用量。适量施用氮肥，可保证最高产量。磷肥和钾肥的施用剂量高于植物对这些营养元素的需求（Recommendations, 2003）。因此，不同类型的肥料对向农业植物转移$^{90}Sr$产生不同的影响（Bogdevich et al, 1996；Ageyets, 2001）。

#### 4.1.1 氮肥

氮肥对植物积累$^{90}Sr$的影响数据存在矛盾。氮肥，特别是生理酸性肥料，可使$^{90}Sr$和大多数其他放射性核素的积累提高2倍或以上（Prister et al, 1991；Bogdevich et al, 1996；Ageyets, 2001）。当在土壤中使用生理酸性或生理碱性肥料的氮时，$^{90}Sr$的含量因易于植物固定而减少（Egorov et al, 1969）。

大量研究表明，施用氮肥可能减少植物对$^{90}Sr$的积累（Gulyakin and Yudintseva, 1962），或对$^{90}Sr$的吸收没有影响（Nisbet et al, 1994）。氮肥的影响趋势在很大程度上取决于其施用形式，以及土壤肥力水平（土壤中的氮含量）。

对不同类型氮肥施用效果的实验室专项研究表明，不同类型氮肥的施用会导致土壤溶液中$Ca^{2+}$阳离子浓度的增加、草灰化土壤特征的变化及$^{90}Sr$有效形态的增加（Geshel et al, 2013）。随着肥料用量的增加，可使分配系数*Kd*和土壤吸附能力降低，$^{90}Sr$在菌体中的积累增加（表7-3）。

**表7-3 不同类型和用量的氮肥对分配系数*Kd*** **mL/g**

| 氮肥类型 | 氮肥剂量 /（mg/kg） | | | | |
|---|---|---|---|---|---|
| | 对照组 | 25 | 50 | 100 | 200 |
| | 分配系数 /（mL/g） | | | | |
| $N_{aa}$（$NH_4NO_3$） | 313 | 254 | 182 | 103 | 7.2 |
| $N_c$（$NANO_3$） | | 125 | 183 | 175 | 39.9 |
| $N_a$[（$NH_4$）$_2SO_4$] | | 113 | 47 | 20.9 | 24.4 |
| | $^{90}Sr$在细菌中的$F_v$（浓度比）[（Bq/g）植物 /（Bq/g）土壤] | | | | |
| $N_a$（$NH_4NO_3$） | 10.88 ± 1.69 | 13.31 ± 3.10 | 17.77 ± 0.51 | 18.85 ± 1.0 | 22.75 ± 2.34 |
| $N_c$（$NANO_3$） | | 10.28 ± 1.61 | 9.66 ± 1.02 | 12.03 ± 1.0 | 12.78 ± 1.96 |
| $N_a$[（$NH_4$）$_2SO_4$] | | 15.08 ± 2.33 | 15.54 ± 1.04 | 20.99 ± 0.91 | 16.56 ± 1.32 |

注：数据引自Geshel et al（2013）。

农业活动中的一个重要问题是确定最佳肥料用量，因为土壤中有效氮的缺乏会导致产量的下降，而高剂量又会加剧植物中$^{90}Sr$的积累。对于受污染的农业土地，确定氮肥的最佳和最大可能施用剂量，以便在受到$^{90}Sr$污染的情况下形成草灰化土壤恢复计划（Rules, 2002）。

### 4.1.2 钾肥

一般情况下，钾肥对于 $^{90}Sr$ 向植株转移的影响效果较小（Yudintseva and Gulyakin, 1968）。但是，白俄罗斯土壤科学和农业化学研究所的试验中发现，随着钾肥用量从 60~180 kg/hm$^2$ 不同作物中的 $^{90}Sr$ 含量降低了 33.3%~44.4%（表 7-4）。

**表 7-4　不同钾肥和磷肥对秸秆灰化土作物中 $^{90}Sr$ 积累的影响**

| 选择 | 农作物 | | |
|---|---|---|---|
| | 豌豆草 | 豌豆粒 | 燕麦粒 |
| | 作物中 $^{90}Sr$ 的浓度 /(Bq/kg) | | |
| 对照组 | 20 | 48 | 38 |
| $P_{60}$ | 17 | 39 | 32 |
| $P_{60}K_{60}$ | 15 | 33 | 28 |
| $P_{60}K_{120}$ | 14 | 31 | 25 |
| $P_{60}K_{180}$ | 13 | 27 | 22 |
| | 草本植物对 $^{90}Sr$ 的吸收，Tag | | |
| | 多年生植物 | 一年生植物 | |
| $N_{60}P_{60}K_{60}$ | 38.6 ± 4.3 | 26.7 ± 2.1 | |
| $N_{60}P_{90}K_{120}$ | 21.7 ± 2.4 | 17.1 ± 1.9 | |
| $N_{60}P_{180}K_{240}$ | 6.1 ± 2.2 | 7.5 ± 1.3 | |

注：数据引自 Putyatin（2008）。

提高肥料剂量对土壤中 $^{90}Sr$ 流动性影响的可能机理与草酸 - 灰化土壤溶液中离子比例的变化有关。随着 $K^+$ 离子数量的增加，$Ca^{2+}$ 和 $Mg^{2+}$ 的浓度增加了 1.5~2.0 倍，这对 $Sr^{2+}$ 离子的行为产生了竞争影响（Suslina, 2004）。

钾肥对土壤离子的拮抗作用和对作物产量的促进作用是决定的，特别是对低肥力的灰化砂质土壤和砂壤土。例如，施用高剂量钾肥（最高可达 180 kg/hm$^2$）时，在每公顷同步增产 20~50 t 的情况下，不同品种马铃薯块茎中 $^{90}Sr$ 的累积量减少了 33%~57%（Putyatin, 2008）。

为防止钾肥用量过多导致产品质量下降，根据阳离子交换能力，确定了可交换钾的极限土壤饱和水平：沙质土壤 3.5%，沙质壤土 4%，壤土不超过 5%（Rules, 2002）。

### 4.1.3 磷肥

施用磷肥是减少 $^{90}Sr$ 向植物转移的推荐技术之一，可确保减少了 50%~75% 的 $^{90}Sr$ 积累（Yudintseva and Gulyakin, 1968；Maraschino and Fedorov, 1978）。切尔诺贝利事故发生后，白俄罗斯在饲草地进行了高剂量磷钾肥施用试验，确定了 $^{90}Sr$ 向饲草的转移量减少了 37.5%~84.1%（表 7-4）。磷肥的有效性明显取决于土壤中磷的含量。考虑到土壤中存在可溶性磷酸盐的同时，施肥时还需要为作物提供均衡的营养（Ageyets, 2001）。

#### 4.1.4 矿物肥料（NPK）的应用

在受$^{90}Sr$污染的土地上，均衡使用各种矿质肥料对于作物栽培至关重要。结果表明，在土壤肥力参数最优的情况下，土壤向植物转移$^{90}Sr$的量最少。

矿质肥料对$^{90}Sr$进入农业植物的影响得到了很好的研究（Yudintseva and Gulyakin, 1968；Alexakhin and Korneyev, 1992；Putyatin, 2008）。

值得注意的是，对于低肥力土壤，如果标准剂量的肥料能减少植物体内$^{90}Sr$的累积，那么矿质肥料在$^{90}Sr$污染土壤中的施用效果显著取决于土壤肥力的因素。

在草皮-灰化土壤的田间试验中，氮、钾和氮肥标准剂量对燕麦籽粒中$^{90}Sr$累积的影响较小，这可能与土壤水解酸性的增加有关。施用磷肥及其与其他类型肥料配施时，燕麦籽粒中的$^{90}Sr$含量降低了37.5%~60%。

### 4.2 有机肥的应用

多数情况下施用有机肥能使$^{137}Cs$迁移到植株上的速率降低了33.3%~66.7%（Gulyakin and Yudintseva, 1973；Moiseyev et al, 1988）。腐殖质对织构土壤的影响最大；$^{90}Sr$对作物产量累积降低了78.3%~82.1%（Vodovozova and Pogodin, 1969；Gulyakin and Yudintseva, 1973；Gulyakin et al, 1978；Marakushin and Fedorov, 1978）。腐殖酸与$^{90}Sr$或腐殖酸盐形成络合物，可使锶的有效性降低了50%~75%。Ivanov等（1976）的研究表明，富含腐殖质的土壤以交换形式吸收$^{90}Sr$，但其结合强度高于有机质含量低的土壤。

大量的研究结果表明，有机质一方面使放射性核素向土壤迁移能力减弱，使放射性核素固定能力增强；另一方面也使土壤流动性增强，进而使放射性核素由土壤迁移至植物。提高灰化土腐殖质含量，可以提升植物富集$^{90}Sr$的能力。

### 4.3 石灰

投加石灰是处理污染农田最有效的修复方法之一。它使$^{90}Sr$向作物的转移量减少了50%~75%（Yudintseva and Gulyakin, 1968；Gulyakin Yudintseva, 1973；Bondar et al, 1990）。石灰（$CaCO_3$）、白云石粉、钙质凝灰岩、碳钙石膏（湖石灰）被用作改良剂。Korneyev等（1975）的研究结果表明，在交换性钙含量低的草灰化土壤上施用石灰可使$^{90}Sr$向草木的转移减少了28.6%~63%；降低土壤溶液的酸度和提高交换性钙含量，有利于石灰改善土壤农化性质。石灰之所以能长期作为改良剂使用，正因为它能影响土壤施有机肥与矿肥4~5年后能发挥肥力，提高产量与收益。

在关于工业含钙废物（石膏、石灰、白垩、水泥窑粉尘）对土壤中放射性Sr向植物转影响的实验中，在模拟田间试验条件下（Kozhevnikova and Teplyakov, 1989），含钙物质可使$^{90}Sr$向作物的转移量降低了33.3%~71.4%。调查结果表明，在同等剂量下，用白云石粉、白垩、生石灰及其与磷石膏的组合进行石灰处理，对减少农业植物$^{90}Sr$转移的效果没有显著差异（Putyatin, 2008）。

## 4.4 矿物肥料、有机肥料和改良剂的综合应用

在田间试验中，施用氮磷肥和白云石粉的草灰土增施使谷类作物籽粒和秸秆中的 $^{90}Sr$ 含量降低了 9.1%~64.3%。以白云石为背景的高剂量磷肥（$N_{100}P_{240}K_{80}$）的降低效果最优（表 7-5）。最大限度地降低了 $^{90}Sr$ 在植株中的积累，降低因子减少了 52.4%~72.2%。

**表 7-5 禾谷类作物秸秆和粮食中 $^{90}Sr$ 的含量** Bq/kg

| 项目 | 燕麦 | | 大麦 | | 黑麦 | |
|---|---|---|---|---|---|---|
| | 秸秆 | 粮食 | 秸秆 | 粮食 | 秸秆 | 粮食 |
| $N_{100}P_{80}K_{80}$ | 1 184 | 222 | 1 058 | 211 | 455 | 37 |
| 白云石 - 100 t/hm$^2$（背景） | 548 | 88 | 307 | 56 | 148 | 11 |
| 背景 +$N_{100}P_{80}K_{80}$ | 381 | 80 | 259 | 44 | 115 | 7 |
| 背景 +$N_{100}P_{160}K_{80}$ | 348 | 63 | 263 | 26 | 93 | 7 |
| 背景 +$N_{100}P_{240}K_{80}$ | 244 | 30 | 241 | 26 | 70 | 7 |

Yudintseva 和 Gulyakin（1968）的研究表明，石灰和有机质配施对减少植物富集 $^{90}Sr$ 的作用最大。在石灰和有机质的影响下，燕麦和豌豆中的 $^{90}Sr$ 含量减少了 66.7%~75.0%（Yudintseva and Gulyakin, 1968）。切尔诺贝利事故后进行的研究表明，在灰化土上施用石灰和高剂量的有机肥平均可减少 60% 玉米绿色物质中 $^{90}Sr$ 的积累（Firsakova et al, 2002）。

## 4.5 化肥与改良剂联合施用的作用机理

为阐明矿质肥料与改良剂混合使用的机理，在布良斯克地区进行了专项试验。通过多因素田间试验考察矿物肥，粪肥和石灰及其复配对 $^{90}Sr$ 生物移动性的影响时，筛选出不同替代方案以确定某一改良剂或其他改良剂存在时 $^{90}Sr$ 的准确行为规律（Sysoeva, 2004）。

为了评价 $^{90}Sr$ 在土壤 - 植物系统中的生物移动性，我们考虑了多种因素：

· 累积系数（AC），作为 $^{90}Sr$ 从土壤向植物转移的综合指标；

· 土壤中 $^{90}Sr$ 的形态；

· 对交换的选择性系数 $^{90}Sr$ - Ca（$Ks$ $^{90}Sr/Ca$）。

### 4.5.1 矿物肥料和改良剂对土壤理化性质的影响

施用化肥的效果取决于它们对土壤理化性质的影响程度。数据分析表明，由于白云石粉在 6 t/hm$^2$ 和 9 t/hm$^2$ 的任何一种实验替代品中可交换性钙含量增加 1.4~1.6 倍。石灰化改善了土壤酸度的降低现象（表 7-6）。施有机肥的土壤中腐殖质含量呈增加的趋势，但变化不明显。

**表 7-6　试验地土壤主要农业化学品指示剂**

| 序号 | 项目 | $pH_{kcl}$ | 腐殖质 /% | 可交换阳离子 | | | CEC |
|---|---|---|---|---|---|---|---|
| | | | | $K^+$ | $Ca^{2+}$ | $Mg^{2+}$ | |
| | | | | mg-eq/100 $g^{-1}$ | | | |
| 1 | 控制 | 5.08 | 1.70 | 0.46 | 2.84 | 0.56 | 3.86 |
| 2 | $N_{30}K_{30}P_{20}$+ 肥料 30 t/$hm^2$+ dolo- 螨粉 9 t/$hm^2$ | 6.49 | 2.08 | 0.44 | 4.34 | 1.00 | 5.78 |
| 3 | $N_{30}K_{90}P_{20}$+ 肥料 30 t/$hm^2$+ dolo- 螨粉 9 t/$hm^2$ | 6.46 | 2.07 | 0.47 | 4.07 | 0.48 | 5.02 |
| 4 | $N_{60}K_{60}$+ 白云石粉 6 t/$hm^2$ | 6.34 | 1.87 | 0.44 | 4.11 | 1.15 | 5.70 |
| 5 | $N_{60}$+ 白云石粉 6 t/$hm^2$ | 6.46 | 2.00 | 0.48 | 4.00 | 0.74 | 5.22 |
| 6 | $K_{60}$ | 5.93 | 2.06 | 0.46 | 3.93 | 0.76 | 5.15 |
| 7 | $K_{60}$+ 白云石粉 6 t/$hm^2$ | 6.11 | 2.05 | 0.53 | 4.49 | 0.81 | 5.83 |
| 8 | 白云石粉 6 t/$hm^2$ | 6.07 | 2.01 | 0.52 | 4.09 | 0.51 | 5.12 |

注：数据引自 Sysoeva（2004）。

燕麦的特点是对钾营养水平的需求相对较高。在此基础上，可以解释不同试验方案中交换性钾的近似值。这似乎是很可能的，几乎所有施用的钾都被植物吸收在其植被期。

矿物肥和改良剂的施用导致了草灰化土壤阳离子交换容量的变化。当在肥料和石灰的背景下施用全矿物肥时，典型的替代方案 CEC 最大增加 1.5 倍；石灰背景下施用氮、钾肥的替代和仅施用钾肥（K60）和白云石粉的替代（6 t/$hm^2$）。

### 4.5.2　矿物肥料和改良剂对 $^{90}Sr$ 生物迁移率的影响

施用全复合矿物肥料（$N_{30}P_{20}K_{30}$）对降低燕麦籽粒 $^{90}Sr$ 累积系数的影响最大，在施肥（30 t/$hm^2$）和石灰（9 t/$hm^2$）的背景下，以及在石灰（6 t/$hm^2$）的背景下施用钾肥（$K_{60}$）。对于这些替代品，AC 相应地减少了 41.2%~47.4%。

相关分析发现 AC 与可交换性 $Ca^{2+}$（$r$=0.862；$p < 0.01$）和土壤阳离子交换量（$r$=−0.911）的相关性不明显，AC 与土壤 pH（$r$=0.601）、腐殖质含量（$r$=0.697）和交换性 $K^+$ 含量（$r$=−0.07）的相关性也不明显。

对收到的数据进行的分析表明，施用矿肥和改进剂影响了草灰化土壤中 $^{90}Sr$ 交换态含量的变化（表 7-7）。施用全矿肥（$N_{30}P_{20}K_{90}$）时，以石灰（9 t/$hm^2$）为背景，施用有机肥（30 t/$hm^2$）。与对照相比，可交换形式的比例降低了 28.6%。就替代品而言，在石灰背景下施用钾肥（$K_{60}$）（6 t/$hm^2$）和在粪肥（30 t/$hm^2$）和石灰背景下施用全矿肥（$N_{30}P_{20}K_{30}$），可交换形态的比例降低了 16.7%。其余试验的锶交换态含量变化不显著，与对照相近。所得数据的相关分析表明，AC 值与可交换态分数的相关性很弱（$r$=0,231）。

表 7-7　施用矿物肥料和改良剂对土壤 - 植物系统中 $^{90}Sr$ 生物迁移率指标的影响

| 项目 | 可交换形态分数 $^{90}Sr$（$\alpha_{обм}$） | $F_v$（Bq /kg）/（Bq/kg） | $A$ / × $10^{-2}$ |
|---|---|---|---|
| 对照组 | 0.86 | 0.85 | 1.21 |
| $N_{30}P_{20}K_{30}$+ 肥料 30 t/hm$^2$+ 白云石粉 9 t/hm$^2$ | 0.71 | 0.49 | 0.65 |
| $N_{30}P_{20}K_{90}$+ 肥料 30 t/hm$^2$+ 白云石粉 9 t/hm$^2$ | 0.60 | 0.64 | 0.59 |
| $N_{60}K_{60}$+ 白云石粉 6 t/hm$^2$ | 0.81 | 0.55 | 0.79 |
| $N_{60}$+ 白云石粉 6 t/hm$^2$ | 0.75 | 0.68 | 0.75 |
| $K_{60}$ | 0.88 | 0.53 | 0.90 |
| $K_{60}$+ 白云石粉 6 t/hm$^2$ | 0.69 | 0.44 | 0.61 |
| 白云石粉 6 t/hm$^2$ | 0.83 | 0.68 | 0.81 |

注：数据引自 Sysoeva（2004）。

4.5.3　以数学模型作为描述和分析工具研究矿物肥料和改良剂对 $^{90}Sr$ 生物迁移率的影响

从土壤化学的角度出发，我们使用了 $^{90}Sr$ 生物利用率参数（$A$）来描述田间试验条件下土壤 - 植物系统中发生的过程。它是一种复合土壤特性。为此，通过试验测量了土壤特性，特别是 $^{90}Sr$ 的交换态分数（*aexch*）和 $Ca^{2+}$ 交换态含量。实验数据表明，$^{90}Sr$/Ca 对草酸 - 灰化土的交换选择性系数为 2.5。

对表 7-7 数据分析表明，$A$ 参数的值随试验方案的不同而变化。对照方案和施用氮肥（$N_{60}$）和石灰背景（6 t/hm$^2$）方案计算了 $A$ 参数的最大值。计算了在施用有机肥（30 t/hm$^2$）和石灰（9 t/hm$^2$）背景下施用全复合矿肥（$N_{30}P_{20}K_{30}$）和施用石灰（6 t/hm$^2$）背景下施用钾肥（$K_{60}$）的备选方案 $A$ 参数的最小值。

根据植物体内 $^{90}Sr$ 累积系数是生物有效性参数的线性函数假设，将得到的燕麦籽粒中 AC（$^{90}Sr$）数据与施化肥后草灰化土壤中 $^{90}Sr$ 的生物有效性参数（$A$）进行了比较。回归数据分析显示 AC 与参数 $A$ 呈线性相关（$r$=0.701；$p < 0.05$）（图 7-1）。

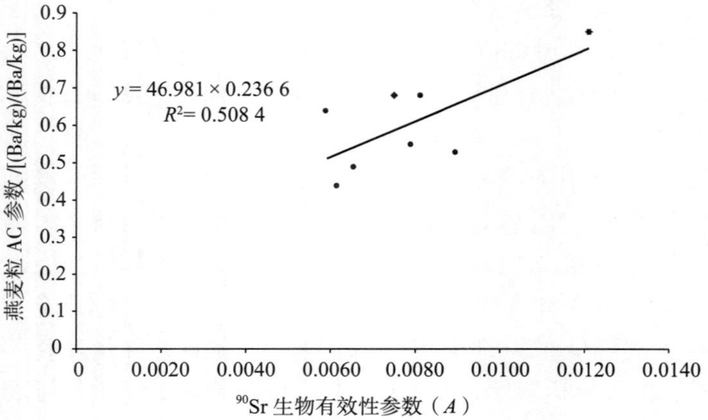


图 7-1　燕麦粒 AC 对 $^{90}Sr$ 生物有效性参数的依赖性

根据植物生物学特性，计算 AC 与 $A$ 之间的转换因子 B。计算结果表明，田间试验燕麦粒 B 因子为 79 ± 15。

$^{90}Sr$ 的生物有效性参数（$A$）作为一种复合土壤特征，可作为分析工具，用于解释 $^{90}Sr$ 在迁移链“土

壤—植物”中的行为规律。

该方法具有良好的理论和实验相关性，可用于根据施肥引起的土壤性质变化预测作物中 $^{90}Sr$ 的浓度。

## 5 吸附剂的使用

应用吸附剂来降低 $^{90}Sr$ 在土壤中的迁移率是基于其在土壤中的行为和物理化学状态。$^{90}Sr$ 主要以交换态存在，土壤固相吸附所采用的阳离子交换机制可以解决 60%~90% 的 $^{90}Sr$。不同种类矿物对锶离子的吸附能力不同（表 7-8）。吸附能力最高的矿物为蒙脱石类矿物，其分散能力强，对 $^{90}Sr$ 的吸附能力可达 99%（Spitsin and Gromov, 1959; Yudintseva and Gulyakin, 1968）。蒙脱石、膨润土和蛭石吸附 $^{90}Sr$ 的分配系数最大，分配系数与吸附率有关。需要强调的是，蒙脱石和膨润土的吸附强度最高。

**表 7-8　矿物和蒙脱土黏土的吸附特性及其对植物吸收 $^{90}Sr$ 的影响**

| 矿物和黏土 | 矿物和蒙脱石黏土对 $^{90}Sr$ 的吸附作用 | | | 燕麦秸秆中 $^{90}Sr$ 的浓度，$10^3$Bq /g 干重 |
|---|---|---|---|---|
| | 分配系数 | 吸附的 $^{90}Sr$ 占沉积物的百分比 /% | 0.1 N [a] $CaCl_2$ 吸收百分比 /% | |
| 蒙脱石 | 525.0 | 99.05 | 13.90 | 27.1 |
| 膨润土 | 351.8 | 98.59 | 28.69 | 7.4 |
| 漂白土 | 130.1 | 96.29 | 34.19 | 12.0 |
| 高岭土 | 101.8 | 95.31 | 73.58 | 6.4 |
| 蛭石 | 215.1 | 97.73 | 63.79 | 27.5 |
| 水金云母 | 103.5 | 95.39 | 52.90 | 15.9 |
| 达摩石 | 21.9 | 81.47 | 88.95 | 18.0 |
| 白云母 | 50.6 | 91.00 | — | 29.8 |
| 黑云母 | 77.2 | 93.91 | 70.57 | 27.7 |
| 金云母 | 195.7 | 97.51 | 69.71 | 16.5 |
| 水针铁矿 | 3.4 | 40.26 | 100.0 | 16.6 |
| 紫云石 | 47.0 | 90.36 | 47.27 | 30.7 |

注：数据引自 Yudintseva and Gulyakin（1968）。
a）N 为 mol/L（译者注）。

具有晶格三八面体结构的层状矿物，如由蛇毒石和漂白土组成的蒙脱石黏土，以及由金云母、水云母和蛭石组成的闪石，是推荐使用的最佳吸附剂（Yudintseva and Gulyakin, 1968）。研究表明，水云母可显著降低 $^{90}Sr$ 向植物的转移。掺加水云母可使燕

麦秸秆中 $^{90}Sr$ 的积累量比对照组减少了 50.0%~66.7%。在漂白土的影响下，燕麦秸秆中 $^{90}Sr$ 的含量降低了约 80.0%，谷物中降低了 75%，而加入阿斯坎石则相应降低了 71.4% 和 50.0%（表 7-8）。与蒙脱石黏土相比，蛭石和金云母不利于 $^{90}Sr$ 的吸附。施用的矿物和黏土的用量对 $^{90}Sr$ 的出口和植物产量有显著影响。

除天然矿物外，俄罗斯放射学和农业生态研究所还大力开发了具有高吸附能力的 $^{90}Sr$ 人工吸附剂，如基于天然矿物质硅藻石和硅藻土的人工吸附剂（KC-10CX 和 KC-20CX）。

用磷酸溶液加工精制的天然材料，可以获得蛋白石方石英为基础的复合吸附剂，溶液处理前，原料在含铝酸钾 $K_3[Al(OH)_6]$ 的热碱性溶液中水解。水解结束后，将悬浮液放入密闭反应器，在一定温度和压力下进行调节。人工吸附剂具有较高的阳离子交换容量，富含磷和钾（表 7-9）。

**表 7-9　吸附剂的理化性质**

| 样本 | 氯化钾 | 不稳定钾的形式 ($K_2O$)/% | | 总磷 $P_2O_5$/ % | CEC/（mmol-eq/100 g） |
|---|---|---|---|---|---|
| | | 水溶性 | 缝隙 | | |
| 硅藻石 | 3.84 | — | — | 0.96 | 25.00 |
| 硅藻土 | 6.53 | — | — | 1.44 | 16.00 |
| KC-10CX | 8.95 | 6.11 | 22.13 | 3.84 | 126.50 |
| KC-20CX | 8.52 | 7.25 | 13.49 | 7.19 | 162.50 |

注：数据引自 Krylenkin 等（2012）。

通过研究 $^{90}Sr$ 以 $Sr(NO_3)_2$ 溶液的形式沉积在吸附剂上的吸附过程，获知了 $^{90}Sr$ 的迁移率。采用顺序萃取的方法：$H_2O$ 1:5（水溶性形式）；1 N $CH_3COONH_4$ 1:10（可更换）形式；1 N HCl 1:10（不稳定形式）；6 N HCl 1:10（酸溶形式）（Pavlotskaya, 1974）。应用吸附剂降低放射性核素迁移率的有效性取决于 CEC。施用吸附剂后 CEC 的增加可防止 $^{90}Sr$ 从土壤转移到植物。人工吸附剂的 CEC 比天然吸附剂高 5~10 倍。人造吸附剂中钾含量的增加是由于钾是水解溶液的一部分，用于吸附剂生产技术（Krylenkin et al, 2012）。大量的钾，与吸附剂结合，提高了钾容量的增长和对 SAC 中 $Ca^{2+}$ 和 $Mg^{2+}$ 离子的置换。这些离子确保与 $^{90}Sr^{2+}$ 离子的竞争性相互作用，减少其向植物的转移。与天然吸附剂相比，人造吸附剂以更强的固定不稳定形式吸收 $^{90}Sr$。因为其水溶性形式的含量降低，其不稳定和牢固固定形式的含量增加（表 7-10）。将人造吸附剂应用于草皮 - 灰化沙壤土会导致 $^{90}Sr$ 可用性降低。

**表 7-10　吸附剂对 $^{90}Sr$ 在草皮 - 灰化土中迁移率及其在大麦营养体中积累的影响**

| 吸附剂 | 土壤中 $^{90}Sr$ 的形式 /%[a)] | | | | 吸附剂对 $^{90}Sr$ 积累的影响 | |
|---|---|---|---|---|---|---|
| | 水溶性 | 交换性 | 不稳定性 | 酸溶性 | 植物体中的 $^{90}Sr$ 含量 ($F_v$) | 衰减系数 |
| 对照组 | 1.45 | 55.45 | 21.82 | 5.30 | 44.5 ± 0.9 | — |
| 硅藻土 | 0.15 | 54.09 | 20.45 | 4.70 | 30.3 ± 1.8 | 1.47 |

续表

| 吸附剂 | 土壤中 $^{90}Sr$ 的形式 /%[a] | | | | 吸附剂对 $^{90}Sr$ 积累的影响 | |
|---|---|---|---|---|---|---|
| | 水溶性 | 交换性 | 不稳定性 | 酸溶性 | 植物体中的 $^{90}Sr$ 含量 ($F_v$) | 衰减系数 |
| 硅藻石 | 0.66 | 56.82 | 21.05 | 5.61 | 43.2 ± 0.6 | 1.03 |
| KC-10CX | 0.48 | 56.67 | 23.79 | 5.00 | 33.7 ± 2.4 | 1.32 |
| KC-20CX | 1.77 | 55.91 | 22.27 | 5.18 | 22.6 ± 0.4 | 1.97 |

注：数据引自采用 Krylenkin 等（2013）。

a）基于 3% CEC 增加的天然和人造吸附剂的应用。

以上吸附速率下，人工吸附剂将放射性核素转移到植物中减少了 24.2%~49.2%。然而，天然吸附剂可将放射性核素含量降低了 2.9%~32.0%（Krylenkin et al, 2013）。

## 6 草地土壤修复组合方法

机械与物理化学修复方法结合使用的有效性研究，是另一个值得关注的问题。这种情况发生在草场的修复中，草场在农业中被用作牧场和海地。

研究人员对减少天然草甸禾草根系吸收的效果的各种改良技术进行了大量的研究。这些技术被分为两类：彻底改良和表面改良（Belli and Tikhomirov, 1996；sanzarova et al, 1996）。表面改善包括应用土壤机械处理技术（垫圆盘垫或轮作栽培）和加强矿物施肥；彻底改善包括通过额外的土壤耕作进行表面改善。此外，还对许多改良剂组合（石灰、有机肥和矿物肥）进行了试验评价。轮作、盘耕和犁耕是很容易被应用的方法，因为这些都是正常农业实践的一部分。如果对草地进行彻底改良，从而进行翻耕，土地的使用将在几年之内受到限制，直到草地重新生长。关于犁耕对后续草根系吸收的影响的数据表明，对于矿质土壤，犁耕使根系对放射性物质的吸收减少了 50%~60%，而对于有机土壤，犁耕使根系对核素的吸收减少了 66.7%。石灰是降低草中铯污染水平的主要措施之一。石灰用量取决于土壤的酸度。植物吸收的减少可达 33.3%~50.0%。独联体国家广泛使用矿物肥以减少植物对土壤的吸收，并开展多项试验研究，以评价硝酸盐、磷酸盐和钾的最佳比例，来最大限度地减少根系对铯的吸收。在一个地区受放射性污染的情况下施用矿质肥料必须改变主要营养元素的比例。

为了研究在白俄罗斯、俄罗斯和乌克兰地区应用联合方法进行草地修复试验的有效性（Rauret et al, 1999；Vidal et al, 2001），在 3 个国家境内选择了 2 个试验地点：俄罗斯的鲁德努伊（距离切尔诺贝利核电厂 180 km）；白俄罗斯的都柏林（距 NPP 42 km）和萨维奇（距 NPP 32 km）；乌克兰的马泰基（距 NPP 70 km）和克里斯滕诺夫卡（距 NPP75 km）。

试验设计考虑了以下处理：犁耕、施用石灰和氮磷钾肥，这些处理以前被证明是减少草地中放射性核素转移的最有效的。试验设计包括两种土壤 - 草甸组合（湿草甸泥炭土和干草甸灰化土），两种耕作技术（盘耕 + Pl），两剂石灰和 NPK 肥料。施肥（NPK）和施用石灰 (L) 的剂量取决于每个国家 / 机构的常规做法。在小区中重新播种了 3 种混合种：红皮草、无芒雀麦和草甸羊茅。每种处理在所有试验点均采用 4 个随机定位样地作为重复。

对大田试验中采集的土壤样品进行分析，以确定由于农业技术措施的应用而引起的土壤性质的变化。此外，还测定了不同土壤机械处理方式下草甸林分的 $^{90}$Sr 积累。

通过计算聚集转移因子（$T_{ag}$，$m^2/kg$）为 4 个重复的平均值，评价田间处理后土壤 - 植株转移的 RSr 变化。

图 7-2 显示了农业实践对干草甸放射性 RSr 转移的影响。

对于 RSr，第一年没有观察到农业措施对 RSr 转移的显著影响，甚至在添加石灰之后也没有。然而，时间也是一个关键因素，因为在第二年，圆盘耕（和重播）的影响使转移量减少了 50.0%~75.0%。然而，除 1998 年添加石灰后的都柏林站点外，其他处理都没有发现进一步的减少。

农业措施（免耕 + 补播 + 施用氮磷钾肥和石灰）是减少放射性 RSr 转移的一种合适的恢复策略。免耕（再播）是最有效的单一处理方式，而额外剂量的氮磷钾肥料导致进一步的次要影响。

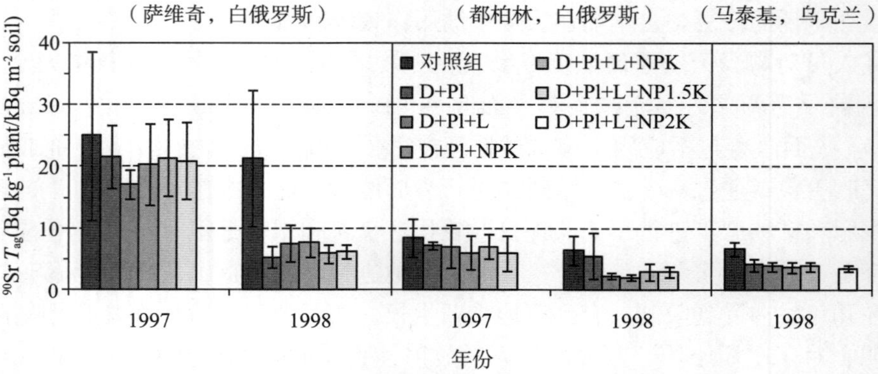


图 7-2　农业实践对干草甸放射性 RSr 转移的影响

D+Pl：圆盘耕作；L：施用石灰；NPK：添加肥料。

汇总的转移因子是 4 个现场重复的平均值；条形误差表示一个标准偏差。

## 7　结论

在 $^{90}$Sr 污染区，主要是在乌拉尔南部（«Mayak” PA）及切尔诺贝利核电厂周边，都涉及到了农业生产。放射性核素有一系列特性，在评估其危险和减轻负污染后果的方法时需要考虑这些特性。首先应注意 $^{90}$Sr 的高迁移能力，因为它通常以交换性形式存在于土壤中。基于这一事实，已开发的修复技术应针对吸收和固定放射性核素而使其固定在土壤中的事实，着眼于减少其向作物的转移。修复技术的发展一方面基于对农业生态系统中放射性核素行为机制的了解，另一方面基于农业技术，包括土壤肥力和作物的生物特性。土壤处理农业技术（轮作、犁耕）可确保放射性核素在土壤剖面中的重新分布，并通过土壤矿物层增加吸附面。农用化学方法（施用化肥和改良剂）改善了土壤溶液酸度的降低，提高了阳离子交换能力和土壤肥力。这些技术单独或复配地应用时，会改变土壤参数，从而影响土壤中的放射性核素流动及其对植物的有效性。相关研究指出了应用各种天然和人工吸附剂来降低土壤中 $^{90}Sr$ 的流动性和减少其被植物吸收的可能性。收集到的信息分析表明，农业有广泛的修复方法，确保农产品生长符合公共卫生标准。

## 参考文献

Ageyets V Y. (2001). System of radiological countermeasures in agricultural sphere of Belarus. Minsk.

Alexakhin R M. (1991). Rekomendacii po vedeniyu selskogo khozyajstva v usloviyakh radioaktivnogo zagryazneniya territorii v rezultate avarii na Chernobylskoj AES na period 1991-1995 gg. (Recommendations for farming under the conditions of radioactive contamination of the territory resulted from the Chernobyl accident for the period 1991-1995) Moscow.

Alexakhin R M, Korneyev N A. (1992). Selskokhozyajstvennaya radioekologiya(Agricultural radioecology). Ekologiya, Moscow.

Belli M, Tikhomirov F. (1996). Behaviour of radionuclides in natural and semi-natural environments. Final report. Part Y11.5. EUR 16531 EN, pp 147.

Bogdevich I M, Ageyets V Y, Firsakova S K (1996). Fundamentals of agricultural industry. In: Konoplya YF, Rolevich IV (eds). Ecological, medicobiologic and socio-economic consequences of the Chernobyl accident in Belarus Minsk: 52-102.

Bogdevitch I, Sanzharova N, Prister D, et al. (2002). Countermeasures on natural and agricultural areas after Chernobyl accident. In: Kolejka J (ed). Role of GIS in lifting the cloud off Chernobyl. Kluwer Academic Publishers, Dordrecht: 147-158.

Bolt G H, Sumner M E, Kamphorst A A. (1963). Study of equilibria between three categories of potassium in an illitic soil. Soil Sci Soc Amer Proc, 27:294-299.

Bondar P F, Zaika V V, Dutov A I. (1990). Influence of fertilizers and ameliorants on accumulation of radiocaesium in agricultural crops on limed soils. Abstracts of the 3rd All union conference on agricultural radiobiology, vol 1, Obninsk: 82.

Cremers A, Elsen A, De Preter P, et al. (1988). Quantitative analysis of radiocesium retention in soils. Nature, 6187:247-249.

Decrease of content of radioactive substances in plant products. (1989) Recommendations (Snizhenie soderzhaniya radioaktivnykh veschestv v produkcii rastenievodstva). Agropromizdat, Moscow.

Egorov A V, Klechkovsky V M, Sokolova L N. (1969). On the effect of conditions of nitrogen nutrition on transfer of strontium-90 from soil to plants. Atomizdat, Moscow.

Firsakova S K, Timofeyev S F, Shumilin V A, et al. (2002). Accumulation of $^{90}$Sr by field crops under the conditions of radioactive contamination of agricultural lands. Radiatsion Biol Radioekol, 3:345-351.

Geshel I V, Sanzharova N I, Krylenkin D V. (2013). $^{90}$Sr transfer to plants from sod-podzolic lightloam soil in case of nitrogen fertilizer application. Agrokhem vestnik, 1:37-39.

Guidelines for agricultural countermeasures following an accidental release of radionuclides (1994) IAEA, Vienna.

Gulyakin I V, Yudintseva Y V. (1962). Radioactive fission products in soil and plants. Gosatomizdat, Moscow.

Gulyakin I V, Yudintseva Y V. (1973). Agricultural radiobiology. Kolos, Moscow.

Gulyakin I V, Yudintseva Y V, Mamontovav L A, et al. (1978). Influence of lime, peat and peat ash on accumulation of strontium and caesium isotopes in crop yield. Agrokhimiya, 5:109-115.

Havely E, Tzur J. (1964). Precipitation of Sr by $CaCO_3$ in calcareous and measurement of cationexchange capacity. Soil Sci, 1:66-67.

Hilton J, Comans R. (2001). Chemical forms of radionuclides and their quantification in environmental samples. In: Van der Stricht E, Kirchmann R (eds). Radioecology, radioactivity and ecosystems. Fortemps, Liège.

Ilyin L A, Gubanov V A. (2001). Krupnye radiacionnye avarii: posledstviya i zaschitnye mery (Major radiation accidents: consequences and protective measures). IzdAT, Moscow.

Ilyin L A, Gubanov V A. (2004). Lard radiation accidents: consequences and protective countermeasures. IzdAT Publisher, Moscow.

Israel Y A, Bogdevich I M. (2009). Atlas sovremennykh i prognoznykh aspektov posledstvij avarii na Chernobylskoj AES na postradavshikh territoriyakh Rossii i Belarusi (ASPA Rossiya-Belarus) (Atlas of current and forecast effects of the Chernobyl accident on affected parts of the Russian Federation and Belarus (ACFE Russia-Belarus)). Foundation «Infosfera» - NIA Priroda, Moscow-Minsk.

Israel Y A, Petrov V N, Avdyushin S I, et al. (1987). Radioactive contamination of natural environments in the Chernobyl nuclear power plant accident zone. Meteorol Hydrol, 2:5-18.

Ivanov S N, Shagalova E D, Shifrina S S. (1976). Physicochemical mode of 90Sr in sod-podzolic soils of Belarus. Pochvovedeniye, 12:110-116.

Klechkovsky V M. (1973). Rekomendacii po vedeniyu selskogo i lesnogo khozyajstva pri radioaktivnom zagryaznenii vneshnej sredy (Recommendations for farmer and forestry at radioactive contamination of environment). Kolos, Moscow.

Klechkovsky V M, Fedorov Y A, Arkhipov N P, et al. (1973).Mechanism of soil and aerial entrance of radioactive strontium to plants. Pochvovedeniye, 5:38-47.

Kokotov Y A, Rusakov F F, Urbanyuk A P. (1960). Influence of pH and salinity on sorption of $^{90}Sr$ by particular soils. In: Proceedings of the conference on radiation hygiene.

Konoplev A V, Bulgakov A A. (2000). Exchange distribution coefficient of $^{90}Sr$ and $^{137}Cs$ in the soilwater system. Atom Ener, 2:152-158.

Korneyev N A, Firsakova S K, Malysheva M R. (1975). Transfer of strontium-90 to meadow grasses from different types of soils of non-chernozem belt. Pochvovedeniye, 11:53-59.

Kozhevnikova R N, Teplyakov I G. (1989). Influence of substances containing calcium on transfer of strontium-90 to crop yield from leached chernozem. Agrokhimiya, 2:91-94.

Krylenkin D V, Sanzharova N I, Andreyeva N V, et al. (2012). DynamiCs of sorption of $^{90}Sr$ by minerals and sorbents. In: Proceedings of the IVth international scientific conference on "Sorbents as quality factor of life and health". Belgorod: 226-231.

Krylenkin D V, Sanzharova N I, Geshel I V, et al. (2013). Accumulation of $^{90}Sr$ by barley from sod-podzolic soil in case of natural and artificial sorbents application. Agrochem Herald, 6:20-22.

Kudelya A D. (1969). On interaction trace quantities of strontium with phosphate ions in soils. Collected works on agrochemical physics. Kolos, Leningrad, 18:134-141.

Marakushin A V, Fedorov Y A. (1978). Accumulation of strontium-90 in field crops at different cultivation conditions. Agrokhimiya, 8:125-128.

Moiseyev I T, Tikhomirov F A, Martyushov V Z, et al. (1988). On the assessment of influence of mineral fertilizers on the dynamics of exchangeable $^{137}Cs$ in soils and its availability to vegetable crops. Agrokhimiya, 5:86-92.

Nadtochiya P P. (2003). Opyt preodoleniya posledstvij chernobylskoj katastrofy (selskoye i lesnoe khozyajstvo) (Experience on overcoming the consequences of the Chernobyl disaster (agriculture and forestry)). Svit, Kiev.

Nikolayeva A V. (1970). Khimiya dolgozhivuschikh oskolochnykh elementov (Chemistry of longlived fragmentation elements). Atomizdat, Moscow.

Nisbet A F, Mocanu N, Shaw S. (1994). Laboratory investigation into the potential effectiveness of soil-based countermeasures for soils contaminated with radiocaesium and radiostrontium. Sci Total Environ, 149:145-154.

Nishita H, Taylor P. (1964). Influence of stable Sr and Ca on $^{90}Sr$ and $^{45}Ca$ in soil and clay minerals. Soil Sci, 98:181-186.

Pavlotskaya F I. (1974). Migraciya radioaktivnykh produktov globalnykh vypadenij v pochvakh (Migration of radioactive products of global fallout in soil). Atomizdat, Moscow.

Pavlotskaya F I. (1981). Occurrence forms and migration of radioactive products of global fallout in soils. Dissertation, Institute of geochemistry and analytic chemistry, Moscow.

Prister B S, Loschilov N A, Nemets O F, et al. (1991). The fundamentals of agricultural radiology. Urozhay, Kiev.

Putyatin Y V. (2008). Minimization of $^{137}Cs$ and $^{90}Sr$ radionuclides transfer to crops. Institute for Soil Science and Agrochemistry, Minsk.

Rauret G, Firsakova S. (1996). The transfer of radionuclides through the terrestrial environment to agricultural products, including the evaluation of agrochemical practices, EUR 16528 EN. - European Commission, Luxembourg.

Rauret G, Vidal M, Rigol A, et al. (1999). The reduction of $^{137}Cs$ and $^{90}Sr$ uptake by grasses in natural meadows-REDUP. IC15-CT96-0212. Final report, 1 February 1997-31 July 1999.

Recommendations on agro industrial production under the conditions of radioactive contamination of the territories of the Republic of Belarus (Rekomendacii po vedeniyu agropromyshlennogo proizvodstva v usloviyakh radioaktivnogo zagryazneniya zemel Respubliki Belarus) (2003) Minsk.

Romanov G N. (1993). Likvidaciya posledstvij radiacionnykh avarij (Dealing with the consequences of radiation accidents). IzdAT, Moscow.

Rules of on agro-industrial production under the conditions of radioactive contamination of territories of the Republic of Belarus for 2002-2005 (Pravila vedeniya agropromyshlennogo proizvodstva v usloviyakh radioaktivnogo zagryazneniya zemel RB na 2002-2005 gg.). Ministry of Agriculture and Food of the Republic of Belarus) (2002) Minsk.

Sanzharova N I, Fesenko S V, Kotik V A, et al. (1996). Behavior of radionuclides in meadow and efficiency of countermeasures. Rad Protec Dosim, 64:43-48.

Shaw G. (1993). Blockade by fertilizers of caesium and strontium uptake into crops: effects on the root uptake process. Sci Total Environ, 137:119-133.

Sheppard M J. (1985). Radionuclide partitioning coefficients in soils and plants and their correlation. Health Phys, 1:106-111.

Spitsin V I, Gromov V V. (1959). Absorption of radiostrontium by some soil minerals and grounds. Pochvovedeniye, 12:45-50.

Suslina L G. (2004). Investigations on influence of acidity, potassium and ammonia nitrogen on sorption of $^{137}Cs$ by different soils and its adsorption by barley. PhD thesis, RIARAE, Obninsk.

Sysoeva A A. (2004). Experimental study and modelling of processes determining the mobility of $^{90}Sr$ and $^{137}Cs$ in soil-plant system. PhD thesis, RIARAE, Obninsk.

Taylor A W. (1968). Strontium retention in acid soils of the North Carolina coastal plain. Soil Sci, 4:440-450.

Teplyakov I G, Romanov G N, Spirin D A. (1997). Returning of the EURT lands to agricultural use. Iss Rad Saf, 3:33-41.

Ternovsky I A, Teverovsky Y N. (1984). Izuchenie radiologicheskikh, radiacionno-gigienicheskikh i socialno-khozyaistvennykh posledstvij massivnogo radioaktivnogo zagryazneniya bolshikh ploschadej (1958-1984 gg.) (Study of radiological, radiation-hygienic and socio-economic consequences of massive radioactive contamination of large areas (1958-1984)), vol 4, 2166 Agricultural use of contaminated territories: Research report. Funds of《Mayak》PA.

The guide to farming under the conditions of radioactive contamination of the part of territory of RSFSR, Ukrainian SSR and Belarusian SSR for the period 1988-1990. Rukovodstvo po vedeniyu selskogo khozyajstva v usloviyakh radioaktivnogo zagryazneniya chasti territorii RSFSR, Ukrainskoj SSR i Belorusskoj SSR na period 1988-1990 gg. (1988) Industrial Press. Industrial complex AgroNIITEIITO, Moscow.

Timofeyeva N A. (1960). On the migration of radiostrontium in biogeocoenoses. Reports of AS USSR, 2:488-491.

Timofeyev-Resovsky N V, Titlyanova A A. (1966). Povedeniye radioaktivnykh izotopov v sisteme pochva-rastvor (Behaviour of radioactive isotopes in soil-solution system. In: Soil radioactivity and methods of its determination), Nauka, Moscow:65-72.

Valcke E. (1992). The behavior dynamics of radio c aesium and radiostrontium in soil rich in organic matter, PhD thesis, Katholieke Universiteit Leuven:135.

Vasilenko I Y, Vasilenko O I. (2002). Radioactive strontium. Ener Econom Engg Ecol, 4:26-32.

Vidal M, Camps M, Grebenshikova N, et al. (2001). Soiland plant-based countermeasures to reduce $^{137}Cs$ and $^{90}Sr$ uptake by grasses in natural meadows: the REDUP project. J Environ Radioact, 56:139-156.

Vodovozova I G, Pogodin R I. (1969). Influence of organic matter on transfer of radioactive isotopes to plants. In: Abstracts of the conference “Radioactive isotopes in soil and freshwater systems”. Sverdlovsk:29.

Yudintseva Y V, Gulyakin I V. (1968). Agrokhimiya radioaktivnykh izotopov stronciya i ceziya (Agro chemistry of radioactive isotopes of strontium and caesium). Atomizdat, Moscow.

# 第 8 章　放射性污染场地的微生物 / 植物修复

Joana Lourenço[1], Sonia Mendo[1], Ruth Pereira[2]

## 1　简介

在二战结束之前，美德在争先研制核武器的过程中，就造成一种人为的放射性污染问题。这种新兴污染扩散到了所在的地区。表层土壤中含有天然放射性核素，简写为 NORM（如 $^{238}U$、$^{235}U$、$^{234}U$、$^{226}Ra$、$^{210}Po$、$^{222}Rn$、$^{210}Pb$ 等），天然放射性核素起源于地球的形成，它们的含量会随着采矿和碾磨等为活动而增加，特别是铀的提取和加工（IAEA, 2005）。人类和动物暴露于电离辐射中会导致土壤和食品的放射性污染（IAEA, 2005）。核武器的制造和部署、核能发电、核燃料循环及核事故、核反应过程中裂变 / 聚变反应都会释放放射性核素。核武器试验和核事故会释放大量射性核素，例如切尔诺贝利、福岛和克什特姆核事故，造成了大面积区域的放射性污染（Aleksakhin, 2009；Evrard et al, 2014）。切尔诺贝利核事故是历史上最严重的核事故，污染面积达 $1.95 \times 10^7$ km$^2$，$^{137}Cs$ 水平超过 37 kBq/m$^2$（Aleksakhin，2009）。爆炸形成的细小颗粒气溶胶粒子到达平流层，停留数月后随强风扩散至全球范围，导致全球范围的放射性污染（Lourenço et al, 2016）。

放射性核素的污染土壤通过食物链传递，导致动物、植物和人类暴露于辐射中（Aleksakhin, 2009）。土壤的物理化学特性（例如 pH、有机物含量）将影响放射性核素的迁移。放射性核素可能会扰乱土壤生态系统，破坏和损害土壤生态系统的功能及其能提供的服务，并进一步损害农业活动（Smičiklas and Šljivić-Ivanović, 2016）。因此，放射性污染土壤的修复至关重要。可以单独或组合使用物理、化学和生物修复技术（如微生物和植物修复）修复放射性污染土壤，修复方法的选择取决于污染物的流动性、污染物在不同种类土壤中的分布特征和未来的土地利用方式（Smičiklas and Šljivić-Ivanović, 2016）。本章中，我们首先确定土壤放射性污染的主要来源，以及在每种情况下最严重的放射性核素污染，然后介绍并讨论用于修复此类污染土壤的主要生物和植物修复技术。

1　J. Lourenço (✉), S. Mendo
阿威罗大学海洋生物研究中心和生物系，葡萄牙阿威罗（Mendo Department of Biology & CESAM, University of Aveiro, Aveiro, Portugal）e-mail: joanalourenco@ua.pt；smendo@ua.pt

2　R. Pereira
波尔图大学理学院，葡萄牙波尔图（Department of Biology & GreenUPorto, Faculty of Sciences of the University of Porto, Porto, Portugal）e-mail: ruth.pereira@fc.up.pt

# 2 放射性污染——特定场地的问题

## 2.1 核燃料循环

### 2.1.1 铀矿开采和加工

长期以来，采矿业对环境造成了重大的影响（IAEA, 2009）。铀和钍的开采和加工会产生金属 / 放射性核素等多种放射性和非放射性废物（IAEA, 2005、2010；Carvalho et al, 2007；Pereira et al, 2014）。铀可以用 3 种方法开采：露天、地下和原位浸取（ISL）开采方式（IAEA, 2002a, 2005）。铀矿的不同采矿方法产生的主要环境问题有：（1）产生大量废石和尾矿，含有半衰期长（>1 000 a）的放射性核素和多种金属（IAEA, 2005、2009；Winfield et al, 2006；Carvalho et al, 2007）。（2）废石和尾矿产生潜在酸性矿山废水（IAEA, 2005、2009；Winfield et al, 2006；Carvalho et al, 2007）。（3）水蚀和风蚀，主要影响地上尾矿蓄水池和废物堆，将污染扩散到邻近地区，主要是地表水和土壤（IAEA, 2002a；Winfield et al, 2006）。（4）废物处理设施故障可能导致废物和污水不受控制地释放到环境中（IAEA, 2002a；Winfield et al, 2006）。（5）污水，低蒸发量或降水量大的地区可能会污染地表水、地下水和土壤（IAEA, 2002a；Winfield et al, 2006）。（6）尾矿或矿山废物运输过程中可能泄漏到蓄水区（管道或卡车泄漏没有及时处理）（IAEA, 2002a）。（7）尾矿和废矿山未清除这些废物上建造建筑物或（IAEA, 2002a）。（8）一种放射性气体氡的释放，由 $^{238}$U and $^{232}$Th 衰变产生（分别由 $^{222}$Rn and $^{220}$Rn）（IAEA, 2002a；Winfield et al, 2006；Carvalho et al, 2007）。（9）污水从地面设施渗入地表水和地下水（IAEA, 2002a；Winfield et al, 2006）。

1986 年切尔诺贝利事故和冷战结束后，全球铀的价格大幅下跌，导致多家铀矿和工厂关闭（Merkel 和 Schipek, 2011；Pereira et al, 2014；Lourenço et al, 2016）。许多遗弃场地，几乎没有处置，形成了所谓的“遗留”场地（Waggitt, 2008；IAEA, 2009），在矿山开采结束时也是同样的情况（IAEA, 2009）。大多数国家运营的铀矿和矿山都没有设立环境保护法（IAEA, 2009）。遗留场地相关的主要环境问题有：（1）放射性核素和金属因风蚀和水蚀而迁移到环境中，这些未处置的沉积物约 85% 的原始矿石中含有天然放射性物质，例如 $^{226}$Ra、$^{222}$Rn、$^{210}$Po、$^{230}$Th、$^{234}$U、$^{210}$Pb、$^{238}$U 和伴生金属（Waggitt, 2008；Salbu, 2013；Matshusa and Makgae, 2017）。（2）因为尾矿中含有一种相对原矿中百分比含量非常高的镭（90%），未采取污染预防措施的废物堆会释放氡或伽马剂量率（Matshusa and Makgae, 2017）。$^{226}$Ra 的半衰期（1 600 年）很长，是最难处理的放射性核素之一，其在衰减期内会不断衰变并产生氡（一种致癌的放射性气体），而氡又会衰变并产生一种非常危险的放射性核素 $^{210}$Po。镭也可能污染地表水和地下水（Salbu, 2013；Matshusa and Makgae, 2017）。（3）放射性核素迁移至地表水和地下水，会对水资源造成严重污染，并存在潜在的土壤污染风险（Salbu, 2013；Matshusa and Makgae,

2017）。（4）酸性矿山排水，会造成土壤和水体酸化，造成砷、硒、镍、锌和锰等几种稳定元素的浓度升高（Waggitt, 2008；Salbu, 2013；Matshusa and Makgae, 2017）。（5）处置高浓度金属和放射性核素的污泥造成的土壤污染（图 8-1）。

图 8-1　铀矿污染土壤：矿井水处理池的污泥

核能发电投资的增多会加大未来几十年对铀的需求，预计中国将在其中发挥主要作用（OECD-NEA, 2014）。目前的矿山开发已满足电力公司 90% 的需求，NEA（核能源局）和 IAEA（国际原子能机构）在 2015 年发布的技术路线图（NEA-IEA, 2015）中都表示，投资可持续铀矿开采可以满足长期需求并避免产生新的污染场地。

### 2.1.2　铀燃料制造（精炼、转化和浓缩）

核燃料循环的"前端"包括铀的提取及在核反应堆中涉及参与核燃料生产的所有设施（Turner, 2013）。核反应堆燃料制造主要包括铀纯化、转化为四氟化物或六氟化物（如需要浓缩铀）、转化为必要的化合物（金属或氧化物）、按需求定型、将燃料芯块装入锆合金或不锈钢管，用焊接帽密封末端并定位燃料棒形成反应堆组件（IAEA, 2002b）。燃料含有铀或钚，装入金属外壳以保护并防止裂变产物逸出（IAEA, 2002b）。并非所有反应堆都需要浓缩铀，如 CANDU 或快增殖反应堆（IAEA, 2002b）。铀燃料可以由两种形式生产：金属燃料和氧化物燃料。通过将铀转化为 UF4 并将其与镁屑混合制造金属燃料。生产氧化物燃料，需要把铀转为 UF6 ，然后 UF6 转化为二氧化铀粉末并形成颗粒并浓缩为 3%~5% 的 $^{235}U$（IAEA, 2002b）。MOX 燃料制造是指将铀和氧化钚粉末机械混合，或将铀和氧化钚的混合物稀释至所需的浓缩度（干法）或使用硝酸铀钚溶液（湿法）（IAEA, 2002b）。使用的铀可以是天然铀或贫化铀（IAEA, 2002b）。下游生产步骤（造粒、烧结、棒制造和组装）与铀燃料生产所用的步骤相似（IAEA, 2002b）。

核燃料制造产生的主要环境影响是产生低水平放射性废物、废气及对工人和所在区域的辐射暴露风险（Winfield et al, 2006）。低放废物包括核燃料生产过程中使用的污染材料和污染设备（IAEA, 1996、2002b；Winfield et al, 2006）。从工厂运输到加工设施以及燃料生产的所有阶段产生主要的废气包括铀、少量铀和钚放射性核素 $^{235}U$、$^{238}U$、$^{238}Pu$、$^{239}Pu$、$^{240}Pu$、$^{241}Pu$、$^{241}Am$（NRC, 2012）金属、二噁英和呋喃、六氯苯、氨、颗粒物、硫酸、氮氧化物、氯化氢、氟化氢和温室气体（IAEA, 1996、2002b；Winfield et al, 2006）。废水包括铀、少量的 $^{226}Ra$ 和 $^{230}Th$ 硝酸盐、氨和磷，还有污染物对场地影响和场外生态系统的影响（Winfield et al, 2006）。根据工厂运营历史，如发生的事故，包括泄漏和排放，此类设施的清理和退役程序可能包括修复土壤 / 地下水和废物管理，例如处理污染的材料（Turner, 2013）。与核燃料循环前端相关的污染主要与天然存在的放射性核素有关，例如铀、镭及铀矿加工产生的其他危害（化学品）（Turner, 2013）。这些工厂的规模和复杂性可能导致退役设施的处理成本高达到数十亿美元（Turner, 2013）（图 8-2）。

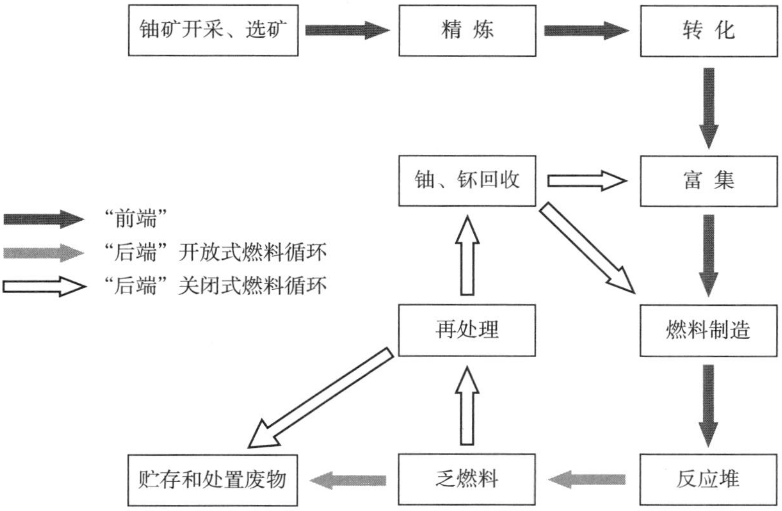


图 8-2 核燃料循环过程

### 2.1.3 核电厂

核电占低碳能源生产总份额的 18%，2013 年以 11% 的份额位居全球第二，是经合组织国家（OECD）最大的低碳能源（NEA-IEA, 2015）。目前 30 个运行核电厂（NPPs）的国家中，有 13 个正在建造新机组或完成先前暂停的建设项目，16 个有新反应堆计划或建议（IAEA, 2017）。其他 28 个国家正在考虑、规划启动核电，另有 2 个国家对核电有潜在兴趣（IAEA, 2017）。预计北美和几乎所有欧洲地区核电将显著下降，但国际原子能机构（IAEA）表示，核电长期潜力仍很高，预计中亚和东亚将显著增长，2025 年电力容量将达到 43%（IAEA, 2017）。开发创新设计和技术先进的核燃料循环提高核电厂的安全性和竞争力极其重要（NEA-IEA, 2015）。

使用核能一直存在有争议，2011 年的福岛核事故加剧了这一问题（Seier 和 Zimmermann, 2014）。福岛、切尔诺贝利及三哩岛等核事故引发人们对核电厂相关的人类健康和环境风险的关注。然而，环境污染不仅存在于事故中，核电厂的正常运行也存在污染。环境污染的主要来源与废气排放有关，冷却水排放到海洋、河流和湖泊或渗漏到含水层均会造成土壤和水体的污染（Fairlie, 2014）。废气中释放的主要放射性核素是 $^{3}H$ 和 $^{14}C$（Winfield et al, 2006；Fairlie, 2014），排放量相对较大（$^{3}H$ 和 $^{14}C$ 的排放量约为 $1.1 \times 10^{3}$GBq），导致核电厂附近植被和食品中的放射性活度升高（Fairlie, 2014）。此外，更换反应堆中的燃料会导致废气排放量激增，通常这种情况每年一次（Fairlie, 2014）。在峰值期，核素的排放量是一年中其他时间的 20~100 倍（Fairlie, 2014）。废气中除了惰性气体（NRC, 2012）外，其他常见核素有 $^{131,132,133,134,135}I$、$^{82}Br$、$^{58,60}Co$、$^{134,137}Cs$、$^{51}Cr$、$^{54}Mn$、$^{95}Nb$。这些放射性核素可能会污染地表水和地下水、土壤和食品，增加人类罹患癌症等遗传疾病的风险（NRC, 2012）。

### 2.1.4 废物库和核燃料后处理

乏核燃料的管理是指将乏燃料从反应堆中开始移出，到最终在废物处置场处置结束，是核燃料循环中最重要的阶段之一（IAEA, 2012）。乏燃料管理有 2 种方式：（1）开放式，乏燃料从反应堆中取出后立即处理；（2）封闭式，燃料送到后处理厂回收 U 和 Pu 后进入新的燃料组件（核燃料循环的后端）（IAEA, 2012）。如今，乏燃料通过湿法（乏燃料池）或干法技术（金属桶和混凝土筒仓或拱顶）储存在反应堆池或独立储存装置中（IAEA, 2012）。例如，核电厂必须将乏燃料保留在现场，但累积的乏燃料量在不断增加，燃料池也不能长期储存（IAEA, 2012）。需要建立新的独立乏燃料储存设施，以满足日益增加的储存容量需求（IAEA, 2008、2012）。

核燃料后处理是一种化学处理过程，可以从乏燃料中回收可裂变锕系元素，即铀和钚同位素，并将裂变产物稳定为持久性废物（Simpson and Law, 2013）。后处理还可以减少乏燃料地质处置库的需求（Simpson and Law, 2013）。

储存库的功能是隔离废物并延缓放射性核素向地表的运输（SNCNW, 2016）。只要工程屏障和密封罐保持完好，放射性核素就不会泄漏。如果发生泄漏，意味着放射性核素已渗透工程屏障并通过地下水输送到地表，它们会先出现在污染土壤的孔隙水中，然后出现在当地的食品中，也可能排放数量非常少的气态放射性核素 $^{14}C$，主要是二氧化碳和氢（SNCNW, 2016）。迁移到地表的放射性核素受核素迁移率及水溶性的影响（SNCNW, 2016）。储存库中存放的大部分是稳定放射性核素，但到达地表的也将是它们的裂变产物（SNCNW, 2016）。如果发生泄漏，迁移到表面的放射性核素将取决于储存库中存储的时间，因为它们具有特定的半衰期。例如，如果泄漏发生在关闭后不到 100 年，则可能发生的放射性核素是 $^{14}C$、$^{129}I$、$^{137}Cs$ 和 $^{90}Sr$（SNCNW, 2016）；如果泄漏发生在关闭后 1 000 年，则可能出现的放射性核素是 $^{14}C$、$^{129}I$、$^{79}Se$ 和 $^{108m}Ag$；如果在关闭 10 000 年后发生泄漏，放射性污染主要来自 $^{129}I$ 和其他长寿命裂变产物，如 $^{79}Se$ 和 $^{59}Ni$，$^{14}C$ 仍然贡献很大（SNCNW, 2016）；100 000 年的放射性主要来自 $^{226}Ra$，它是乏燃料主要成分 $^{238}U$ 的衰变产物。$^{129}I$ 和 $^{237}Np$（SNCNW, 2016）也会有一些贡献。最重要的是，到达表面的放射性核素是溶解在水中且与颗粒结合的低的放射性核素。

## 2.2 核事故

自第二次世界大战结束以来，核电厂开始运营以来，发生了一些重大核事故。在 INES 等级中评级较高、造成较重环境污染和公众暴露的事故是 1986 年的切尔诺贝利核事故（7 级，重大事故）、2011 年的福岛核事故（7 级）和 1957 年的克什特姆核事故（6 级）。

1986 年 4 月切尔诺贝利核事故发生的核电厂，反应堆火灾持续了 10 天，导致反应堆堆芯中史无前例的大量放射性物质泄漏，对人类和环境造成严重后果（IAEA, 2001、2006）。释放的放射性物质包括 $^{131}$I、$^{137}$Cs 和其他铯同位素、$^{90}$Sr 及钚同位素（IAEA, 2006）。在欧洲造成超过 200 000 km 的 $^{137}$Cs 污染，其中受影响最严重的国家是白俄罗斯、俄罗斯和乌克兰（IAEA, 2001、2006）。放射性物质的沉积受到雨水影响，非常不均匀（IAEA, 2006 ）。在核事故发生后的最初阶段，半衰期短的放射性核素排放到大气中（其中许多已经衰变），$^{137}$Cs 成为具有最大放射学意义的放射性核素（其次是 $^{90}$Sr），特别是在农业环境和森林环境中（IAEA, 2006；SNCNW, 2016）。长远来看（数千年），重要的放射性核素是 $^{241}$Am 和钚同位素，因为它们的半衰期非常长（IAEA, 2006）。

2011 年 3 月发生的日本东部大地震造成福岛核电厂事故，大规模海啸超过了福岛第一核电厂抵御能力（IAEA, 2014）。地震和海啸导致福岛核电厂提供反应堆和乏燃料的冷却系统的电源和备用发电机普遍出现故障（IAEA, 2014），造成 6 个核反应堆中的 3 个发生爆炸和严重堆芯损坏事故，短短数天内就将大量放射性物质释放到大气环境和太平洋海域环境中（IAEA, 2014 ）。约 50 000 $hm^2$ 的区域显示辐射剂量水平高于 20 mSv/a，约 130 000 $hm^2$ 显示的辐射剂量水平 5~20 mSv/a（IAEA, 2011）。该事故导致大量 $^{131}$I、$^{137}$Cs 和 $^{134}$Cs 向大气和海洋释放，约占切尔诺贝利事故排放了这些放射性核素总排放量的 10%~20%，此外，还释放了相对少一些的氚（IAEA, 2014）。与切尔诺贝利核事故一样，由于 $^{134}$Cs 半衰期相对较短，未来 $^{137}$Cs 将成为对辐射剂量贡献最大的放射性核素（IAEA, 2014）。

Mayak 工厂是苏联建立的第一个生产和分离核武器材料 $^{239}$Pu 的工厂（Christensen et al, 1995）。自投入生产运营以来，工厂将高放射性核废料直接排放到附近的小湖泊和捷科河中（Christensen et al, 1995 ），从 1948 年到 1956 年，共有 100 PBq 的放射性核素混合物（其中 $^{90}$Sr 和 $^{137}$Cs 占总放射性的 25%）直接排放到捷科河中（Christensen et al, 1995）。自 1951 年以来，放射性废物不直接排放到捷科河中而开始送往卡拉恰伊湖（Christensen et al, 1995）。排放的主要放射性核素是 $^{90}$Sr 和 $^{137}$Cs，1990 年的总量为 4 440 PBq（Christensen et al, 1995）。1957 年，Mayak 工厂的高放核废料储存罐的冷却系统出现问题导致爆炸，污染扩散达 2 000 000 $hm^2$，来自西南的强风导致东乌拉尔放射性污染带（EURT）的形成。$^{90}$Sr 半衰期较长引起高度关注（Molchanova et al, 2014；SNCNW, 2016）。1967 年，由于夏季炎热和冬季干燥，卡拉恰伊湖的水完全蒸发，导致约 20 TBq 的放射性尘埃随风扩散，污染了与 EURT 相同区域的部分地区（Christensen et al, 1995；Molchanova et al, 2014 ），这次污染物主要是 $^{137}$Cs（Molchanova et al, 2014）。

## 2.3 核试验场

第二次世界大战结束后引发了核军备竞赛，美国、苏联、英国、法国和中国等国家在 1945 年至 1964 年间成为核大国（Schenck 和 Youmans, 2012；Prăvălie, 2014）。核武器的试验主要在“试验场”进行。一些实验场进行了数百次测试，导致严重的环境污染。在核试验场中，马绍尔群岛（美国）、新地岛试验场（苏联）、内华达试验场（美国）和塞米巴拉金斯克试验场（苏联）是最重要的试验场，每个试验场都实施了很多次的核爆炸，对环境的影响很大。在马绍尔群岛，即比基尼环礁和埃内威塔克环礁，进行了 67 次非常强大的氢弹试验，其中包括布拉沃城堡试验。该地区受到严重污染，具有高水平的放射性，海洋生态系统和土壤受到污染，不再适合农业生产（Lachner et al, 2014；Prăvălie, 2014）。污染物主要是 $^{137}Cs$（海水、泻湖沉积物和鱼类中）、$^{90}Sr$（珊瑚土壤中）、$^{239,240}Pu$ 和 $^{241}Am$（两者都主要存在于珊瑚沉积物）（Prăvălie, 2014）。新地岛试验场承担了苏联 20% 的核爆炸试验（130 次试验），也是有史以来最强大的核装置（沙皇炸弹）引爆的地点（Wendel et al, 2013；Prăvălie, 2014）。该地点进行的核试验，即“沙皇炸弹”试验（当量为 5 000 万吨）释放了大量放射性碎片，增加了平流层中人造放射性核素的存在，并造成其在全球范围的扩散（Wendel et al, 2013；Prăvălie, 2014）。放射性核素 $^{137}Cs$ 和 $^{239,240}Pu$ 是主要污染源，主要存在于海水中（Prăvălie, 2014）。全世界进行的所有核试验中有 44% 在内华达试验场进行，总共进行了 86 次大气爆炸和大约 800 次地下核试验爆炸（Zhao et al, 2011；Stone et al, 2013；Prăvălie, 2014；）。主要的环境后果是沉降物通过降雨扩散（UNSCEAR, 1993），其中包含污染土壤和生物群的其他放射性核素 $^{14}C$ 和 $^{137}Cs$（Snyder et al, 2012；Stone et al, 2013；Prăvălie, 2014）。这个试验场，地下水污染的风险也很高，主要是 $^{239,240}Pu$ 同位素，地下水的水动力学过程会增加它们的流动性，并增加到达地表的风险（Prăvălie, 2014）。地下核试验期间，放射性核素（主要是 $^{131}I$）通过通风系统至少发生了 32 次意外释放到大气（UNSCEAR, 1993）。苏联开展了占全球核试验总数 35% 比例的核试验（715 次），其中 65% 的试验（456 次）在塞米巴拉金斯克试验场进行。所有这些核爆炸中，有 110 次是大气层核爆试验，造成了土壤和水环境的严重污染（Evseeva et al, 2012；Prăvălie, 2014）。造成该场地和水体污染的放射性核素有 $^{234}U$、$^{235}U$ 和 $^{238}U$，以及主要存在于土壤和植被中的 $^{90}Sr$、$^{137}Cs$、$^{239,240}Pu$ 和 $^{241}Am$ 等核素（Carlsen et al, 2001；Kadyrzhanov et al, 2005；Yamamoto et al, 2010；Prăvălie, 2014）。中国在罗布泊进行的核试验对该区域的放射性污染也有贡献，向大气环境排放的 $^{137}Cs$、$^{106}Ru$、$^{103}Ru$、$^{141}Ce$、$^{144}Ce$，增加了环境中放射性污染水平。（Prăvălie, 2014）。

尽管一些国家已经加入了《核不扩散条约》（NPT），主要目标是限制大规模杀伤性武器的生产并避免潜在的核战争，但如今仍有一些国家在进行核试验。

## 2.4 贫铀的军事应用

贫铀（DU）是铀浓缩产品之一，由于同位素 $^{235}U$ 和 $^{234}U$ 的相对浓度较低（Bleise et al, 2003；Jiang 和 Aschner, 2009；Handley-Sidhu et al, 2010）；DU 应用广泛，然而与

军事应用相比，DU 的民用用途微不足道（Bem 和 Bou-Rabee, 2004）。由于 DU 具备的自燃性，撞击会自锐化，从而具有出色的穿透能力，用于制作穿甲弹药（Bleise et al, 2003）。此外，DU 材料也用于坦克的防护装甲（Bleise et al, 2003）。贫铀弹药在数次军事冲突被使用，主要是海湾战争（1990—1991）、波 - 黑战争（1994—1995）、科索沃战争（1999）和伊拉克战争（2003）（Burger, 2012）。在军事冲突中，DU 可以通过嵌入土壤的弹片或通过弹药发射后击中目标时产生的气溶胶进入环境（Handley-Sidhu et al, 2010）。当贫铀弹击中目标时，其质量的 10%~35% 会转化为气溶胶（Bleise et al, 2003; Jiang 和 Aschner 2009; Handley-Sidhu et al, 2010）。根据联合国环境规划署（UNEP）的报告（UNEP, 2001、2002、2003a），在塞尔维亚和黑山、波斯尼亚黑塞哥维那和科索沃发现一些土壤和水污染，由于弹药撞击装甲车辆产生的气溶胶扩散，污染从撞击目标扩散超过 100 m 的范围（UNEP,2001、2002、2003a）。此外，对土壤、空气、水和牛奶样品的分析结果显示，铀在正常范围内（UNEP, 2001、2002、2003a）。然而，正如 UNEP 报告中阐述的，存在大量地下未爆弹药的问题（UNEP, 2001、2002、2003a）。这些有可能造成地下水和地表水污染的风险，特别是在使用 DU 射击的区域（UNEP, 2001、2002、2003a）。因此，需要长期研究来准确确定 DU 在环境中的扩散。伊拉克存在被 DU 击中的废弃坦克，这些坦克仍然遗弃在以前的战场上，并且以前的战场可以不受限制地进入（UNEP, 2007）。此外，受 DU 影响的军事废物还存在不合法回收问题，这可能会影响人类健康和环境（UNEP, 2007）。据报告，海湾战争中 DU 弹药的使用不会对人类和环境造成长期危害（IAEA, 2003）。然而，UNEP 报告强调需要进行更多研究，以阐明战争期间 DU 武器的使用对环境和人类健康的影响的不确定性（UNEP, 2003b）。

## 2.5 医疗放射源的使用

放射性核素在医学中的使用非常广泛，也是一个非常成熟的领域（IAEA, 2000）。放射性核素可用于医学：（1）诊断成像（如 $^{67}$Ga、$^{111}$In、$^{201}$Tl、$^{123}$I 和 $^{131}$I）；（2）标记人体血液成分（如 $^{99m}$Tc、$^{111}$In、$^{51}$Cr、$^{59}$Fe 和 $^{125}$I）；（3）骨密度扫描仪（如 $^{241}$Am、$^{153}$Gd 或 $^{125}$I）；（4）肺气成像（如 $^{81m}$Kr、$^{133}$Xe 和 $^{99m}$Tc）；（5）直接植入或狭窄治疗（如 $^{106}$Ru、$^{192}$Ir、$^{137}$Cs、$^{198}$Au、$^{192}$Ir 和 $^{89}$Sr）；（6）远程治疗和伽马刀手术（如 $^{137}$Cs 和 $^{60}$Co）（IAEA, 2000）。放射性物质及化学和有机物的使用，总会产生废物。此类废物的管理需要从购买同位素开始，同位素使用，废物生产和废物收集与分类（IAEA, 2000）。将废物分为长寿命 / 短寿命同位素（IAEA, 2000）。长寿命同位素将经过预处理，然后在集中式废物处理设施中处理（IAEA, 2000）。短寿命同位素将储存用于裂变和控制，经过消毒、焚烧和质量控制处理，然后作为城市垃圾排放（IAEA, 2000）。所有废物管理程序都需要完全控制并以最大的安全性完成，以确保妥善处理废物以保护人类和环境（IAEA, 2000）。然而处理和使用放射源的其他领域一样，可能会发生事故，给人类和环境带来很大的污染风险。有史以来最严重的事故是使用远程治疗的 $^{137}$Cs 密封源，1985 年底，巴西戈亚尼亚的一家私立放射治疗研究所搬迁，留下一个 $^{137}$Cs 远程治疗装置，未按要求通知当局（IAEA, 1988）。不知风险情况且没有防护的处理者进行处置，导致含有高度可溶和易分散的氯化铯盐胶囊破裂，造成 4 人丧生，249 人体内或身上发现大量放射性物质（IAEA, 1988）。环境方面，需要对主要污染场地 50 $m^2$ 半径范围内的土壤和水体采取相应措施（IAEA, 1988）。事故发生时，大雨进一步将铯扩散到环境中，导致其沉积在屋顶，这是该地区房屋中剂量率最大的地方（IAEA, 1988）。

## 3 放射性污染土壤的生物修复

监管机构的任务是将这些场地的放射性污染物修复到可接受的水平。这类污染场地的修复方法已经得到广泛应用，无论原位还是异位处理的物理化学法，整个处理过程非常昂贵（Kumar et al, 2007；Groudev et al, 2010）。广泛使用的污染场地的原位浸出法，比异位管理成本低、风险更低（Groudev et al, 2010）。尽管如此，人们越来越关注微生物，主要是在放射性核素和金属污染的区域利用细菌、真菌和植物进行修复（Gadd, 2010；Prakash et al, 2013）。尽管这是一项有发展潜力的技术，但具体实施需要掌握当地微生物群落的生长、代谢、动力学和功能的因素以及污染场地的特征（Tiwari and Singh, 2014），因为环境因素 / 条件会控制微生物群落的组成和变化趋势（Williams et al, 2013）。基因组学、转录组学、蛋白质组学和代谢组学的结合为微生物群落的相互作用和污染物环境的生物修复机制提供了重要的支撑（Prakash et al, 2013）。微生物群落的基因组学、转录组学分析会提供有关过程所涉及途径的线索，并有助于推进微生物修复的改进及应用。尽管已经进行了一些研究，但大多数是在实验室进行，我们仍处于微生物复过程的早期阶段。因此，在生物修复在实际场地中全面有效地应用之前，仍需要进一步的研究，特别是复合放射性污染即放射性核素和金属污染的大面积区域。

### 3.1 生物修复：一种具有成本效益的环境友好修复技术

生物修复是一种简单且具有成本效益的过程，它利用土著微生物群落（细菌和真菌）或植物（植物修复）的自然生物降解过程来修复受污染的场地。植物修复将在下一部分进行详细描述。生物修复具有积极的环境作用，是一种环境友好的自然过程（Williams et al, 2013；Chung et al, 2014；Newsome et al, 2014）。生物修复主要用于处理有机污染物，也已经尝试其他类型污染如金属和放射性核素的修复。

微生物已开发出高效且多用途机制，我们利用即使在极端环境中也能生长的微生物进行修复。生物修复中，适当的物种、合理的数量和以及适当的环境条件，微生物一般都很好地适应并生存，充分发挥其关键作用。如上所述，细菌、真菌和植物是这一过程的主要参与者（NABIR Primer, 2003；Gadd, 2010）。有氧条件下，微生物使用氧气作为电子受体。厌氧条件下，它们使用其他底物，即硝酸盐、硫酸盐、金属和二氧化碳。因此，电子供体、营养物质、电子受体（$Fe^{3+}$、$Mn^{4+}$、$NO^{3-}$、$SO_4^{2-}$、有机化合物）和特定环境因素（pH、Eh、温度、湿度）确定微生物活性、速率和程度，从而确定污染场地的放射性核素和金属的转化。

在微生物关键酶的影响下，微生物可以通过氧化或还原来溶解金属。金属还原也可以通过与表面或微生物细胞内的反应位点结合来发生（Francis 和 Nancharaiah, 2015）。很明显，微生物群落的组成和场地的环境条件至关重要，将决定生物修复效果。

### 3.1.1 原位与异位生物修复

不同的生物修复方法可以单独使用。异位生物修复指从场地收集污染的土壤实施如土地耕作、生物堆肥、生物反应器等修复过程，原位修复指对污染场地就地处理（Elekwachi et al, 2014）。后者因为对场地的干扰小，避免了挖掘和运输，成本较低，方法可取。更重要的是，工人接触污染物的机会减少了。原位生物修复可以依赖于本地天然存在的微生物群落并且在没有任何刺激或处理的情况下发生，或者可以进行生物刺激（添加营养物质、氧气等刺激微生物修复过程）或生物强化，引入新生物进行生物转化 / 生物降解（Dixit et al, 2015）。异位修复中，污染材料移除并储存或处置在低中水平废物设施中。异位生物强化可以添加微生物和营养物质以加速和优化污染物的转化，是一个相当普遍的措施。同样，生物浸取是一种从采矿业适用的修复工艺，可以就地或异地使用。该过程涉及微生物溶解或与代谢产物相互作用，或两者兼而有之，从土壤中去除金属（Francis and Nancharaiah, 2015）。

### 3.1.2 主动修复与自然衰减

金属、非金属和放射性核素本质上的降解是不可能的。因此，已经开发一些生物技术。生物修复由于其低成本和环境友好，是当前修复污染环境的“黄金”技术。然而，它的应用取决于许多因素，必须仔细分析。大面积污染区域刺激本地微生物群落的原位自然衰减，与涉及使用物理和化学药剂的机械过程的异位处理相比具有很多优势（Harms et al, 2011）。因此，需要探索可以稳定污染物而不是消除污染物的生物处理技术的潜力。

被动修复方案，也称为自然修复 / 衰减，取决于污染物的吸附、阻滞（物理、化学和生物）和放射性衰变的自然过程。本土微生物群落改变了放射性污染物的化学状态，改变了它们的溶解度，从而改变它们的迁移性，同时对天然土壤的干扰程度很低（IAEA, 1999）。自然衰减的主要优点是减少修复废物的产生，但清理速度较慢，自然衰减并不总是减少污染物的，可能导致转化产物比原始污染物毒性更大（IAEA, 1999）。例如，在切尔诺贝利事故之后，放射性水平在最初下降后呈上升趋势（IAEA, 1999）。因此，两种方法的组合应用可能会产生更理想的结果。

### 3.1.3 生物修复与物理化学修复的优点和缺点

物理修复方法是指不改变待清洁土壤中积累的污染物的化学性质的方法。化学修复指通过氧化 / 还原、萃取、沉淀、酸碱度等方式降解污染物或诱导其物理化学性质的过程。它包括异位和原位方法（Das and Adholeya, 2012）。物理化学过程，如化学沉淀、凝结和吸附，污染区域越大修复成本越高。此外，这些工艺有一些缺点，会产生大量废物，必须进一步处理 / 回收。考虑到成本、效率和环境友好性，现在认为生物修复是污染环境修复的优先方法。此外，现场进行原位生物修复优势在于不需要挖掘和运输（Das and Adholeya, 2012）。此外，生物修复过程中，生物强化具有侵入扰动性，要将微生物添加到环境介质中；此外，生物刺激，添加养分、电子供体和受体以刺激本地微生物群，更有效地治理场地（Hazen and Tabak, 2005；Shukla et al, 2010）。然而，这些情况取决于场地所需的技术，选择合适的技术取决于以下因素：（1）生物转化污染物的程度；（2）污染物的微生物可给性；（3）全过程优化。

真菌由于其特殊的生活方式和生化能力得到广泛应用，可去除或稳定有机和无机污染物（Harms et al, 2011）。大多数真菌产生大量的胞外酶，可用作中间体和碳源，刺激降解细菌的生长和新陈代谢。因此，细菌-真菌联合应用也是一种生物修复方法，在这项技术应用之前，仍需要进一步研究（Harms et al, 2011）。至于细菌生物修复，要求微生物在有污染物存在的环境下生长、充分发挥其作用并超过其他细菌（Ruggiero et al, 2005）。因此，与物理化学过程相反，生物修复的成功需要综合考虑各种因素和条件。

## 3.2 放射性核素和金属的生物修复

放射性核素和金属不能被生物降解，但必须清除或稳定化来恢复土壤环境。生物修复金属的通常作用为络合、氧化还原、微生物浸取、生物表面活性剂、挥发和生物富集/络合。生物浸取中，特定的微生物（如氧化亚铁硫杆菌和氧化硫杆菌）起主要作用。如从矿石中提取铀的过程中 *T. ferrooxidans* 发挥着重要作用（Francis and Nancharaiah, 2015）。修复这些元素的微生物已经有成熟的修复方法，使用化学物质促进它们的生长和发育，并研发解毒机制。通过不同的机制溶解和固定化这些元素，如氧化还原反应，螯合剂（如铁载体）的合成、生物富集和生物矿化。此外，微生物可以通过与放射性核素和金属相互作用，通过还原或氧化改变它们的氧化态，增加污染物的迁移性，使其易于从环境中去除（Alexander and Loehr, 1992；Amachi et al, 2010；Francis and Nancharaiah, 2015）。

由于细菌体积小、比表面积大、易培养和环境适应性强，以及具有强大的来源储备，是污染场地生物修复的首选。

很多文献研究表明，通过培养不同种类的细菌可以对铀和金属进行生物修复（Prakash et al, 2013；Li et al, 2014）。细菌群落可能比单一细菌更有效，生活在土壤中的微生物是整个菌群在发挥重要作用。此外，基因工程的细菌菌株也证明可以有效提高生物修复能力，并且在文献中可以找到不少案例（Dash and Das, 2015；Das et al, 2016）。至于真菌，它们的菌丝具有很大的比表面积，可以从环境中吸收营养物质以及放射性核素和金属。实验室规模的真菌修复研究表明，腐生真菌可以累积和吸收放射性核素（Dighton et al, 1991、2008）。一些真菌（担子菌子体）可以矿化放射性核素并将它们转移到细胞质中，放射性核素会保留。因此，在生物修复中，微生物将有机污染物矿化成二氧化碳和水，或用作细胞生长的主要底物的代谢中间体（Dixit et al, 2015）。

## 3.3 微生物转化和固定

放射性核素和金属污染土壤的生物修复可以通过以下机制进行：生物吸附/生物富集、生物矿化、生物转化和生物浸取（Prakash et al, 2013；Dixit et al, 2015）。**生物吸附/生物富集**是目前用于放射性核素/金属污染场地的最常用和最有前途的技术之一，采用不同的生物修复固定放射性核素和有毒金属，涉及金属/放射性核素通过静电相互作用或化学反应在细胞壁、胞外聚合物和微生物的其他结构上的固定/吸附（Gadd, 2010；Tiwari and Singh, 2014；Francis and Nancharaiah, 2015）。研究表明生物吸附与pH有关，在各种真菌菌种中，生物吸附某些金属时，pH为3.0时受到抑制（Tiwari and Singh, 2014）。没有一种真菌能够积累所有金属，因此，到微生物联合体将发挥关键作用（Tiwari和Singh, 2014）。多位学者描述了放射性核素和金属的微生物富集，包括$^{137}Cs$、$^{85}Sr$和铀（Sasaki et al, 2013；Francis and Nancharaiah, 2015；Seeprasert et al, 2016）。存在不同类型的生物吸附剂，目前正在开发更多，如Joshi和其同事分离出一种土曲霉能够生物吸附Pb、Cd、Cr和Ni（Joshi et al, 2011）。另一种真菌分离物*Aspergillus flavus NA9*在生物吸附Zn过程中也很有效（Aftab et al, 2013）。此外，已从切尔诺贝利等污染地区分离出多种真菌物种，并因其在土壤中积累或生物转化放射性核素的能力而广泛用于生物修复（Dighton et al, 2008）。例如，在切尔诺贝利核事故后，蘑菇*G. glutinosus*中检测到高水平的放射性核素，能吸收和浓缩放射性$^{137}Cs$（Dighton et al, 2008）。同样，2011年福岛事故释放出大量的Cs和Sr，且仍然存在于附近的陆地生态系统中。由于微生物（真菌和细菌）活动，Cs和Sr附着在有机质上，因此可以预测Cs和Sr保留在有机土壤的表层（Yoshida et al, 2004）。事实上，Seeprasert等（2016）证明，生物和非生物系统中，土壤真菌对Cs和Sr的生物吸附和存留中起着重要作用，因为这两种元素在生物系统中的存留比在非生物系统中更大，并且是不可逆的结合（Seeprasert et al, 2016）。至于细菌，苏云金芽孢杆菌OSM29可有效去除土壤中的Cd、Cr、Cu、Pb和Ni（Oves et al, 2013）。在*Lysinibacillus sp.B1CDA*中观察到砷的积累（Rahman et al, 2014）。天然生物吸附剂的另一个例子是在Bukhovo铀矿（保加利亚），使用掺杂分散型铁剂材料的人造泥炭土从采矿水中吸附和积累铀（IAEA, 1999）。胞外聚合物（EPS）是由微生物产生的另一种生物聚合物，具有许多金属吸附位点，因此在细菌细胞中吸附金属起重要作用，可以应用于土壤修复。EPS具有许多功能性阴离子基团（羧基、磷酰基、巯基、酚基和羟基），具有阳离子交换潜力，因此可以与金属络合（Ha et al, 2010）。Zhang等（2014）发现位于福岛核事故污染区域附近的宫城县石卷市出售的土壤调节剂中存在的混合细菌群落能够吸收和积累$Cs^+$，酸碱度和温度对吸收过程有很大影响：温度（4~37 ℃）和pH（7~8）越高，$Cs^+$的吸收越高。这种富集是由$K^+$转运系统引导的，因为$Cs^+$的吸收受到$K^+$的抑制。用红球菌CS98和红球菌菌株CS402获得了类似的结果（Tomioka et al, 1995）。学者还建议，同样的方法可有效地从污染的土壤中去除$^{137}Cs$。关于放射性铯，Sasaki等进行了一项研究（2013），2011年福岛核事故后有学者在日本不同土壤中收集了蓝藻，证明*N. commune*能够积累高水平的铯（415 000 Bq/kg干重$^{134}Cs$和607 000 Bq/kg干重$^{137}Cs$）并观察到在土壤高放射性地区铯的积累浓度较高。放射性物质沉积在果冻状的多糖块中，可以很容易从环境中去除。收集的土壤样本实验研究表明，*N. commune*是放射性污染土壤生物修复的可选方案之一。然而，在这种方法实践之前，还需要进行更深入的研究。此外，嗜盐细菌的蛋白质具有高度酸性的蛋白质表面（富含酸性氨基酸），可以与金属离子如$Sr^+$和$Cs^+$相互作用，Arai等

（2015）认为这些结合位点可以通过 X 射线识别，且这些结构可以用作构建金属离子人工结合位点的支架，可以用作蛋白质特异性的环保无毒金属 - 离子吸收剂。这些蛋白质吸收剂将在植物的某些部分（根、种子和花）中异源表达，从而积累金属。尽管如此，无论收集到的信息如何多，生物吸附尚未在工业上应用（Gadd, 2009）。

沉淀过程中，微生物能够溶解金属并还原或氧化过渡金属。如细菌将有机化合物作为食物，在消化过程中将其氧化。在生物修复过程中，本地或引入的细菌发生还原，通过呼吸作用将有机物、硫化物或亚铁等作为电子供体并将电子转移到电子受体（例如放射性核素），形成较低的价态或氧化态。对于某些放射性核素，它们以更稳定、溶解度更低的形式从溶液中沉淀出来（NABIR Primer, 2003）。可溶性 U( Ⅵ ) 可以通过细菌还原为不溶性 U( Ⅳ )（Anderson et al, 2003）。至于锝，可以通过细菌将可溶性 Tc( Ⅶ ) 还原为难溶性 Tc( Ⅳ )（Lloyd et al, 2000）。硫酸盐还原菌在厌氧条件下，能够氧化有机物并将硫酸盐还原为硫化物，硫化物又与金属反应形成不溶于水的金属硫化物化合物，在金属沉淀中起着重要作用。最近发表了一篇关于微生物 - 放射性核素相互作用的研究（Newsome et al, 2014），读者可以参考。

细菌矿化能够产生配体（硫化物、磷酸盐、碳酸盐或氢氧化物），它们相互作用、固定和浓缩金属离子，最终产生小矿物质。如当细胞在磷酸甘油条件下生长，在沙雷氏菌属（以前分类为柠檬酸杆菌属）中观察到铀矿化（Pattanapipitpaisal et al, 2002）。细胞的磷酸酶能够裂解有机磷酸盐，释放的无机磷酸盐与 U( Ⅵ ) 一起作为细胞外磷酸铀酰矿物质（$HUO_2PO_4$）沉淀。

一些学者认为生物矿化是一种抗性机制，而另一些学者则认为该过程对细胞有害，因为它会阻止微生物的代谢活动（Benzerara et al, 2011）。有证据表明，在沙雷氏菌中，发现磷酸铀酰沉积在细胞壁上会“束缚”脂多糖，防止污染细胞表面（Macaskie et al, 2000）。多种研究表明土壤中能够分离出能修复放射性核素和金属即 U、Sr、Th 和 Cs 的细菌（Janssen et al，2010；Young et al，2010；Achal et al，2012；Salem et al，2012）。尽管大多数研究在实验室 / 试点规模和受控条件下有一些应用，但没有在实际场景中应用和验证。此外，在许多情况下，生物修复与其他技术（物理化学处理）相结合，可以持续很长时间（数月至数年）（Das and Adholeya, 2012），因此，尽管这项技术有很多好处，考虑到扩大修复规模的面临困难，我们还没看到它的全面应用，功效可能会受到质疑。

## 3.4 生物修复的局限性

多年来，生物修复技术的改进及其在不同领域的应用 / 尝试应用，生物修复放射性核素和金属污染土壤仍未付诸实践。发表的大多数研究都是在实验室规模上进行的，使用污染场地采集的土壤，或者是实验室污染的土壤，大部分应用仅限于单个金属 / 放射性核素的污染清除。关于实际污染场地中的多种金属、放射性核素复合污染的清除，目前尚无相关报道。

# 4 植物修复的应用与问题

植物修复可以被定义为一种基于植物的生物修复技术，通过植物提取、去除或稳定化土壤中的污染物来恢复和管理污染的土壤。植物稳定化，也称为植体外修复，通过根系吸收和积累、吸附到根部表面或在根部区域沉淀，减少污染物向地下水的浸出、风蚀传播和径流侵蚀（McGrath et al, 2002；Dushenkov, 2003；Gavrilescu et al,2009；Vangronsveld et al,2009；Lee, 2013；Sharma et al,2015）。通过植物浓缩和植物提取具有经济价值的污染物（通常是痕量金属），通过土壤 - 植物系统去除挥发性污染物（植物挥发）不是本章关注的重点，也不能应用于放射性核素污染的土壤（McGrath et al, 2002；Lee, 2013）。

近年来认为植物修复是一种更具成本效益和环境友好的方法，可以用来修复污染土壤，而不涉及大量土壤的运输、物理和化学固定（Entry et al, 1996；Ebbs et al, 1998），有严重的物理干扰（例如土壤压实和密封）的工程的方法，经常危及受影响地区的土壤的恢复功能。

1986 年切尔诺贝利核事故发生后，需要一种方法来稳定化事故造成的大面积（约 13 000 000 $km^2$）放射性沉降物污染土壤，学术界对放射性核素污染土壤的植物修复产生了兴趣（Victorova et al, 2000；Vandenhove, 2013）。欧共体（EC）资助的项目 PHYTOR，旨在评估柳树（*Salix vimialis*）固定放射性铯和锶的能力（Victorova et al, 2000）。土壤表面挖掘和物理清除适用于立即处理反应堆附近污染土壤（事故发生后，福岛核电厂附近采用了这种方法），对于大面积污染区需要一种更具成本效益的解决方案。项目的结果并不满意，从那时起，没有关于原位应用植物修复工业和 / 或天然放射性核素污染土壤的例子。因此，本节将讨论现场和实验室研究取得的进展，以及近 30 年来植物修复在修复放射性污染土壤方面应用受限的主要原因（Fesenko and Howard, 2012）。

当部分天然放射性物质（NORM），由于其半衰期长和迁移率低，它们会在土壤中持续存在，放射性核素往往会在土壤表层几厘米处累积，这一点与高浓度金属污染类似（Kato et al, 2012；Endo et al, 2013；Sugiura et al, 2016；Wang et al, 2017a）。这些放射性物质中有一些产生 α 和 β 射线，干扰钙和钾的代谢，造成 DNA 损伤，对土壤生物群落甚至人类造成严重危害（Lourenço et al, 2011、2012、2013a、2013b、2017）。理论上讲，植物提取需要植物具有较高的生物富集因子（BCF）和植物根部到地上生物质部分的转移因子（TF），能代表污染物的浓度，也可以将污染物向其他部位迁移以及通过食物网迁移，是处理放射性核素污染土壤的最佳方法（Lee et al, 2009）。该方法需要针对特定区域，并且须在两者之间取得平衡：通过植物提取恢复土壤功能和用途轻污染区域内风险，及通过植物稳定使它们稳定在植物根部附近降低放射性核素或金属的迁移，减轻扩散到污染区以外的风险，这种情况下可以实现景观恢复，但土壤污染仍存在。此外，植物稳定应优先考虑多年生植物物种，这些植物通常生长缓慢，可以额外改善土壤质量和增加土壤碳，需要更多时间获得有意义的结果，并且一些学者已证明不同树种具有累积放射性核素的能力（Acer rubrum、Liquidambar stryaciflua、Liriodendron tulipifera 和 Pinus halepensis）（Pinder et al, 1984；Huang et al, 2016）。

植物修复的有效性受大量相互关联的复杂因素影响，即土壤物理和化学特性、相关金属和放射性核素的形态，以及植物对营养物质和有毒元素的耐受性。已发表的几项研究报道了在污染场地范围内筛选超富集植物（Yamashiro et al, 2013；Kaewtubtim et al, 2017；Skoko et al, 2017）或在实验条件下快速生长物种（如农作物）（Ebbs et al, 1998；Eapen et al, 2006；Tomé et al, 2009；Smodiš et al, 2015；Singh et al, 2016；Yamashiro et al, 2013；Wang et al, 2017a、b），大棚、温室（Lasat et al, 1998；Cook et al, 2009；Tang et al, 2011）和在田间实验筛选超富集植物（Dushenkov et al, 1999）。就放射性核素而言，转移因子（TF）已用作陆生植物修复污染土壤潜力的指标，如式（8-1）所示（Kaewtubtim et al, 2017）：

$$TF=C_r/C_s \tag{8-1}$$

式中：$C_r$——植物组织中的放射性核素活度，Bq /kg 或 mg /kg；

$C_s$——土壤中的放射性核素活度，Bq /kg 或 mg /kg。

一些学者也用 TF 来描述植物从根部到枝条的迁移率，浓度比（CR）也用来代替 BCF。

事实上，选择合适的植物物种是最具挑战的任务之一，根据场地的具体情况和管理目标，需要植物对有毒元素具有超强耐受性，对贫瘠和退化的土壤具有超强耐受性，还需要具有快速生长、高生物量和抗病虫害能力（Watanabe, 1997）。绝大多数研究都集中在危险的放射性核素（$^{137}$Cs、$^{90}$Sr、$^{214}$Am、$^{226}$Ra 和 $^{238}$U）上，用稳定放射性核素替代用于实验（Wiesel et al, 2015；Wang et al, 2017a）获得了一些有益的结果，但现有数据表明，很难找到对不同放射性核素和金属具有相似富集能力的物种（Gouthu et al, 1997；Kaewtubtim et al, 2017；Wang et al, 2017a、b），因此对于污染土壤的原位植物提取策略，一直需要一种多物种协同修复的技术。带有不同生态位的不同物种的选择，即使是富集能力或转移能力弱（具有较低的根部到地上转移系数），但对污染具有超强耐受性，也有助于超富集植物群落的构建，并帮助恢复土壤功能。（Pinheiro et al, 2013；Kaewtubtim et al, 2017）（图 8-3）。

图 8-3　实验室测定窄叶白蜡树（*Fraxinus angustifolia*）的植物提取能力

Wang 等（2017a）通过在稳定同位素 $^{133}Cs$（用作 $^{137}Cs$ 的替代物）浓度分别为 400 mg/kg 和 50~1 000 μg/L 的土壤和水溶液中培养高粱（Sorghum bicolor）来测试高粱对 $^{133}Cs$ 的在受污染土壤中的生长和富集能力。在土壤中最低浓度下 BCF 值大于 1（在土壤和水培中），证明两种植物能从土壤中提取 $^{133}Cs$，最高浓度（400 mg/kg）$^{133}Cs$ 对植物有剧毒，导致株高和干重下降超过 80%。另一项研究中，Wang 等（2017b）观察到高粱（*S. bicolor*）在持续 140 天的盆栽实验中稳定处理放射性同位素 $^{88}Sr$（放射性同位素 $^{90}Sr$ 替代物），观察到土壤中 $^{88}Sr$ 浓度在 50~400 mg/kg 之间，能够促进植物长高和生物量增加。$^{88}Sr$ 茎中的积累较高，高粱的 TF 在测试浓度下分别为 0.92 和 1.29，但其 BCF 没有超过 0.39，这表明尽管该物种能够将同位素从根部转移到茎部，但不能从土壤中吸收它。此外，BCF 值随着锶浓度的增加而降低，可能是由于该核素具有毒性作用。

尽管未实施土壤盆栽实验，Eapen 等（2006）报道了一种高生物量和快速生长的陆生灌木牛角瓜（*Calotropis gigantea R.Br.*），在若干小时或数天的生长之后，具有从溶液中同时去除 $^{90}Sr$ 和 $^{137}Cs$ 的能力。在经过 168 h 的培育后，该植物能分别去除了 99% 和 41% 的 $^{90}Sr$ 和 $^{137}Cs$。此外，同一植物物种在暴露 15 天后，主要在根部富集放射性元素，能够去除低放核废物（LLNW）中 99% 的放射性核素。在根部优先富集的同时，这种植物物种还产生乳胶，可能有助于减少食草动物通过食物链污染，使该物种在植物修复放射性核素污染的土壤方面具有很高潜力。在污染场地，Sugiura 等（2016）在位于福岛第一核电站东北 37 km 的川崎福岛县比较了 5 种落叶乔木（日本人参木 *Chengiopanax sciadophylloids*、山楂叶枫 *Acer crataegifolium*、枹栎 *Quercus serrata*、庐山梣 *Fraxinus sieboldiana* 和大柄冬青 *Ilex macropoda*），发现了对放射性核素具有超富集能力的日本人参木（*C. sciadophylloids*），特别是核素能富集在植物的叶片中，说明该植物具有将放射性核素转移到叶片的能力。作者用重要的植物特征来证明这种差异是合理的，如日本人参木（*C. sciadophylloids*）在土壤表层根的水平展开能力使 $^{137}Cs$ 趋于固定化。作者还提出了其他因素来解释物种之间的差异，如 Cs 转运蛋白的表达，与钾相同，利用菌根真菌在根部固定。Yamashiro 等（2013）分析了福岛县 Iatate-mura 地区稻田和旱田中生长的 99 种野生植物，旨在了解如何处理该地区生长的杂草，以及从土壤中提取放射性铯（$^{134}Cs$ 和 $^{137}Cs$）的植物候选者。稻田植物的 TF 最高（0.703），当分析在两个田地中普遍生长的植物物种时不超过 1。田地之间的差异表明土壤特性与植物吸收放射性铯的相关性（如 pH、可交换态 $K^+$、有机物、CEC），但作者并未分析此类差异。同样，Skoko 等（2017 年）在克罗地亚卡斯特拉湾的一个燃煤热电装置的处置场，研究了煤灰渣（CAS）中的一些天然放射性核素（U、U、Th、高活度的 Ra，Pb 和 K），与对照场地相比，仅 $^{226}Ra$ 转移到现场生长的植物组织中，并有显著高活度。CAS 的风化（pH 低于预期但仍呈碱性，以及低电导率）和放射性核素的潜在低可用性可能是发现的植物低浓度比（CR）的原因。然而，在 CR 值和 CAS 理化性质之间没有发现统计学上的显著关系。

事实上，不同的学者已经讨论了不同的介质 / 土壤特性在植物富集放射性核素中的作用，并且数据表明，最好的植物提取方案取决于植物物种、放射性核素和土壤性质。例如，Tomé 等（2009）观察到在所测试的 pH 为 5.0、6.7 和 8.0 时，向日葵在将

$^{238}U$ 从溶液转移到根中的效率更高，并且在不同 pH 下获得了每个物种的最高转移因子值（向日葵为 8 和芥菜 6.7）。在 $^{226}Ra$ 和在芥菜富集实验中观察到相同的趋势，但考虑到向日葵，放射性元素在酸性 pH 下更容易富集。不考虑 pH 的影响，作者也认为植物生理特征在发挥作用，由于两种放射性同位素在 pH 6.7 时具有不同的形态，因此芥菜必须具有不同的吸收行为。植物产生的特定分泌物可能会形成两种放射性核素的络合物，可能有利于某些植物的吸收（Tomé et al, 2009）。Ebbs 等的另一项研究（1998）在水培条件下进行，将铀从根部转移到豌豆芽，假设酸性 pH 为 5.0 有利于这一过程，因为铀酰阳离子在溶液中占主导地位。与之前的研究类似，植物的根部对铀的吸收 / 吸附在 pH 为 6 和 8 时较高。这些学者还报道了菜豆和甜菜具有富集铀的能力。与许多其他单子叶和双子叶作物相比。Smodiš 等（2015）发现大白菜 [*B. rapa* L. subsp. *pekinensis*（Lour.）] 土壤阳离子交换量与 $^{238}U$ 和 $^{226}Ra$ 活度呈显著相关性，当植物暴露于铀矿尾矿污染的土壤时，$^{238}U$ 和 $^{226}Ra$ 活度与土壤中可利用的 $K_2O$、有机质、有机碳、总氮和 C/N 比呈显著负相关性。然而，这些学者报道的 $^{238}U$ 的富集率仅为同一类植物物种富集率的 3.33%，这些结果归因于土壤特性，从而强调需要理解在实际受污染土壤中天然放射性核素从土壤到植物的迁移过程。污染土壤中天然放射性核素从土壤到植物转移的必要性。据报道 $^{226}Ra$ 的 CR 值最高。

在核电厂以南 10 km 处的切尔诺贝利西北边界进行田间试验，筛选了苋菜（*Amaranth species*），芥菜［*Brassica juncea*（L.）］、印度芥菜［Czern.（Indian mustard）］、玉米［*Zea mays* L.（corn）］，豌豆［*Pisum sativum* L.（peas）］、向日葵［*Helianthus annuus* L.（sunflower）］、洋姜［*H. tuberosus*（Jerusalem artichoke）］、菊芋［*H. tuberosus* L.］和向日葵 X *H. annuus* 等物种，Dushenkov 等（1999）发现反枝苋葡萄酒菌（*A. retroflexus*）cvs aureus 和 PT-95 菌株是唯一的生物累积系数大于 1、生物质产量高且能富集 $^{137}Cs$ 的菌种，特别是在其根部。然而，上述学者指出，从切尔诺贝利核事故影响的地区的土壤中植物提取 $^{137}Cs$ 存在的主要限制因素，即大部分 $^{137}Cs$ 放射性核素沉积在地面表层 5 cm 的土壤，在这里核素逐步结合到矿物质的晶体结构中，植物无法利用。为了克服这一限制，已经测试了几种土壤改良解决方案，通过改变土壤性质或提供螯合剂和萃取剂来增加放射性核素植物可利用性（Dushenkov et al, 1999；Wang et al, 2017），以及促进它们从根部到芽部的移动（Singh et al, 2016）。一些研究提供了水培和土壤实验的结果（Singh et al, 2016 ），对于相同的植物，先前实验的局限性在于许多因素没有考虑，包括土壤中放射性核素较低的生物有效性（添加了放射性核素溶液），这部分植物免受这些核素的毒性影响，增加生物量，有助于降低 CR 和 TF 值。绝大多数实验室研究还集中在植物提取单个放射性核素上，但它们在自然条件下不会单独存在，因此必须研究植物潜在协同或拮抗作用，以及吸收过程中的竞争性相互作用。Huang 等（2016）测试来自亚洲地区的多年生草本植物 *Sedum alfredii* Hance 的幼苗从溶液中提取 U 和钍（Th），研究结果表明，Th 在低浓度下会刺激植物的生长（通过一种激素效应）并随后促进 U 吸收，但随着 U 和 Th 浓度的增加，植物对 U 的吸收减少，可能是 Th 引起 U 从细胞壁向细胞器中转移过程促进了细胞损伤造成的结果。

## 4.1 化学辅助植物提取

植物会释放根系分泌物（多糖、氨基酸、肽、蛋白质和有机酸），以降低根际 pH 和提高金属的溶解度（Sharma et al, 2015；Wiszniewska et al, 2016）。因此几种人工和天然存在的有机酸已被测试用来帮助植物从土壤中提取放射性核素。螯合剂可防止土壤中放射性核素沉淀和吸附，提高植物吸收的生物有效性，有助于通过隔离植物细胞液泡或刺激丛枝菌根真菌的生长减轻毒性（Sharma et al, 2015）。Singh 等（2016）在添加了 $^{239}Pu$ 的土壤中种植香根草（*V.zizanioides*）30 天后，观察到土壤中这种放射性核素活度降低的效率非常低的水平（仅 7%），添加柠檬酸和螯合物二亚乙基三胺五乙酸（DTPA）后分别增加了 15% 和 28%。DTPA 增加 $^{239}Pu$ 从根部到 *V. zizanioides* 枝条的转运作用，在水培和土壤条件下转移率分别为 80.4% 和 55.4%。优先选用无毒且土壤微生物群落易降解的天然螯合剂。然而，Singh 等（2016）开展研究表明天然螯合剂的效率低于人工螯合剂，土壤微生物将天然螯合剂用作基质可能是原因之一。Singh 等（2005）研究表明（土壤实验中 3.8 天和 7.5 天，取决于施用剂量）微生物会产生氨基羧酸乙二胺二丁二酸盐（EDDS），天然螯合剂在现场应用中，可能会对土壤特性产生不可预测的后果。然而，它短暂的半衰期确保施用结束后污染物不会继续迁移，不会对土壤微生物群落、地表水和含水层构成风险。Ramsar（Iran）、Nezami 等（2016）也证实天然高水平放射性核素（$^{226}Ra$）土壤添加草酸和柠檬酸可增加玉米提取 $^{226}Ra$ 的效率。尽管两种有机酸都显著降低了土壤的 pH（有机酸≥10 mmol，持续 10 天），天然土壤中生长 17 天的植物的最大吸收量为当柠檬酸和草酸分别添加到土壤灌溉水中时，吸收率分别为 6.3% 和 6%，投加的柠檬酸和草酸浓度为 100 mmol。天然土壤中，只有 4.21% 的 $^{226}Ra$ 在土壤中是以可交换态存在的，与碳酸盐结合态、Fe/Mn 氧化物结合态、有机物结合态一起，是最大百分比的不可利用态，是最大的不可用百分比，并且向土壤中添加弱有机酸不能改变这种情况，限制了放射性核素植物提取技术的应用。

最佳螯合剂的选择非常复杂，因为它的螯合效率取决于不同土壤因素和植物生理特性的相互作用，因此需要针对每种特定情况进行测试。Tomé 等（2009）在植物吸收 $^{238}U$ 和 $^{226}Ra$ 方面，磷酸盐的存在和不同 pH 条件下，加入乙二胺四乙酸（EDTA）和柠檬酸观察到向日葵（*H.annuus*）和芥菜（*B.juncea*）的不同的和高度变化的行为。但尽管如此，作者最后得出结论，在植物从土壤提取这两种放射性核素方面，这两种螯合剂均不能有效提高上述两个物种的效果。

另一种策略可以提高土壤特性或种植条件（如土壤肥力、土壤水分和 $CO_2$）以增加植物生物量并提高放射性核素的吸收（Cook et al, 2009；Tomé et al, 2009；Tang et al, 2011）。在贫瘠土壤中添加氮的施肥，通过刺激植物和根系生长来增加植物对放射性核素的吸收（Entry et al, 1996）。然而，一些土壤中的主要养分，如磷酸盐可能会降低植物对放射性核素的吸收。通过营养溶液添加磷酸盐减少向日葵对 $^{238}U$ 的吸收，但芥菜不受影响。学者认为可能是磷酸盐导致了 $^{238}U$ 的沉淀，导致可利用性降低，物种之间吸收机制的差异可能是芥菜具有创纪录的最高转移因子（TF）的原因。在没有磷酸盐的情况下向日葵是一种更好的植物提取物种，能够促进放射性核素从根部转移到枝条。

Cook 等（2009）还观察到，在土壤存在高浓度铯（以 CsCl 形式添加）情况下，增加土壤肥料和土壤水分（最大土壤持水量的 35% 和 70%）提高了 4 种草的生物量，但它们的枝条中 Cs 浓度没有显著变化。一些主要土壤元素作为共同运输机制的竞争者（例如 $K^+$ 和 Cs 之间），需要仔细评估每个污染场地的土壤特性。由于钾是植物的常量营养素，当 $K^+$ 增加时，对 Cs 的吸收会减少（Zhu and Smolders, 2000）。

Ebbs 等（1998）还呼吁注意螯合剂的长期影响，它们在短期内可以产生有益影响，但长远来看，螯合剂会改变污染物可利用性。这些学者观察到柠檬酸对豌豆芽中 U 的积累有显著的影响，损害了乙二胺三乙酸三钠盐（HEDTA），但学者强调指出，柠檬酸的生物降解或土壤中柠檬酸的光解，可能会产生一种新的铀化物（三氧化二铀），它比土壤中的原始形态毒性更高。此外，在土壤中添加螯合剂也有助于提高污染物的迁移性，也有助于提高渗透性而流失的养分，使土壤变得不那么肥沃，并且中长期内不利于植物的生长。Tang 等（2011）在大棚中进行实验观察到增加 $CO_2$ 提高美州商陆（*Phytolacca Americana*）和紫穗苋（*Amaranthus cruentus*）的生长量从而提高从土壤中吸收 Cs 含量。

## 4.2 从枝菌根真菌辅助植物修复

已经探索了植物根系与丛枝菌根真菌（AMF）之间的共生关系，可以改善植物提取或植物稳定的性能，同时减轻植物放射性核素的毒害作用以及病原体抗性（Huang et al, 2016）。AMF 增加了植物根系生物量，帮助植物获得更多的养分和水分，而真菌则通过从植物中吸收糖分而受益（Entry et al, 1996）。接种 AFM 可以增加植物获取养分同时增加吸收放射性核素的能力，因为 AMF 能够在通过多磷酸盐颗粒中沉淀、细胞壁中吸附以及配体分泌物螯合作用处理金属和放射性核素（Sharma et al, 2015）。研究结果集中在根系接种 AMF 的效果，吸收放射性核素的变化结果并不一致。Wiesel 等（2015）研究表明植物与 AMF 之间共生的抑制是另一种可能的解释。这些学者记录在非常低浓度的 Cs（3.13 μg/k 稳定的 $^{133}CsCO_3$），苜蓿、根菌定植的频率和强度（%）以及丛枝的丰度也会降低。根内根孢囊霉（*R. intraradices*）影响不同 Cs 浓度的植物根和芽中 Cs 含量高达 78.1 μg/kg。Vinichuk 等（2013）还评估了在不同类型土壤（粉质黏土、壤质和壤质沙土）中 4 种植物（黄瓜、黑麦草、向日葵和藜麦）接种 AMF 摩西球囊霉对 $^{137}Cs$ 吸收，AMF 接种量因土壤类型而异，但土壤之间没有明确的模式。同样，植物对 $^{137}Cs$ 的吸收由不同土壤类型决定，在肥沃土壤中接种 AMF 的植物具有高 CR 值，可能是由于这种土壤最有利。在壤质沙土中 CR 值高出 4 倍。AMF 对向日葵吸收放射性核素的能力影响最大，无论土壤类型和 AMF 接种量，黄瓜是最有效的。Huang 等（2016）观察到黑松（*P. halepense*）接种 AMF、摩西球囊霉和地表球囊霉（*G. versiforme*）（分别有 52% 和 61% 的成功率）显著增大了根和叶的 CR 因子以及 Cs 的转移因子，与以往研究相反。虽然 *P. halepense* 本身是一种潜在的 Cs 提取植物，接种 2 种 AMF 菌种，可以通过提高单脱氢抗坏血酸（MDHAR）、抗坏血酸脱氢还原酶（DHAR）活性来增加抗坏血酸（AsA）的产生，MDHAR 和 DHAR 能氧化 AsA 中的脱氢抗坏血酸（DHA）。因此，AMF 能够保护 *P. halepense* 免受 Cs 的毒性，同时增加 Cs 吸收及其转移到叶子的能力。虽然增加了该物种对植物稳定的研究热情，但没有讨论这种高度转移的解毒的额机制。Chen 等（2005b）证明 AMF 可能有助于固定植物根部的放射性核素，通过由两个隔间组成的实验系统，其中一个由两种不同尺寸（20 μm 或 650 μm）的尼龙网隔开，装有铀污染土壤，仅允许 AMF 根内球囊霉（*G. intraradices*）的菌丝或蒺藜苜蓿的根和菌丝通过，结论是，通过路径吸收的 U 比 AMF 途径吸收的 U 更容易转移到枝条，因为真菌结构能固定 U。一经证实，这种共生对于稳定植物根部放射性核素将非常有趣。在另一项用大麦植物（Hordeum vulgare）的两种突变体研究中，Chen 等（2005a、2008）证实 AMF 再次减少了放射性核素在植物中植物从根部到枝条的转移，土壤施磷可能刺激或损害植物根部的 U 积累，具体取决于土壤（Chen et al, 2005a）但也影响 AMF（2008）。Dupré de Boulois 等（2008）的研究再次证实，AMF 接种的有效性和成功率还取决于根部形态和周围环境。

## 5 结论

由于放射性污染场地数量庞大，造成生物种群和人类长期暴露风险，需要采取适当方法降低风险。考虑所需的物资和成本，传统的修复方法令人望而却步，因此，需要更环境友好的方法恢复某些用途的区域，放射性污染场地的生物修复认为是最有潜力的解决方案。抛开该技术应用中被提倡的所有优点外，该技术适用于受控条件下并需要长期管控的小型场地的清洁去污。显然由于核事故造成 $^{137}$Cs 的大面积分布，生物修复技术不适用于核事故（例如切尔诺贝利和福岛）后的场地恢复。事实上，生物修复仅研究微生物的活动，目前为止还没有实际应用。迄今为止已经进行了一些研究，与其他方法结合使用，在该技术实际应用之前，仍需要进一步的研究。此外，由于对涉及不同微生物的相互作用、遗传学和基因组水平特征、所涉及的代谢途径及其动力学不完全了解，这项技术的研究目前仍然受到阻碍，无法对这些过程进行建模和预测，因此在开发和田间规模应用自然生物修复过程方面存在巨大困难。此外，为了更好的改进生物修复，应该观察和维持实验环境的稳定条件整个过程在露天条件下实施时，不断变化的天气条件使观察和保持稳定的环境条件变得更加困难。因此，在不忽视这项技术的潜在应用的情况下，生物修复可以在中小尺度实验生态系统中开展应用，在该系统内可以建立野外现场研究和高度受控实验室环境下研究之间联系。

至于植物修复的应用，尽管在放射性废物污染场地的植物修复方面取得的进展明显很少，但多项研究收集了很多信息，需要将这些信息系统化并用于开发整合场地特定条件（例如土壤特性、主要放射性核素、气候、降低土壤中放射性核素迁移的管理措施）植物物种生理特征和潜在的 AMF 共生体作为变量的模型，以支持为每个场地设计个性化的植物修复方法，以便更好地识别数据差距。此外，必须为野外现场研究投入经费，因为在复杂现场条件下，在实验室获得大部分满意结果，在环境更复杂的原位场地上却难以被证实，更令人担忧的是，与许多学者的主张相反，从污染地区（即使对于那些放射性核素浓度低的地区）植物提取放射性核素可能不是能在大面积污染区域推广应用的好方法。IAEA（Fesenko and Howard, 2012）所强调的，如果应用，将产生大量富含放射性核素的生物质，这些生物质必须视同于放射性材料，必须妥善处理，因此会产生额外的成本和复杂的管理。这种情况下，应将重点放在利用植物微生物共生关系的植物稳定化技术上。

致谢：葡萄牙科学技术基金会（FCT）通过国家基金（葡萄牙科学和教育部）博士后项目向 Joana Lourenço 资助（SFRH/BPD/92554/2013）。这项工作还得到了战略资金 UID/Multi/04423/2013（C Ⅱ MAR）和 UID/AMB/50017/2013（CESAM）、FCT 和欧洲区域 PT2020 合作协议发展基金（ERDF）的支持。

## 参考文献

Achal V, Pan X, Zhang D. (2012). Bioremediation of strontium (Sr) contaminated aquifer quartz sand based on carbonate precipitation induced by Sr resistant Halomonas sp. Chemosphere, 89:764-768.

Aftab K, Akhtar K, Jabbar A, et al. (2013). Physico-chemical study for zinc removal and recovery onto native/chemically modified Aspergillus flavus NA9 from industrial effluent. Water Res, 47:4 238-4 246.

Aleksakhin R M. (2009). Radioactive contamination as a type of soil degradation. Euras Soil Sci, 42:1 386-1 396.

Alexander M, Loehr R C. (1992). Bioremediation review. Science, 258:874.

Amachi S, Minami K, Miyasaka I, et al. (2010). Ability of anaerobic microorganisms to associate with iodine: $^{125}$I tracer experiments using laboratory strains and enriched microbial communities from subsurface formation water. Chemosphere, 79:349-354.

Anderson R T, Vrionis H A, Ortiz-Bernad I, et al. (2003). Stimulating the in situ activity of Geobacter species to remove uranium from the groundwater of a uranium-contaminated aquifer. Appl Environ Microbiol, 69:5 884-5 891.

Arai S, Yonezawa Y, Okazaki N, et al. (2015). Structure of a highly acidic β-lactamase from the moderate halophile Chromohalobacter sp. 560 and the discovery of a $Cs^+$— selective binding site. Acta Crystallogr Sect D Biol Crystallogr, 71:541-554.

Bem H, Bou-Rabee F. (2004). Environmental and health consequences of depleted uranium use in the 1991 Gulf War. Environ Int, 30:123-134.

Benzerara K, Miot J, Morin G, et al. (2011). Significance,mechanisms and environmental implications of microbial biomineralization. Comptes Rendus Geosci, 343:160-167.

Bleise A, Danesi P R, Burkart W. (2003). Properties, use and health effects of depleted uranium (DU):a general overview. J Environ Radioact, 64:93-112.

Burger M. (2012). The risks of depleted uranium contamination in post-conflict countries: Findings and lessons learned from UNEP field assessments. Assess Restoring Nat Resour

Post-conflict Peacebuil, 5:163.

Carlsen T M, Peterson L E, Ulsh B A, et al. (2001). Radionuclide contamination at Kazakhstan's Semipalatinsk test site: Implications on human and ecological health. Hum Ecol Risk Assess An Int J, 7:943-955.

Carvalho F, Madruga M, Reis M, et al. (2007). Radioactivity in the environment around past radium and uranium mining sites of Portugal. J Environ Radioact, 96:39-46.

Chen B, Jakobsen I, Roos P, et al. (2005a). Effects of the mycorrhizal fungus Glomus intraradices on uranium uptake and accumulation by Medicago truncatula L. from uraniumcontaminated soil. Plant Soil, 275:349-359.

Chen B, Zhu Y G, Zhang X, et al. (2005b). The influence of mycorrhiza on uranium and phosphorus uptake by barley plants from a field-contaminated soil. Environ Sci Pollut Res Int, 12:325-331.

Chen B, Roos P, Zhu Y G, et al. (2008). Arbuscular mycorrhizas contribute to phytostabilization of uranium in uranium mining tailings. J Environ Radioact, 99:801-810.

Christensen G C, Malyshev S V, Salbu B, et al. (1995). Radioactive contamination in the environment of the nuclear enterprise Mayak, PA. Results from the joint Russian-Norwegian field work in 1994. The nuclear enterprise Mayak, PA. In: International conference on environmental radioactivity in the Arctic: 21-25.

Chung A P, Sousa T, Pereira A, et al. (2014). Microorganisms - tools for bioremediation of uranium contaminated environments. Proc Earth Planet Sci, 8:53-58.

Cook L L, Inouye R S, McGonigle T P. (2009). Evaluation of four grasses for use in phytoremediation of Cs-contaminated arid land soil. Plant Soil, 324:169-184.

Das M, Adholeya A. (2012). Role of microorganisms in remediation of contaminated soil. In:Satyanarayana T, Johri BN (eds). Microorganisms in environmental management: microbes and environment. Springer, Dordrecht: 81-111.

Das S, Dash H R, Chakraborty J. (2016). Genetic basis and importance of metal resistant genes in bacteria for bioremediation of contaminated environments with toxic metal pollutants. Appl Microbiol Biotechnol, 100:2 967-2 984.

Dash H R, Das S. (2015). Bioremediation of inorganic mercury through volatilization and biosorption by transgenic Bacillus cereus BW-03(pPW-05). Int Biodeterior Biodeg, 103:179-185.

Dighton J, Clint G M, Poskitt J. (1991). Uptake and accumulation of 137Cs by upland grassland soil fungi: a potential pool of Cs immobilization. Mycol Res, 95:1 052-1 056.

Dighton J, Tugay T, Zhdanova N. (2008). Fungi and ionizing radiation from radionuclides. FEMS Microbiol Lett, 281:109-120.

Dixit R, Wasiullah E, Malaviya D, et al. (2015). Bioremediation of heavy metals from soil and aquatic environment: an overview of principles and criteria of fundamental processes. Sustainability, 7:2 189-2 212.

Dupré de Boulois H, Joner E J, Leyval C, et al. (2008). Impact of arbuscular mycorrhizal fungi on uranium accumulation by plants. J Environ Radioact, 99:775-784.

Dushenkov S. (2003). Trends in phytoremediation of radionuclides. Plant Soil, 249:167-175.

Dushenkov S, Mikheev A, Prokhnevsky A, et al. (1999). Phytoremediation of radiocesium-contaminated soil in the vicinity of Chernobyl, Ukraine. Environ Sci Techno l,33:469-475.

Eapen S, Singh S, Thorat V, et al. (2006). Phytoremediation of radiostrontium ($^{90}$Sr) and radiocesium ($^{137}$Cs) using giant milky weed (Calotropis giganteaR.Br.) plants. Chemosphere, 65:2 071-2 073.

Ebbs S D, Brady D J, Kochian L V. (1998). Role of uranium speciation in the uptake and translocation of uranium by plants. J Exp Bot, 49:1 183-1 190.

Elekwachi C, Andresen J, Hodgman T C. (2014). Global use of bioremediation technologies for decontamination of ecosystems. J Biorem Biodegrad, 5:1-9.

Endo S, Kajimoto T, Shizuma K. (2013). Paddy-field contamination with $^{134}$Cs and $^{137}$Cs due to Fukushima Dai-ichi Nuclear Power Plant accident and soil-to-rice transfer coefficients. J Environ Radioact ,116:59-64.

Entry J A, Vance N C, Hamilton M A, et al. (1996). Phytoremediation of soil contaminated with low concentrations of radionuclides. Water Air Soil Pollut, 88:167-176.

Evrard O, Chartin C, Onda Y, et al. (2014). Renewed soil erosion and remobilisation of radioactive sediment in Fukushima coastal rivers after the 2013 Typhoons. Sci Rep, 4:4574.

Evseeva T, Belykh E, Geras'kin S, et al. (2012). Estimation of radioactive contamination of soils from the "Balapan" and the "Experimental field" technical areas of the Semipalatinsk nuclear test site. J Environ Radioact, 109:52-59.

Fairlie I. (2014). A hypothesis to explain childhood cancers near nuclear power plants. J Environ Radioact, 133:10-17.

Fesenko S, Howard B J. (2012). Guidelines for remediation strategies to reduce the radiological consequences of environmental contamination. International Atomic Energy Agency, Vienna.

Francis A J, Nancharaiah Y V. (2015). In situ and ex situ bioremediation of radionuclidecontaminated soils at nuclear and norm sites. In: Velzen Leo van BT (ed). Environmental remediation and restoration of contaminated nuclear and norm sites, in: Woodhead Publishing Series in Energy. Woodhead Publishing, Cambridge: 185-236.

Gadd G M. (2009). Biosorption: critical review of scientific rationale, environmental importance and significance for pollution treatment. J Chem Technol Biotechnol, 84:13-28.

Gadd G M. (2010). Metals, minerals and microbes: geomicrobiology and bioremediation. Microbiology, 156:609-643.

Gavrilescu M, Pavel L V, Cretescu I. (2009). Characterization and remediation of soils contaminated with uranium. J Hazard Mater, 163:475-510.

Gouthu S, Arie T, Ambe S, et al. (1997). Screening of plant species for comparative uptake abilities of radioactive Co, Rb, Sr and Cs from soil. J Radioanal Nucl Chem, 22:247-251.

Groudev S, Spasova I, Nicolova M, et al. (2010). In situ bioremediation of contaminated soils in uranium deposits. Hydrometallurgy, 104:518-523.

Ha J, Gélabert A, Spormann A M, et al. (2010). Role of extracellular polymeric substances in metal ion complexation on Shewanella oneidensis: Batch uptake, thermodynamic modeling,ATR-FTIR, and EXAFS study. Geochim Cosmochim Acta, 74:1-15.

Handley-Sidhu S, Keith-Roach M J, Lloyd J R, et al. (2010). A review of the environmental corrosion, fate and bioavailability of munitions grade depleted uranium. Sci Total Environ, 408:5 690-5 700.

Harms H, Schlosser D, Wick L Y. (2011). Untapped potential: exploiting fungi in bioremediation of hazardous chemicals. Nat Rev Micro, 9:177-192.

Hazen T C, Tabak H H. (2005). Developments in bioremediation of soils and sediments polluted with metals and radionuclides: 2. Field research on bioremediation of metals and radionuclides. Rev Environ Sci Bio/Technol, 4:157-183.

Huang R H, Lu Y M, Yang H L, et al. (2016). Effects of arbuscular mycorrhizal fungi on caesium accumulation and the ascorbate-glutathione cycle of Sorghum halepense. Sci Asia, 42:323-331.

IAEA. (1988). The radiological accidents in Goiania, Vienna.

IAEA. (1996). Health and environmental aspects of nuclear fuel cycle facilities p /r\, nuclear fuel cycle and materials section. International Atomic Energy Agency, Vienna.

IAEA. (1999). Technologies for Remediation of Radioactively Contaminated Sites, Vienna.

IAEA. (2000). Management of radioactive waste from the use of radionuclides in medicine, Vienna.

IAEA. (2001). Present and future environmental impact of the Chernoby, Vienna.

IAEA. (2002a). Monitoring and surveillance of residues from the mining and milling of uranium and thorium, Vienna. IAEA.

IAEA. (2002b). Environmental aspects based on operational performance of nuclear fuel fabrication facilities, Nuclear Fuel Cycle and Materials Section, International Atomic Energy Agency,Vienna.

IAEA. (2003). Radiological Conditions in Areas of Kuwait with Residues of Depleted Uranium,Vienna.

IAEA. (2005). Environmental contamination from uranium production facilities and their remediation.In: Proceedings of an international work held on Lisbon, Portugal. 11-13 February 2004.

IAEA. (2006). Environmental Consequences of the Chernobyl Accident and their Remediation:Twenty Years of Experience, Vienna.

IAEA. (2008). Spent fuel reprocessing options. International Atomic Energy Agency, Vienna.

IAEA. (2009). Establishment of uranium mining and processing operations in the context of sustainable development. International Atomic Energy Agency, Vienna.

IAEA. (2010). Best practice in environmental management of uranium mining. International Atomic Energy Agency, Vienna.

IAEA. (2011). International mission on remediation of large contaminated areas off-site Fukushima Daiichi Nuclear Power Plant - final report, Vienna.

IAEA. (2012). Efficient water management in water cooled reactors. In: IAEA nuclear energy series no. NP-T-2.6, Vienna.

IAEA. (2014). Radiation protection after the Fukushima Daiichi Accident: promoting confidence and understanding, Vienna.

IAEA. (2017). General distribution international status and prospects for nuclear power.

Janssen P J, Van Houdt R, Moors H, et al. (2010). The complete genome sequence of Cupriavidus metallidurans strain CH34, a master survivalist in harsh and anthropogenic environments. PLoS One, 5:e10433.

Jiang G C T, Aschner M. (2009). Depleted uranium. In: Handbook of toxicology of chemical warfare agents. Academic, Amsterdam: 393-406.

Joshi P K, Swarup A, Maheshwari S, et al. (2011). Bioremediation of heavy metals in liquid media through fungi isolated from contaminated sources. Ind J Microbiol, 51:482-487.

Kadyrzhanov K K, Khazhekber S, Solodukhin V P, et al. (2005). Plutonium at the Semipalatinsk Nuclear Test Site (SNTS). J Radioanal Nucl Chem, 263:229-234.

Kaewtubtim P, Meeinkuirt W, Seepom S, et al. (2017). Radionuclide ((226)Ra, (232)Th, (40) K)accumulation among plant species in mangrove ecosystems of Pattani Bay, Thailand. Mar Pollut Bull, 115:391-400.

Kato H, Onda Y, Teramage M. (2012). Depth distribution of $^{137}$Cs, $^{134}$Cs, and $^{131}$I in soil profile after Fukushima Dai-ichi Nuclear Power Plant accident. J Environ Radioact, 111:59-64.

Kumar R, Singh S, Singh O V. (2007). Bioremediation of radionuclides: Emerging technologies. Omi A J Integr Biol, 11:295-304.

Lachner J, Christl M, Alfimov V, et al. (2014). $^{41}$Ca, $^{14}$C and $^{10}$Be concentrations in coral sand from the Bikini atoll. J Environ Radioact, 129:68-72.

Lasat M M, Fuhrmann M, Ebbs S D, et al. (1998). Phytoremediation of a radiocesium-contaminated soil: Evaluation of cesium-137 bioaccumulation in the shoots of three plant species. J Environ Qual, 27:165-169.

Lee J H. (2013). An overview of phytoremediation as a potentially promising technology for environmental pollution control. Biotechnol Bioprocess Eng, 18:431-439.

Lee S H, Kim E Y, Hyun S, et al. (2009). Metal availability in heavy metal-contaminated open burning and open detonation soil: Assessment using soil enzymes, earthworms, and chemical extractions. J Hazard Mater, 170:382-388.

Li X, Ding C, Liao J, et al. (2014). Biosorption of uranium on Bacillus sp. dwc-2: preliminary investigation on mechanism. J Environ Radioact, 135:6-12.

Lloyd J R, Sole V A, Van Praagh C V, et al. (2000). Direct and Fe(Ⅱ)-mediated reduction of technetium by Fe(Ⅲ)-reducing bacteria. Appl Environ Microbiol, 66:3 743-3 749.

Lourenço J, Pereira R O, Silva A C, et al. (2011). Genotoxic endpoints in the earthworms sub-lethal assay to evaluate natural soils contaminated by metals and radionuclides. J Hazard Mater, 186:788-795.

Lourenço J, Pereira R, Silva A, et al. (2012). Evaluation of the sensitivity of genotoxicity and cytotoxicity endpoints in earthworms exposed in situ to uranium mining wastes. Ecotoxicol Environ Saf, 75:46-54.

Lourenço J, Pereira R, Gonçalves F, et al. (2013a). Metal bioaccumulation, genotoxicity and gene expression in the European wood mouse (*Apodemus sylvaticus*) inhabiting an abandoned uranium mining area. Sci Total Environ, 443:673-680.

Lourenço J, Pereira R, Pinto F, et al. (2013b). Biomonitoring a human population inhabiting nearby a deactivated uranium mine. Toxicology, 305:89-98.

Lourenço J, Mendo S, Pereira R (2016). Radioactively contaminated areas: Bioindicator species and biomarkers of effect in an early warning scheme for a preliminary risk assessment. J Hazard Mater, 317:503-542.

Lourenço J, Marques S, Carvalho F P, et al. (2017). Uranium mining wastes: The use of the Fish Embryo Acute Toxicity Test (FET) test to evaluate toxicity and risk of environmental discharge. Sci Total Environ, 605/606:391-404.

Macaskie L E, Bonthrone K M, Yong P, et al. (2000). Enzymically mediated bioprecipitation of uranium by a Citrobacter sp.: a concerted role for exocellular lipopolysaccharide and associated phosphatase in biomineral formation. Microbiology, 146:1 855-1 867.

Matshusa K, Makgae M. (2017). Prevention of future legacy sites in uranium mining and processing:The South African perspective. Ore Geol Rev, 86:70-78.

McGrath S P, Zhao J, Lombi E. (2002). Phytoremediation of metals, metalloids, and radionuclides.Academic Press: 1-56.

Meers E, Ruttens A, Hopgood M J, et al. (2005). Comparison of EDTA and EDDS as potential soil amendments for enhanced phytoextraction of heavy metals. Chemosphere, 58:1 011-1 022.

Merkel B, Schipek M. (2011). The new uranium mining boom: challenge and lessons learned. Springer. Berlin.

Molchanova I, Mikhailovskaya L, Antonov K, et al. (2014). Current assessment of integrated content of long-lived radionuclides in soils of the head part of the East Ural Radioactive Trace. J Environ Radioact, 138:238-248.

NABIR Primer. (2003). Bioremediation of metals and radionuclides: what it is and how it works, 2nd edn. Lawrence Berkeley National Laboratory for U.S. DOE, Office of Biological and Environmental Research, Natural and Accelerated Bioremediation Research Program.

NEA-IEA. (2015). Technology roadmap: nuclear energy. OECD/IEA, Paris.

Newsome L, Morris K, Lloyd J R. (2014). The biogeochemistry and bioremediation of uranium and other priority radionuclides. Chem Geol, 363:164-184.

Nezami S, Malakouti M J, Bahrami Samani A, et al. (2016). Effect of low molecular weight organic acids on the uptake of $^{226}Ra$ by corn (*Zea mays* L.) in a region of high natural radioactivity in Ramsar-Iran. J Environ Radioact, 164:145-150.

NRC. (2012). Effluent releases from nuclear power plants and fuel-cycle facilities, analysis of cancer risks in populations near nuclear facilities: Phase I. National Research Council, National Academies Press (US), Washington, DC.

OECD-NEA. (2014). Perceptions and realities in modern uranium mining - extended summary.

Oves M, Khan M S, Zaidi A. (2013). Biosorption of heavy metals by *Bacillus thuringiensis* strain OSM29 originating from industrial effluent contaminated north Indian soil. Saudi J Biol Sci, 20:121-129.

Pattanapipitpaisal P, Mabbett A N, Finlay J A, et al. (2002). Reduction of Cr(VI) and bioaccumulation of chromium by gram positive and gram negative microorganisms not previously exposed to CR-Stress. Environ Technol, 23:731-745.

Pereira R, Barbosa S, Carvalho F P. (2014). Uranium mining in Portugal: a review of the environmental legacies of the largest mines and environmental and human health impacts. Environ Geochem Health, 36:285-301.

Pinder J E, McLeod K W, Alberts J J, et al. (1984). Uptake of $^{244}Cm$, $^{238}Pu$ and other radionuclides by trees inhabiting a contaminated flood plain. Health Phys, 47:375-384.

Pinheiro J C, Marques C R, Pinto G, et al. (2013). The performance of *Fraxinus angustifolia* as a helper for metal phytoremediation programs and its relation to the endophytic bacterial communities. Geoderma, 202:171-182.

Prakash D, Gabani P, Chandel A K, et al. (2013). Bioremediation: a genuine technology to remediate radionuclides from the environment. Microb Biotechnol, 6:349-360.

Prăvălie R. (2014). Nuclear weapons tests and environmental consequences: A global perspective.Ambio, 43:729-744.

Rahman A, Nahar N, Nawani N N, et al. (2014). Isolation and characterization of a *Lysinibacillus* strain B1-CDA showing potential for bioremediation of arsenics from contaminated water. J Environ Sci Heal Part A, 49:1 349-1 360.

Ruggiero C E, Boukhalfa H, Forsythe J H, et al. (2005). Actinide and metal toxicity to prospective bioremediation bacteria. Environ Microbiol, 7:88-97.

Salbu B. (2013). Preface: uranium mining legacy issue in Central Asia. J Environ Radioact, 123:1-2.

Salem I B, Sghaier H, Trifi H, et al. (2012). Isolation and characterization of a novel Micrococcus strain for bioremediation of strontium in radioactive residues. Afr J Microbiol Res, 6:851-858.

Sasaki H, Shirato S, Tahara T, et al. (2013). Accumulation of radioactive cesium released from Fukushima Daiichi Nuclear Power Plant in terrestrial cyanobacteria *Nostoc commune*. Microbes Environ, 28:466-469.

Schenck L M, Youmans R A. (2012). From start to finish: A historical review of nuclear arms control treaties and starting over with the new start. Cardozo J Int Comp Law 20.

Seeprasert P, Yoneda M, Shimada Y. (2016). The influence of soil fungi on the sorption of cesium and strontium in the soil organic layer. Int J Environ Sci Dev 7.

Seier M, Zimmermann T. (2014). Environmental impacts of decommissioning nuclear power plants:methodical challenges, case study, and implications. Int J Life Cycle Ass, 19: 1 919-1 932.

Sharma S, Singh B, Manchanda V K. (2015). Phytoremediation: role of terrestrial plants and aquatic macrophytes in the remediation of radionuclides and heavy metal contaminated soil and water.Environ Sci Pollut Res, 22:946-962.

Shukla K P, Singh N K, Sharma S. (2010). Bioremediation: developments, current practices and perspectives. Genet Eng Biotechnol J:1-20.

Simpson M F, Law J D. (2013). Nuclear fuel, reprocessing of. In: Nuclear energy. Springer, New York: 153-173.

Singh S, Fulzele D P, Kaushik C P. (2016). Potential of *Vetiveria zizanoides* L. Nash for phytoremediation of plutonium ($^{239}$Pu): Chelate assisted uptake and translocation. Ecotoxicol Environ Saf, 132:140-144.

Skoko B, Marović G, Babić D, et al. (2017). Plant uptake of $^{238}$U, $^{235}$U, $^{232}$Th, $^{226}$Ra,$^{210}$Pb and $^{40}$K from a coal ash and slag disposal site and control soil under field conditions: A preliminary study. J Environ Radioact, 172:113-121.

Smičiklas I, Šljivić-Ivanović M. (2016). Radioactive contamination of the soil: Assessments of pollutants mobility with implication to remediation strategies. In: Larramendy M L, Soloneski S (eds). Environmental sciences, soil contamination-current consequences and further solutions.InTech, Rijeka: 253-276.

Smodiš B, Černe M, Jaćimović R, et al. (2015). Transfer of uranium and radium to Chinese cabbage from soil containing elevated levels of natural radionuclides. J Radioanal Nucl Chem, 306:685-694.

SNCNW. (2016). Nuclear waste state-of-the-art report 2016 risks, uncertainties and future challenges, Stockholm.

Snyder D C, Delmore J E, Tranter T, et al. (2012). Radioactive cesium isotope ratios as a tool for determining dispersal and re-dispersal mechanisms downwind from the Nevada Nuclear Security Site. J Environ Radioact, 110:46-52.

Stone M B, Stanford J B, Lyon J L, et al. (2013). Childhood thyroid radioiodine exposure and subsequent infertility in the intermountain fallout cohort. Environ Health Persp, 121:79.

Sugiura Y, Kanasashi T, Ogata Y, et al. (2016). Radiocesium accumulation properties of *Chengiopanax sciadophylloides*. J Environ Radioact, 151:250-257.

Tang S, Liao S, Guo J, et al. (2011). Growth and cesium uptake responses of *Phytolacca americana* Linn. and *Amaranthus cruentus* L. grown on cesium contaminated soil to elevated $CO_2$ or inoculation with a plant growth promoting rhizobacterium Burkholderia sp. D54, or in combination. J Hazard Mater, 198:188-197.

Tiwari G, Singh S P. (2014). Application of bioremediation on solid waste management: A review. J Biorem Biodegrad, 5:248.

Tomé V, Blanco Rodríguez P, Lozano J C. (2009). The ability of *Helianthus annuus* L. and *Brassica juncea* to uptake and translocate natural uranium and $^{226}$Ra under different milieu conditions.Chemosphere, 74:293-300.

Tomioka N, Uchiyama H, Yagi O, et al. (1995). Kinetic studies on cesium transport in *Rhodococcus erythropolis* Cs98 and *Rhodococcus* sp. strain Cs402. Biosci Biotechnol. Biochem, 59:2 219-2 222.

Turner D R. (2013). Nuclear facilities, decommissioning of. In: Tsoulfanidis N (ed). Nuclear energy:selected entries from the encyclopedia of sustainability science and technology. Springer, New York: 223-268.

UNEP. (2001). Depleted uranium in Kosovo: Postconflict environmental assessment. United Nations Environment Programme, Imprimerie Chirat, France.

UNEP. (2002). Depleted uranium in Serbia and Montenegro: Postconflict environmental assessment in the Federal Republic of Yugoslavia. United Nations Environment Programme, Imprimerie Chirat, France.

UNEP. (2003a). Depleted uranium in Bosnia and Herzegovina: Postconflict environmental assessment.United Nations Environment Programme, Imprimerie Chirat, France.

UNEP. (2003b). Environment in Iraq: UNEP progress report. United Nations Environment Programme, Geneva.

UNEP. (2007). UNEP. Technical report on capacity-building for the assessment of depleted uranium in Iraq. United Nations Environmental Program, Geneva.

UNSCEAR. (1993). Report to the general assembly, with scientific annexes-sources and effects of ionizing radiation. United Nations Publications, New York.

Vandenhove H. (2013). Phytoremediation options for radioactively contaminated sites evaluated.Ann Nucl Ener, 62:596-606.

Vangronsveld J, Herzig R, Weyens N, et al. (2009). Phytoremediation of contaminated soils and groundwater: lessons from the field. Environ Sci Pollut Res, 16:765-794.

Victorova N, Voitesekhovitch O, Sorochinsky B, et al. (2000). Phytoremediation of Chernobyl contaminated land. Radiat Prot Dosim, 92:59-64.

Vinichuk M, Mårtensson A, EriCsson T, et al. (2013). Effect of arbuscular mycorrhizal (AM) fungi on $^{137}$Cs uptake by plants grown on different soils. J Environ Radioact, 115:151-156.

Waggitt P. (2008). Uranium mining legacies remediation and renaissance development: an international overview. In: Merkel B J, Hasche-Berger A (eds). Uranium, mining and hydrogeology.Springer, Cham: 11-18.

Wang P, Du L, Tan Z, et al. (2017). Effects of organic acids and sylvite on phytoextraction of $^{241}$Am contaminated soil. Bull Environ Contam Toxicol, 98:407-412.

Wang X, Chen C, Wang J (2017a). Phytoremediation of strontium contaminated soil by *Sorghum bicolor* (L.) Moench and soil microbial community-level physiological profiles (CLPPs). Environ Sci Pollut Res, 24:7 668-7 678.

Wang X, Chen C, Wang J (2017b). Cs phytoremediation by *Sorghum bicolor* cultivated in soil and in hydroponic system. Int J Phytorem, 19:402-412.

Watanabe M E. (1997). Phytoremediation on the brink of commercialization. Environ Sci Technol, 31:182-186.

Wendel C C, Oughton D H, Lind O C, et al. (2013). Chronology of Pu isotopes and $^{236}$U in an Arctic ice core. Sci Total Environ, 461/462:734-741.

Wiesel L, Dubchak S, Turnau K, et al. (2015). Caesium inhibits the colonization of *Medicago truncatula* by arbuscular mycorrhizal fungi. J Environ Radioact, 141:57-61.

Williams K H, Bargar J R, Lloyd J R, et al. (2013). Bioremediation of uranium-contaminated groundwater: a systems approach to subsurface biogeochemistry. Curr Opin Biotechnol, 24:489-497.

Winfield M,、Jamison A, Wong R, et al. (2006). Nuclear power in Canada: an examination of risks, impacts and sustainability. ttps://www.pembina.org/reports/Nuclear_web.pdf.

Wiszniewska A, Hanus-Fajerska E, Muszynska E, et al. (2016). Natural organic amendments for improved phytoremediation of polluted soils: a review of recent progress. Pedosphere, 26:1-12.

Yamamoto M, Tomita J, Sakaguchi A, et al. (2010). Uranium isotopes in well water samples as drinking sources in some settlements around the Semipalatinsk NuclearTest Site, Kazakhstan. J Radioanal Nucl Chem, 284:309-314.

Yamashiro H, Abe Y, Fukuda T, et al. (2013). Effects of radioactive caesium on bull testes after the Fukushima nuclear plant accident. Sci Rep, 3:2 850.

Yoshida S, Muramatsu Y, Dvornik A M, et al. (2004). Equilibrium of radiocesium with stable cesium within the biological cycle of contaminated forest ecosystems. J Environ Radioact, 75:301-313.

Young M, Artsatbanov V, Beller H R, et al. (2010). Genome sequence of the Fleming strain of Micrococcus luteus, a simple free-living actinobacterium. J Bacteriol, 192:841-860.

Zhang P, Idota Y, Yano K, et al. (2014). Characterization of cesium uptake mediated by a potassium transport system of bacteria in a soil conditioner. Biol Pharm Bull, 37:604-607.

Zhao P, Zavarin M, Leif R N, et al. (2011). Mobilization of actinides by dissolved organic compounds at the Nevada Test Site. Appl Geochem, 26:308-318.

Zhu Y G, Smolders E. (2000). Plant uptake of radiocaesium: a review of mechanisms, regulation and application. J Exp Bot, 51:1 635-1 645.

# 第 9 章　生物修复和植物修复——土壤修复再利用的最佳方法

Sergiy Dubchak, Olexander Bondar

## 1　简介

放射性污染是过去几十年中出现的主要污染问题之一。军用和民用核爆炸、核燃料循环设施和军用核设施的意外排放、铀矿的开采和加工、辐射事故和放射性废物的处置是主要来源。超过 90% 的放射性核素分布在田野和草甸土壤表层 30 cm，以及森林、稻田和果园的表层 5~10 cm 内。由于大多数放射性核素被吸附到土壤中并与黏土紧密结合，很难降低土壤中的污染水平。

迄今为止，已开发了许多固定放射性核素的方法，用于去除放射性污染的土壤的化学、物理和机械方法的成本是相当昂贵的。因此，环境友好型生物修复技术对放射性污染土壤清洁去污显得尤为重要，引发了对生物修复技术的深入研究（Vidali, 2001）。

## 2　生物修复和植物修复

生物修复是利用生物有机体特别是微生物将污染物降解或转化为其他形式来清洁环境的过程。因此，生物修复被认为利用生物体将环境污染物降解为低毒性物质。它涉及天然细菌和真菌或植物降解或解毒那些对人类健康有害的物质。生物体通过代谢过程转化污染物。化合物的生物降解是多种生物作用的结果。植物或微生物生物修复必须对污染物产生影响并将其转化为无害物质（Suresh and Ravishankar, 2004）。

只有在环境条件允许微生物和植物生长的情况下，生物修复才有效。涉及控制环境参数，使微生物和植物的生长和降解过程以更快的速度进行。生物修复技术通常比焚烧等传统方法更具有经济性。生物修复是基于各种污染物的自然衰减，当前比其他技术更容易被接受。

许多不同类型的生物（如植物）可用于生物修复，但微生物也显示出作为大自然原始回收者的巨大潜力。最近研究了报道的金属还原地杆菌（*Geobacter metallireducens*）的新

S. Dubchak (✉), O. Bondar
国家生态研究生教育与管理研究院，乌克兰基辅（State Ecological Academy of Postgraduate Education and Management, Kyiv, Ukraine）

特性，发现该物种可以从采矿作业的排水和污染的地下水中去除铀（Sasikumar et al, 2003）。

利用植物进行的生物修复是植物修复。换句话说，植物修复是生物修复的一个类别，使用绿色植物来清洁环境。植物修复是生物修复放射性核素污染的主要组成部分，可被定义为使用绿色植物、真菌、微生物或酶改变污染物将环境恢复到原始状态的过程（Vidali, 2001）。

植物修复是一种基于植物具有成本效益的修复方法，利用植物从环境中吸收污染物并在其组织中代谢掉。超富集植物在土壤、水或空气中将污染物进行生物富集、降解或无害化的天然能力，这些植物能够刺激根部附近土壤（根际）中污染物的生物降解，植物修复是一种低廉且环境友好的污染土壤修复技术，但修复时间较长。

植物修复的主要目标是有毒重金属、放射性核素和有机污染物。近年来，基于有关植物修复的生理和分子机制认识的提高，开始出现优化和改进植物修复的生物学和工程策略。此外，几项现场试验证实了植物用于环境修复的可行性（Salt et al, 1998 ）。

与其他修复技术相比，植物修复策略具有许多独特的优势：

- 无论原位还是异位修复，植物修复的成本低于传统工艺；
- 植物容易监控；
- 回收和再利用有价金属的可能性更高；
- 使用天然生物将环境保持在更自然的状态可能是环境危害最小的方法。

然而，植物修复技术的使用也有一些限制：

- 植物修复受限于根系表面积和深度；
- 生长缓慢和生物量低，使植物修复需要长期过程；
- 使用植物修复系统，不能完全防止污染物污染地下水（如果不完全清除污染，并不解决污染问题）；
- 植物生存受污染场地毒性和土壤状况的影响；
- 污染物尤其是放射性核素在植物中的生物积累，需要安全处置植物的生物质材料，阻止污染物从初级消费者进入食物链。

有些常规修复技术可用于修复放射性核素污染，例如固化、土壤淋洗和渗透反应墙。但这些技术大多数实施起来非常昂贵，并对已污染的环境造成污染。植物修复是一种具有成本效益的，可替代高耗能、高成本的传统方法，正发展为创新清洁技术领域的“绿色革命”（Suresh and Ravishankar, 2004）。

在过去的 20 年中，这项技术越来越受欢迎，并已应用在土壤铅、铀和砷污染场地的修复。植物修复虽然可以原位处理环境问题，但修复时间取决于植物在污染环境中生存和茁壮生长的能力。

## 3 植物修复的历史

虽然植物技术在过去数十年里受到关注，在 80 年代和随后的几十年中，植物已经被证实可修复金属污染土壤（Tsao, 2003）。20 世纪 80 年代美国联邦和州政府以及非政府组织广泛使用植物修复（USEPA, 1999）。1991 年美国环保局开始使用“植物修复”

一词，1993 年 Cunningham 和 Berti 首次在公开文献中使用“植物修复”。20 世纪后期，植物修复的新用途被发现，并在创新科学技术中广为人知。植物修复源自农学、林业、化学和农业工程、微生物学等其他领域，自成立以来，已发展成一个独立的研究领域和广泛应用的技术。

## 4　植物修复技术的应用

植物修复已在一些国家的场地优先应用，可以用于原油、金属、放射性核素、炸药、杀虫剂、氯代溶剂和很多其他污染物的修复，该技术迅速发展是白于植物修复能够修复多种污染物（USEPA, 1999）。植物修复的应用可以根据污染物的归趋分为：降解、提取、阻滞或这些的组合。植物修复的应用也可以根据所涉及的机制进行分类。这种机制包括从土壤或地下水中提取污染物，植物组织中固定污染物，通过各种生物或非生物过程降解污染物，植物挥发或蒸腾作用将挥发性污染物扩散到空气中，将污染物固定在植物根际区，污染地下水的水力控制（羽流控制），以及控制径流、侵蚀、植物覆盖的渗透（Tsao, 2003）。

在过去的几十年里，人们特别注意应用不同的植物修复技术来减少土壤中放射性核素的影响并最大限度地减少辐射风险。土壤和水中的高浓度放射性核素通常会影响生态系统的稳定性，并对人类健康构成严重威胁。由于切尔诺贝利核事故，乌克兰超过 26 000 000 $km^2$ 区域的 $^{137}Cs$ 污染水平超过 40 $kBq/m^2$（Grodzinsky et al, 1997），污染水平对应于约 5 mSv 的终生剂量。核爆炸和核燃料循环的意外泄漏和排放造成的放射性污染，最显著的是采矿和洗煤。选择合适的技术修复放射性核素污染土壤和水取决于每种元素的环境化学、沉积特征和放射性衰变速率。去除表层土壤或挖掘土壤并将其转移到指定储存库仍然是处理污染土壤的最常见且最有效的方法。处理放射性核素污染的各种物理化学方法包括土壤清洗、离子交换、螯合剂浸出、絮凝和反渗透 - 超滤（Zhu and Shaw, 2000）。

最近，有学者对去除放射性核素的生物学方法产生了浓厚的兴趣。将微生物和细胞培养物用于去除水中放射性核素。人们对使用植物去除环境中放射性核素的兴趣也越来越大（Entry et al, 1997 ）。因此，植物修复技术正在被应用于各种放射性核素污染场地。Negri 和 Hinchman（2000）总结了使用植物处理 $^{3}H$、U、Pu、$^{137}Cs$ 和 $^{90}Sr$ 的研究数据。

目前正在开发以下几种类型的放射性核素植物修复：

（a）植物提取，高生物量的放射性核素富集植物和适当的土壤改良剂将放射性核素从土壤中运输和浓缩到地上部，通过传统的农业方法收获地上部分；

（b）根际过滤，放射性核素在植物根际的沉淀和浓缩；

（c）植物挥发，植物从土壤中提取挥发性放射性核素（$^{3}H$）并通过植物叶片挥发出来；

（d）植物固定，固定土壤中的放射性核素使其不产生危害。

## 4.1 植物提取（植物富集）

植物提取利用植物或藻类将土壤、沉积物或水中的污染物吸收至可收获的植物生物质中（图 9-1a）。在过去 20 年时间里，植物提取物在全球范围内迅速普及。一般而言，这种方法常用于提取放射性核素和重金属，而不是有机物，污染物通常富集在植物中。

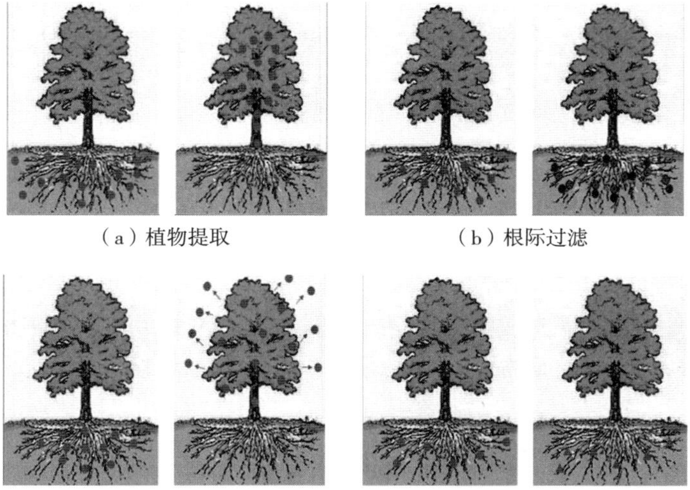

（a）植物提取　　（b）根际过滤

（c）植物挥发　　（d）植物固定

图 9-1　植物修复类型示意图

植物提取可以在不破坏土壤结构的土壤肥力的情况下从土壤中去除放射性核素，该技术对于处理大面积低水平污染特别有优势。其利用植物根系吸收多种化学元素的天然能力，将这些元素输送到维管组织，并运输至地上生物质中并在生物质中分配放射性元素。

通过收获处理富集放射性核素的地上部以减少放射性核素。植物提取放射性核素的能力取决于土壤中放射性核素的生物可利用度、根系吸收率和放射性核素运输效率。

植物提取效率通过生物富集系数（BC）（植物地上部特定放射性核素浓度与土壤中放射性核素浓度之比，也称为传递系数、土壤 - 植物传递因子或浓度比）或总的放射性核素去除量（计算为植物生物量乘以放射性核素浓度）。实际情况下总放射性核素去除量是关键值，因此，最适合修复的植物必须具有高生物量生产和高富集系数。应用植物提取修复的元素主要有 $^{90}$Sr、$^{95}$Nb、$^{99}$Tc、$^{106}$Ru、$^{144}$Ce、$^{226,228}$Ra、$^{239,240}$Pu、（$^{241}$Am、$^{228,230,232}$Th、$^{244}$Cm、$^{237}$Np（Nisbet and Shaw, 1994；Kabata-Pendias and Pendias, 1996）。然而，只有 $^{137}$Cs、$^{90}$Sr、$^{235,238}$U 的植物修复正在开始野外实际应用（Dushenkov et al, 1999），植物提取是一种适用于特定元素和特定场地的技术。开发一种放射性核素植物提取工艺的通用方法，必须解决大量通量核素从土壤转移到地上生物质的问题。

放射性锶是土壤中少数可迁移的放射性核素之一，容易被植物根系吸收。通常只有小部分放射性核素在土壤中是可迁移的。氧化物的共沉淀和黏土矿物的吸附认为是降低放射性核素生物可利用度的主要因素。放射性核素形成络合物［如 U 核素（Echevarria et al, 2001）] 的形态，以及还原为对有机物具有高亲和力的形态（如 Tc）可能对土壤中的放射性核素迁移率中起关键作用。放射性核素的生物利用度因土壤特征（Fesenko et al, 1997）和元素的性质不同而有显著差异。研究发现 $^{137}$Cs 转移可能与冶炼厂的重金属沉积造成的土壤污染相关（Bunzl et al, 1999）。放射性核素沉积类型和老化对放射性核素生物利用度有显著影响。

已有研究证明，植物的 $^{137}$Cs 积累取决于土壤中可交换和迁移态的放射性核素的含量（Fesenko et al, 1997）。在切尔诺贝利核事故中，与混合铀氧化物核心（沉积燃料类型）的辐照燃料的粗细分散碎片相关的 $^{137}$Cs，最初在土壤中的流动性低于由核心组成的气溶胶，覆盖重新凝聚的铯（沉降物的凝聚型）（Dushenkov et al, 1999）。发现 $^{137}$Cs 根际流动性与四苯硼钠可萃取 $^{137}$Cs 密切相关，根际 $K^+$ 交换可能是 $^{137}$Cs 吸收的主要驱动力。$^{137}$Cs 与放射性铯截留电位（RIP）显著负相关，RIP 是土壤中常见 Cs 结合特性，与土壤蛭石含量直接相关（Delvaux et al, 2000）。

可能有助于将放射性核素带入土壤溶液并使其更容易植物吸收的因素包括控制土壤 pH 、螯合剂、土壤改良剂、与微生物和植物分泌物的相互作用（Grodzinsky et al, 1997；Entry et al, 1999）。例如，在水培实验中显示，与非菌根植物相比，石楠（帚石楠）菌根植物中 $^{137}$Cs 的枝根比明显更高。在温室实验中，U 污染土壤中生长的植物的地上部 U 浓度在柠檬酸处理的土壤中增加到 5 000 mg / kg，而在对照中为 5 mg / kg（Huang et al, 1998）。

一般认为，$K^+$、$NH^{4+}$、$Rb^+$ 和 $Cs^+$ 具有物理化学相似性的同源系列离子，发现添加与 $Cs^+$ 物理化学性质相似的单价阳离子导致土壤中最高水平的 $^{137}$Cs 从土壤中脱附出来（Grodzinsky et al, 1997；Dushenkov et al, 1999）。然而，添加过量单价阳离子导致植物吸收离子竞争，植物并不一定能够富集高浓度 $^{137}$Cs。结果表明，钾肥的添加降低了蔬菜作物对 Cs 的吸收（Lasat et al, 1998）。

植物摄取的大多数 $^{137}$Cs 往往被束缚在根部。植物吸收的 $^{137}$Cs 通常只有约 25% 转移到地上部分（Clint and Dighton, 1992）。Ebbs 等（1998）在水培研究中证明，pH 为 5 时，铀酰 $UO_2^{2+}$ 阳离子比羟基（pH 为 6）和碳酸盐（pH 为 8）U 络合物更容易被植物吸收和转移，pH > 5 时，只有一小部分 U 存在于植物地上部分。根系中形成稳定的 U- 磷酸盐络合物可以防止 U 迁移到植物地上部分。与 Cs 和 U 相比，几乎 80% 的 $^{90}$Sr 存在于植物枝干中。

植物富集放射性核素的能力差异很大。植物物种在地上部分富集 $^{137}$Cs 的能力可能相差一个数量级（Grodzinsky et al, 1997）。谷物作物对 $^{137}$Cs 富集的差异约为 2~4 倍，大田作物之间富集系数差异约 27 倍（Sanzharova et al, 1997）。在同一物种中观察到放射性铯富集的显著变化。苋属物种 *A. cruentus* L.、*A. retroflexus* L. 和 *A. caudatus* L. 能够在地上部分浓缩 $^{137}$Cs（Dushenkov et al, 1999，表 9-1）。该数据与同一地块的印度芥菜（*Brassica juncea* L.）和油菜（*Phaseolus acutifolius*）的 BC < 1 相比更有效（Lasat et al, 1998）。枝干中的铀富集也取决于物种（Ebbs et al, 1998）。土壤添加柠檬酸（20 mmol / kg）后受试植物中 U 浓度差异显著（Huang et al, 1998 ）。*Brassica chinensis* L. 和 *Brassica juncea* 中铀浓度比玉米高 100 倍。植物对放射性核素的富集在很大程度上取

决于土壤和生长条件，而且还与土壤中的放射性核素浓度正相关（Lasat et al, 1998; Dushenkov et al, 1999）。这使得许多科学家在不同环境条件下获得的植物物种筛选结果变得困难。

**表 9-1 适合放射性核素污染场地植物修复的植物种类**

| 植物品种 | 放射性核素 | 去除效率 | 参考文献 |
|---|---|---|---|
| 苋菜 | $^{137}Cs$ | 12% | Dushenkov 等（1999） |
| 向日葵<br>甜菜 | $^{137}Cs$ | n/a | Willey（2001） |
| 向日葵 | $^{137}Cs$，$^{90}Sr$ | 25% | Sorochinsky 等（1998） |
| 地肤子 | $^{137}Cs$ | 每年 2%~4% | Negri 和 Hinchman（2000） |
| 雀稗<br>高粱 | $^{137}Cs$ | 26%~72% | Entry 等（1999） |
| 向日葵 | $^{134}Cs$ | 每年 8%~10% | Dubchak（2012） |
| 向日葵 | $^{238}U$ | 95% | Dushenkov 等（1997） |
| 加拿大伊乐藻刚毛藻 | $^{238}U$ | 99% | Timofeeva-Ressovskaia 等（1962） |
| 芥菜 | $^{90}Sr$ | n/a | Fuhrman 等（2002） |
| 豆科（豆科植物） | $^{60}Co$ | n/a | Reeves 和 Baker（2000） |

注：n/a 为不相关或不适用。

植物提取时，需要注意上一年的作物、土壤改良剂的类型、灌溉方式，所有这些都可能显著影响生物质生长量和放射性核素的吸收以及向生物质地上部分转移量。

Kutlakhmedov 等（1998）证明，在切尔诺贝利隔离区，上一年种植的玉米比当年植物的放射性铯去除量增加 10 倍。在轮作周期中植物修复与之前的作物相似但有差异的效果。因此，通过设计一种作物轮作方案，可以最大限度地去除土壤中的 $^{137}Cs$。

已证明植物修复 $^{137}Cs$ 的功效非常有限。据估计，利用植物修复 $^{137}Cs$ 污染的小块土地，与不采取任何措施相比，会提前 30 年恢复土地用途。（Dushenkov et al, 1999 ）。植物提取的主要优点是环境友好。用于清理重金属污染的土壤的传统方法会破坏土壤结构并降低土壤肥力，而植物提取可以清理土壤而不会对土壤质量造成任何损害。植物提取的另一个好处是比任何技术都更具有经济性，主要缺点是该过程受植物生长控制，比人为土壤清理方法需要更多时间。

## 4.2 根际过滤

根际过滤利用植物根系从污染物中沉淀和富集放射性核素和有毒金属，起源于一种利用水生植物抑制环境污染的方法（图 9-1b），从某种意义上说它最初与植物稳定和人工湿地技术相关。

根际过滤可以原位进行，植物直接在污染水体中生长，以较低的成本运行。这种处理方法在美学上也令人愉悦，减少了水的渗透和污染物的浸出（Suthersan and McDonough, 1996）。

首次尝试使用根际过滤阻止放射性核素迁移可以追溯到20世纪60年代初Timofeeva-Ressovskaia等的研究（1962）。对淡水池生态系统放射性核素分布的研究表明，大部分放射性核素被污泥和水生植物吸附或吸收。研究发现，水生植物*Cladophora glomerata* L.和*Elodea canadensis*富集了大量的放射性核素。这些研究结果使得研究人员产生了利用一连串水流缓慢的池塘来净化放射性污染废水的想法。这是第一个用于清洁放射性核素污染水体的中试规模系统。该系统被测试用于去除水中贫铀以1 000 L/d的流量向第一个池塘添加浓度约为$10^{-5}$ Ci/L的贫铀废水，共有1.04 Ci的放射性活度被添加到系统中。定期从系统中采集污泥和植物，并计算放射性的完全质量平衡，第一个池塘保留97.2%。其中污泥和水生植物吸收94.9%，2.3%留在水中，第二个和第三个池塘逸出的总放射性分别为1.8%和0.7%。流量为1 000 L/d的3池塘串联系统去除了99.3%的放射性核素（表9-1）。类似的方法用于去除水中$^{90}$Sr和$^{137}$Cs的研究。放射性废水流过模仿池塘污泥和植物类似配置的10个串联的蓄水池，在排出的水中未发现放射性铯，只有1.5%~2.0%的$^{90}$Sr排出系统。

自这些开拓性实验以来，已经取得了很多关于池塘、湖泊和湿地中放射性核素分布的数据（Gambrell, 1994）。这些数据可用于模拟放射性核素分布和构建湿地以固定放射性核素。开发一种替代工程方法，通过陆生植物根系（Dushenkov et al, 2002）或幼苗（Salt et al, 1997）从水中去除污染物。在受控温室实验中，成功地从污染水中去除了Cs、Sr和U。观察到这些元素不同的动力学，从水中去除U最有效。温室实验中，向日葵证明比豆类或印度芥菜更有效（*Helianthus annuus* L.），能在24 h内从污染水中去除超过95%的U，向日葵植物根中积累了超过1%的U（Dushenkov et al, 1997）。

在切尔诺贝利隔离区的一系列试验中，评估了陆生植物处理$^{137}$Cs和$^{90}$Sr污染地表水的能力。实验开始时，位于切尔诺贝利核电厂以西1 km处天然池塘中的放射性核素$^{137}$Cs和$^{90}$Sr的浓度分别接近80 Bq/L和1 200 Bq/L。植物被移栽或直接生长在聚苯乙烯泡沫塑料（Styrofoam™）建造的1m × 1m的浮板上，植物生长所需养分被以水溶胶（Hydrosol™）溶液的形式提供给浮板表面的珍珠岩层。板子中心有0.5 $m^2$的空腔允许植物根部延伸到池塘中。最高生物富集因子（BC）是由向日葵根系组织中放射性核素含量与水中$^{137}$Cs和$^{90}$Sr的浓度的比值计算所得（Dushenkov et al, 1997; Sorochinsky et al, 1998）。向日葵根系累积的$^{137}$Cs比猫尾草（*Phleum pratense* L.）或狐尾草（*Alopecurus pratensis* L.）的根系部位累积的$^{137}$Cs高出8倍。此外，向日葵地上枝干每千克干重含有$2.5 \times 10^6$ Bq的$^{90}$Sr。试验中，向日葵植物的BC结果表明，75 $m^2$池塘中约$9.2 \times 10^6$ Bq的$^{137}$Cs和$1.4 \times 10^8$ Bq的$^{90}$Sr放射性核素，可富集至55 kg干重的向日葵中，生物质可送工厂进行稳定化，灰化或玻璃化处理，对产生的放射性废物进行储存。

在俄亥俄州阿什塔比拉的一个前U处理设施中成功地用根瘤菌过滤去除水中过量的U（Dushenkov et al, 1997）。运行数月后，一个根茎过滤中试系统有效地从污染水中去除U。该系统中使用的向日葵根系在24 h内有效地从水中去除95%的U。干燥的向日葵根系中 U 浓度超过 1%。温室试验中，基于根系 U 浓度与水相 U 浓度之比的 BC 达到 30 000。因此，根际过滤是水中去除放射性核素的可行方法。尽管如此，相比于传统技术，还需要对它进一步优化并提高经济性。但该方法也有局限性，无法提取低于根生深度的污染物，所使用的植物可能无法在高浓度污染区域生长。最重要的是，需要长期维护需要数年时间才能达到监管水平。在污水和土壤上生长的植物将成为人类和动物的潜在辐射暴露源，因此，必须仔细注意收割过程，只有那些非饲料用途作物才能被用于根际过滤修复方法。

## 4.3 植物挥发

放射性核素的植物挥发是利用植物蒸腾大量水的能力（图 9-1c），目前用于氚的处理。氚（$^3H$）是氢的放射性同位素，衰变为稳定氦的半衰期约为 12 年，具有氢的物理和化学性质。氚在环境中通常以氚水的形式存在，空气和皮肤易屏蔽氚，几乎不产生外部辐射。然而，在水和有机化合物中通过摄入吸收进入人体内时会对健康造成危害。

布鲁克海文国家实验室（BNL）、萨凡纳河场地（SRS）和其他核设施释放的氚导致对地表水和地下水中去除氚水的修复技术越来越受关注。对氚水清除或隔离的传统技术成本很高（Fulbright et al, 1996）。有人提出，将氚风险降低的最具成本效益的方法不是从水中去除氚，也不是典型的隔离，而是改变氚暴露路径。根据 SRS 多年经验计算表明，将氚水作为水蒸气释放到大气中可以实现 40% 的去除率（Fulbright et al, 1996）。

氚水灌溉施用于森林地面，到达森林深层土壤进入水文循环。氚水从土壤表面蒸发，植物根部吸收或通过土壤孔隙流入地下水。植物根吸收的氚的一小部分以易于交换的羟基离子的形式留在植物组织中，或者通过光合作用进入有机分子中。Murphy 开发并分析了一种氚水灌溉的森林中吸收的简单模型（2001）。模拟条件设置为 SRS 实际灌溉场景的预期条件，初始氚浓度为 11 000 pCi/mL。在模拟过程中，观察到水中氚浓度降低速率接近氚衰变速率。灌溉速率设定为 23 cm/a，实际降雨量为 120 cm/a。在这种情况下，灌溉后的第 5 年，绿色木材中的最大氚浓度为 1 228 pCi/g。灌溉终止 5 年后，氚浓度降至 34 pCi/g。森林的最大氚储量和灌溉 5 年后氚储量分别为 696 和 22 mCi · $km^2$（Murphy, 2001）。森林中氚从未超过灌溉输入的总氚的 1%。暴露期结束时，氚储量低于所应用的氚的 0.1%。计算的氚水平表面，在灌溉停止 5 年后，工人砍伐树木的风险最小。现场工人和公众处理收获树木的暴露剂量应大大低于 0.01 mSv。

SRS 已经研究了通过灌溉对森林地区进行氚的植物修复，减少氚从埋藏地西南污染羽排入“四英里”支流，该地也称为混合废物管理设施（MWMF）。该系统是液压控制和增强型蒸腾作用的组合，收集受污染的氚水，并将氚水提升至排出点梯度更高的位置用于灌溉植物。

在阿贡的 317/319 地区部署高蒸腾、深根的植根植物修复系统，目的是最大限度地减少水渗入污染源土壤，稳定土壤踏面层以防止侵蚀、地表径流流失和下游沉积；水力上控制氚和 VOCs 向地下水迁移，并继续修复污染羽中残留的 VOCs（Negri et al, 2000）。与传统的抽出 - 处理与沥青覆盖相结合的技术的预期成本相比，基于植物的修复系统具有较低的运行和维护成本，在部署的整个生命周期内可额外节省 40%。

## 4.4 植物固定

植物固定侧重于长期稳定和控制放射性核素。例如，植物的存在可以减少风蚀，植物的根部可以防止水力侵蚀，通过吸附或累积在植物根部沉淀和固定污染物。与植物提取不同，植物固定主要是在根部附近土壤螯合放射性核素，而不是植物组织中固定放射性核素（图 9-1d）。降低污染物的生物利用率，减少牲畜、野生动物和人类的接触。使用一种植物覆盖来稳定和控制铀矿尾矿区就是该技术检测应用案例。（Negri and Hinchman, 2000）。

植物固定特别适用于放射性污染场地，将污染物固定在适当的位置，防止二次污染和暴露。在污染水平低的地点或污染面积广阔、污染严重的地区，原位固定放射性核素通常是最佳选择，可以显著降低风险，特别是涉及半衰期相对较短的放射性核素，大规模的清理行动或其他原位修复是不可行的。风蚀扬尘是放射性污染场地造成人体暴露的主要途径，根系植被能有效地防止风蚀扬尘。致密的根系可稳定土壤并防止风力侵蚀（Cunningham and Berti, 2000）。植物根系有助于减少土壤流失，从而减少放射性核素浸出，进一步增加了放射性核素的植物固定效益。植物固定稳定化在控制露天铀矿和露天尾矿方面特别有效。克服铀对植物的毒性以及提高尾矿区土壤的肥力通常是主要的挑战。

植物还广泛用于水力控制，防止浸出液向地下水或受纳水体迁移。快速生长的深根绿色植物在土壤水力控制和放射性核素固定方面越来越受欢迎。这种方法在限制泄漏放射性物质的区域方面可能有效。虽然放射性核素的植物固定可以大大降低环境和人类健康风险，但并不能消除放射性。因此，野生动物和人类的辐射暴露潜在风险仍然存在。在选择修复办法时，必须考虑到这一点。

# 5 特定放射性核素污染土壤的植物修复

## 5.1 Cs 污染土壤的植物修复

盆栽实验证明，不同植物在吸收 Cs 方面存在差异，铵盐可以活化土壤中的 Cs（Lasat et al, 1997），芸苔属植物（卷心菜）对 Cs 去除量最大，添加硝酸铵可以增加植物对 Cs 的吸收。实验表明，苋菜比卷心菜具有更高的 Cs 吸收率，并且是修复放射性铯污染土壤最大种群。田间实验添加铵盐不如盆栽实验有效（Lasat et al, 1998），这种情况可能是田间芸苔属和苋菜等植物根际微生物转化以及浸出铵盐与氮源的拮抗作业。土壤中 $^{137}$Cs 与刺槐芽组织中 $^{137}$Cs 之间是线性关系，浓度系数为 0.5，使用方程 $C_t=C_0e^{-kt}$ [ 其中 $k$:（植物质量，a/m$^2$，每平方米土地年生长生物量）/ 土壤质量 ×TF] 表明植物大约 18 年才能减少土壤中 50% 的 Cs（Fuhrman et al, 2002），Brookhaven 首次提出田间放射性铯污染土壤植物修复时间，他们的方程精确地估计植物修复时间，为进一步研究提供了指导。

Dushenkov 等（1999）在切尔诺贝利禁区研究了 Cs 的植物修复的潜力，研究了各种苋菜物种及土壤改良剂。基于芥菜该属植物高累积的报道。铵盐土壤中具有最大的解吸能力。在田间实验中，尾穗苋（*A. caudatus*）TF 最高为 7.5，对 Cs 去除量最大，但土壤改良剂对植物的 Cs 吸收没有影响。据估计，在 TF 不变的情况下，“最短”的清除时间约为7年，Brookhaven土壤报告的时间短得多。这与所用植物吸收率较高以及土壤中Cs的可利用性较高有关。英国核燃料公司调查了埃塞克斯布拉德韦尔核电厂Cs污染土壤的植物修复潜力，在Cs浓度差异很大的场地播种向日葵、芸苔属和两个品种的甜菜（*Beta vulgaris*），并测量了单个植物的TF。第一批实验表明，大佛肚竹（*B. vulgaris*）具有最大的植物修复潜力，TF和生物量生产表明最短清除时间约为20年（Willey, 2001）。有趣的是，每个物种在不同Cs浓度生长的50株植物，在低Cs浓度下，TF显著更高（Willey, 2001）。该场地第一次实验中报告的TF不如Dushenkov等（1999）报告的TF高，并且植物修复时间更长。然而，他们确实提供了证据，即Cs从土壤中充分解吸TFs可能不会改变，甚至还可能增加，土壤Cs浓度在植物修复过程中会降低。阿贡国家实验室西部的实验室开展的规模研究（爱达荷州，USA）表明，布拉德韦尔植物修复每年可去除2%~4%的放射性锗，并在$^{137}Cs$污染土壤上使用扫帚菜（*Kochia scoparia*）进行植物修复的现场试验（Negri and Hinchman 2000，表9-1）。

Entry等（1999）进行的一项研究包括3种植物：百喜草（*Paspalum notatum*），石茅高粱（*Sorghum halpense*）和柳枝稷（*Panicum virgatum*）。选择这3个物种是因为它们在短时间内生物量大。接种了两种丛枝菌根：菌根真菌和从枝菌根真菌，植物在温室中生长6个月，每2个月收获一次地上生物质。研究表明，接种真菌地上部分累积了土壤中的总$^{137}Cs$的41.7%~71.7%，而未接种植物的积累量为26.3%~45.5%（表9-1）。接种真菌的植物地上生物量和放射性铯的累积百分比最高。Entry等（1999）提出了高累积的几个原因，包括最佳生长条件、高根系密度、土壤中K和Ca的浓度低、以及大量菌根真菌。

Dubchak（2012）在一项实验室研究中注意到，与非菌根植物相比，与从枝菌真菌协同生长的长叶车前草（*Plantago lanceolata*）、蒺藜苜蓿（*Medicago truncatula*）和黑麦草（*Lolium perenne*）的枝干中$^{134}Cs$的放射性活度降低了30%~80%。对放射性铯浓度的降低最高（约2倍）是在黑麦草菌根。向日葵的菌根植物在其根系和嫩枝中$^{134}Cs$的放射性活度增加近10倍（图9-2）。因此，证实了向日葵在菌根存在下具有超累积能力。

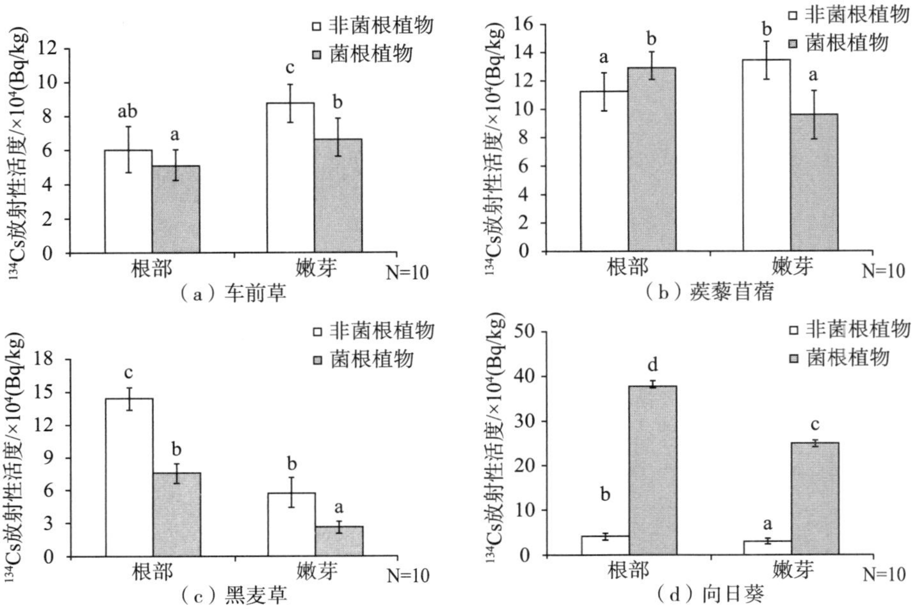

（a）车前草　（b）蒺藜苜蓿　（c）黑麦草　（d）向日葵

图9-2　植物根部和嫩芽中$^{134}Cs$在的活度（Bq/kg）$^{134}Cs$的土壤（77 000 Bq/kg）

这些放射性铯污染土壤的植物修复提供了许多研究方向。TFs 或生物质产量需要逐年增加和维持，Cs 的植物修复需要长时间。提高 Cs 的有效性和植物体内快速迁移，是缩短植物修复时限的关键。与 K 一样，在农艺学、生理学和分子尺度上的操作可显著提高 Cs 的吸收速率。

## 5.2 铀污染土壤的植物修复

由于 U 废水和矿山尾矿产生的铀污染，U 的环境污染正逐渐增多。虽然 U 在化学上与任何植物代谢重要的离子都不相似，但植物有一定的吸收 U 的能力（Ebbs et al, 1998），有报告称生长在铀生岩石上的植物中 U 浓度升高。使用植物过滤的研究表明，植物根系具有显著的铀吸附能力。向日葵可用于去除废水中的铀（Dushenkov et al, 1997）。然而，几乎所有的 U 都残留在植物根系，转移到地上很慢。此外，污染土壤中 U 的存在形式通常是无法被植物吸收的。Huang 等（1998）通过向土壤中添加柠檬酸使土壤 U 的有效性和吸收率在几天内增大 1 000 倍。研究表明，柠檬酸可增强植物富集也可能对植物有毒。因此，U 的植物提取已成为广泛使用的异位浸出技术的可替代方案，最近的综述表明有必要通过植物传输将吸收率最大化（Shahandeh and Hossner, 2002）。增加土壤中铀的生物有效性能提高铀的吸收和迁移速率。

## 5.3 Sr、Tc 和 Cl 污染土壤的植物修复

Sr、Tc 和 Cl 的分配系数 *K*ds 与 Cs 和 U 相比较低，TFs 最高，但植物修复的研究较少。有人指出，植物有潜力从土壤中去除 $^{90}$Sr，$^{90}$Sr 污染的土壤的植物修复时间较短，可能不到 $^{137}$Cs 的 1/2（Nisbet and Woodman, 2000）。Fuhrman 等（2002）的研究表明，Sr 分配系数是 Cs 的十分之一或更小，这种差异反映在田间植物的吸收。其他研究证实植物物种选择和农艺实践可以增大 $^{90}$Sr 从土壤向植物的转移（Entry et al, 1999）。鉴于 Ca 的农业经验，通过植物修复土壤中的 $^{90}$Sr 有很大的提升空间，能够缩短修复时间。

一般认为 $^{99}$Tc 在陆地生态系统中的放射性生态学意义不大。然而核燃料的再加工和废水排放意味着大量的 Tc 排放至环境。处理放射性污染的方法都可以应用于放射性 Tc。在大多数好氧土壤中 Tc 的可用性都很好，植物对 Tc 具有很强的吸收能力，因此植物修复土壤 Tc 污染的潜力很大（Bennett and Willey, 2002）。许多研究表明，植物可以在短时间内完全去除土壤中的 Tc。

植物修复 $^{36}$Cl 污染的土壤同样具有巨大潜力。与 $^{99}$Tc 一样，许多 $^{36}$Cl 必须储存在陆地废物储存库中，有充分的证据表明 $^{36}$Cl 可以通过蒸发蒸腾作用移动到土壤表面，这意味着 Cl 可以从深处自由移动到土壤表面（Shaw et al, 2004）。植物具有很大的 Cl 吸收能力，可利用植物从土壤中去除 $^{36}$Cl。事实上，$^{99}$Tc 和 $^{36}$Cl 具有植物修复环境污染物潜力，与其他放射性核素相比，放射性生态学对它们的关注较少，但该技术具有一定可行性。

## 5.4 其他放射性核素的植物修复

关于植物修复土壤中其他放射性核素的研究较少。钚（Pu）的水培实验表明，植物和真菌都可以吸收 Pu（Lee et al, 2002）。除沙质土壤外，Pu 的土壤利用率很低（Shahandeh et al, 2001；Dulanska et al, 2012），植物吸收率也是如此。土壤中放射性核素 Pu 的环境行为已进行了深入研究，添加活性药剂进行工程修复是很好的应用。然而，植物修复要成为 Pu 的一种有效污染清除方法，需要增加植物和真菌的富集量。Galanda 等（2014）在 $^{239}Pu$ 和 $^{241}Am$ 污染土壤上种植真菌平菇，这些真菌表现出富集放射性核素的能力。

一些植物尤其是豆科植物通过吸收 Co 来满足代谢需求。大约 30 种植物能超富集土壤中天然存在的 Co 元素（Reeves and Baker, 2000）。Co 超富集植物可吸收超过 1 000 mg/kg 的 Co，并且不会产生毒害影响。$^{60}Co$ 有相对较短的半衰期（5.26 a），一般不会出现严重的放射性生态问题，但会产生污染。可以利用植物修复从土壤中去除 $^{60}Co$。许多主题调查是筛选富集植物（Clemens et al, 2002），旨在从土壤中去除 Co。植物修复 Co 的任何进展都可能对植物去除相对低浓度 $^{60}Co$ 的能力产生重大影响。据报道，钌（$^{106}Ru$）、铈（$^{144}Ce$）和镉（$^{109}Cd$）在土壤中含量很高，而锌（$^{65}Zn$）、铁（$^{59}Fe$）和锰（$^{54}Mn$）含量相对低（Sheppard and Thibault, 1990），但在控制植物吸收重金属方面取得的进展可以使它们成为植物修复的合适对象。

# 6 结论

放射性核素植物修复的第一阶段现实验主要集中在 Cs 和 U，取得的经验可应用于其他放射性核素。在第一阶段试验的基础上，植物修复目前仍然是一种具有潜力而没有经过验证的技术。经过改进，修复时间以年计，速度很慢，其他方法修复也需要大量时间。植物修复还具有比工程方法更经济且对环境友好的优势。放射性核素植物修复的现场试验需要克服一定障碍才能成为一种可行的方法。

植物修复是一个快速发展的领域。过去 5 年，美国、白俄罗斯、乌克兰、英国、南斯拉夫、中国和捷克共和国启动了 20 多个研究项目，其中包括一些放射性核素植物修复的现场应用。尽管植物修复技术还有很多工作要做，但在不久的将来，放射性核素的植物修复将成为环境管理和降低风险过程中不可或缺的一部分。

放射性污染场地的植物修复需要多种植物，恢复区域的原生植物最适合，因为它们投入最少，且不存在生物入侵的威胁。最好使用食草动物不食用的植物，这样放射性核素就不会进入食物链（Entry et al, 1997）。如果该区域内有牲畜放牧，则需要将修复的区域隔离起来（Entry et al, 1999）。

一旦植物用于植物修复，就需要收割，否则放射性核素会随生物质分解而回到土壤中。植物修复最常见的是收获后焚烧植物地上部分，再处理灰烬（Entry et al, 1999）。

在现场进行进一步的恢复。

与其他土壤修复技术相比，植物修复有很多优点。植物修复是原位的，比大多数其他修复技术更易操作、更有经济性。目前需要更多放射性核素植物修复的信息。温室大棚植物修复研究的结果需要在现场测试以确定其有效性。

现场实验应包括添加土壤改良剂增加放射性核素的吸收。此类实验可能需要长期监测，因为放射性核素在户外的吸收可能比室内慢。菌根植物可能成为放射性核素的有效修复策略，并可能对事故污染环境修复大有裨益。

## 参考文献

Bennett R, Willey N. (2002). Soil availability, plant uptake mechanisms and soil to plant transfer of $^{99}$Tc — a review. J Environ Radioact, 65:215-231.

Bunzl K, Trautmannsheimer M, Schramel P. (1999). Partitioning of heavy metals in a soil contaminated by slag: a redistribution study. J Environ Qual, 28:1 168-1 173.

Clemens S, Palmgren M G, Kramer U. (2002). A long way ahead: engineering plant metal accumulation. Trend Plant Sci, 7:309-314.

Clint G M, Dighton J. (1992). Uptake and accumulation of radiocaesium by mycorrhizal and non-mycorrhizal heather plants. New Phytol, 121:555-561.

Cunningham S D, Berti W R. (2000). Phytostabilization of metals. In: Raskin I, Ensley B D (eds). Phytoremediation of toxic metals: using plants to clean up the environment. Wiley, New York: 71-88.

Delvaux B, Kruyts N, Cremers A. (2000). Rhizospheric mobilization of radiocesium in soils. Environ Sci Technol, 34:1 489-1 493.

Dubchak S. (2012). Influence of arbuscular mycorrhizal fungus Glomus intraradices on accumulation of radiocaesium by different plant species. Probl Nucl Power Plants Chernobyl Saf, 19:115-122.

Dulanska S, Remenec B, Matel Ľ, et al. (2012). Rapid determination of $^{239,240}$Pu, $^{238}$Pu, $^{241}$Am and $^{90}$Sr in radioactive waste using combined SPE sorbents AnaLig® Pu02, AnaLig® Sr01 and TRU® resin. J Radioanal Nucl Chem, 293:81-85.

Dushenkov S, Vasudev D, Kapulnik Y, et al. (1997). Removal of uranium from water using terrestrial plants. Environ Sci Technol, 31:468-3 474.

Dushenkov S, Mikheev A, Prokhnevsky A, et al. (1999). Phytoremediation of radiocesium-contaminated soil in the vicinity of Chernobyl, Ukraine. Environ Sci Technol, 33:469-475.

Dushenkov V, Nanda Kumar H P, Motto H, et al. (2002). Rhizofiltration: The use of plants toremove heavy metals from aqueous streams. Environ Sci Technol, 29:1 239-1 245.

Ebbs S D, Brady D J, Kochian L V. (1998). Role of uranium speciation in the uptake and translocation of uranium by plants. J Exp Bot, 49:1 183-1 190.

Echevarria G, Sheppard N I, Morel J. (2001). Effect of pH on sorption of uranium in soils. J Environ Radioact, 53:257-264.

Entry J A, Watrud L S, Manasse R S, et al. (1997). Phytoremediation and reclamation of soils contaminated with radionuclides. In: Kruger E L, Anderson T A, Coats J R (eds). Phytoremediation of soil and water contaminants. Washington, DC, American Chemical Society: 299-306.

Entry J A, Watrud L S, Reeves M. (1999). Accumulation of cesium-137 and strontium-90 from contaminated soil by three grass species inoculated with mycorrhizal fungi. Environ Pollut, 104:449-457.

Fesenko S V, Spiridonov S I, Sanzharova N I, et al. (1997). Dynamics of $^{137}Cs$ bioavailability in soil-plant system in areas of the Chernobyl nuclear power plant accident zone with a different physico-chemical composition of radioactive fallout. J Environ Radioact, 34:287-313.

Fuhrman M, Lasat M M, Ebbs S D, et al. (2002). Uptake of cesium-137 and strontium-90 from contaminated soil by three plant species: application to phytoremediation. J Environ Qual, 31:904-909.

Fulbright H H, Schwirian-Spann A L, Jerome K M, et al. (1996). Status and practicality of detritiation and tritium reduction strategies for environmental remediation. Westinghouse Savannah River Company, Aiken: 1-10.

Galanda D, Matel L, Strisovska J, et al. (2014). Mycoremediation: the study of transfer factor for plutonium and americium uptake from the ground. J Radioanal Nucl Chem, 299: 1 411-1 416.

Gambrell R P. (1994). Trace and toxic metals in wetlands-a review. J Environ Qual, 23:883-891.

Grodzinsky D, Dushenkov S, Mikheev A, et al. (1997). Modification of the soil cesium-137 availability to plants. Dokl Nac Akad Nauk Ukrain, 10:179-182.

Huang J W, Blaylock M J, Kapulnik Y, et al. (1998). Phytoremediation of uraniumcontaminated soils: role of organic acids in triggering uranium hyperaccumulation in plants. Environ Sci Technol, 32:2 004-2 008.

Kabata-Pendias A, Pendias H. (1996). Trace elements in soils and plants. CRC Press, Boca Raton.

Kutlakhmedov Y A, Polikarpov G G, Zotov V P, et al. (1998). Medico-biological consequences of the Chernobyl accident. Medecol, Kyiv.

Lasat M M, Norvell W A, Kochian L V. (1997). Potential for phytoextraction of $^{137}Cs$ from a contaminated soil. Plant Soil, 195:99-106.

Lasat M M, Fuhrmann M, Ebbs S D, et al. (1998). Phytoremediation of a radiocesium-contaminated soil: evaluation of cesium-137 bioaccumulation in the shoots of three plant species. J Environ Qual, 27:165-169.

Lee J H, Hossner L R, Attrep M, et al. (2002). Uptake and translocation of plutonium in two plant species using hydroponics. Environ Pollut, 117:61-68.

Murphy CE Jr. (2001). An estimate of the history of tritium inventory in wood following irrigation with tritiated water. Westinghouse Savannah River Company, Aiken: 1-10.

Negri C M, Hinchman R R. (2000). The use of plants for the treatment of radionuclides. In: Raskin I, Ensley B D (eds). Phytoremediation of toxic metals: using plants to clean up the environment. Wiley, New York: 107-132.

Negri M C, Hinchman R R, Wozniak J B. (2000). Capturing a mixed contaminant plume: tritium phytoevaporation at Argonne National Laboratory's area 319. Argonne National Laboratory, Argonne: 1-7.

Nisbet A F, Shaw S. (1994). Summary of a five-year lysimeter study on the time dependent transfer of $^{137}$Cs, $^{90}$Sr, $^{239,240}$Pu, and $^{241}$Am to crops from three contrasting soil types: distribution between different plant parts. J Environ Radioact, 23:171-187.

Nisbet A F, Woodman R F M. (2000). Soil-to-plant transfer factors for radiocaesium and radiostrontium in agricultural systems. Health Phys, 78:279-288.

Reeves R D, Baker A J M. (2000). Metal-accumulating plants. In: Raskin I, Ensley B D (eds). Phytoremediation of toxic metals-using plants to clean up the environment. Wiley, New York: 193-230.

Salt D E, Pickering I J, Prince R C, et al. (1997). Metal accumulation by aquacultured seedlings of Indian mustard. Environ Sci Technol, 31:636-1 644.

Salt D E, Smith R D, Raskin I (1998). Phytoremediation. Annl Rev Plant Physiol Plant Mol Biol, 49:643-668.

Sanzharova N I, Fesenko S F, Lisyanskii K B, et al. (1997). Forms and accumulation dynamics of $^{137}$Cs in crops after the accident at the Chernobyl nuclear power plant. Pochvovedenie, 2:159-164.

Sasikumar A, Sheela N, Papinazath T. (2003). Environmental management: bioremediation of polluted environment. In: Bunch M J, Suresh V M, Kumaran T V (eds). Proceedings of the third international conference on environment and health, University of York, UK: 465-469.

Shahandeh H, Hossner L R. (2002). Enhancement of uranium phytoaccumulation from contaminated soils. Soil Sci, 167:269-280.

Shahandeh H, Lee J H, Hossner L R, et al. (2001). Bioavailability of uranium and plutonium to plants in soil-water systems and the potential of phytoremediation. In: Gobran G R, Wenzel W W, Lombi E (eds). Trace elements in the rhizosphere. CRC Press, Boca Raton: 93-126.

Shaw G, Wadey P, Bell J N B. (2004). Radionuclide transport above a near-surface water table: IV. Soil migration and crop uptake of Chlorine-36 and Technetium-99, 1990 to 1993. J

Environ Qual, 33:2 272-2 280.

Sheppard M I, Thibault D H. (1990). Default soil solid/liquid partition coefficients, Kds, for four major soil types: a compendium. Health Phys, 59:471-482.

Sorochinsky B V, Mikheev A N, Kuchko M V, et al. (1998). Decontamination of small water reservoirs of the 10-km zone of Chernobyl NPP by rhizofiltration. Problems of Chernobyl Exclusion Zone: 97-102.

Suresh P, Ravishankar G A. (2004). Phytoremediation-A novel and promising approach for environmental clean-up. Crit Rev Biotechnol, 24:97-124.

Suthersan S S, McDonough J. (1996). Remediation engineering: design concepts. CRC Press, Boca Raton.

Timofeeva-Ressovskaia E A, Agafonov B M, Timofeev-Ressovsky N V (1962). On radioisotopes fate in water bodies. Proc Inst Biol, 22:49-67.

Tsao D T. (2003). Overview of phytotechnologies. In: Tsao D T (ed). Advances in biochemical engineering/biotechnology book series, phytoremediation. Springer, 78:1-50.

USEPA. (1999). Phytoremediation resource guide. EPA/542/B99/003 (1999). Available online at http://www.epa.gov/tio.

Vidali M. (2001). Bioremediation an overview. Pure Appl Chem, 73:1 163-1 172.

Willey N J. (2001). Phytoremediation-Solar powered soil decontamination. Biochemist: 18-20.

Zhu Y G, Shaw G. (2000). Soil contamination with radionuclides and potential remediation. Chemosphere, 41:121-128.

# 第 10 章　放射性污染地块的水质净化

Anna V. Voronina, Nickolay D. Betenekov, Vladimir S. Semenishchev

## 1　简介

核武器试验、铀矿、钍矿采矿、核燃料循环、辐射事故、放射性废物沉积等均对环境产生放射性污染。放射性沉降物的种类可能因放射性核素释放的原因和条件而异。放射性核素可立即或通过大气释放到地表水中，还可以从放射性污染的物体（建筑物、道路、森林、土壤等）中冲刷出来。由此引起放射性核素在地表水和地下水的土壤和岩石圈中迁移。

放射性核素释放的灾难性辐射事故导致包括超铀元素和裂变产物在内的人工放射性核素对土地和自然水域造成最严重的放射性污染。与沿海海水相比，河流和湖泊中的水通常受到更高水平的放射性污染。在受放射性污染的土地上，包括饮用水来源在内的自然水体会受到污染。事故发生后的一段时间内，放射性核素会进入地下水。

天然水体放射性污染程度主要取决于放射性排放特征。在 1957 年苏联马雅克（Mayak, PA）核废物库爆炸事故发生之前，装有高放射性废料（HLW）的储罐中含有大约 74 PBq 的核裂变产物（Batorshin and Mokrov, 2013）。相对短寿命的放射性核素在该槽中占主导地位：$^{144}$Ce（66%）、$^{95}$Zr（25%）和 $^{106}$Ru（3.7%）。相比而言，长寿命放射性核素的活度贡献为：$^{90}$Sr 5.4%，$^{137}$Cs 0.35%，Pu 0.0043%。核事故爆炸发生后，主要活度沉降在位于东乌拉尔辐射扩散带的前部的乌鲁斯库湖、贝尔德尼什湖、卡扎库尔湖和阿拉布加湖（Karavaeva et al, 1994；Lagunov and Smagin, 2007）。Smagin（2013）报道了 1957 年 10 月 10 日伯登什湖水的 β 活度为 $5.3\times10^4$ Bq/L，乌鲁斯库尔湖水的活度为 $1.5\times10^5$ Bq/L。

由于切尔诺贝利核事故，将近 7.4 PBq 的放射性核素扩散到自然水域（Israel and Petrov, 1988）。河流和基辅水塘的主要污染是由于挥发性放射性核素和放射性气溶胶的释放造成的；事故发生后一段时间，放射性核素通过雨水从被污染的土壤中释放到河流中。1986 年 7 月，基辅水塘的 $^{137}$Cs 的放射性污染水平为 20 Bq/L；在 1987 年 5 月，污染水平下降到 1 Bq/L（Lattrell, 1993）。

在核燃料再循环工厂影响范围内，天然水体与地下水之间可能存在差异。例

---

A. V. Voronina (✉), N. D. Betenekov, V. S. Semenishchev
乌拉尔联邦大学物理技术学院放射化学与应用生态学系，俄罗斯叶卡捷琳堡（Radiochemistry and Applied Ecology Department, Physical Technology Institute, Ural Federal University，Ekaterinburg, Russia）
e-mail: ndbetenekov@urfu.ru

如，马雅克的影响区包括1948—1952年排入低水平液体放射性废物的捷洽河（Techa River）；自1947年以来一直被用作冷却池的基兹尔塔什湖（V-2）。马雅克核设施的正常运行，大约88 PBq的放射性核素被释放排放到地表水中（Sadovnikov et al, 2002）。1980—1988年，基兹尔塔什湖水中某些放射性核素的活度为：$^{90}$Sr=（200 ± 75）Bq/L、$^{137}$Cs=（150 ± 35）Bq/L、$^{106}$Ru=（200 ± 60）Bq/L、$^{51}$Cr=（250 ± 75）Bq/L（Smagin, 2013）。来自马雅克的中等水平液体放射性废物被排放到卡拉恰伊湖（V-9）。在开发期间，总共有4.6 PBq的$^{90}$Sr、450t的U和1.2 PBq的$^{60}$Co从该湖泊迁移到地下水中（Aleksakkin et al, 2007）。1970—1980年卡拉季湖向地下迁移水体中放射性核素的平均浓度为：$^{90}$Sr=$1 \times 10^6$ Bq/L，$^{137}$Cs=$8 \times 10^5$ Bq/L，$^{106}$Ru=$4 \times 10^6$ Bq/L，$^{60}$Co=$1 \times 10^5$ Bq/L，$^{3}$H=$6 \times 10^5$ Bq/L，U=62 mg /L（Aleksakhin et al, 2007）。自2015年以来，该湖完全被混凝土块和岩石填满，表面没有可见的水。

福岛核事故向环境释放的主要放射性核素$^{137}$Cs和$^{131}$I的剂量分别是100~500 PBq和6~20 PBq（Aleksakhin and Sychov, 2013）。Hamada和Ogino（2012）报道了2011年3月20日在福岛县自来水样品中检测到$^{131}$I活度最大值为965 Bq/L；在东京，自来水样品中$^{131}$I的最大活度是210 Bq/L。北间河、马野河、宁田河、太田河、池田河、Kodaka河、Osami河、同一河和木户河流经福岛县受污染的地区。这些河流系统现在是包括太平洋在内的自然水域的长期二次污染来源（Konoplev, 2016）。污染最严重的Ukeda河流经土壤中$^{137}$Cs活度超过3 000 kBq/m$^2$的土地上。滨海地区和阿布库马河水系的放射性铯浓度在2.0~330 mBq/L（Yoshimura et al, 2015）。

在1949—1989年在塞米巴拉金斯克试验场（Semipalatinsk Test Site，STS）进行核武器试验期间，$2.8 \times 10^{15}$Bq的$^{137}$Cs、$1.7 \times 10^{15}$Bq的$^{90}$Sr和$2.6 \times 10^{13}$ Bq的$^{239,240}$Pu被释放到环境中（Nazarbayev et al, 2016）。STS场区范围内有若干放射性核素浓度升高的区域。特别是在杰格连（Degelen）场地附近的区域水系中发现了浓度偏高的人工放射性核素；平均活度为$^{90}$Sr：$n \times 10^3 \sim n \times 10^5$ Bq/L，$^{137}$Cs：$n \times 10^4 \sim n \times 10^5$ Bq/L，$^{239+240}$Pu：达到$n \times 10^4$ Bq/L，$^{3}$H：达到$n \times 10^5$ Bq/L（Lukashenko, 2016）。在杰格连（Degelen）场地区域内有12条水道；它们都是可被自由取用的水源，可能被人群使用。因此，在与该核试验场相连的水道区域，有必要进行永久性的辐射控制。

天然水受到天然放射性核素的污染是另一个尚未解决的问题。这些天然放射性水可作为饮用水来源。天然放射性核素可能由于自然的地球化学过程或天然放射性物质的人为耗散而出现在天然水体中（规范）。铀的存在通常受到含铀矿物溶解的制约，因为铀通常存在于矿物的晶格中。溶解后的铀在各种化学成分的天然水体中迁移得很快。铀的放射性子体衰变产物通常位于矿物晶格之外；因此，这些子体（如$^{226}$Ra）的传输是由于浸出过程发生的。氡的迁移是由于物理过程调节其从岩石中散发和通过毛细管和裂缝转移而发生的。水体被天然放射性核素污染在世界上很多国家较为典型。在锡尔河（哈萨克斯坦）支流水中，$^{226}$Ra的活度在0.02~53.2 Bq/L，具体取决于位置和季节（Zhanbekov and Mukataeva, 2010；Zhanbekov et al, 2012）。在蒙古西部的吉尔吉斯湖（Khyargas）发现天然放射性核素活度升高，因为该湖由蒙古西部的主要河流札布汗河（Zavkhan）和科布多河（Khovd）提供水源，这些河流流经含铀地区（Isupov et al, 2011）。哈萨克斯坦境内萨瑟克湖（Sasykkol）水中的铀浓度为30 mg/L，活度大约相当于 370 Bq/L（Razykov et al, 2002）。在中国青海和新疆地区的咸水湖中，铀的浓度高达 60 mg/L（活度近 740 Bq/L）（Mingkuan Qin, 2009）。Isupov 等（2014）报道俄罗斯境内无名湖（Bezymyannoye）（俄罗斯 Chuiskaya 河谷）水中的铀含量接近 2.2 mg/L。岩石中铀含量升高也可能导致氡转移到地面空气和地下水中。例如，在斯维尔德洛夫斯克地区（俄罗斯乌拉尔山脉），发现 350 多个天然放射性核素浓度较高的水源。这些水源大多是自流井和泉水。其中一些水源中 $^{222}Rn$ 的活度超过 1 000 Bq/L（Semenishchev et al, 2017）。

铀矿或钍矿的开采和加工通常导致天然放射性核素的人为耗散。以前的或正在运行的铀工厂（矿山、坑、选矿和湿冶厂的工业场地、尾矿库等）是污染天然水体的天然放射性核素的大规模来源。例如，Lauria 和 Godoy（2002）报道，巴西一个独居石浓缩工厂附近泻湖的海水中 $^{228}Ra$ 的活度高达 2 000 mBq/L。

## 2 各种盐含量天然水中放射性核素的去除

解决放射性天然水体的污染净化问题，需要综合考虑放射性核素分配及形态。

目前，吸附法已被广泛应用于除去水中介质污染。它可以批量条件下实现，当吸附剂被添加到水体长期，或在动态条件下使用过滤器或填充吸附材料的吸附柱。吸附材料的多样性使得选择天然水质净化用吸附剂更加复杂。大量的放射性污染水需要使用相对低成本、有效和环保的吸附剂。吸附剂还应具有良好的化学稳定性和机械强度。吸附剂的使用不应导致吸附剂溶解和浸出的产物对水质造成二次污染。天然吸附剂或基于天然材料的吸附剂更适用于天然水体的放射性去除。这些吸附剂与环境兼容，与合成吸附剂相比更环保。

天然铝硅酸盐如斜发沸石、蛭石、沸石等对铯和锶放射性核素具有很高的吸附亲和性，长期以来被成功地用于天然水体的放射性污染清除（Vdovina et al, 1976; Tsitsishvili et al, 1985; Tarasevich, 1996; Dyer et al, 2006）。但由于机械强度低、相对低的选择性、吸附的可逆性，造成水质净化效率较低，并使得难以在动态吸附中应用。

以天然基材和合成基材制备的吸附剂，对不同含盐量天然水体放射性去除有重要研究意义。具体而言，薄层无机吸附剂（TLIS）及表面改性吸附剂可成功应用于该领域。

为了合成 TLIS，将少量可溶性无机化合物的薄膜涂覆在惰性或吸附活性载体上；薄膜应该对核素具有高的选择性（Betenekov et al, 1977、1982）。利用非织布过滤材料，如美国 EMD Millipore 公司生产的聚对苯二甲酸乙二醇酯（NTFM）和聚丙烯膜（MP）及硅酸铝（Voronina, 1995; Betenekov et al, 2004）。只有吸附活性材料才能用于合成表面改性的吸附剂，其中有水合钛和氧化锆（Voronina et al, 2012）、技术纤维素（Voronina et al, 2013a）、铝硅酸盐（Voronina et al, 2013b、2015b）。Voronina 等（2017）报道了合成方法对 TLIS 和基于斜发沸石的表面改性吸附剂结构和吸附特性差异的影响。与颗粒状类似物相比，基于这些载体的吸附剂具有更好的动力学特性和有效的吸附能力；此外，这些吸附剂具有较高的化学、机械和辐射稳定性和良好的选择性。

基于无纺布材料的吸附剂在开发用于净化天然水和饮用水的过滤器方面具有研究意

义。这些吸附剂结合了薄膜的吸附特性和基体材料的环境卫生质量要求。基于膜的过滤器可以保留胶体粒子和悬浮物由于范德华力、静电力、疏水和氢键相互作用。这些膜是理想的 TLIS 载体，因为它们具有化学和热稳定性，具有良好的机械性能，不膨胀和冻结。此外，这些膜作为滤筒可在市场上购买；它们不含有毒成分（与许多有机和无机离子交换剂相比），也不会向溶液中释放任何沉积物。所有这些优点都为膜在水处理系统中的广泛应用提供了条件（Brock, 1987）。采用薄层改性方法，将 Ni、Cu、Zn、Fe、Ti、Mn 氢氧化物和碱盐以及氰化亚铁薄膜涂覆在非织造材料和膜表面。以尿素为沉淀剂合成氢氧化物和碱盐。通过在酸性溶液中还原高锰酸钾制备氢氧化锰薄膜。通过在亚铁氰化钾或磷酸盐溶液中对氢氧化物膜进行化学改性，得到了混合亚铁氰化物和磷酸盐。

使用天然铝硅酸盐（如斜发沸石和海绿石）作为吸附剂基体材料取决于它们对铯和锶的选择性，较高的化学和机械稳定性，低成本和改善浑浊度、颜色、铁和锰离子含量（Kuznetsov et al, 1974）。

## 2.1 淡水中放射性核素去除

表 10-1 显示了自来水中 $^{137}Cs$、$^{90}Sr$ 和 $^{144}Ce$ 放射性核素的分配系数（*Kd*），其中一些 TLIS 基于非织布过滤材料，有望用于生产单个滤水器（IWF）。自来水可以看作是天然淡水的一种类似物。

**表 10-1 部分基于非织造过滤材料的 TLIS 自来水中 $^{137}Cs$、$^{90}Sr$ 和 $^{144}Ce$ 放射性核素的分配系数（pH=7.2 ± 0.2，相接触时间为 60 min）**

| 吸附剂 | *Kd*/(mL/g) 成膜金属 | | |
|---|---|---|---|
| | $^{137}Cs$ | $^{90}Sr$ | $^{144}Ce$ |
| 基于 NTFM（CPF-NTFM）的亚铁氰化铜钾 | $2.1\times10^5$ | $1.6\times10^4$ | $1.0\times10^5$ |
| 基于 NTFM 的亚铁氰化锌钾（ZPF-NTFM） | $1.9\times10^5$ | $1.5\times10^4$ | $7.7\times10^4$ |
| 基于 NTFM 的亚铁氰化镍钾（NPF-NTFM） | $1.5\times10^5$ | $3.5\times10^4$ | $4.6\times10^4$ |
| 基于 NTFM（IH-NTFM）的氢氧化铁 | $7.8\times10^2$ | $3.2\times10^3$ | $7.2\times10^3$ |
| 基于 NTFM（IPF-NTFM）的亚铁氰化铁钾 | $5.6\times10^4$ | $4.2\times10^3$ | — |
| 基于 NTFM（IP-NTFM）的磷酸铁 | $3.4\times10^4$ | $1.2\times10^5$ | $1.6\times10^5$ |
| 基于 NTFM（TH-NTFM）的氢氧化钛 | $1.7\times10^4$ | $3.0\times10^4$ | $9.2\times10^4$ |
| 基于 NTFM 的磷酸钛（TP-NTFM） | $2.9\times10^4$ | $1.2\times10^5$ | $4.6\times10^5$ |
| 基于 NTFM（MD-NTFM）的二氧化锰 | $1.8\times10^4$ | $2.3\times10^4$ | $2.1\times10^4$ |
| 基于 Millipore 膜（MD-MP）的二氧化锰 | — | $1.0\times10^5$ | — |
| 基于 Millipore 膜（MP-MP）的磷酸锰 | — | $2.1\times10^3$ | — |
| 基于 Millipore 膜（IP-MP）的磷酸铁 | — | $7.9\times10^3$ | — |
| 基于 Millipore 膜（IPF-MP）的亚铁氰化铁钾 | $4.0\times10^6$ | — | — |

注：数据引自 Voronina（1996）。

表 10-2 给出了由天然铝硅酸盐制成的吸附剂从自来水中吸附 $^{137}Cs$ 和 $^{90}Sr$ 放射性核素的平衡分配系数。给出了薄层吸附剂 TH-Cl、TP-Cl 和 MD-Cl 及表面改性吸附剂 NPF-Cl、IPF-Cl 和 NPF-GL 的数据。

**表 10-2 基于天然硅铝酸盐的吸附剂吸附 $^{137}Cs$ 和 $^{90}Sr$ 放射性核素的平衡分配系数（自来水，阶段接触时间为 7 天）**

| 吸附剂 | *Kd*/(mL/g) | | 参考文献 |
|---|---|---|---|
| | $^{137}Cs$ | $^{90}Sr$ | |
| 基于斜发沸石（TH-Cl）的氢氧化钛 | $1.3 \times 10^4$ | $3.5 \times 10^3$ | Voronina（1995、1996） |
| 基于斜发沸石（TP-Cl）的磷酸钛 | — | $4.7 \times 10^3$ | Voronina（1996） |
| 基于斜发沸石（MD-Cl）的二氧化锰 | — | $7.0 \times 10^3$ | Voronina（1996） |
| 基于斜发沸石的亚铁氰化镍钾（NPF-Cl） | $1.0 \times 10^7$ | $7.9 \times 10^3$ | Voronina 等（2015a、b） |
| 基于斜发沸石（IPF-Cl）的亚铁氰化铁钾 | $7.9 \times 10^4$ | — | Voronina 等（2015b） |
| 基于海绿石的亚铁氰化镍钾（NPF-Gl） | $1.0 \times 10^5$ | $1.0 \times 10^2$ | Voronina 等（2015a、b） |

表 10-3 显示了基于载体的各种吸附剂从自来水中吸附天然放射性核素的平衡分配系数。所有关于镭和铅吸附的数据都是首次公布，给出了铀和钍的分配系数。对某些材料对天然放射性核素的吸附性能研究结果表明，NPF-Cl、TH-Cl 和 TP-Cl 是分离天然水中铀和钍的最有效的无机吸附剂。将 TH-Cl 吸附剂化学改性为 TP-Cl 吸附剂，可以提高铀的分配系数和静态交换容量；这些吸附剂的交换容量分别为 28.9 mg U/g 和 41 mg U/g。MD-MP 和 TH-Cl 吸附剂对镭和铅的选择性最高。

**表 10-3 自来水中天然放射性核素吸附的平衡分配系数（阶段接触时间为 7 天）**

| 吸附剂 | *Kd*/(mL/g) 吸附剂 | | | | 参考文献 |
|---|---|---|---|---|---|
| | U | Ra | Pb | Th | |
| MD-MP | — | $2.7 \times 10^4$* | $3.1 \times 10^4$* | — | 未发表的数据 |
| MD-NTFM | — | $6.7 \times 10^3$* | $3 \times 10^3$* | — | 未发表的数据 |
| TH-Cl | $3.5 \times 10^3$ | $7.3 \times 10^2$<br>$1.8 \times 10^4$* | $9 \times 10^2$<br>$2.2 \times 10^4$* | $3.7 \times 10^3$ | Betenekov 等（2001） |
| TP-Cl | $4.5 \times 10^3$ | — | — | — | Betenekov 等（2001） |
| NPF-Cl | $9.6 \times 10^5$ | — | — | — | Malikova 等（2017） |
| NPF-Gl | $3.5 \times 10^3$ | — | — | — | Malikova 等（2017） |

注：*mL/g 成膜金属。

值得一提的是斜发沸石改性吸附剂具有一种具有高选择性和高吸附容量的多功能吸附剂，适用于铯、锶、铀、钍、镭、铅及其他放射性核素的吸附去除。

## 2.2 海水中放射性核素的去除

与放射性污染的淡水净化相比，高矿化水（例如海水）放射性去除难度较大。由于竞争效应，升高的 $Na^+$、$K^+$ 和 $Ca^{2+}$ 浓度抑制铯和锶放射性核素的吸附。高浓度和多种阴离子（如 $Cl^-$、$HCO_3^-$、$SO_4^{2-}$、$SiO_3^{2-}$ 等）在高度矿化的水体条件下，有多种多样的放射性核素形态。改性铝硅酸盐 NPF-Cl 和 NPF-Gl 对海水中的铯、锶放射性核素有较好的污染清除效果。这些吸附剂对铯和锶放射性核素具有很高的交换容量 [NPF-Cl 和 NPF-Gl 吸附剂对铯的交换容量高达（402 ± 28）mg/g 和（211 ± 15）mg/g，锶（560 ± 39）mg/g 和（37 ± 4）mg/g] 和这些放射性核素在模拟离子存在下的高分配系数（Kulyaeva and Voronina, 2015）。NPF-Cl 和 NPF-Gl 吸附剂在模拟海水中的铯分配系数分别为 $5.0 \times 10^4$ L/kg 和 $3.0 \times 10^4$ L/kg。

# 3 放射性污染土地的饮用水净化

放射性核素污染饮用水的净化问题，可出现于严重辐射事故后，又可能出现于氡危险区域。第一种情况下，饮用水会受到裂变物质（铀和钚）、裂变产物（$^{137}Cs$、$^{90}Sr$、$^{144}Ce$ 等）和活化产物（$^{3}H$、$^{60}Co$ 等）的污染；而在第二种情况下，饮用水会含有天然的放射性核素，如 $^{238}U$、$^{226}Ra$ 和其短寿命衰变产物。

长寿命裂变产物 $^{137}Cs$ 和 $^{90}Sr$ 是在切尔诺贝利和克什蒂姆核事故之后，影响俄罗斯广大地区长期污染的主要放射性核素。在福岛核事故中，日本领土的污染主要是由 $^{137}Cs$ 造成的。每个国家都有自己的饮用水中的放射性核素活度允许水平。

在事故发生后的第一时间可以接受临时允许水平。表 10-4 概述了由于放射性核素释放而受到污染的几个国家的饮用水中放射性核素的最大允许活度。可以看出，允许的活度在事故发生后显著增加，然后在事故发生后的几年内下降。

直到 1990 年，苏联公共卫生部在 1986—1987 年间通过的苏联法规在乌克兰和白俄罗斯领土上仍然有效（Kenigsberg, 2008）。1990 年大幅提高了限制条件。提高饮用水质量以符合法规要求是减少放射性污染土地上公众剂量的主要任务之一。

**表 10-4 饮用水中放射性核素的最大允许活度**

| 国家 | 放射性核素 | 放射性核素的允许活度水平 / (Bq/L) | 监管类型 | 参考文献 |
| --- | --- | --- | --- | --- |
| 俄罗斯（苏联） | $^{137}Cs$ | 370 | 临时，“VDU-86”，（30.05.86）[a] | Onischenko（2009） |
| | | 18.5 | 临时，“VDU-91”（22.01.91） | Onischenko（2009） |
| | | 11 | 永久的 | NRB-99/2009 |

续表

| 国家 | 放射性核素 | 放射性核素的允许活度水平 / (Bq/L) | 监管类型 | 参考文献 |
|---|---|---|---|---|
| 俄罗斯（苏联） | $^{90}$Sr | 0.37 | 临时，“VDU-91”（22.01.91）[b] | Onischenko（2009） |
| | | 4.9 | 永久的 | NRB-99/2009 |
| | $^{238}$U | 3.0 | 永久的 | NRB-99/2009 |
| | $^{226}$Ra | 0.49 | 永久的 | NRB-99/2009 |
| | $^{226}$Rn | 60 | 永久的 | NRB-99/2009 |
| 日本 | 放射性碘 | 300 | 临时（17.03.2011） | Onischenko（2012） |
| | 钚和其他超铀元素 | 1 | | |
| | 铯放射性核素 | 200 | | Akahane 等（2012a）、MHLW（2011a），Aleksakhin 和 Sychev（2013） |
| | 铀同位素 | 20 | | |
| 白俄罗斯 | $^{137}$Cs | 18.5 | 永久的，“RDU-96” | 肯尼斯堡（2008） |
| | | 10 | 永久的，“RDU-99” | RDU-99（2006 年修订版） |
| | $^{90}$Sr | 0.37 | 永久的，“RDU-96” | Kenigsberg（2008） |
| | | 0.37 | 永久的，“RDU-99” | RDU-99（2006 年修订版） |
| 乌克兰 | $^{137}$Cs | 2 | 永久的 | Kenigsberg（2008） |
| | $^{90}$Sr | 2 | 永久的 | |
| 哈萨克斯坦 | $^{137}$Cs | 11 | 永久的 | GN-2015 |
| | $^{90}$Sr | 4.9 | | |
| | $^{238}$U | 3 | | |
| | $^{226}$Ra | 0.49 | | |
| | $^{239}$Pu | 0.55 | | |

注：a）引自 1986 年 5 月 30 日，苏联，只控制了总的 β 活度；因此，VDU-86 法规仅限制总 β 活度，而后来的 VDU 限制了饮用水中的铯活度；
b）$^{90}$Sr 直到 1991 年才被控制（Onischenko, 2009）。

## 3.1　使用当地设施净化饮用水

发生辐射事故后，附近居民接受了更高剂量的内照射。为居民提供单独的水过滤器

（IWF），为水处理厂提供集体水过滤器（CWF），可以消除受污染土地上饮用水中的放射性核素，从而最大限度地减少饮用水中放射性核素的影响。在饮用水通常含有高活度天然放射性核素的氡危险区域建立本地系统以使饮用水放射性去除有助于降低内照射剂量率。

可以使用吸附材料开发用于净化饮用水的IWF和CWF。开发这些过滤器需要对吸附系统中的放射性核素行为进行深入研究，同时考虑它们的浓度、形态及水的成分和参数。过滤器中使用的吸附剂应有效浓缩放射性核素，具有扩展资源，并且不应降低饮用水的质量。放射性核素可能以水合阳离子、络合离子和放射性胶体的形式存在于饮用水中。放射性核素形态的多样性将影响吸附剂的选择。

去除饮用水放射性的过滤器应具备将广谱放射性核素与大量水分离的能力。另一个有前景的研究主题是建立一个复杂的系统，既能去除水中放射性，又能改善其他水质指标。IWF的卫生认证是研发过程中必要的最后阶段。

### 3.1.1 用于去除饮用水中放射性核素的单独用和集体用的过滤器

利用以上几种吸附剂，分别制备个体用水过滤器。并对这些过滤器进行寿命比较实验。具有基于非织造过滤材料和改性斜发沸石的薄层无机吸附剂的IWF由乌拉尔联邦大学放射化学和应用生态学主席（UrFU，原乌拉尔国立技术大学放射化学主席）开发。Voronin（1996）报道了IWF开发和寿命测试的结果。

彼尔姆州立技术大学（PSTU）研究小组开发的过滤器及Millipore（美国）和Compomet Cantec（苏联/加拿大）公司生产的商用过滤器在相同条件下进行了测试以进行比较。测试的10个IWF内容和主要特点介绍如下：

**IWF-1**：ISM-S吸附剂（由PSTU化学系开发）和BAU-A活性炭的混合物用作该过滤器中的活性材料。ISM-S吸附剂是氧化锰的衍生物，含有 $(Na,K) \cdot x \cdot M_nO_y$ 化学成分，其中 $x=0.25 \div 0.3$ 和 $y=1.9 \div 2.1$，含水率高达20%。ISM-S吸附剂能选择性吸附放射性核素锶；过滤器包含800 $cm^3$ 的ISM-S吸附剂和400 $cm^3$ 的BAU-A活性炭。

**IWF-2**：过滤器包含1 L由PSTU开发的两种吸附剂、BAU-MF活性炭和FCU吸附剂等质量的混合物。FCU吸附剂的质量为150 g。FCU吸附剂是由混合的亚铁氰化铜钾（4.1%）和亚铁氰化铁（2.0%）浸渍的BAU-MF活性炭。活性成分的质量分数约为11%~12%。FCU吸附剂能选择性吸附放射性核素铯。

**IWF-3**：过滤器有ISM−S吸附剂（800 $cm^3$）、FCU吸附剂（400 $cm^3$）和BAU−A活性炭（少量添加）混合组成。这种组合过滤器用于去除饮用水中的铯和锶。

**IWF-4**：Rosa-1过滤器由苏联-加拿大合资公司Compomet Cantec生产。根据产品说明书，过滤器包含用银浸渍的活性炭，并添加了亚铁氰化物吸附剂。该过滤器用于净化去除家用水中各种污染物，包括铯、锶和其他重金属的放射性同位素。该过滤器可净化3100 L的水。

**IWF-5**：该水质净化系统由两个连接的过滤器组成，第一个过滤器包含活性炭；第二个包含由USTU放射化学主席开发的TH-Cl吸附剂。TH-Cl吸附剂是一种薄层吸附剂，由天然斜发沸石和薄层氢氧化钛组成。该吸附剂对锶、铯、稀土元素、铀和钚的放射性核素具有选择吸附性。因此，过滤系统提供了两个水处理阶段：生物净化发生在第一阶段，污染清除发生在第二阶段。该系统包含 1 000 $cm^3$ 的 TH-Cl 吸附剂和 240 $cm^3$ 的活性炭。

**IWF-6**：美国 Millipore 公司生产的筒式过滤器。过滤器的有效成分是聚丙烯膜，平均孔径为 0.5 μm。该过滤器可对水中的微生物、胶体颗粒和悬浮物进行深度净化。

**IWF-7**：美国 Millipore 公司生产的筒式过滤器由 USTU 放射化学分会主席升级改造。在聚丙烯膜上涂有一层薄薄的亚铁氰化铁钾，平均孔径为 0.5 μm，以使能够选择性吸附放射性核素铯。机械过滤器和吸附活性膜的组合提供了分离以溶解和胶体形式存在的放射性核素的可能性。

**IWF-8**：这是由美国 Millipore 公司生产的聚丙烯膜、覆有亚铁氰化铁钾膜（与 IWF-7 相同）和 TH-Cl 吸附剂组成的组合过滤系统。IWF-8 由 USTU 放射化学主席开发，用于去除饮用水中的天然（铀）和人为（铯、锶、稀土元素和钚）放射性核素及重金属、胶体和悬浮物。

**IWF-9**：这种组合过滤系统由美国 Millipore 公司生产的聚丙烯膜和 MDNTFM 吸附剂组成，其上面涂有氢氧化锰薄膜。氢氧化锰薄膜能选择性吸附放射性核素锶。该过滤器由 USTU 放射化学主席开发。

**IWF-10**：这种组合过滤系统由美国 Millipore 公司生产的聚丙烯膜、涂有氢氧化锰膜的聚丙烯膜和 TH-Cl 吸附剂组成。IWF-10 由 USTU 放射化学主席开发，用于去除饮用水中的天然（铀、钍、镭、铅）和人为（铯和锶）放射性核素以及重金属、胶体和悬浮物。

### 3.1.2 过滤器寿命测试方法

有必要开发用于 IWF 使用寿命测试的专用方法，该方法考虑饮用水中矿物质和放射性核素成分影响因素。处理前初始饮用水的低活度水平（5~500 Bq/L）和处理后水中放射性活度显著降低，使得伽马光谱仪由于其较低的灵敏度而不得直接测量。纯 β 发射放射性核素的测量更加复杂。从有限体积的水中单次测定放射性核素吸附程度不能用作过滤器质量评价的可靠指标。

通过 IWF 去除 $^{137}Cs$ 和 $^{90}Sr$ 放射性核素是在迎头色谱条件下进行的。可以使用保留体积的值对过滤器净化能力进行近似的初步评估。吸附剂穿透浓度显示的过滤后水的体积，即经过可靠实验评估的过滤器净化能力。（Betenekov et al, 1977）。

通过式（10-1）可以计算在平衡吸附动力学条件下，迎头色谱的保留体积 $V_{mR}$ 值：

$$V_{mR} = V_m + Kdm_c \tag{10-1}$$

式中 $V_m$——柱的自由体积（柱中水相的体积），L；

$m_c$——吸附剂质量，kg；

$Kd$——分配系数，L/kg。

在 1986 年切尔诺贝利灾难后的第一阶段，通过实验在 Pripyat 河（高达 1 000 Bq/L）或 Kiev 水池（高达 100 Bq/L）中发现放射性核素的活度（Kryshev et al, 1991）可以作为可能的受污染饮用水的初始活度（A0）。根据与 NRB-99/2009 类似的永久性法规[$^{137}Cs$ 11 Bq/L（NRB-99/2009）]或如 VDU 临时法规规定的饮用水中放射性核素的最大允许活度限值，可用作去除放射性后水合理的阈值活度限值（$A_b$）。因此，在紧急情况下，IWF 应使水中的放射性核素活度降低 1~2 个数量级（污染清除因子应至少为 10~100）。

在我们的实验中，处理前水中放射性核素的初始活度被接受为 3 000 Bq/L。最初，建议仅通过过滤器处理人为添加 $^{137}Cs$ 或 $^{90}Sr$ 核素的自来水。但是，根据式（10-2）计算表明，在 $V_{mR}=1.5\times10^4$ L 和过滤器中吸附剂质量 $m$=0.5 kg 的情况下，实验结束时过滤器的活度应高达 $9\times10^7$ Bq/kg。

$$A_{\text{m}} = m^{-1}\cdot A_{V(0)}\cdot V_{\text{mR}} \tag{10-2}$$

过滤器的非常高的活度会使人员的操作复杂化，并且需要防护罩来降低外照射剂量率。由于上述计算中使用了实际活度，这些计算表明，在紧急情况下，消耗的 IWF 将成为消费者（公众）外照射的额外来源。因此，需要防护罩以及正式收集和处理（或再生）用过的 IWF。

为了消除上述问题，使用了另一种过滤器寿命测试方法（Voronina, 1996）。该方法基于交替加载加标和未加标的水。使用这种方法可以将用过的过滤器的活度降低一个数量级（Betenekov et al, 2006）。在测量之前从初始水和过滤水中预浓缩放射性核素，可以在水的活度较低的情况下进行实验。

在过滤器性能测定实验中，10 L 加标自来水通过过滤器，流量为 10 L/h。加标水含有 $^{137}Cs$ 和 0.1 mg/L 稳定锶同位素和 / 或 $^{90}Sr$ 和 0.1 mg/L 的稳定锶同位素。然后通过 IWF 加载 200 L 仅含有稳定铯和 / 或锶的未加标自来水，然后加入新的 10 L 加标自来水。重复这些循环，直到滤液中的放射性核素达到预定的阈值活度。根据放射性示踪法的原理（Lukyanov et al, 1985），一种化学元素的化学行为，包括其吸附程度，对于该元素的稳定同位素和放射性同位素来说是相同的。因此，加标和未加标的水对铯或锶的吸附应该相同。根据 Kulsky 等的说法（1980），天然饮用水分别含有 $10^{-6}$~$10^{-4}$ 和 $10^{-5}$~1 mg/L 的稳定铯和锶。柱实验结果表明，用这种方法实验确定的过滤器的性能与仅加载加标溶液确定的值完全一致（Voronina, 1996）。

加载加标水后的滤液被收集到 10 L 容器中，以便使用基于放射性核素在选择性吸附剂上预浓缩的放射化学分析方法来分析 $^{137}Cs$ 和 / 或 $^{90}Sr$ 的活度。从水溶液中快速定量分离放射性核素的方法（Betenekov et al, 1979；Betenekov and Egorov, 1997）用于分析饮用水样品。最初的水或滤液通过两个带有吸附剂 NPF-C 和 KU-2 的连续 40 mL 吸附柱加载，以预浓缩放射性核素。NPF-C 吸附剂对 $^{137}Cs$ 具有选择吸附性，而 KU-2 吸附剂是一种强酸性阳离子交换树脂，可分离 $^{90}Sr$。预浓缩后，将吸附剂从柱中提取出来，干燥并测量。NPF-C 是在 NaI（Tl）63 × 63 闪烁伽马光谱仪 AMA03F 上测量的；使用低背景 β 辐射计测量 KU-2 吸附剂。标准样品（40 mL 已知活度的吸附剂）和吸附剂的纯样品分别用于测定计数系数和背景计数率。在制备放射性吸附剂标准样品和加标水样品时，标准 $^{137}Cs$ 和 $^{90}Sr$ 溶液的体积相等。标准样品中吸附剂的重量也与实验柱中使用的相同。

测量具有已知活度的吸附剂（$A_{\text{st}}$, Bq）的标准样品的计数率（$I$, $S^{-1}$）。根据式（10-3）计算标准样品自身计数率（$I_{\text{st}}$，$S^{-1}$）：

$$I_{\text{st}} = I - I_{\text{b}} \tag{10-3}$$

式中：　$I_b$——纯吸附剂的本底计数率（该值考虑到纯吸附剂中可能存在的放射性），$S^{-1}$。

计数系数 $K_{count}$ 根据式（10-4）计算：

$$K_{count} = I_{st} / A_{st}，每次衰变计数 \quad (10\text{-}4)$$

计数系数的实验确定值为：

$K_{count}^{NPF-C}$=（0.041 ± 0.002）每次衰变计数，$K_{count}^{KU-2}$=（0.104 ± 0.005）每次衰变计数。

此外，还测定了 $^{137}Cs$ 和 $^{90}Sr$ 放射性核素（Y）在 NPF-C 和 KU-2 吸附剂上吸附过程中的化学产率。

利用吸附过程中放射性核素的计数系数和化学产率值，计算每个采样点的滤液活度值（$A_f$）、$^{137}Cs$ 和 $^{90}Sr$ 的吸附度 ($S$) 和去污因子（$D$）。

滤液活度（Bq）考虑到核素产额的值，根据式（10-5）计算：

$$A_f = I_c / \left(K_{count} \cdot S\right) \quad (10\text{-}5)$$

其中，$I_c$=$I$-$I_b$ 为浓缩物（核素预浓缩后的 NPF-C 或 KU-2 吸附剂）扣除本底计数率 $I_b$ 后的计数率。

计算 IWF($S$) 对放射性核素的吸附程度，根据式（10-6）：

$$S = \left(A_0 - A_f\right) / A_0 \quad (10\text{-}6)$$

式中：　$A_0$——$A_{V(0)} \cdot V$；

　　　$A_f$——$A_{V(f)} \cdot V$；

　　　$V$——水样的体积。

计算 IWF 饮用水去活化过程的去污因子（$D$），根据式（10-7）：

$$D = A_0 / A_f \quad (10\text{-}7)$$

根据所述方法，对各机构生产的单个滤水器进行了寿命测试。

### 3.1.3　各种过滤器的对比测试结果

（1） IWF 对饮用水中人工放射性核素去除的寿命试验结果

表 10-5 给出了一些单个过滤器的寿命测试结果。给出了处理水的第一部分和最后一部分的吸附度和去污因子的值。

去污因子至少为 10，这是 IWF 成功运行的一个准则。IWF-8 和 IWF-5 从第一批饮用水中去除锶的效果最好。发现 IWF-8 的净化能力为 4 000 L；而对于 IWF-5，去污因子不低于 10 的工作资源只有 2 000 L。IWF-1 和 IWF-3 对含锶水也表现出较高的去污因子；其净化能力大约是 IWF-4 净化能力的两倍。然而，使用这些过滤器导致前 100 L 滤液的 pH 升高到 9 甚至更高，这使得这种水不适合饮用。

IWF-2、IWF-3、IWF-5、IWF-7、IWF-8 和 IWF-10 过滤器表现出与 $^{137}Cs$ 和净化能力有关的高去污因子。即使在表 5 中提到的核素加载之后，这些 IWF 也没有耗尽其容量；因此，只确定了最低限度的净化能力。

IWF-5 是一个过滤系统，由两个按顺序组装的过滤器组成。实验中使用的方法不允许评估每个过滤器的吸附特性；因此，只有他们共同工作的结果。因此，经过实验，将用过的过滤器拆开，并在 β 辐射计和 γ 光谱仪上测量活性炭样品。

**表 10-5　用于去除放射性核素饮用水污染的单个过滤器的寿命测试结果**

| 序号 | IWF 类型（生产者） | 装水量/L | 吸附度（$S$） | | 去污因子（$D$） | |
|---|---|---|---|---|---|---|
| | | | Sr | Cs | Sr | Cs |
| 1 | ISM-S（PSTU） | 4 000 | >0.99 ÷ 0.94 | — | 162 ÷ 17 | — |
| 2 | FCU（PSTU） | 4 000 | — | 0.99 ÷ 0.98 | — | 237 ÷ 44 |
| 3 | ISM-SþFCY（PSTU） | 3 800 | ≫0.99 ÷ 0.93 | 0.99 ÷ 0.97 | 142 ÷ 15 | 114 ÷ 39 |
| 4 | “Rosa”（“Kompomet Cantec”） | 800 | 0.23 ÷ 0.04 | 0.77 ÷ 0.64 | 1.3 ÷ 1.04 | 4.3 ÷ .8 |
| 5 | TH-Cl（USTU*） | 2 060 | >0.99 ÷ 0.90 | 0.99 ÷ 0.94 | 1000 ÷ 10 | 100 ÷ 17 |
| 6 | 聚丙烯过滤器（“Millipore”） | 1.0 | 0.27 | 0.1 | 1.4 | 1.1 |
| 7 | IPF-MP（USTU） | 4 150 | — | 0.97 ÷ 0.91 | — | 33 ÷ 11 |
| 8 | IPF-MP + TH-Cl（USTU） | 4 000 | ≫0.99 ÷ 0.90 | 0.99 ÷ 0.94 | 1000 ÷ 10 | 1000 ÷ 17 |
| 9 | MD-MP + MDNTFM（USTU） | 260 | 0.96 ÷ 0.02 | — | 27 ÷ 1.0 | — |
| 10 | MD-MP + THCl（USTU） | >2 100 | 0.98 ÷ 0.93 | ≫0.99 ÷ 0.91 | 48 ÷ 5.0 | 1000 ÷ 11 |

注：数据引自 Voronina（1996）和 Betenekov et al（2004）。

研究表明活性炭对 $^{90}$Sr 完全不存在吸附作用。活性炭中 $^{137}$Cs 的活度是通过过滤器加载的水的总活度的 0.1%。因此，观察到的 IWF-5 的高去污因子值仅取决于 TH-Cl 吸附剂的存在。活性炭不吸附铯和锶；它只是起到生物净化过滤器的作用。

IWF-4 的特性明显低于该过滤器技术表中所示的特性。如表 10-5 所示，IWF-4 对铯和锶的最大去污因子分别低至 4.3 和 1.3。

正如预期的那样，未经处理的 Millipore 过滤器（IWF-6）和亚铁氰化铁钾薄膜改性的 Millipore 过滤器（IWF-7）的去污因子和吸附程度显著不同。IWF-6 仅提供机械去污，从而消除胶体颗粒和悬浮物质；去污因子和分离度的值较低：铯的 $D$=1.1（$S$=0.1），锶的 $D$=1.4（$S$=0.27）。由于溶解性的放射性核素的额外吸附（见表 10-5），过滤器表面上的吸附活性膜的存在允许保留 96%~97% 的活性。因此，膜过滤器（如 IWF-6）适合作为初步机械过滤器，用于去除胶体颗粒和悬浮物；然而，它们作为单独的过滤器不能有效用于水的净化，因为它不能达到所选标准（D≥10）。

IWF-8 和 IWF-10 是多用途过滤器，用于去除饮用水中天然和人工放射性核素的污染。这些过滤器可以净化 4 000 L 饮用水中的铯或 2 000 L 饮用水中的铯和锶。IWF-10（2 100 L）的净化量是一个被低估的值，因为我们没有完全耗尽该过滤器的交换容量。IWF-8 和 IWF-10 能够分离溶解的放射性核素和放射性胶体。

过滤器的寿命测试结果证实了开发的饮用水净化方法的有效性，并证实了净化能力评估和使用 PSTU、USTU（UrFU）开发过滤器去除饮用水中放射性核素铯和锶的现实可能性。

此外，在实验中根据流量的变化评估了过滤器的液压阻力的变化。经测定，含有基于非织造材料的 TLIS 的 IWF-7、IWF-8、IWF-9 和 IWF-10 过滤器的液压阻力保持不变。对于 IWF-1、IWF-2 和 IWF-5 过滤器，水力阻力随着水负荷的增加而增大；这可能是由于 TH-Cl 吸附剂颗粒的机械磨损导致细小部分的出现或 ISM-S 和 FCU 吸附剂的聚集。

（2） 对含有天然放射性核素的饮用水净化过滤器中吸附剂使用的评估

TLIS 合成的先进技术允许对各种过滤膜进行改性，使其对放射性核素具有选择吸附性。没有进行用于分离天然放射性核素的过滤器的寿命试验。研究了使用由滕卓股份公司（独杜布纳，俄罗斯）生产的未经处理和改进的 Crystallic FB−2 过滤器对铯、锶、铋和铅的吸附。滤水器用于去除水中的胶体、悬浮物和氢氧化铁，降低水的浑浊度、颜色和硬度。过滤器的平均孔径为 5 μm。以二氧化锰（MD）、亚铁氰化钾（IPF）、氢氧化铁（IH）和磷酸铁（IP）膜为原料，对 Crystallic FB-2 过滤器进行化学改性。为了进行比较，将平均孔径为 0.5 μm 的微孔过滤器组装在同一个容器中。将 700 mL 含有 $^{137}Cs$、$^{90}Sr$ 或 $^{222}Rn$（放射性核素子体 $^{214}Pb$ 和 $^{214}Bi$）通过过滤器净化过滤。放射性核素的活度如下：$^{137}Cs$ 和 $^{90}Sr$=37 000 Bq/L, $^{214}Pb$=417 Bq/L, $^{214}Bi$=486 Bq/L 用半导体伽马能谱仪测定了含铯、铋和铅的水样；锶是在低本底半导体辐射计 UMF-1500 上测量的。根据测量结果，计算了放射性核素的吸附度，同时考虑了 $^{214}Pb$ 的衰减和 $^{214}Bi$ 的增长。结果见表 10-6。

**表 10-6　单个滤水器对放射性饮用水的去污试验结果**

| IWF 类型 | 吸附率（$S$）/% | | | |
|---|---|---|---|---|
| | 铯 | 锶 | 铋 | 铅 |
| MP | — | — | 7 | 8.7 |
| Crystallic FB-2 | 13 | 20 | — | — |
| IPF-K | 85 | 4 | 52.8 | 81.5 |
| IH-K | — | — | 83.9 | 73.2 |
| IP-K | 12 | 9 | — | — |
| MP | 61 | 50 | 69.6 | 67.3 |

表 10-6 显示，MP 和 Crystallic FB-2 过滤器对水的净化作用是由于胶体和悬浮物的机械分离。晶体 FB-2 过滤器的孔隙比密孔膜大 10 倍；因此，它不提供尺寸小于 1 μm 的含铅、铋放射性核素的放射性胶体的滞留。这些过滤器经 TLIS 化学改性后，针对铯、锶、铅、铋的选择性得到增强。

显然，将天然放射性核素从高分配系数的淡水中分离出来的吸附剂（见表 10-3）可以成功地用于单独的净水过滤器，以净化饮用水。在这种情况下，应考虑到以放射性胶体形式出现的放射性核素。因此，过滤系统应结合膜和吸附去污步骤。这些过滤系统可以采用 TLIS 改性膜或与改性硅酸铝复合膜（或改性膜）。

#### 3.1.4 过滤器卫生鉴定和处理过放射性水处理的废过滤器处置

由于过滤器中吸附剂的失活，含有吸附剂的过滤器可能成为化学制剂污染饮用水的来源。因此，需要对用于饮用水体净化的过滤器（或吸附剂）进行卫生鉴定。

有必要特别注意官方收集废 IWF 的问题及其再生和再利用的可能性。用过的 IWF 可以被认为是低放甚至中放的固体放射性废物，因此它将成为对用户造成外辐射的额外来源。因此，有必要建立一个官方系统来收集用过的 IWF，并进一步处置或再生利用。在最后一种情况下，IWF 再生后的放射性溶液也应进行处理、固化和处置。再生的 IWF 可以再次出售以供重复使用。

在使用 IWF-1、IWF-2、IWF-3、IWF-4 水过滤器的情况下，吸附材料的更换或再生是不可能的。因此，在过滤器吸附放射性核素饱和后，用户可能会接受增加的外照射剂量。Voronina（1996）研究了一些含有 $^{137}Cs$ 和 $^{90}Sr$ 的废 IWF 的再生过程。装有 TH-Cl 吸附剂（IWF-5）的过滤器是用硝酸铵溶液再生。再生后 IWF-5 过滤器中 TH-Cl 吸附剂的残留活度为 $6.7 \times 10^5$ Bq/kg。再生后，同样的含有 $^{137}Cs$ 和 $^{90}Sr$ 的水再次通过 IWF-5 过滤器。吸附开始时对水中的铯和锶的吸附率分别为 98% 和 97%。这一事实表明 IWF-5 过滤器在再生后可以多次重复使用。

采用氢氧化钠溶液对废 IWF-7 进行再生。近 90% 放射性核素被脱附至 7 倍吸附层体积（B.V.）的溶液中。过滤器的剩余活度为再生前过滤器活度的 0.3%。采用盐酸溶液对 IWF-10 进行再生，4 倍吸附层体积（B.V.）的脱附率为 90%。

### 3.2 水厂饮用水的大规模去活化

要建立完整的保护措施体系来阻止放射性核素向饮用水迁移。切尔诺贝利核事故后，1986—1987 年冬季，为了防止基辅水塘在融雪期受到污染，修建了一个过滤坝系统（Lattrell, 1999）以减少自来水厂水源的污染。

通常一些城市的水厂将天然铝硅酸盐装入吸附柱中用于净化饮用水。核事故发生后，当饮用水中出现放射性核素时，这些吸附柱被用于去除放射性。上述基于天然铝硅酸盐的改性吸附剂也可用于水处理厂饮用水的大规模去除放射性。吸附剂可以装入比单独和集体过滤器尺寸更高的吸附柱中。但是，在使用这些柱时，还需要解决人员的辐射安全问题和废旧吸附柱的进一步处理问题。

## 4 结论

以非织造材料为原料，铝硅酸盐为改性吸附剂，可以对多种含盐量下放射性水进行去污处理。它们可以消除海水及淡水（含饮用水）中自然及人工放射性核素。这些吸附剂的各种放射性核素的典型分配系数从 $n \times 10^3 \sim n \times 10^5$ L/kg 不等。吸附剂具有高交换容量、化学稳定性、机械强度和环境安全性。使用吸附剂研发了用于净化放射性饮用水的过滤器；对这些过滤器进行了寿命测试。实验表明，该过滤器的净化性能超过 4 000 L，而去污因子仍在 10 以上。基于天然的改性吸附剂铝硅酸盐（斜发沸石和海绿石）也可用于天然水体的净化、保护水坝和地球化学屏障的建立以及水处理厂的水体净化。

严重辐射事故的经验表明，在受放射性污染的土地上，必须为人类提供优质饮用水。因此，有必要建立 IWF 的缓冲库存，用于在紧急情况下饮用水处理。在 IWF 的潜在消费者中，有民防部门、应急部、核燃料循环企业、水处理厂和其他对当地饮用水去污和去污化系统感兴趣的组织。国家监管部门应加以解决含有放射性核素的废旧 IWF 的官方收集与处理（或循环再利用）的问题。

另外，氡危险地区采用 IWF 来消除饮用水天然放射性核素，可以减少因饮用受污染的水而受到的内照射剂量。

## 参考文献

Akahane K, Yonai S, Fukuda S, et al. (2012). The Fukushima nuclear power plant accident and exposures in the environment. Environmentalist, 32:136-143.

Aleksakhin R M, Sychev V G. (2013). Radioecological aspects of agricultural remediation following the accident at the Fukushima Daichi NPP. Fertility, 4:2-6.

Aleksakhin R M, Glagolev A V, Drozhko E G, et al. (2007). Water pond-9 - a deposit of liquid radioactive waste and its impact on the geological environment, Moscow, Ozersk, Russia.

Batorshin G S, Mokrov Y G. (2013). The experience of liquidation of results of the accident at the Mayak Production Association in 1957. Rad Saf Quest, 1:13-20.

Betenekov N D, Egorov Y V. (1997). Thin-layer inorganic adsorbents in radiochemical analysis. J Anal Chem, 52:1 020-1 025.

Betenekov N D, Egorov Y V, Medvedev V P. (1977). Static criteria of sorption on microconstituents from aqueous solution. In: Volkhin VV (ed). Inorganic ion exchangers (synthesis, structure and characteristics). Zvezda, Perm.

Betenekov N D, Egorov Yu V, Puzako V D, et al. (1979). A method for concentration of cesium radionuclides from seawater. Soviet Patent No. 828464.

Betenekov N D, Vasilevsky V A, Egorov Y V, et al. (1982). Radiochemical study of hydroxide films. Part I Sedimentation of titanium hydroxide films onto the surface of various supports and physicochemical properties of sediments and films. Radiochemistry, 24:419-429.

Betenekov N D, Voronina A V, Kutergin A S, et al. (2001). The development of technologies for synthesis of sorbents and sorption filters for radiochemical analysis as well as for decontamination of drinking and waste water from radionuclides. Trans Saint-Petersburg Mining Inst, 149:16-18.

Betenekov N D, Voronina A V, Kutergin A S. (2004). Comparative studies of filters for decontamination of drinking water from radionuclides. Bull Ural State Tech Univ, 17:65-70.

Betenekov N D, Voronina A V, Nogovitsyna E V, et al. (2006). Peculiarities of dynamic tests of highly specific sorbents. Sorpt Chromato Proces 6:1115-1118 Water Decontamination at

Radioactively Contaminated Lands 241.

Brock T D. (1987). Membrane filtration: a user's guide and reference manual. Science Tech Inc, Madison.

Dyer A, Chimedtsogzol A, Campbell L, et al. (2006). Uptake of caesium and strontium radioisotopes by natural zeolites from Mongolia. Micropor Mesopor Mat, 95:172-175.

Hamada N, Ogino H. (2012). Food safety regulations: what we learned from the Fukushima nuclear accident. J Environ Radioact, 111:83-99.

Hygienic regulations 155. (2015). Sanitary-hygienic requirements for radiation safety. Kazakhstan Republic, 27.02.2015.

Israel Y A, Petrov V N. (1988). Procedures on assessment and measures of safety for the population after the Chernobyl accident. In: Harley J H, Schmidt G D, Silini G (eds). Radionuclides in the food chain. Springer, Berlin: 285-290.

Isupov V P, Lyakhov N Z, Shatskaya S S, et al. (2011). Uranium in saline lakes of Northwestern Mongolia. Doklady Earth Sci, 437:352-356.

Isupov V P, Shatskaya S S, Borodulina I A. (2014). Uranium in mineralized lakes of Western Mongolia and adjacent territory of Russia: resources, sources of accumulation, routes of innovative development. Chem Sust Develop, 22:429-436.

Karavaeva E N, Kulikov N V, Molchanova I V, et al. (1994). Accumulation and distribution of long-living radionuclides in the forest ecosystems of the Kyshtym-accident zone. Sci Total Environ, 157:147-151.

Kenigsberg J E. (2008). Hygienic standards for Cs-137 and Sr-90 in the foodstuffs: experience of Belarus after the Chernobyl accident. Rad Hygien, 1:32-51.

Konoplev A V. (2016). Comparative analysis of radioactive cesium wash-off from contaminated catchment areas after accidents at the Fukushima Dai-ichi and Chernobyl nuclear power plants. Geochem Int, 54:522-528.

Kryshev I I, Aleksakhin R M, Ryabov I N, et al. (1991). Radioecological consequences of the Chernobyl accident. Kurchatov Institute of Atomic Energy, Moscow.

Kulsky L A, Goronovsky I T, Koganovsky A M, et al. (1980). Handbook on properties, analytical methods and decontamination of water. Naukova Dumka, Kiev, USSR.

Kulyaeva I O, Voronina A V. (2015). Study of sorption characteristics of natural and modified clinoptilolite and glauconite. In: Proceedings of the 2nd international youth conference: physics, technology, innovation. Ural Federal University, Ekaterinburg, Russia: 175-176.

Kuznetsov Y V, Shchebetkovsky V N, Trusov A G. (1974). Basis of water decontamination from radioactive pollutants. Atomizdat, Moscow.

Lagunov A V, Smagin A I. (2007). The role of the East Ural Nature Reserve in the system of protected areas of Urals. Rad Saf Quest, Special issue: 63-76.

Lattrell S P. (1993). Description of accidents with a significant radionuclides release. In: Warner F, Harrison R M (eds). Radioecology after Chernobyl. Biogeochemical pathways of artificial radionuclides. Wiley, New York.

Lauria D C, Godoy J M. (2002). Abnormal high natural radium concentration in surface waters. J Environ Radioactiv, 61:159-168.

Lukashenko S N. (2016). Radioecological justification for the return of the Semipalatinsk test site to economic use: fundamental and applied aspects. PhD thesis, Obninsk, Russia.

Lukyanov V B, Berdonosov S S, Bogatyrev I O, et al. (1985). Radioactive tracers in chemistry. High School, Moscow, USSR.

Malikova E M, Lushnikova M V, Voronina A V. (2017). The study of chemical and radionuclide composition of liquid radioactive waste from a special drainage tank at the JSC INM. In: Proceedings of the 4th international youth conference: physics, technology, innovation. Ural Federal University, Ekaterinburg, Russia: 230-231.

MHLW. (2011). Foodsafety. http://www/mhlw.go.jp/english/foodsafety/at/110318.pdf.2011/ 242 A. V. Voronina et al.

Mingkuan Qin .(2009). Current progresses and rrospects on unconventional uranium resources (UUR) of China. Technical Meeting on Uranium from Unconventional Resources. Vienna, IAEA Headquarters.

Nazarbayev N A, Shkolnik V S, Batyrbekov E G, et al. (2016). Conducting a complex of scientific, technical and engineering works to bring the former Semipalatinsk test site into a safe state. Part 1. Kazakhstan National Nuclear Center, Kurchatov, Russia.

NRB-99/2009. (2009). Russian regulations on radiation safety-99/2009. Energoatomizdat, Moscow.

Onischenko G G. (2009). Radiation hygienic consequences of the accident at the Chernobyl NPP and the tasks of their minimization. Rad Hygien, 2:5-13.

Razykov Z A, Bakulina G K, Niyazmatova D T, et al. (2002). Separation of uranium from natural uranium-containing waters with a complex salt composition. Bull Tajikistan Acad Sci, 45:60-65.

RDU-99. (2006). Belarussian republican permissible levels of cesium-137 radionuclides and strontium-90 content in food and drinking water (RDU-99) (in redaction of 2006), Minsk, Belarus.

Sadovnikov V I, Glagolenko Yu V, Drozhko E G, et al. (2002). Modern state and ways of solving the problem of the Techa Tandem Reservoir System. Rad Saf Quest, 1:3-14.

Semenishchev V S, Betenekov N D, Nikiforov A F, et al. (2017). Radon in groundwater drinking water of Sverdlovsk oblast: determination of activities and methods of disposal. Water Indust Russia, 2:108-119.

Smagin A I. (2013). Ecology of water bodies at the zone of anthropogeinc radioactive geochemical anomaly at the South Urals. SUSU Publisher, Chelyabinsk.

Tarasevich Y I. (1996). Use of natural sorbents as deactivating agents in liquidation of consequences of the Chernobyl disaster. J Water Chem Techno, 18:127-131.

Tsitsishvili G V, Andronikashvili T G, Kirov G N. (1985). Natural zeolites, chemistry. USSR, Moscow.

Vdovina E D, Radyuk R I, Sultanov A S. (1976). Use of natural zeolites from Uzbekistan for decontamination of low-level radioactive wastewater. Part I, sorption of radioactive cesium. Radiochemistry, 3:422-423.

Voronina A V. (1995). Sorption of cesium and strontium from low-activity fresh waters. Radiochemistry, 37:538.

Voronina A V. (1996). Synthesis, study of properties and application fields of thin-layer inorganic sorbents based on nonwoven materials. PhD thesis, UGTU, Ekaterinburg, Russia.

Voronina A V, Semenishchev V S, Nogovitsyna E V, et al. (2012). A study of ferrocyanide sorbents on hydrated titanium dioxide support using physicochemical methods. Radiochemistry, 54:69-74.

Voronina A V, Chaikina T I, Nikiforov A F, et al. (2013a). Sorbents based on technical cellulose for decontamination of radioactively contaminated waters and rehabilitation of natural water bodies. Water Indust Russia, 5:45-53.

Voronina A V, Savchenko M O, Semenishchev V S, et al. (2013b). The assessment of effectiveness of use of clinoptilolite and ferrocyanide sorbents based on it for decontamination of aqueous media and radionuclides immobilization. Water Indust Russia, 6:88-94.

Voronina A V, Blinova M O, Kulyaeva I O, et al. (2015a). Sorption of cesium radionuclides from aqueous solutions onto natural and modified aluminosilicates. Radiochemistry, 57:446-452.

Voronina A V, Blinova M O, Semenishchev V S, et al. (2015b). Returning land contaminated as a result of radiation accidents to farming use. J Environ Radioact, 144:103-112.

Voronina A V, Gorbunova T V, Semenishchev V S. (2017). The effect of the synthesis method on the parameters of pore structure and selectivity of ferrocyanide sorbents based on natural minerals. J Radioanal Nucl Chem, 312:241-254.

Yoshimura K, Onda Y, Sakaguchib A, et al. (2015). An extensive study of the concentrations of particulate/dissolved radiocaesium derived from the Fukushima Dai-ichi Water Decontamination at Radioactively Contaminated Lands 243 nuclear power plant accident in various river systems and their relationship with catchment inventory. J Environ Radioact, 139:370-378.

Zhanbekov H N, Mukataeva Z S. (2010). Radiochemical condition monitoring data for Syrdaria water basin. Water Chem Ecol, 5:2-9.

Zhanbekov H N, Mukataeva Z S, Lakhbaeva Z A. (2012). Radioactive pollution of river Syrdarya by anthropogenic factors. Water Chem Ecol, 9:14-17.

# 第 11 章　放射性污染区域恢复后的放射性废物处理

Anna V. Voronina[1], Vladimir S. Semenishchev[1], Dharmendra K. Gupta[2]

## 1　放射性污染土地的恢复

放射性污染是指材料表面或内部、水、空气、人体或任何其他物体中存在超过了最大允许水平的放射性核素（Sanitary regulations SP.2.6.1.2612-10 2013）。由核或非核企业的工作、辐射事故、放射性废物堆存和核武器试验而受到放射性核素污染的土地应当进行修复。

从辐射安全的角度，修复的目的是使受放射性污染的地区适合居住或农用。恢复应将人群的暴露受照剂量减少到允许的限度，并最大限度地减少环境污染。但完全消除放射性污染是不必要的（IAEA, 2008）。

恢复包括以下工作：受放射性污染物体的保护，建筑物、设备、运输车辆、土壤、地面等的污染清除，水生态系统的修复，饮用水的净化，森林和草甸生态系统的修复，农业景观的恢复和土壤农业用途的恢复。恢复的内容，取决于放射性污染的类型、放射性核素的种类，以及待修复区域和物体的特征。

可以对土地进行完全或部分恢复。经过完全恢复后，区域将完全恢复农业用途。如果完全修复技术上不可行，或者经济上不合理，则建议进行部分修复。在这种情况下，部分土地将恢复农业用途，而另一部分则被保留，并转变为对人群和环境而言相对安全的状态（Romanovich et al, 2016）。

## 2　放射性污染土地恢复中产生的放射性废物的特性

产生放射性废物（RW）是放射性污染土地开发再利用中主要问题之一。根据国际原子能机构（IAEA）的统筹规划，RW 的处理方法应包括废物的收集、分类、整备、

---

1　A. V. Voronina (✉)，V. S. Semenishchev
乌拉尔联邦大学物理技术研究所放射化学和应用生态学系，俄罗斯叶卡捷琳堡（Radiochemistry and Applied Ecology Department, Physical Technology Institute, Ural Federal University, Ekaterinburg, Russia）

2　D. K. Gupta
戈特弗里德 · 威廉 · 莱布尼茨大学放射生态学和辐射防护研究所，德国汉诺威（Institut für Radioökologie und Strahlenschutz (IRS), Gottfried Wilhelm Leibniz Universität Hannover, Hannover, Germany）

暂存和最终处置。放射性污染土地恢复后，会形成大量不同活度水平和化学成分的放射性废物，包括去污产生的溶液，清理工业地区、民用建筑或农用土地而产生的放射性地面材料和土壤，以及放射性吸附材料、过滤器废料等。对这类放射性废物，需要组织临时和长期的储存、处理和处置。

选择恢复方法时，应以尽量减少由于恢复活动而产生的放射性废物量为目标。在某些情况下，通过洗脱建筑物、设备和材料中的可迁移性放射性污染，可以将放射性污染降低到允许限度以下，使材料恢复使用。对恢复后形成的放射性废物进行处理，可实现放射性废物的减量。然而，放射性废物的很大部分是难以进行处理的。

污染清除是指从表面或介质中消除或减少放射性污染。污染清除只能消除可迁移的（非固化的）放射性核素污染。在这种情况下，放射性物质在接触后转移到了其他物体上。可迁移的放射性污染，经过去污后污染被清除了。在不可迁移性（固化的）放射性污染的情形下，放射性不会转移到与之接触的物体上，在去污处理后放射性将仍然存在（Sanitary regulations SP.2.6.1.2612-10 2013 ）。如果一个物体的不可迁移的放射性污染活度水平超过了允许的限度，去污失效，则该物体应被认定为固体放射性废物，应堆存或填埋处理。放射性核素在物体表面的牢固度、去污的有效性取决于放射性核素浓度、聚集状态、化学性质、接触时间、表面材料及其他一些条件。

去污有所谓湿法和干法。技术报告系列第 395 号（IAEA 1999）对去污方法进行了详细介绍。湿法去污使用去污溶液、纯水蒸气（水乳和蒸汽去污）或泡沫去污液，这种去污的结果是形成液体放射性废物（LRW）。介绍了基于磷酸盐三丁酯、含磷和含氟酸（Shadrin et al, 2007）和液体（超临界）二氧化碳溶液溶解六氟乙酰丙酮（Murzin et al, 2007）去污的探索试验。然而在实践中，所有的湿法去污都要使用不同的水溶液。干法去污有机械（压缩空气吹出、真空吸出、扫出、抖出、敲出、抹布摩擦、切断、刮削）、热力（受沾染物的煅烧）、吸附（沉积在干燥吸附活性材料的污染表面）等方法。干法去污会产生固体放射性废物。

## 2.1 放射性去污过程产生的液体放射性废物

在人口密集地区及工业场地进行去污作业，LRW 含有表面活性剂及络合剂、无机酸（硝酸、硫酸及盐酸）、氧化剂（过氧化氢、高锰酸钾）、强碱（氢氧化钠等）、有机溶剂（二氯乙烷、三氯乙烷、丙酮、煤油等）。

土壤和地面污染清除有原位和异位两种。原位污染清除是指在受污染地区进行去污工作。异位污染清除是指将放射性土壤或地面挖掘转移到存储区，然后在工厂进行去污处理。

原位污染清除不需要大量的投资，因为去除放射性核素的措施是直接在受污染土壤的上层进行。其优点之一是无需支付上层土壤的移除和运输费用。原位污染清除的主要缺点是效率低，去污后会形成大量的次生放射性废物。

采用淋洗液去污时，上层土壤颗粒中的放射性核素在化学试剂的淋洗作用下溶解和脱附。有机和无机化合物，包括生物物质（螯合铁载体）都可以用作淋洗液。对污染区域的处理可以通过喷淋或通过水槽清洗来进行。淋洗液的收集可通过专门设计的排水沟、坑或钻孔系统来完成。当土壤或地面有黏土含水层时，可减少淋洗液的损失。通常淋洗液的损失不超过 5%。淋洗方法的主要缺点是产生大量需后处理的低水平 LRW。经淋洗液处理后，土壤放射性活度仅下降 10%~20%。用大量的淋洗液长时间冲洗土壤和地面（例如喷洒数天），放射性活度下降 40%。使用过的去污液经过处理后可循环使用。

Dmitriev 等（2001）、Barinov 等（2003）提出了电动力学污染清除法。电动去污时，放射性核素离子和细颗粒随电势迁移，实现土壤和地面去污。电迁移和电渗透过程发生在污染区电极间的直流电场下。该方法适用于黏土质的土壤的去污。为强化放射性核素的迁移性，可以向土壤中加入解吸剂溶液。总的来说，这种方法可以使土壤的放射性活度降低 20%。在电动去污之前向被污染的地面添加解吸剂，可使去污率提高至 40%，平均每天的去污率从 0.23% 提高到 0.5%（Barinov et al, 2003）。

异位污染清除时，上层土壤被挖走，在工业或实验室条件下进行处理。用于土壤和地面去污的试剂见本章第 3.1 部分。

## 2.2 放射性去污过程产生的固体放射性废物

### 2.2.1 放射性污染的土壤和地面

清除土壤表层是修复因辐射事故和核武器试验而受到污染的土壤和地面的最有效方法。如果移除的表层土壤厚达 4 cm，产生的放射性污染土壤的体积可达 400 t/hm$^2$（Aleksakhin and Sychev, 2013）。例如，福岛第一核电厂周边 80 km 范围内放射性沾染地面被移除的体积估计约为 $3.4 \times 10^7$ m$^3$（Nakano and Yong, 2013）。这类废物的活度可达 $10^5$~$10^6$ Bq/kg（Endo et al, 2012）。Moskalchuk（2015）估计，清除土壤表层的修复方法，1 m$^2$ 土壤的修复成本约为 1 000 美元。这一成本包括上层污染土壤的清除、运输和堆存，但不包括恢复土壤自然肥力的费用。移除的土壤会被认定为固体放射性废物，需要进行安全堆存或处理。

### 2.2.2 有机废物

有机放射性废物产生于污染土壤的植物修复，以及森林、草地和农田的恢复等过程。

通过根从土壤溶液中提取放射性核素的植物，被用于放射性污染土壤的植物修复。Vozzhenikov 等（1997）报道向日葵、油菜籽、金菊、苜蓿和三叶草可富集 $^{137}$Cs，而苜蓿、三叶草、豌豆和葫芦巴则富集 $^{90}$Sr。全球范围内用植物修复放射性污染土壤的经验表明，该方法的效率较低，但对植物修复的研究仍在进行中。Aleksakhin（2009）研究表明，在切尔诺贝利隔离区，$^{137}$Cs 向农作物的平均转移量为 0.07%；相比之下，$^{137}$Cs 的自然放射性衰变导致其活度每年下降 2.28%。福岛核事故发生后，在受污染的地区种植了苋菜和向日葵。放射性核素 $^{137}$Cs 和 $^{134}$Cs 向生物质的转移量为土壤中这些核素总活度的 0.02%（Aleksakhin and Sychev, 2013）。植物修复中，放射性活度升高的植物被视为 RW，需要进一步处理这些生物质。

清理森林地面、树木叶子（落叶），草地上的植物和草皮，也被作为放射性污染森林和草地的修复方法。在城镇区，脱除树叶可作为一种修复措施（Warner and Harrison, 1993）。放射性生物材料是这类修复措施后的主要放射性废物。

### 2.2.3 废吸附剂

天然水体因辐射事故而受到严重污染，Voronina 等（未发表）报道了玛雅克核电厂（Mayak PA）、切尔诺贝利核电厂（Chernobyl NPP）和福岛第一核电厂（Fukushima-1 NPP）以及塞米巴拉金斯克试验场（Semipalatinsk Test Site）影响区自然水体的放射性污染水平。吸附法是放射性天然水（包括受污染饮用水）净化和 LRW 处理最有效的方法（Myasoedova and Nikashina, 2006；Leont 'eva et al, 2016；Voronina et al, 2017）。采用吸附法对受污染水进行净化时，就会产生越来越多的用过的放射性吸附材料和滤芯。所有这些材料都需要进一步处理和利用。

因此，含有表面活性剂、络合剂、无机酸、碱、盐和有机溶剂的液体放射性废物，以及地面材料、土壤、森林地面、植物生物量、废弃的吸附剂等固体放射性废物，会随着放射性污染地区去污的开展而积累起来。本章第 3 部分描述了这些放射性废物的处理方法。经过处理和调理后，所有的放射性废物都应该被处理掉。

具有不可迁移的（固定的）放射性污染的原材料、产品和设备，也被认定为是应当进行处理的固体放射性废物。本章第 4 部分说明了处置和掩埋这类废物的方法。

# 3 土地恢复后放射性废物处理方法

## 3.1 放射性污染土壤和场所的污染清除

从污染土壤和场所消除放射性核素，有物理和化学两种方法。在俄罗斯国家研究中心 Kurchatov 研究所建立了基于湿式重力分离的实验 - 工业装置，成功去除了土壤中放射性污染最严重的细颗粒部分。该湿式重力分离方法可使地面的放射性活度降低了 20%~25%，而循环水在运行的几个工作周期内几乎保持清澈（Volkov et al, 2007）。总的来说，该方法使长期堆存的放射性废物的体积减少了大约 20%。在俄罗斯联邦国家专业化企业 (Federal State Unitary Enterprise，FSUE）RADON（负责管理俄罗斯的放射性废物，位于莫斯科，译者注），用湿式重力分离法处理了超过 2 000 $m^3$ 的放射性土壤，大约 400 $m^3$ 污染最严重的土壤被送往长期堆存处置（Volkov et al, 2007）。湿式重力分离法去污因子低，适用于活度水平较低的土地的去污。

用酸、碱和盐溶液处理土壤和地面的化学试剂去污技术，可用于放射性土壤和地面的进一步去污。常用于土壤放射性核素铯清除的试剂有草酸与氟化铵、氟化钾或氟化钠或氟化硅的混合物的水溶液（Sobolev et al, 2000），硝酸或盐酸与氟化铵、氟化钾或氟化钠或氟化硅的混合物，硫酸和磷酸的摩尔比为 1 : 3、温度为 50~100 ℃的混合物（Dmitriev et al, 2006），1 mol/L 醋酸铵溶液（Szabo et al, 1997；Kim et al, 2007），加入氟化铵的硝酸（Prozorov et al, 2002）。去污的速度和程度取决于所使用的试剂。有些方法的去污效果低至 10%~20% 或稍高。例如，Chirkst 等（2001）报道了一种利用硝酸和氯化铁（Ⅲ）溶液从污染土壤中去除 $^{90}Sr$ 的试验技术，在现场条件下对该技术进行测试，去污因子约为3。然而，经过详细研究和正确选择试剂类型、溶液的配方后，给出了该方法对被铯、镭、钚和镅污染土壤的去污因子，一次去污操作的放射性核素去除率高达90%~99%（Sklifasovskaya et al, 2009；Nikolaevsky et al, 2011）。使用湿式重力分离和试剂去污的地面去污组合方案，可以对具有更高活度水平的地面进行去污。表11-1列出了土壤和地面材料去污方法的特点。

**表11-1　土壤和地面材料方法的特点**

| 去污方法 | 去污因子 | 体积缩减因子 |
|---|---|---|
| 湿重力分离 | 5 | 8 |
| 试剂处理 | 40 | 50 |
| 组合方案 | 200 | 20 |

注：数据引自Nikolaevskii et al（2011b）。

移动处理装置的建造和使用，可以减少污染土壤和地面材料异地处理运输的费用。RADON公司开发并测试了一种移动式装置，通过湿重力分离方法每小时能净化250 kg土壤（Nikolaevskii et al, 2011b）。

## 3.2　放射性去污过程产生的废液的净化

吸附法和沉淀法广泛用于从去污后的废液中分离放射性核素。废淋洗液中的酸、碱、盐、表面活性剂和有机络合剂对去污过程有不利影响。含有表面活性剂和有机络合剂[乙二胺四乙酸酯（EDTA）、草酸等]的液体放射性废物是最难处理的。在表面活性剂和有机络合剂的作用下，去污效率显著降低，沉降时间和沉淀物体积增加；吸附剂对表面活性剂的不可逆吸附导致吸附动力学下降（Milyutin et al, 2015）。因此，要净化这些难处理的液体放射性废物，沉淀条件或高分配系数吸附剂的优化选择至关重要。或者在处理前，可使用破坏性方法初步消除废物中的表面活性剂、络合剂和其他有机化合物。

近几十年来，人们对化学沉淀法和共沉淀法净化液体放射性废物进行了深入研究（Novikov and Ruzankin, 1972；Plotnikov and Safonov, 1983；Plotnikov et al, 1989；Milyutin et al, 2004；Flouret et al, 2012）。除了实现起来简单外，沉淀法用于分离可水解的放射性核素（如稀土、Zr、Nb、Pu、Am、U）非常有效；然而它对放射性核素铯和锶的去除效率较低。此外，沉淀的有效性与液体放射性废物的阴离子组成密切相关。通过改变沉淀剂的用量和溶液的pH，可以得到最佳的沉淀条件。该方法的主要缺点是，形成了相对大量的作为二次放射性废物的沉淀物和悬浮液。

Nikolaevskii等（2006）报道了一个使用沉淀法净化液体放射性废物的实际例子。主要被$^{137}Cs$污染的地面首先进行化学淋洗去污，淋洗产生的废液，在增稠剂中加入$K_4[Fe(CN)_6]$进行亚铁氰化物净化处理。去污后，将活度已降低的淋洗溶液再次用于土壤的淋洗。大约97%~99%的$^{137}Cs$从淋洗后的溶液转移到亚铁氰化物沉淀中，活度从 100 kBq/L 下降到 1 kBq/L，甚至更低。活度为 16~28 MBq/kg（比污染地面的初始活度高出 100 多倍）的亚铁氰化物沉淀被运输到放射性废物储存处（Nikolaevskii et al, 2006）。

吸附法比沉淀法具有更高的去污因子，是一种更实用可行的去污方法。吸附剂的有效性和成本决定了它们的实际用途。基于天然铝硅酸盐、水合二氧化钛和二氧化锆的亚铁氰化物吸附剂，可用于在去污后用复杂的化学成分从洗脱液中分离放射性核素铯。

表 11-2 给出了含有 1 mol/L 乙酸铵和乙二胺四乙酸酯（EDTA）的去污溶液中 $^{137}Cs$ 铯的分配系数。T-3A 和 T-35 吸附剂由 Termoxid 公司（俄罗斯扎雷奇尼）生产，除天然铝硅酸盐外，其他所有吸附剂均由乌拉尔联邦大学放射化学和应用生态系开发。

人工合成吸附剂（如 T-35, NPF- 水合二氧化钛）和天然铝硅酸盐（斜发沸石和海绿石）都适用于含乙二胺四乙酸酯（EDTA）的溶液的净化。1 mol/L 醋酸铵溶液对土壤和地面进行去污处理后，所研究的吸附剂的铯分配系数都低于低矿化溶液。这可以用 $NH_4^+$ 离子与 $Cs^+$ 离子的竞争吸附来解释，因为 $NH_4^+$ 离子的半径与 $Cs^+$ 的半径非常相似。在所有研究的吸附剂中，NPF 水合二氧化钛的铯分配系数最高。

**表 11-2　去污溶液中铯的分配系数**　　L/kg

| 吸附剂 | 醋酸铵 | 乙二胺四乙酸 | |
|---|---|---|---|
| | 1 mol/L | 0.01 mol/L | 0.1 mol/L |
| T-3A | $2.2\times10^2$ | $2.6\times10^3$ | $8.8\times10^2$ |
| T-35 | $1.0\times10^3$ | $1.4\times10^3$ | — |
| NPF - 水合二氧化钛 | $2.0\times10^3$ | $2.4\times10^3$ | $4.9\times10^2$ |
| 斜发沸石 | $5.4\times10^2$ | $6.6\times10^3$ | $7.1\times10^2$ |
| NPF- 斜发沸石 | $5.3\times10^2$ | $7.4\times10^2$ | — |
| IPF- 斜发沸石 | $3.0\times10^2$ | $1.6\times10^3$ | — |
| 海绿石 | $2.6\times10^2$ | $1.2\times10^3$ | $2.0\times10^3$ |
| NPF- 海绿石 | $4.9\times10^2$ | $4.8\times10^2$ | $6.9\times10^2$ |

注：数据引自 Nogovitsyna et al, 2016。

值得一提的是，当这些放射性核素共同存在于液体放射性废物中时，亚铁氰化物吸附剂（NPF- 水合二氧化钛、NPF- 斜发沸石、NPF- 海绿石），除了可以从溶液中分离出 $^{137}Cs$，对 $^{60}Co$、$^{90}Sr$ 和 α 发射体的分配系数也很高（Malikova et al, 2017）。

NPF- 水合二氧化钛吸附剂可以成功地从强酸性溶液（7 mol/L 硝酸）、碱性溶液（pH=11）以及含有高达 1 g/L 表面活性剂和 0.05 mol/L 乙二胺四乙酸酯（EDTA）的溶液中分离铯（Semenischev et al, 2013）。当 $HNO_3$ 浓度增加到 3 mol/L 时，铯的分配系数（*Kd*）由中性溶液的 $3.8\times10^4$ L/kg 降低到 $3.7\times10^3$ L/kg；酸度的进一步增加对分配系数（*Kd*）没有影响。当表面活性剂的浓度达到 1 g/L 时，对 $^{137}Cs$ 的吸附没有影响，分配系数仍然高达 $3.1\times10^4$ L/kg。在含有 0.05 mol/L 乙二胺四乙酸酯（EDTA）的溶液中，分配系数（$Kd$）值为 $1 \times 10^4$~$4 \times 10^4$ L/kg，这取决于溶液中铯的初始浓度。

在去污前用于破坏表面活性剂和其他有机化合物的方法，有试剂氧化、臭氧化、紫外线照射、辐射分解和热分解（Bobrov et al, 2014；Milyutin et al, 2015）。

## 3.3 废吸附材料和滤芯的处理

含有放射性核素的废吸附剂和滤芯是特殊类型的放射性废物，需要特殊的处理方法。通常，用过的吸附剂含有高放射性水平。IAEA 第 408 号技术报告（2002）建议对这类放射性废物的处置应谨慎而不要操之过急。考虑到这些吸附剂可能的进一步处理、整备和堆存，废弃的吸附剂在没有预处理的情况下被转移到长期储存处，或从吸附柱转移到地下储罐并储存在某个含水层以下。

如果吸附剂中存在相对短寿命的放射性核素，则需对废吸附剂进行暂存，以使得短寿命的放射性核素进行衰变，然后进行进一步的处置。如果废吸附剂含有长寿命的放射性核素（$^{137}$Cs、$^{90}$Sr、锕系元素等），国际原子能机构建议将其固定并进一步长期储存或最终处置。固化是将放射性核素与基质进行结合固定化或将其灌注到容器中，以进行暂存或最终处置。在固化前，可以对废吸附剂进行以下初步处理：脱水、干燥、煅烧、研磨、化学或热破坏。在某些情况下，可以在脱水后立即进行固化而无需任何其他处理。

水泥、沥青和一些聚合物，如环氧树脂、聚酯、聚乙烯、聚氨酯和其他聚合物等是常用的废离子交换树脂的固化基质。处理废离子交换树脂的方法（包括其固化）已在工业规模上得到应用，在一系列 IAEA 技术报告（1983、1988、1993a、b、c）和洛斯阿拉莫斯（Los Alamos）出版物（LA Report, 1997）中均有介绍。例如，英国开发的一项技术，将废树脂在 100 ℃的温度下用热空气干燥，压缩成砖块，然后在容器中固化。

含有长寿命放射性核素的废弃无机吸附剂可以固化到水泥基质中，或不固化直接灌注到防漏容器中长期储存或最终填埋。当吸附剂的化学、热和辐射稳定性高，放射性核素浸出率低时，也可对无机吸附剂进行即刻填埋，而不需要进行前处理或暂存。在这种情况下，基于钛、锆氧化物和改性铝硅酸盐的无机吸附剂具有高稳定性和低放射性核素浸出率，可直接进行最终填埋，对液体放射性废物处理非常有意义。放射性核素与吸附剂的结合作用很强，无需对其进行额外的固化操作，这样可以减少其体积 / 重量，降低处理费用。无机吸附剂适合作为分离和固定铯、锶放射性核素的基质，有关介绍很多（Voronina et al, 2013、2015；Voronina and Semenishchev, 2015）。已吸附饱和达到高放水平的废吸附剂，铯的整体浸出率为 $3.3 \times 10^{-10}$ g/(cm$^2$ · d)（NPF- 斜发沸石）和 $2.6 \times 10^{-10}$ g/(cm$^2$ · d)（Voronina et al, 2013）。对于 T-55 吸附剂，铯和锶的浸出率分别为（$3.7 \pm 0.2$）$\times 10^{-10}$ g/(cm$^2$ · d) 和（$8.2 \pm 0.1$）$\times 10^{-12}$ g/(cm$^2$ · d)（Voronina and Semenishchev, 2015）。

## 3.4 放射性生物材料的处理

在修复中产生的放射性生物废物（植物、生物质、受污染的农产品）可以在明火中燃烧或与其他固体放射性废物一起用等离子体焚烧处理。焚烧可使生物质废物的体积减少到 1%~5%，而 90% 以上的放射性核素残留在灰渣中。如果废物中含有挥发性放射性核素，应考虑到在气体净化系统中收集这些放射性核素的必要性。燃烧后的灰渣可固定在水泥或玻璃中，进一步长期储存或最终处置。

RADON 公司以“Pluto”装置为基础，开发了等离子体处理放射性废物的技术。该装置已经成功地通过了俄罗斯国家生态鉴定（Russian State Ecological Examination），获得了放射性废物处理许可证。等离子体处理不需要对废物进行详细分类，废气体积减少 50%~66.7%。由于使用等离子体热源代替焚烧炉，放射性核素与灰渣基质的结合度更高。等离子体处理后的灰渣具有与火山玻璃相似的结构，对放射性核素的浸出具有足够的化学稳定性，因此可以装填到金属容器后直接进行最终处置。Polkanov（2012）报道，放射性核素 $^{137}$Cs 的浸出率为（0.3~5）$\times 10^{-6}$ g/(cm$^2 \cdot$ d)，$^{239}$Pu 的浸出率为（0.8~2）$\times 10^{-7}$ g/(cm$^2 \cdot$ d)。等离子体处理的放射性废物中植被和浆果的比例可达 5%。废物的平均湿度约为 40%，然而有些包装的湿度可能达到 90%。根据许可条件，适用于等离子体处理的固体放射性废物的活度，$\alpha$ 放射性核素的上限为 $2.2 \times 10^5$ Bq/kg，$\beta$ 放射性核素的上限为 $3.7 \times 10^6$ Bq/kg（Polkanov, 2012）。考虑到灰渣的处理要用到金属容器，生物材料废物处理的实际减容系数从 40~50 不等。

# 4　修复后放射性废物的处置

去除上层放射性污染的土壤和地面会形成大量的固体放射性废物，这些放射性废物应该得到处理或处置。为了减少废物运输、处理以及放射性废物储存的费用，在污染最严重的场地尝试了对土壤不处理直接就地处置的做法。Batorshin 和 Mokrov（2013）报告称，329 000 m$^3$ 的上层土壤被移走，并在废弃的坑和沟渠中进行处置。在东乌拉尔放射性跟踪计划（East Urals Radioactive Trace）区域，受污染的 5~10 cm 表层土层被转移到非耕作层（80~100 cm），以减少放射性核素向农产品的转移（Teplyakov et al, 1997）。这种方法不能防止放射性核素通过地下水迁移到污染区外。Nakano 和 Yong（2013）建议在做好地下水隔离措施后，立即处理污染区的低放土壤。作者建议将污染土壤与吸附剂混合，以防止放射性核素流失，并在污染土壤上覆盖一层厚度至少为植物根长两倍的干净土壤。高活度的放射性污染土壤，必须在具有多重屏障系统的特殊填埋场中进行封装后，才能够进行最终处置。

# 5　结论

对放射性污染土地修复过程中产生的放射性废物的处理，应在 IAEA 提供的收集、分类、处理、储存和最终处置的原则框架内进行。沉淀和吸附是处理液体放射性废物的主要方法。放射性核素共沉淀条件的选择取决于液体放射性废物中存在的试剂。表面活性剂和有机络合剂可能会抑制去污效果。因为废液中含有为从物体表面洗脱核素而添加的去污化学试剂，因此用于废旧去污溶液的吸附剂，应具有高的放射性核素分配系数。

最好使用对多种放射性核素具有亲和力，化学稳定性好，并具有抗放射性核素浸出的多用途吸附剂。有了这些特性，还可以考虑将吸附剂作为放射性核素的固化材料使用。吸附剂可以在金属容器中封存，而无需额外的预处理。在化学处理前，可以采用破坏性方法，从液体放射性废物中初步去除表面活性剂、络合剂和有机化合物。

从放射性污染地块上移出的土壤和地面材料，可以采用试剂法、湿式重力分离 - 试剂处理组合处理方法。生物材料采用焚烧处置，放射性核素将残留在灰渣中并可用水泥进行固化。此外，等离子体处理时，灰渣化学性质稳定，可用于放射性生物材料处理。

对各种液体和固体放射性废物进行修复的过程中形成的二次放射性废物，以及具有非迁移性（不可清除）污染的材料、产品和设备，应进行处置。就地处置可以减少修复治理费用。但就地处置只适用于低水平放射性废物，且并不能完全阻断放射性核素在环境中的迁移。高放废物处置应遵循多重防护原则。

## 参考文献

Aleksakhin R M. (2009). Radioactive contamination of soils as a type of their degradation. Pedology, 12:1 487-1 498.

Aleksakhin R M, Sychev V G. (2013). Radioecological aspects of agricultural remediation following the accident at the Fukushima Daichi NPP. Fertility, 4:2-6.

Barinov A S, Prozorov L B, Nikolayevskii V B, et al. (2003). The method of electrokinetic decontamination of ground from radioactive and toxic matter. Patent of Russian Federation No. 2211493.

Batorshin G S, Mokrov Y G. (2013). The experience of liquidation of results of the accident at the Mayak Production Association in 1957. Rad Saf Quest, 1:13-20.

Bobrov P A, Kozlov P V, Slyunchev O M, et al. (2014). Methods of treatment of liquid radioactive waste containing surfactants OTI, Ozersk, Russia.

Chirkst D E, Litvinova T E, Cheremisina O V, et al. (2001). Pilot technology for soil deactivation to remove 90Sr. Radiochemistry, 43:540-544.

Dmitriev S A, Prozorov L B, Shcheglov M Y. (2001). Electrokinetic method for decontamination of ground from radionuclides. Rad Saf Quest, 1:42-49.

Dmitriev S A, Nikolaevsky V B, Prozorov L B, et al. (2006). Method for cleaning soils from cesium radionuclides. Patent of the Russian Federation No. 227491512.

Endo S, Kimura S, Takatsuji T, et al. (2012). Measurement of soil contamination by radionuclides due to the Fukushima Dai-ichi nuclear power plant accident and associated estimated cumulative external dose estimation. J Environ Radioact, 111:18-27.

Flouret J, Barré Y, Muhr H, et al. (2012). Design of an intensified co-precipitation reactor for the treatment of liquid radioactive wastes. Chem Eng Sci, 77:176-183.

IAEA. (1983). International Atomic Energy Agency. Conditioning of Low- and Intermediate-

level Radioactive Wastes: Technical Report Series No. 222. IAEA, Vienna.
IAEA. (1988). International Atomic Energy Agency. Immobilization of low and intermediate level radioactive wastes with polymers: technical report series No. 289. IAEA, Vienna.
IAEA. (1993a). Improved cement solidification of low and intermediate level radioactive wastes: Technical report series No. 350. IAEA, Vienna.
IAEA. (1993b). Bituminization processes to condition radioactive wastes: technical report series No. 352. IAEA, Vienna.
IAEA. (1993c). International Atomic Energy Agency. Containers for packaging of solid low and intermediate level radioactive wastes: technical report series No. 355. IAEA, Vienna.
IAEA. (1999). State of the art technology for decontamination and dismantling of nuclear facilities. Technical reports series No. 395, IAEA, Vienna.
IAEA. (2002). Application of ion exchange processes for the treatment of radioactive waste and management of spent ion exchangers: technical report series No. 408. IAEA, Vienna.
IAEA. (2008). Safety standards series “Release of sites from regulatory control on termination of practices”. Safety Guide No.WS.G.5.1. Vienna.
Kim G N, Choi W K, Jung C H, et al. (2007). Development of a washing system for soil contaminated with radionuclides around TRIGA reactors. J Indust Engg Chem, 13:406-413.
LA Report. (1997). Cement waste-form development for ion-exchange resins at the rocky flats plant: rep. LA-13226, Los Alamos National Laboratory, Los Alamos.
Leont’eva T G, Baklai A A, Moskalchuk L N (2016). Prospective of using clay-salt slurries of JSC “BELARUSKALIY” for cleaning water environments and ecosystems from radiocesium. Trans Belarus State Tech Univ, 3:74-80.
Malikova E M, Lushnikova M V, Voronina A V. (2017). The study of chemical and radionuclide composition of liquid radioactive waste from a special drainage tank at the JSC INM. In: Proceedings of the 4th international youth conference: physics. Technology. Innovation. PTI-2017. Ural Federal University, Ekaterinburg: 230-231.
Milyutin V V, Gelis V M, Klindukhov V G, et al. (2004). Co-precipitation of micro amounts of Cs with ferrocyanides of various metals. Radiochemistry, 46:479-480.
Milyutin V V, Ryabchikov B E, Kozlov P V (2015). Modern methods of liquid radioactive waste treatment. OTI, Ozersk.
Moskalchuk L N. (2015). Scientific substantiation of the use of solid wastes of mining enterprises by developing the technology for obtaining and using organomineral sorbents for the rehabilitation of soils contaminated with radionuclides. PhD thesis technical sciences. Minsk, Belarus. http://www.ipkonran.ru/doCs/moskalchuk/auto.pdf.
Murzin A A, Babain V A, Shadrin A Y, et al. (2007). Deactivation in sub- and supercritical carbon dioxide. Radiochemistry, 44:410-415.
Myasoedova G V, Nikashina V A. (2006). Sorption materials for separation of radionuclides

from water media. Russ Chem J, 5:55-63.

Nakano M, Yong R N. (2013). Overview of rehabilitation schemes for farmLands contaminated with radioactive cesium released from Fukushima power plant. Engg Geol, 155:87-93.

Nikolaevskii V B, Rodionov V V, Shcheglov V Y. (2006). Reagent soil deactivation technology development. Environ Saf, 1:40-42.

Nikolaevskii V B, Sklifasovskaya Y G, Sabodina M N, et al. (2011a). Reagent-based remediation of soil contaminated with transuranium elements. Atom Ener, 111:29-36.

Nikolaevskii V B, Poluektov P P, Arustamov A E. (2011b). Prospective soils decontamination technology. Nucl Environ Saf, 4:114-117.

Nogovitsyna E V, Voronina A V, Gritskevich E Y, et al. (2016). Use of inorganic sorbents for treatment of liquid radioactive waste with various composition. Water Indust Russ, 5:102-110.

Novikov A I, Ruzankin V I. (1972). Coprecipitation of fission products with magnesium hydroxide. Radiochemistry, 4:505-511.

Plotnikov V I, Safonovii. (1983). Radiochemical study of co-precipitation of trace amounts of certain hydrolysable elements with metals hydroxides and oxides. Radiochemistry, 2:161-170.

Plotnikov V I, Kamaeva K, Myasishchev A V. (1989). Co-precipitation of strontium with individual and mixed hydroxides of certain methods. Radiochemistry, 3:85-89.

Polkanov M A. (2012). Plasma-pyrolytic treatment of solid rad waste. Nucl Environ Saf 1:89-93.

Prozorov L B, Komarova N I, Molchanova T V. (2002). Acid deactivation of soils with ammonium fluoride to remove $^{137}Cs$. Radiochemistry, 44:518-522.

Romanovich I K, Stamat I P, Sanzharova N I, et al. (2016). Criteria for the rehabilitation of objects and territories contaminated with radionuclides as a result of past activities: Part 1. Selection of indicators to justify the criteria for rehabilitation. Radiat Hygen, 9:6-15.

Sanitary regulations SP.2.6.1.2612-10. (2013). The main sanitary regulations for providing radiation safety (OSPORB-99/2010). Public Health Ministry of Russia, Moscow.

Semenischev V S, Voronina A V, Bykov A A. (2013). The study of sorption of caesium radionuclides by “T-55” ferrocyanide sorbent from various types of liquid radioactive wastes. J Radioanal Nucl Chem, 295:1 753-1 757.

Shadrin A Y, Murzin A A, Shafikov D N, et al. (2007). Deactivation of metals, fabriCs, and soils in a liquid $CO_2$ medium. Theoret Found Chem Enggm 41:786-792.

Sklifasovskaya Y G, Nikolaevskii V B, Prozorov L B. (2009). Reagent treatment of $^{226}Ra$-contaminated soils in the dynamic mode. Radiochemistry, 51:418-421.

Sobolev I A, Prozorov L B, Komarova N I, et al. (2000). The method of deactivation of soils from cesium radionuclides. Patent of the Russian Federation No. 2152650.

Szabo G, Guczi J, Nisbet A. (1997). Investigation of the soil phase speciation of Sr-90, Cs-

137, Pu-239 and Am-241 in soils determined by extraction and ultra-filtration methods. J Radioanalyt Nucl Chem, 226:255-259.

Teplyakov I G, Romanov G N, Spirin D A. (1997). Returning of lands in East-Ural radioactive trace to farming use. Rad Saf Quest, 3:33-41.

Volkov V G, Zverkov Y A, Ivanov O P, et al. (2007). Decontamination of radioactively contaminated soil at the Russian Science Center Kurchatov Institute. Atom Ener, 103:979-985.

Voronina A V, Semenishchev V S. (2015). Sorption-active matrix based on titanium hydroxide for concentration and joint immobilization of cesium and strontium radionuclides. J Radioanal Nucl Chem, 303:229-236.

Voronina A V, Savchenko M O, Semenishchev V S, et al. (2013). The assessment of effectiveness of use of clinoptilolite and ferrocyanide sorbents based on it for decontamination of aqueous media and radionuclides immobilization. Water Indust Russia, 6:88-94.

Voronina A V, Blinova M O, Semenishchev V S, et al. (2015). Returning land contaminated as a result of radiation accidents to farming use. J Environ Radioact, 144:103-112.

Voronina A V, Kutergin A S, Semenishchev V S, et al. (2017). Sorbents for radiocaesium removal from natural water and soil. In: Gupta D K, Walther C (eds). Impact of cesium on plants and the environment. Springer, Cham: 231-252.

Vozzhenikov G S, Aleksandrova Z N, Vozzhenikov E G. (1997). A method of soils deactivation. Patent of the Russian Federation No. 2077749.

Warner F, Harrison R M. (1993). Radioecology after Chernobyl. Biogeochemical pathways of artificial radionuclides. Wiley, New York.

# 第 12 章　模拟机械修复对放射性铯污染土地剂量率影响

Alex Malins[1], Hiroshi Kurikami[2], Akihiro Kitamura[2], Masahiko Machida[1]

## 1　引言

在 2011 年 3 月福岛第一核电厂（FDNPP）事故发生之后，日本政府对日本东北部受污染的土地进行了立法修复（Government of Japan, 2011）。在岩手县、宫城县、福岛县、枥木县、茨城县、群马县、琦玉县和千叶县，政府围绕 FDNPP（疏散区）的特别净化区（SDA）和密集污染调查区（ICsAs）分别进行了修复工作。SDA 的修复工作由政府在环境部（MoE）的支持下直接管理，而 ICsAs 的修复则在政府资助和环保部（Ministry of Environment）的技术援助下，由地方市政府执行（Ministry of Environment, 2013）。

2011 年和 2012 年，日本原子能机构（JAEA）在去污试点项目中对放射性铯污染土地的修复方案进行了探索，测试了适用于不同土地类型（森林、农田、住宅区、公共基础设施等）和污染水平的修复方法，这些方法各自产生了不同的废物副产物。一份英文报告（JAEA，2015b）系统总结了不同方法的去污有效性、成本和废物量方面的结果。

截至 2017 年 3 月，据估算 SDA 和 ICsAs 的修复工作已花费了大约 240 亿美元（Ministry of Environment, 2017）。该项目最耗资的方面之一是管理和储存从农田、住宅花园、公园、校园等处剥离出的大量受污染表层土（Yasutaka et al, 2013；Yasutaka and Naito, 2016）。例如，仅在 SDA 中，将 8 500 $km^2$ 的农田剥离 5 cm 厚的表层土，就会产生超过 4 000 000 $m^3$ 的废物，这占到 2017 年 8 月日本全国产生的废物（16 000 000 $m^3$）总量中很大比例（Ministry of Environment, 2017）。

---

1　A. Malins（✉）, M. Machida
日本原子能机构计算科学和电子系统中心，日本千叶（Center for Computational Science and e-Systems, Japan Atomic Energy Agency, Kashiwa, Chiba, Japan）
e-mail: malins.alex@jaea.go.jp；machida.masahiko@jaea.go.jp

2　H. Kurikami, A. Kitamura
日本原子能机构计算科学和电子系统中心，日本千叶（Center for Computational Science and e-Systems, Japan Atomic Energy Agency, Kashiwa,Chiba, Japan）
日本原子能机构福岛环境安全中心田村健、日本福岛（Fukushima Environmental Safety Center, Japan Atomic Energy Agency, Tamura-gun,Fukushima, Japan）
e-mail: kurikami.hiroshi@jaea.go.jp；kitamura.akihiro@jaea.go.jp

在日本关于修复计划成本和效益的讨论中，不应仅仅考虑移除或降低辐射剂量（Miyazaki and Hayano, 2017），还应考虑与污染地区恢复密切相关的社会和经济因素（Oughton, 2013）。显然，在土壤被剥离或混合到可以进一步去除污染物或减少空气剂量率的深度的情况下，最大限度地减少过度修复的同时，最大限度地去除污染物（或降低空气剂量率）是有益的。

本章概述了一些之前模型在模拟放射性铯污染土地的 4 种不同机械修复方法下发生的空气剂量率变化（Malins et al, 2016a、b）。提出了一项关于修复效率的新的分析方法，该方法排除了之前模型关于土壤中放射性铯深度分布的假设。本分析方法中直接利用了日本东北部土壤中放射性铯的测量深度分布来模拟修复效果。其结果将决定在 FDNPP 事故发生后的最初 5 年时间内，放射性铯在土壤中的向下迁移是否会影响修复效果。

## 2　日本东北部未修复土壤中 $^{134}Cs$ 和 $^{137}Cs$ 的深度分布

在为放射性铯污染场地设计修复计划时必须考虑的相关因素之一是修复前土壤内污染的深度分布。自 2011 年 12 月以来，日本文部科学省和核监管局（NRA）资助了在 FDNPP 80 km 之内未修复场地的 $^{134}Cs$ 和 $^{137}Cs$ 活度深度分布抽样调查（Matsuda et al, 2015）。在每个取样点使用刮板从土壤表面向下去除土壤层，然后使用高纯锗（HPGe）伽马谱仪测量不同土壤深度的 $^{134}Cs$ 和 $^{137}Cs$ 的活度浓度（Bq/kg 湿重）。本文分析了截至 2015 年 9 月的 8 次抽样调查的结果（表 12-1），原始数据在线发布在 JAEA 的放射性物质监测数据库（JAEA，2015a）。

**表 12-1　福岛第一核电厂 80 km 范围内未修复场地的 $^{134}Cs$ 和 $^{137}Cs$ 深度分布的八次土壤采样调查详情**

| 采样序号 | 时间段 | 分析的取样点数量 | $^{137}Cs$ 的平均质量深度（$g/cm^2$） | 距离地面 1 m 高的平均周围剂量当量率［$\dot{H}^*(10)$］/（μSv/h） |
|---|---|---|---|---|
| 1 | 2011 年 12 月 12—22 日和 2012 年 4 月 17—19 日 | 83 | 0.99 | 0.60[a] |
| 2 | 2012 年 8 月 21 日—9 月 26 日 | 81 | 1.09 | 0.51 |
| 3 | 2012 年 11 月 26 日—12 月 21 日 | 82 | 1.25 | 0.47 |
| 4 | 2013 年 6 月 4 日—27 日 | 82 | 1.35 | 0.49 |
| 5 | 2013 年 10 月 28 日—11 月 29 日 | 80 | 1.58 | 0.40 |
| 6 | 2014 年 7 月 14 日—24 日 | 76 | 1.81 | 0.36 |
| 7 | 2014 年 11 月 4 日—13 日 | 76 | 1.70 | 0.35 |
| 8 | 2015 年 8 月 24 日—9 月 25 日 | 72 | 1.96 | 0.22 |

注：a）41 个取样点的平均值，不是所有的采样点都测量 $\dot{H}^*$（10）。

图 12-1 显示了某个典型场地中 $^{137}$Cs 深度分布的演变。对于前两次采样调查，深度分布显示出指数形状（ICRU, 1994）。到第 3 次采样调查时，可以看到在地表下 $^{137}$Cs 的活度浓度有个明显的峰值，后边的几次直至第 8 次采样调查结果也都有峰值。

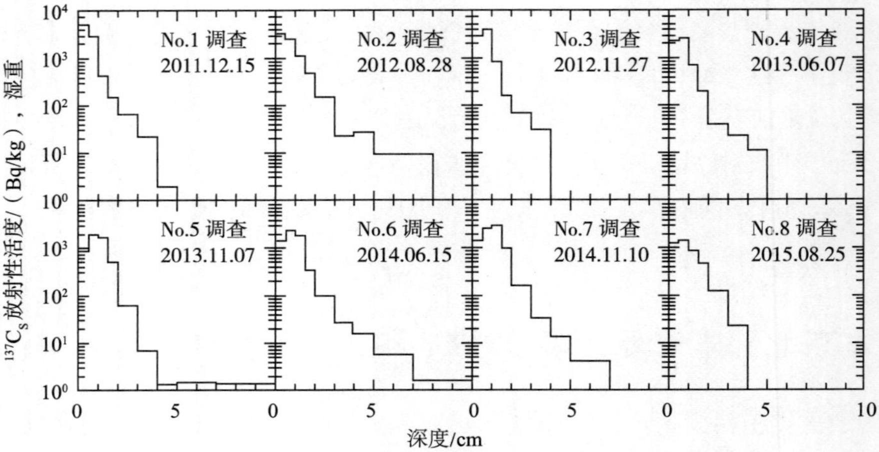


图 12-1　福岛县郡山市以南 5 km 的宗教礼堂场地内 $^{137}$Cs 深度分布的演变

这个结果表明放射性铯随着时间向地下缓慢迁移。图 12-2a 给出了图 12-1 所示场地和所有采样场地中 $^{137}$Cs 的平均质量深度。空气剂量率，尤其是距离地面 1 m 高度上的周围剂量当量率 $\dot{H}^*$（10）（μSv/h），随着时间的推移趋于减少（图 12-2b）。这主要是因为放射性衰变和放射性铯在土壤中向下层迁移增加了伽马射线的自吸收（Mikami et al, 2015；Malins et al, 2016b）。在采样调查中发现的两种深度分布曲线分别用指数和双曲正割函数（Matsuda et al, 2015；Malins et al, 2016b）进行拟合：

$$A(\zeta) = A_0 \exp(-\zeta/\beta) \tag{12-1}$$

$$A(\zeta) = A_0 \cosh(\zeta_0/\beta)\,\mathrm{sech}[-(\zeta-\zeta_0)/\beta] \tag{12-2}$$

式中　$A(\zeta)$——$^{137}$Cs 活度浓度，Bq/kg，是土壤质量深度 $\zeta$（g/cm$^2$）的函数；

$A_0$——在地表处的活度浓度（Bq/kg）；

$\beta$——拟合参数，与 $^{137}$Cs 在土壤中的沉积渗透特性相关；

$\zeta_0$——拟合参数，g/cm$^2$，与 $^{137}$Cs 在土壤中的沉积渗透特性相关，为双曲正割模型中活度浓度峰值对应的质量深度。

值得注意的是，式（12-1）和式（12-2）中，用质量深度（即每单位面积的地表和地表以下给定深度之间的土壤质量）代替了距离深度，因为相对距离深度，质量深度能更准确地表征土壤的屏蔽能力（ICRU, 1994）。用这两个经验函数拟合测得的深度分布，可以表征沉积物在土壤中向下迁移的速率（Matsuda et al, 2015），并能系统分析不同修复方法降低空气剂量率的有效性（Malins et al, 2016a）。

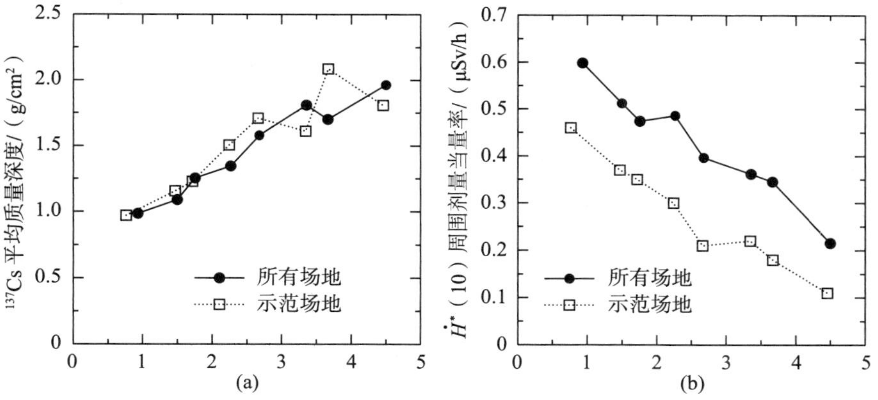


图 12-2（a）郡山市以南 5 km 处所有未修复地点和礼堂内 $^{137}$Cs 含量的平均质量深度；（b）在 1 m 处测量的空气剂量率 [$\dot{H}^*$（10）] 的变化

## 3 机械修复策略

在福岛核事故后，日本东北部的农场、校园、花园、公园等区域主要采用 4 种方法进行修复（Yasutaka et al, 2013；JAEA, 2015b；Ministry of Environment, 2015、2017）。前两种方法是表层土剥离（图 12-3a）与土壤层交换，表层土被剥离到设定的深度，然后将这些废弃的表层土送去处理。表层土剥离包括用从其他地方运来的干净表层土回填至剥离的地面（即方法 A1），或将剥离的地面保持在裸露状态（方法 A2）。

表层土剥离可有效降低剂量率，因为它彻底清除了放射性铯污染源。另一种选择是让污染物转移至土壤的更深层处，以使放射性铯的伽马射线在到达地表之前被土壤衰减。土壤层交换法就是这种选择的一个例子（方法 A3，图 12-3b）。土壤层交换包括首先挖出一层表层土并将其放置在一侧，然后从已挖好的坑中挖出一层底土，先用最初是表层土的土壤重新填充坑，最后用最初是底土的土壤重新回填作为表层土。

第四种机械修复方法是表层土混合（方法 A4，图 12-3c）。在这种方法中，使用翻耕机或拖拉机牵引的翻转犁将表层土在设定的深度上进行混合。与表层土剥离（A1 和 A2）相比，尽管地表以下质量深度有所增大，土壤层交换和表层土混合方法（A3 和 A4）的一个显著缺点是放射性铯在修复后仍保留在环境中。这可能会影响通过方法 A3 或 A4 修复的农田上生产的农产品的可食用性。

Yasutaka 等（2013）估计，通过表层土剥离（A1 和 A2）修复 SDA 农业用地的总成本在 10 220 亿日元至 22 700 亿日元（约 100 亿美元至 230 亿美元）之间。相比之下，土壤层交换法（A3）为 620 亿日元（约 6.2 亿美元），土壤混合法（A4）为 70 亿日元（约 7 000 万美元）。因此，表层土剥离比土壤层交换和表层土混合修复方法的成本高 1~2 个数量级。

（a）表层土剥离（A1 更换、A2 裸露）　（b）土壤层交换（A3）　（c）表层土混合（A4）

图 12-3　放射性铯污染土壤的机械修复方法（JAEA，2015b）

# 4　修复措施对空气剂量率的影响（基于经验公式的活度深度分布模型）

Malins 等（2016a）使用蒙特卡罗辐射传输计算的结果，系统分析了采取 4 种机械修复措施（A1~A4）后，距离地面 1 m 处周围剂量当量率 [$\dot{H}^*(10)$] 的变化。仿真计算时，使用简化的几何模型，假设土壤层和空气层都是无限大平板（Malins et al, 2016b），修复前 $^{134}$Cs 和 $^{137}$Cs 的活度浓度都是均匀的，可设定为常数，单位是 Bq/m$^2$。对初始放射性铯深度分布的模型可使用指数函数 [ 式（12-1）] 或双曲正割函数 [ 式 (12-2)]。使用近似的环境几何模型和放射性铯分布函数计算的 $\dot{H}^*(10)$ 的方法，与 FDNPP 80 km 内未修复场地的 $\dot{H}^*(10)$ 实测值进行比较，显示出了相当准确的结果（Malins et al, 2016b）。

当区域通过某一方案（A1、A2、A3 或 A4）进行修复时，修复后的剂量率可以通过改变一个方形区域内的放射性铯随深度分布来进行计算。以表层土混合方法为例，假设混合表层土层中的放射性铯在整个土层均匀分布（即土壤充分混合）。用该修复措施模型计算的结果与去污试点项目（JAEA, 2015b；Malins et al, 2016a）中场地修复后实测的空气剂量率减少量相一致。

研究人员进一步系统验证了各参数对剂量率减小量的影响，考虑的因素包括修复前放射性铯在土壤中的初始分布 [ 可改变式（12-1）和式（12-2）中 $\beta$ 和 $\zeta_0$ 的值 ]，修复的土地面积和修复土壤的质量深度。

每种修复方法的效果用修复前后 $^{134}$Cs（$^{137}$Cs）的 $\dot{H}^*(10)$ 的比值来表征：

$$R_{134}={}^{134}{}_{\mathrm{r}}\dot{H}^*(10)/{}^{134}{}_{\mathrm{i}}\dot{H}^*(10) \tag{12-3}$$

$$R_{137}={}^{137}{}_{\mathrm{r}}\dot{H}^*(10)/{}^{137}{}_{\mathrm{i}}\dot{H}^*(10) \tag{12-4}$$

这里的下标 r 和 i 分别表示修复后和修复前的空气剂量率，$R_{134}$ 和 $R_{137}$ 是残留剂量率因子。由于残留剂量率因子只代表放射性铯贡献的那部分 $\dot{H}^*(10)$ 值的变化，而不是 $\dot{H}^*(10)$ 整体的数值变化，因此它们通常适用大多数场景，而不局限于某些特定的修复场地。假设某场地天然本底的空气剂量率 [$^{nat}\dot{H}^{*}(10)$] 在修复前后没有改变，修复后的空气剂量率为：

$$_{r}\dot{H}^{*}(10)=R_{134}\times{}^{134}_{\ i}\dot{H}^{*}(10)+R_{137}\times{}^{137}_{\ i}\dot{H}^{*}(10)+{}^{nat}\dot{H}^{*}(10) \quad (12\text{-}5)$$

图 12-4 为 A1~A4 方法修复土壤的残留剂量率因子，初始放射性铯深度分布为指数分布，$\beta$=2.0 g/cm$^2$。$^{134}$Cs 和 $^{137}$Cs 的残留剂量率因子重合，因为这两种放射性同位素发出的伽马射线的能量相当。

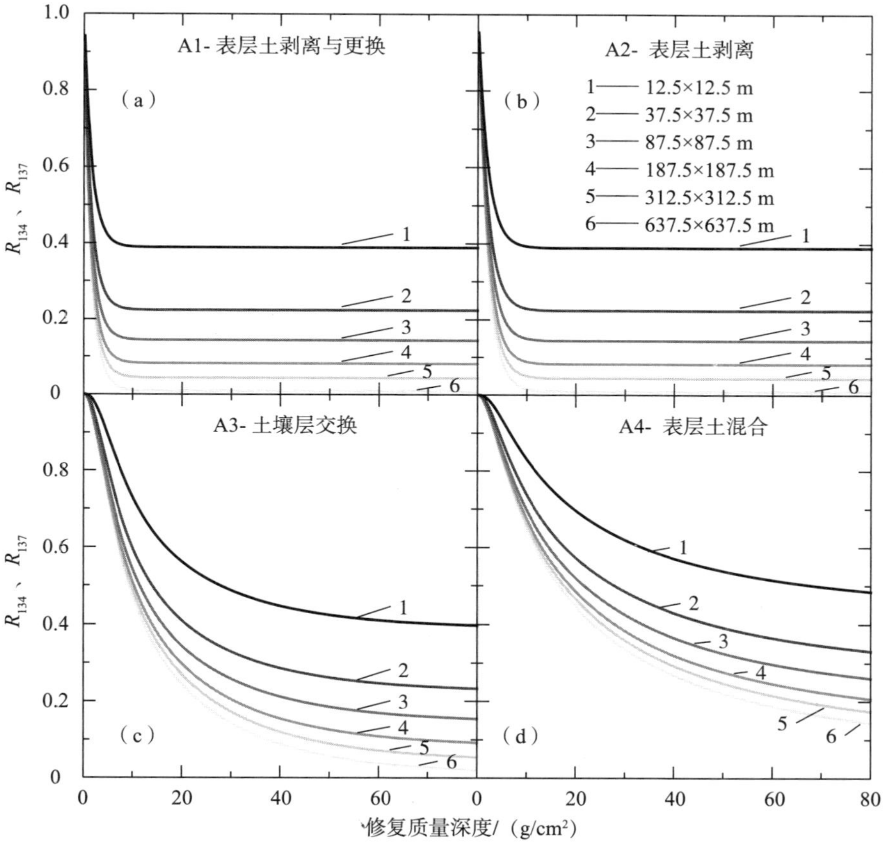


图 12-4　残留剂量率因子作为修复质量深度和修复区域大小的函数（Malins et al，2016a）
初始指数放射性铯深度分布 $\beta$=2.0 g/cm$^2$；实线为 $^{137}$Cs 的结果，而虚线为 $^{134}$Cs 的结果

一般来说，表层土剥离法（A1 和 A2，图 12-4a 和图 12-4b）比土壤层交换法（A3，图 12-4c）或表层土混合法（A4，图 12-4d）能更有效地降低空气剂量率，通过比较上图中相同修复质量深度和修复土地面积对应的残留剂量率因子值就能清楚得看到这一点。

当修复质量深度大于 10 g/cm$^2$ 时，表层土壤去除方法的残留剂量率因子趋于平稳，在修复到这些质量深度后，基本上所有的放射性铯都已从修复区移除，因此，继续去除表层土不会进一步降低空气剂量率。

残留剂量率因子在曲线后半段略高于零的部分趋于平稳的原因是仍然有放射性铯存在于土地修复区域之外。$^{134}$Cs 和 $^{137}$Cs 伽马射线在空气中的平均自由程约为 100 m（Malins et al，2015）。因此研究人员需要对非常大的区域进行修复，以完全消除剂量率中残留的放射性铯成分。图 12-4 中的曲线 1~6 显示出这种效果，序号越大表示越来越大的土地面积被修复，随着修复面积的增大，修复效果提高（残留剂量率因子降低）。

在较窄的修复质量深度范围内（0~10 g/cm$^2$），表层土去除和清洁土壤层（A1）的恢复效果仅优于单独的表层土去除（A2）。在该范围内，与不更换剥离土壤相比，使用清洁的土壤层进行恢复的残留剂量率因素较低，这是由于清洁土壤的覆盖层提供了屏蔽。然而该影响很小，且由于残留在修复区域内的放射性铯的数量可以忽略不计，使用清洁的土壤层进行更大的修复质量深度的回收并没有放射效益。

在相同的修复参数下，土壤层交换法（A3）比表层土混合法（A4）更有效。这是因为，在修复质量深度相等的前提下，土壤交换比表层土混合更能将放射性铯重新分配到地下深处，从而产生更大的土壤屏蔽效应。

与表层土去除方法相比，A3 和 A4 的残留剂量率因子随着修复质量深度的增加而下降得更慢。因此，在土层交换和表层土混合的情况下，需要更大的修复质量深度，以达到与表层土剥离相同的残留剂量率因子。以图 12-4 中顶部曲线 1 为例（12.5 m × 12.5 m 修复区域），表层土剥离至 10 g/cm$^2$（A1 或 A2）时残留剂量率因子为 0.4（即 $[\dot{H}^*(10)]$ 的放射性铯成分减少 60%）。要得到与土层互换相应的结果，所需的修复质量深度约为 80 g/cm$^2$，如果是表土混合，则需要更大的修复质量深度。

Malins 等（2016a）给出了关于残留剂量率因子的进一步结果。假设初始深度分布为指数函数，除松弛质量深度 $\beta$=2.0 g/cm$^2$ 外，还计算了 $\beta$=1.0 及 5.0 g/cm$^2$ 时的残留剂量率因子（图 12-4）。当使用双曲正割函数对初始深度分布进行模拟时，$\beta$ 和 $\zeta_0$ 的范围在 1.0~5.0 g/cm$^2$ 之间。

通过考虑放射性铯深度分布的不同可能演化速率，研究了放射性铯随时间在土壤中向下迁移对修复性能的影响。通过增加式（12-1）中指数分布的弛豫质量深度（$\beta$）来模拟放射性铯的向下迁移。

弛缓质量深度适用于放射性降尘后后不同滞后的阶段，其依据是 ICRU(1994) 发表的数值、基于全球文献搜索，并通过对 Likhtarev 等 (2002) 对乌克兰切尔诺贝利核事故沉降物影响地点推导的剂量率衰减因子的反向模型得出。

图 12-5 显示了该分析的结果，该结果考虑了放射性铯在土壤中沉积后长达 20 a 的迁移。这个结果对所选择的放射性铯深度剖面随时间（即发生向下迁移的速度）演变的模型很敏感。随着向下迁移的速度越快（图 12-5 中的 ICRU 53 的快速和介质模型），在初始污染事件发生后越晚进行修复，其修复效果越差。

图 12-5 中 $^{137}$Cs 残留剂量率因子的增加表明了这一点，增加土壤修复的（质量）深度是恢复初始污染事件后后期修复性能的一种途径。

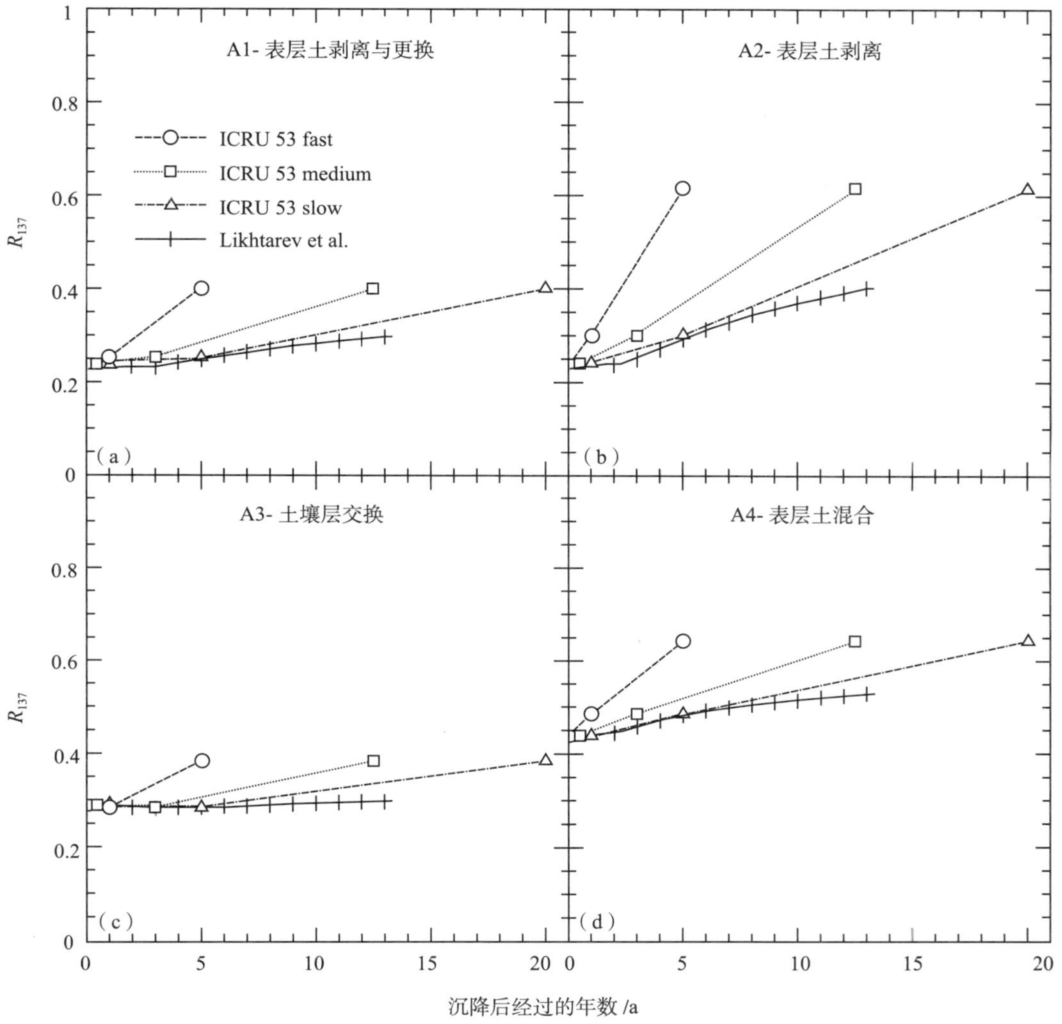


图 12-5　4 种不同模型下放射性铯在土壤中向下迁移的 $^{137}$Cs 残留剂量率因子随时间的变化（Malins et al，2016a）
在所有情况下，修复土地的模型面积都是 37.5m × 37.5m；对于方法 A1 和 A2，修复质量深度固定为 6.7 g/cm$^2$，方法 A3 为 40.3 g/cm$^2$，方法 A4 为 33.8 g/cm$^2$

# 5　基于测量的活度深度剖面的修复模型

第 11 章中描述的结果的一个限定在于假设放射性铯的初始深度分布采用完美的指数或双曲正割形式。实际上，放射性铯的初始深度分布总是与这些经验模型不同。这一限定可能很关键，因为在全世界范围内放射性铯沉降物的深度分布中已经观察到拖尾现象（Antonopoulos-Domis et al, 1995；Matsuda et al, 2015；Takahashi et al, 2015），而拖尾现象并不能用单一指数函数很好地表征（Kurikami et al, 2017）。

因此，研究人员在没有采用修复前放射性铯深度分布的经验模型的情况下，对修复的有效性进行了研究。其中，福岛第一核电厂 80 km 范围内未修复地的深度分布测量数据（表 12-1）被用于模型化展示修复前的初始放射性铯深度分布。每个土层的厚度、质量以及 $^{134}Cs$ 和 $^{137}Cs$ 活度被用于模型化展示修复前的初始放射性铯深度分布。每个土壤层的厚度、质量和 $^{134}Cs$ 和 $^{137}Cs$ 活度浓度被用来定义渐进式的活度分布。然后使用方法 A1~A4 在 37.5 m × 37.5 m 的土地区域内进行修复的模型化展示。

假设表层土剥离（A1 和 A2）的物理深度为表层土以下 3 cm、5 cm 和 7 cm，土壤层交换和表层土混合的相应修复深度分别为 10 cm、20 cm 和 30 cm。修复后放射性铯分布，以及其他适用的模型因子，与 Malins 等（2016）报道的定义方式相同。

图 12-6 的结果显示了方法 A1~A4 的数据，根据修复后 $\dot{H}^{*}(10)$ 的总放射性铯成分（$^{134}Cs$ 和 $^{137}Cs$）与其修复前初始值的比率来评估修复效果。每个数据点代表一次土壤采样活动中所有残留剂量率因子的平均值，这些数据是根据 2011 年 3 月以来的年数绘制的。

非常重要的结果是，残余剂量率因子显示与放射性降尘后最初五年内进行修复的时间点没有太大关系。尽管在此期间内放射性铯的含量确实倾向于在土壤中向下迁移（图 12-2a），但图 12-6 的结果表明迁移在修复深度的范围内是微不足道的。

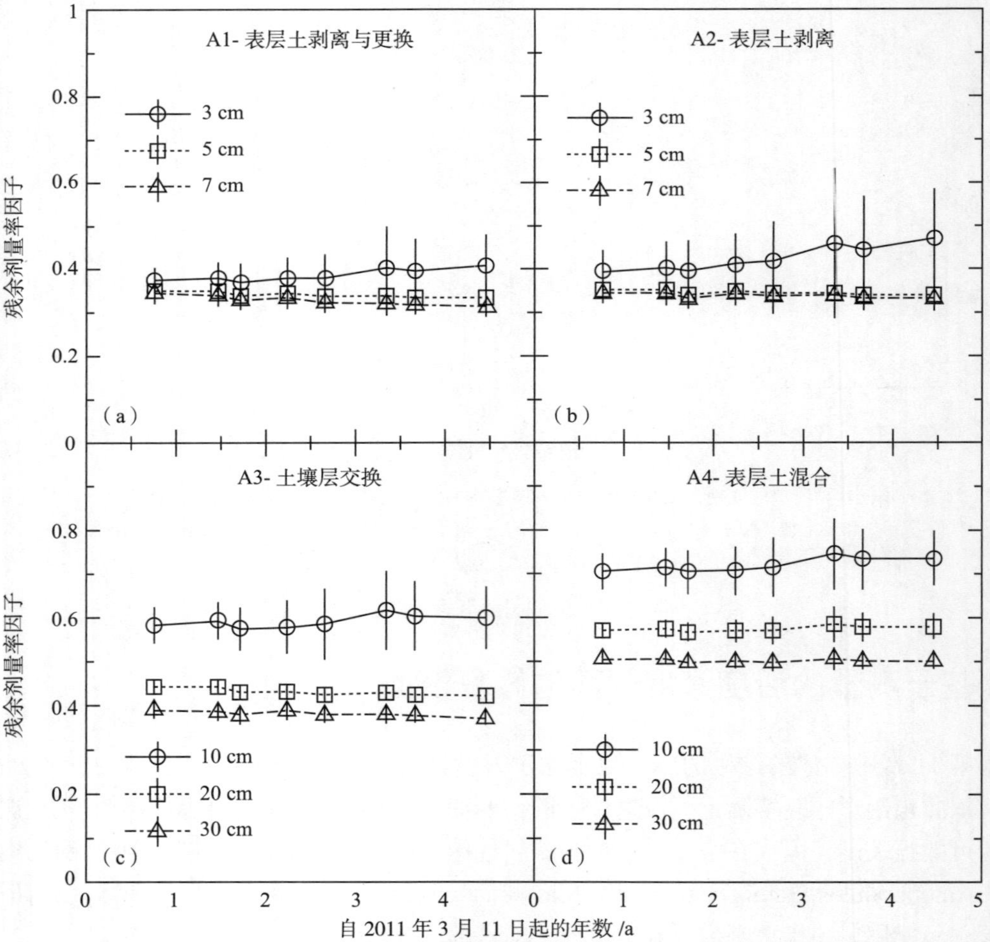


图 12-6 在福岛第一核电厂 80 km 范围内进行模拟修复后 $\dot{H}^{*}$（10）的放射性铯成分的平均残留剂量率因子
不同的图显示了 A1~A4 修复方法的结果，线和标记代表层土壤被修复的不同物理深度，误差线显示与平均值的正负一个标准偏差；在所有情况下，修复区域的大小为 37.5 m × 37.5 m

表层土去除到 3 cm 可能是个例外（实线和圆形标记，图 12-6a 和图 12-6b），其残留剂量率因子随着放射性降尘后年数的增加而略有增加。这表明在这 5 年内，很大一部分放射性铯含量会向下迁移到 3 cm 以下，因此，在 5 年间的最后几年通过去除表层土进行修复不会整体降低放射性铯含量，修复后的残余剂量率比在较早时间进行修复的情况下要高。

当剥离 5 cm 或更多的表层土时，两种表层土去除方法的修复性能只有很小的差异（参见图 12-6a 和图 12-6b）。这进一步说明，一旦环境中的大部分放射性铯存量（即表层土壤的表层数 cm 的存量）被移除，进一步剥离表层土壤或用干净的土层回收放射性铯的回报率会逐渐减少。

从图 12-5 和图 12-6 可以明显看出，日本东北部污染后前五年的残留剂量率因子趋势与图 12-5 中 ICRU 53 slow 和 Likhtarev 等提出的模型最吻合。因此，除了表层土剥离至 3 cm 的情况外，没有迹象表明在福岛核事故后的前 5 年内增加修复深度对于保持修复性能是必要的。

在福岛核事故发生 5 年或更长时间后，修复工作的成效将取决于土壤中放射性铯深度剖面的发展情况。众所周知，铯与土壤中的粘土矿物具有很强的结合力（Okumura et al, 2013；Mukai et al, 2014；Fuller et al, 2015），这表明未来放射性铯深度分布的变化将取决于土壤的自然生物和物理混合，而不是放射性铯离子的物理化学迁移（Kurikami et al, 2017）。从东欧切尔诺贝利核事故（IAEA, 2006）和俄罗斯南乌拉尔山脉 Techa 河的 Mayak 污染（Akleyev and Kisselyov, 2002）中可以推断，即使在最初的污染事件发生 35 年后，放射性铯仍倾向于停留在土壤上方 20 cm 处。这表明，在未来几年，机械土壤修复仍将是降低日本东北部尚未修复地区空气剂量率的可行策略。

## 6 结论

放射性铯污染土壤的机械修复是 2011 年福岛核事故后日本进行的修复计划中最耗资费的项目之一。本章总结了放射性铯污染土壤的不同机械修复方法与空气剂量率降低之间关系的模拟工作。通过模拟方法，工作人员可以快速、经济地量化各种因素对修复工作的影响，包括修复的土壤量（土地面积和土壤深度）和初始深度分布土壤中的放射性铯。

无论是否使用干净的土壤层进行恢复，去除表层土壤在降低空气剂量率方面往往比土壤层交换或土壤混合更有效，这是因为放射性铯通过前一种方法能被去除且与环境介质分离。为了达到通过剥离大约 10 g/cm$^2$ 的表层土达到的剂量率降低水平，有必要使用土壤层交换或表层土混合方法修复到更大的土壤深度。

研究人员对日本东北部的放射性铯活度深度分布进行建模，以确定土壤中放射性铯向下迁移对修复的影响。结果表明，修复效果与自 2011 年 3 月起 5 年内进行修复的时间无关，但该结论的例外是表层土剥离（A1 或 A2）至 3 cm，在最初的 5 年期间，放射性铯迁移到 3 cm 以下深度意味着只剥离到 3 cm 以下的表层土壤越晚，效果就越差。

# 参考文献

Akleyev A V, Kisselyov M F. (2002). Medical-biological and ecological impacts of radioactive contamination of the Techa River. Fregat, Chelyabinsk.

Antonopoulos-Domis M, Clouvas A, Hiladakis A,et al. (1995). Radiocesium distribution in undisturbed soil: measurements and diffusion-advection model. Health Phys,69:949-953.

Fuller A J, Shaw S, Ward M B,et al. (2015). Caesium incorporation and retention in illite interlayers. Appl Clay Sci,108:128-134.

Government of Japan. (2011). Act on special measures concerning the handling of environment pollution by radioactive materials discharged by the NPS accident associated with the Tohoku District-Off the Pacific Ocean Earthquake That Occurred on March 11, 2011.

IAEA. (2006). STI/PUB/1239: environmental consequences of the Chernobyl accident and their remediation: 20 years of experience. Report of the Chernobyl Forum Expert Group 'Environment'. http://www-pub.iaea.org/MTCD/ publications/PDF/Pub 1239_web.pdf.

ICRU. (1994). ICRU 53: Gamma-Ray spectrometry in the environment JAEA (2015a) Database for radioactive substance monitoring data-depth distribution in soil. http://emdb.jaea.go.jp/emdb/en/.

JAEA. (2015b). JAEA-Review 2014-051: remediation of contaminated areas in the aftermath of the accident at the Fukushima Da Ⅱ chi Nuclear Power Station: overview, analysis and lessons learned Part 1: a report on the 'Decontamination Pilot Project'. Technical report, March, Japan Atomic Energy Agency. https://doi.org/10.11484/jaea-review-2014-051.

Kurikami H, Malins A, Takeishi M,et al. (2017). Coupling the advection-dispersion equation with fully kinetic reversible/irreversible sorption terms to model radiocesium soil profiles in Fukushima prefecture. J Environ Radioact,171:99-109.

Likhtarev I A, Kovgan L N, Jacob P,et al. (2002).Chernobyl accident: retrospective and prospective estimates of external dose of the population of Ukraine. Health Phys,82:290-303.

Malins A, Okumura M, Machida M,et al. (2015). Fields of view for environmental radioactivity. In: Proceedings of the international symposium on radiological issues for Fukushima's revitalized future:28-34.

Malins A, Kurikami H, Kitamura A,et al. (2016a). Effect of remediation parameters on in-air ambient dose equivalent rates when remediating open sites with radiocesium-contaminated soil. Health Phys,111:357-366.

Malins A, Kurikami H, Nakama S,et al. (2016b). Evaluation of ambient dose equivalent rates influenced by vertical and horizontal distribution of radioactive cesium in soil in Fukushima Prefecture. J Environ Radioact,151:38-49.

Matsuda N, Mikami S, Shimoura S,et al. (2015). Depth profiles of radioactive cesium in soil using a scraper plate over a wide area surrounding the Fukushima Dai-ichi Nuclear Power Plant, Japan. J Environ Radioact,139:427-434.

Mikami S, Maeyama T, Hoshide Y,et al. (2015). The air dose rate around the Fukushima Daiichi nuclear power plant: its spatial characteristiCs and temporal changes until December 2012. J Environ Radioact,139:250-259.

Ministry of the Environment. (2013). Decontamination guidelines. Technical report. http://josen.env.go.jp/en/framework/pdf/decontaminationguidelines 2nd.pdf.

Ministry of the Environment. (2015). FY2014 decontamination report. Technical report. http://josen.env.go.jp/en/cooperation/pdf/decontaminationreport1503 01.pdf.

Ministry of the Environment. (2017). Progress on off-site cleanup and interim storage in Japan (August 2017). Technical report.

Miyazaki M, Hayano R. (2017). Individual external dose monitoring of all citizens of Date City by passive dosimeter 5 to 51 months after the Fukushima NPP accident (series): Ⅱ. Prediction of lifetime additional effective dose and evaluating the effect of decontamination on individual dose. J Radiol Prot,37:623-634.

Mukai H, Hatta T, Kitazawa H,et al. (2014). Speciation of radioactive soil particles in the Fukushima contaminated area by IP autoradiography and microanalyses. Environ Sci Technol,48:13 053-13 059.

Okumura M, Nakamura H, Machida M. (2013). Mechanism of strong affinity of clay minerals to radioactive cesium: first-principles calculation study for adsorption of cesium at frayed edge sites in muscovite. J Phys Soc Jpn,82:033802.

Oughton D H (2013). Social and ethical issues in environmental remediation projects. J Environ Radioact,119:21-25.

Takahashi J, Tamura K, Suda T,et al. (2015). Vertical distribution and temporal changes of 137Cs in soil profiles under various land uses after the Fukushima Dai-ichi Nuclear Power Plant accident. J Environ Radioact,139:351-361.

Yasutaka T, Naito W. (2016). Assessing cost and effectiveness of radiation decontamination in Fukushima Prefecture, Japan. J Environ Radioact,151:512-520.

Yasutaka T, Naito W, Nakanishi J. (2013). Cost and effectiveness of decontamination strategies in radiation contaminated areas in Fukushima in regard to external radiation dose. PLoS One,8(9): e7530.

# 第 13 章　在塞米巴拉金斯克试验场（哈萨克斯坦）应用修复方法的实践经验

Andrey V. Panitskiy, Sergey N. Lukashenko, Erlan G. Batyrbekov, Sergey A. Berezin, Murat A. Umarov, Yuriy G. Strilchuk, Vitaliy V. Yakovlev

## 1　简介

1949 年至 1989 年期间，在塞米巴拉金斯克试验场（Semipalatinsk test site, STS）进行了 456 次核试验（616 个核装置）。在塞米巴拉金斯克试验场进行核试验可分为 2 个阶段：第一阶段为大气层核爆炸；第二阶段为地下核爆炸（在坑道和竖井中）。

在“试验场（Experimental Field，特指试验场的功能区，译者注）”地面上，从 1949 年至 1962 年期间，为研究核效应进行了 116 次大气层核试验。其中，地面试验 30 次，空中试验 86 次。从 1961 年起，又进行了 340 次地下核试验。在“Degelen”场地的坑道中进行了 209 次地下核试验，以试验核装药和弹药，用于对各种设计解决方案及其技术设备和其他试验场的地下结构进行大规模测试。在“Balapan”（105 次）、“Sary-Uzen”（24 次）和“Telkem”场地（2 次）的竖井中进行了地下核试验，以试验核装药和弹药，大规模试验战略导弹部队设施（包括导弹的发射井、统一指挥所），国家行政机关机构、核弹药储存设施及其技术装备，进行工业爆炸技术试验。该试验场还进行了和平目的的地下核试验。开发了利用地下核试验的技术，以建立人工水体、渠道、勘探矿物时进行地震地壳探测、建立地下储藏库、扑灭燃烧的天然气井和油井等。塞米巴拉金斯克试验场运行期间，为工业目的试验进行了 7 次地下核爆炸。

塞米巴拉金斯克试验场的另一个研究方向是不完全链式反应实验。除核爆炸外，该试验场还使用放射性核素（4# 和 4a# 场地）进行了试验，并使用化学炸药进行了 175 次爆炸。大规模试验的结果是，塞米巴拉金斯克试验场形成了放射性核素浓度很高的区域，需要进行修复。

近年来，人们开展了大量工作，为了明确说明这些存在辐射危险的 STS 试验场地放射性核素污染的扩散边界（Lyakhova et al, 2012；Aidarkhanov et al, 2013；Turchenko et al, 2014；Panitskiy and Lukashenko, 2015）。大尺度范围步行伽玛光谱测量最新技术的应用，发现了大量对人群构成危险的局部热点，需要采取措施限制这些区域对环境和人的影响。对有辐射危险的土地的修复可以通过不同的方式来实施，方法选择首先取决于

A. V. Panitskiy ( ✉ ), S. N. Lukashenko, E. G. Batyrbekov, S. A. Berezin, M. A. Umarov, Y. G. Strilchuk, V. V. Yakovlev 哈萨克斯坦国家核中心，哈萨克斯坦库尔恰托夫（National Nuclear Center of Kazakhstan, Kurchatov, Kazakhstan）e-mail: Panitskiy@nnc.kz；lukashenko@nnc.kz；batyrbekov@nnc.kz；berezin@nnc.kz；umarov@nnc.kz；strilchuk@nnc.kz；yakovlev@nnc.kz

特定区域的自然条件和放射性核素污染水平。鉴于土壤中放射性核素含量高的区域很大，完全清除受污染的土壤是不可能的，也不符合成本效益。另一个问题是，清除后的土壤储存在哪里。因此，在 STS 土地上（试验场）、核爆炸抛掷区（“原子湖”、Telkem 区）这些土壤污染扩散区，通过深层翻耕的方式进行土壤修复是可行的。这种土壤修复方法对一些地区平坦、起伏小、表层覆盖的松散沉积物厚度达 2~3m 也适用。因此，尽管土壤中有碎石，但在这些地区进行深层翻耕还是比较方便的。

哈萨克斯坦国家核中心的专家们，通过在塞米巴拉金斯克试验场的土壤翻耕实验，估计了修复效率，并开展了实践应用。对个别点的土壤表层污染，也采用了铲土法进行了修复。

# 2 STS 放射性污染区域的翻耕修复

## 2.1 土壤耕作对放射性污染区域修复效率的估算

### 2.1.1 材料和方法

（1）研究区域选择

在“P-2”试验场的“Experimental Field”地区，选择了一片栗钙土进行修复试验，该试验区当年主要用于低当量核爆试验（图 13-1），人工放射性核素（technogenic radionuclides，指在核爆中产生的非天然放射性核素，译者注）含量高。

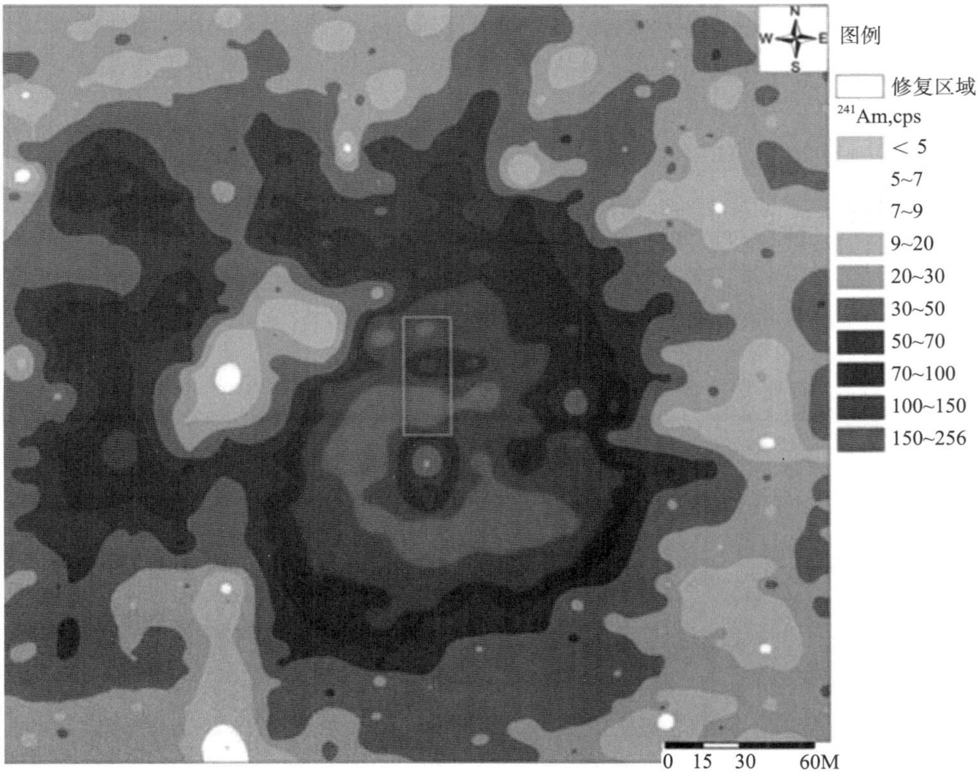


图 13-1 研究区域的放射性活度水平（单位：cps，每秒计数）

（2）关键地点修复

1）修复技术的选择

根据研究区土壤特征和土壤剖面中人工放射性核素的分布数据，建议翻耕深度至少为 30 cm。考虑到“Experimental Field”场地的气象特征，那里的风速可达 17m/s，翻耕后土壤表层覆盖度下降可能会加剧。对 3 种技术方案的有效性进行了评估：

· 土壤翻耕深度 30 cm，土层翻转 180°，碎石回填；
· 土壤翻耕深度 30 cm，土层翻转 180°，然后播草原植被；
· 土壤翻耕深度 30 cm，土层翻转 180°。

在样方（或苗圃）内播种冈头麦（*Agropyron cristatum*），冈头麦是一种多年生谷物，耐冻和耐旱性能良好，能够维持土壤的盐分。

2）研究区域修复

在 P-2 地块的浅栗色土中，分别划出 3 个 16 m × 15 m 的样方（U-1、U-2 和 U-3）（图 13-1）。在 2 m × 2 m 的网格上进行徒步地面 γ、β 辐射测量，以评估所选样方辐射指数的降低情况。对每个样方的地形和植被进行描述；选取 1 份植物的地上部分样品进行核素分析；挖掘了一个土壤剖面，按 5 cm 间隔对 0~50 cm 土壤层进行分层取样。

调查采样后，所有试验地块都进行了 30 cm 深的翻耕，土层翻转 180°。DT-75 拖拉机进行耕作，配备悬挂式三体犁 PLN-3，重型齿耙 BZT-1。翻耕后，为确定放射性核素大的传输深度，以 5 cm 间隔对表层 30 cm 土壤剖面取样进行放射性核素分析。为了评价各种技术对风蚀抵抗的有效性，U-2 点回填碎石，U-3 点以 14 kg/hm$^2$ 种子的标准，播种了冠状麦草种子。

3）植物吸收的放射性核素评估

翻耕后的 3 年里，对每个地块的植被进行采样，以确定潜在的放射性核素残留。每个样方植株样本采 5 个点（图 13-2）。收割采样点周围 1m$^2$ 的植物。为了评估根系类型对植物放射性活度水平的影响，在修复的第 2 年、第 3 年还采集了 U-1 样方的两种不同根系类型的植物样品，即须根系的冠麦草（*Agropyron cristatum*）和主根系的绢毛蒿（*Artemisia sericea*）。这两种植物样品采自同一区域，采样样方面积都为 1 m$^2$。

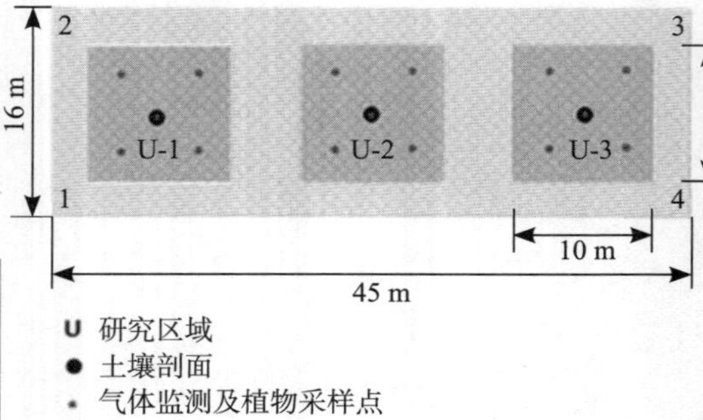


（a）采样点布置图

（b）碎石回填后的 U-2 场地

图 13-2　研究地点

· 风蚀过程评估

为了观察风蚀过程，在修复后每个样方设置了 5 个观测点。每个点在 15 cm 深的位置取 5 cm 的土壤柱进行理化性质研究（粒度组成和腐殖质含量）。修复 2 年后，再次采集观测点土壤样品进行理化性质研究，采样方法与深度与之前一致。

· 修复区植被蔓生情况评估

为了研究 2012—2016 年修复区草原和盐生植被的重建过程，对“Experimental Field”地区 3 个实验样方草原植物和盐生植物的蔓生情况进行了监测。

### 2.1.2 研究结果

（1）修复区辐射参数降低量的估算

重点整治点翻耕前后 γ、β 辐射剂量的测量结果见图 13-3 和图 13-4。

对当量剂量率（EDR）的测量分析表明，翻耕前当量剂量率的变化范围比较大，在 0.3~3.7 μSv/h，耕地后当量剂量率值平均下降 56%，变化范围明显变小，为 0.3~1.4 μSv/h（图 13-4）。与当量剂量率结果相似，翻耕前 β 粒子通量密度的变化相对较大，从 26 个粒子 /（min · $cm^2$）到 980 个粒子 /（min · $cm^2$），翻耕后 β 颗粒通量密度平均下降 87%，分布范围也明显缩小，从小于 10 个粒子 /（min · $cm^2$）到 160 个粒子 /（min · $cm^2$）（图 13-4）。

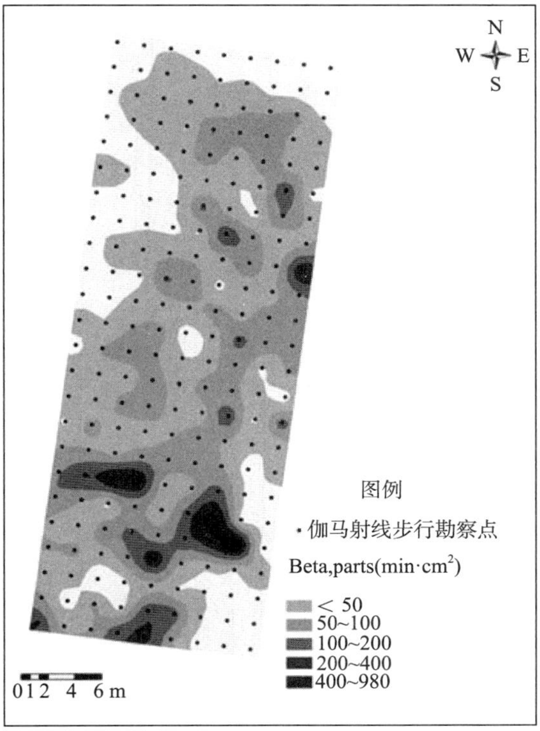


（a）修复前

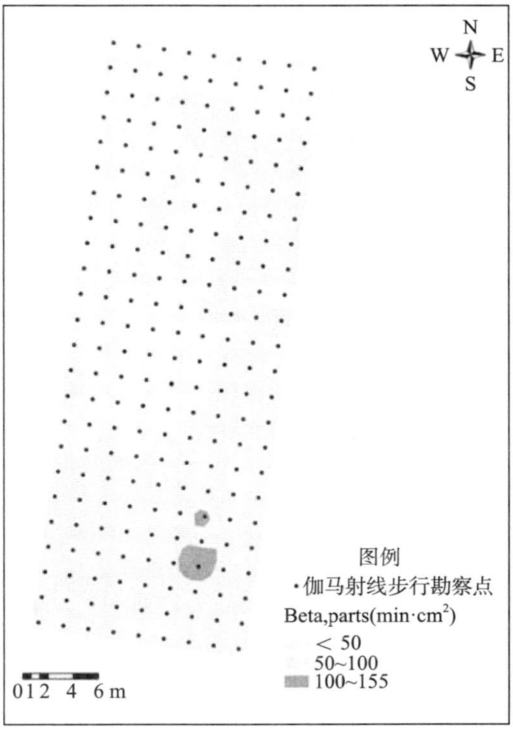


（b）修复后

图 13-3　翻耕修复前后土壤当量剂量率的分布

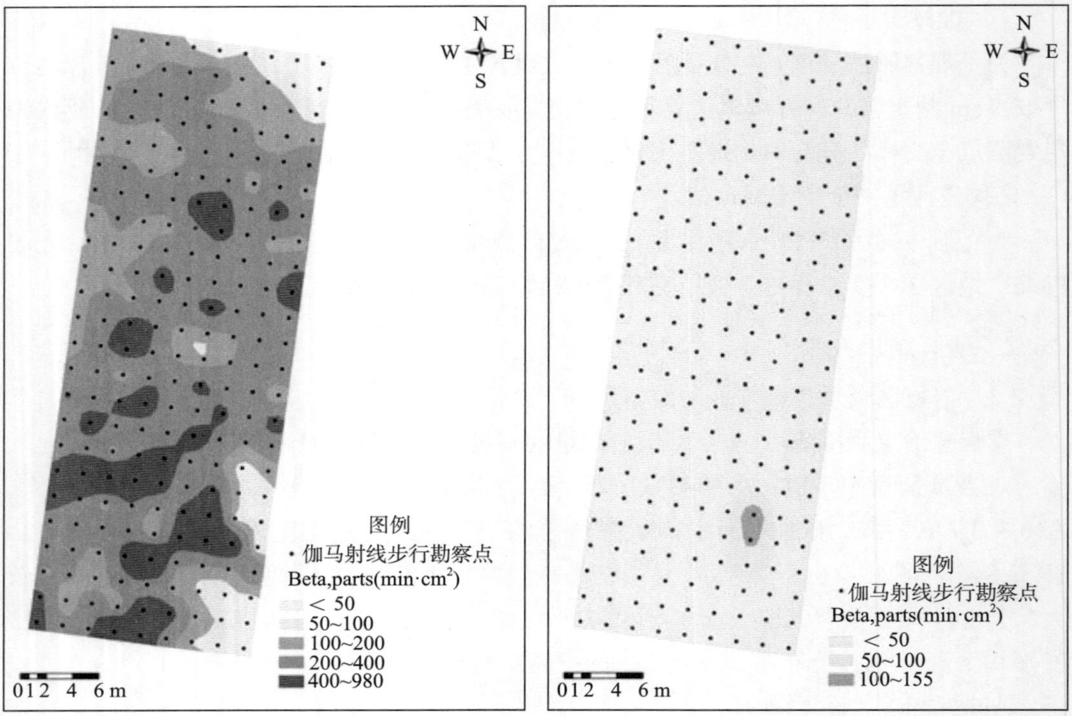


（a）修复前　　（b）修复后

图 13-4　翻耕修复前后 β 粒子通量密度分布

（2）表层土壤中放射性核素活度变化

图 13-5 显示了翻耕前后土壤中放射性核素的分布特征。分析结果表明，在修复活动之前，所关注的放射性核素主要分布在土壤表层 0~5 cm 和 5~10 cm（图 13-5）。

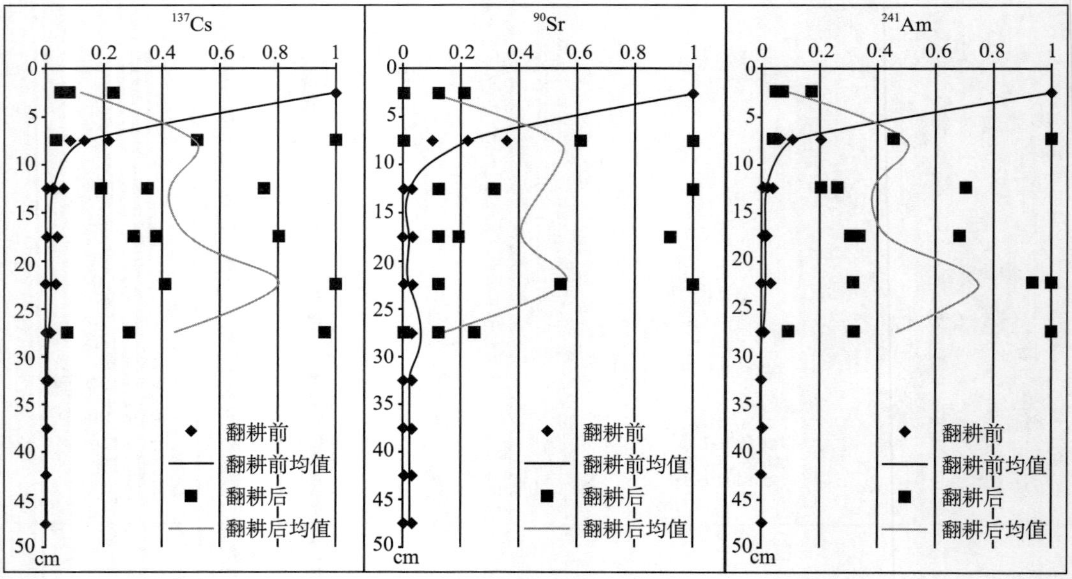


（a）　　（b）　　（c）

图 13-5　翻耕深度 30 cm 前后土壤放射性核素分布特征，最大值的分数（基于 3 个样地数据的平均值）

深耕 30 cm 后，土层的放射性核素分布特征发生了较大变化。从整体上看，翻耕后所有放射性核素在表层土壤 0~5 cm 的活度浓度都有明显降低。在 U-1 地块，$^{137}$Cs 和 $^{241}$Am 的活度降低最快的是在 5~10 cm 层，$^{90}$Sr 活度在 10~15 cm 处达到最大值。在其他修复点也观察到了类似的土壤放射性核素分布变化。翻耕后，U-2 地块的 $^{137}$Cs 和 $^{241}$Am 放射性核素含量主要分布在 20~25 cm 和 25~30 cm。$^{90}$Sr 活度最大值出现在 5~10 cm 层。U-3 地块所有感兴趣的放射性核素的最大值都在 20~25 cm 层。

（3）关键地点土壤覆盖的风蚀过程评估

土壤风蚀的程度取决于土壤物理和化学性质的变化，首先是腐殖质和物理粘土的流失（Dzhanpeisov et al, 1990）。分析结果表明，在观测期内（修复后 2 年），所有重点区域砂土组分均呈增加趋势，粉土和细粉土组分均呈下降趋势。在 U-1、U-2 和 U-3 地块的上表层可以观察到腐殖质的流失。然而，得出变化是由风蚀引起的结论还为时过早，因为变化不仅在上表层发生，表层以下也发生了变化。这可能是水流作用下重力分选的结果。研究所采用的技术无法追踪地表 15cm 以下土层物理组成的变化。

对热点区的视觉检查发现，碎石在地表呈现，一定程度降低了进一步的风蚀。

（4）植物从土壤中提取的放射性核素估算

表 13-1 为样方 1 m$^2$ 的地块年内不同根系类型的植物的放射性活度。两种植物为：须根系的冠麦草（*Agropyron cristatum*）和直根系的绢毛蒿（*Artemisia sericea*）。在 U-1 区域，两种植物均在翻耕后的第二年和第三年进行收割。在现场划定采样点，两种植物均在 1 m$^2$ 范围内。因此，第二年和第三年的采样点可能并不匹配。因此，这里只能在不考虑动态的情况下对这些植物的放射性活度进行比较。

研究点在翻耕前、翻耕后 1 年、2 年和 3 年后的植被放射性核素活度浓度数据表明，位于 P-2 场地的所有监测点的植物，平均放射性核素活度在第一年都呈下降趋势，但植物的摄入仍在继续（表 13-2）。

在修复后的第 3 年，各地块植被的放射性核素活度浓度总体上呈上升趋势。唯一的例外是用碎石回填的 U-2 地块，其 $^{137}$Cs 和 $^{241}$Am 放射性核素的活度几乎没有上升。$^{239,240}$Pu 和 $^{90}$Sr 的增加在各点尤为明显。翻耕后第 3 年放射性核素活度的急剧上升，是由于随着植物生长，其根系进入了翻耕后深层高活度土壤层的原因。

值得注意的是，植物放射性核素活度在研究的第 3 年远高于修复之前。这可能是由于在翻耕前，放射性核素分布在 0~5 cm 表层，而大部分根系分布在 0~25 层。翻耕后，放射性核素向土壤深度转移，根系与污染土壤接触面积增加所致。

比较直根系和须根系植物时，可以看到根系类型对放射性核素转移没有明显的影响规律（表 13-2）。须根植物的 $^{137}$Cs 和 $^{90}$Sr 活度高于直根植物。如果两种植物的 $^{90}$Sr 的活度相差不算大，那么 $^{137}$Cs 的值实际上相差 2 倍，可谓差距显著。须根植物的 $^{239,240}$Pu 和 $^{241}$Am 活度则远低于直根系植物。这一趋势在研究的第 3 年和第 4 年被追踪到。两种植物，$^{239,240}$Pu 活度，2014 年和 2015 年的差距分别是 2.6 倍和 3.7 倍。$^{241}$Am 活度，2014 年和 2015 年分别为 1.6 倍和 3.4 倍。考虑到研究区域主要受超铀放射性核素污染，以须根系植被来绿化覆盖为宜。

表 13-1　关键点植物不同蔓生阶段地上部分放射性核素活度　Bq/kg

| 采样点 | 采样时间 | | | | 采样时间 | | | |
|---|---|---|---|---|---|---|---|---|
| | 2012[a] | 2013 | 2014 | 2015 | 2012 | 2013 | 2014 | 2015 |
| | $^{241}Am$ | | | | $^{137}Cs$ | | | |
| P-2, U-1 | 13 ± 3 | 3.5 ± 0.7 | 3.2 ± 0.6 | 27 ± 5 | 3.5 ± 0.6 | 1.0 ± 0.2 | 0.9 ± 0.2 | 110 ± 20 |
| P-2, U-2 | 4.3 ± 0.9 | 3.9 ± 0.8 | 3.3 ± 0.7 | 3.1 ± 0.6 | 9.4 ± 1.9 | 1.6 ± 0.3 | 1.4 ± 0.3 | 0.3 ± 0.06 |
| P-2, U-3 | 7.1 ± 1.4 | 3.9 ± 0.8 | 26 ± 5 | 6.1 ± 1.2 | 2.4 ± 0.5 | 0.4 ± 0.08 | 2.1 ± 0.4 | 30 ± 6 |
| | $^{239,240}Pu$ | | | | $^{90}Sr$ | | | |
| P-2, U-1 | 160 ± 20 | 65 ± 6.3 | 110 ± 10 | 800 ± 40 | 7.6 ± 1.1 | 6.2 ± 0.9 | 8.9 ± 2 | 980 ± 150 |
| P-2, U-2 | 180 ± 20 | 12 ± 1.1 | 32 ± 4 | 51 ± 6 | 11 ± 2 | 25 ± 4 | 8.5 ± 2 | 540 ± 80 |
| P-2, U-3 | 26 ± 2 | 120 ± 11 | 94 ± 19 | 200 ± 20 | 5.1 ± 0.8 | 45 ± 7 | 13 ± 2 | 400 ± 60 |

注：a）2012 年翻耕前采集的植物样品。

表 13-2　不同根系植物地上部分放射性核素活度浓度　Bq/kg

| 植物品种 | 采样点 | | | |
|---|---|---|---|---|
| | 第 1 点 | 第 2 点 | 第 1 点 | 第 2 点 |
| | $^{241}Am$ | | $^{137}Cs$ | |
| 冠麦草（*Agropyron cristatum*） | 1.5 ± 0.3 | 7 ± 1.4 | 1.1 ± 0.2 | 1.5 ± 0.3 |
| 绢毛蒿（*Artemisia sericea*） | 2.4 ± 0.5 | 24 ± 5 | 1.2 ± 0.2 | 0.6 ± 0.12 |
| | $^{239,240}Pu$ | | $^{90}Sr$ | |
| 冠麦草（*Agropyron cristatum*） | 27 ± 3 | 130 ± 10 | 9.4 ± 2 | 1 200 ± 200 |
| 绢毛蒿（*Artemisia sericea*） | 74 ± 16 | 480 ± 30 | 8.5 ± 2 | 710 ± 110 |

（5）修复点植被蔓生过程的评估

在植被自然蔓生过程中，在 3 组实验中，3 种类型的植物参与了演替——草原草、杂草和盐生植物。植被方面，总植被覆盖率的变化是最明显的。

因此，在 U-1 区域冠状麦草播种点，蔓生第 3 年的覆盖度为 40%~50%，第 5 年为 60%~70%。U-2 场地碎石回填，第 3 年的投影覆盖度为 30%~40%，第 5 年为 40%~50%。在 U-3 监测点，在没有人为补种的情况下，蔓生第 3 年的覆盖度为 20%~20%，第 5 年为 40%~42%。

在冠状麦草（U-3）播种点，一种或几种主要草种的优势群落形成较快。在不人工补种的地点，可以观察到 13 种草原植物，在回填碎石的地点，可以观察到 8 种草原植物，在播种凤头麦草的地点，可以观察到 22 种草原植物。

因此，根据所给出的数据，可以探讨的是，在修复点快速形成植被和可持续的植物群落环境，最有效方法是播种草原草。

## 2.2 “试验场”地面放射性污染翻耕法修复

2014 年，开始对高浓度放射性污染的地块进行整治。在“试验场”地面的放射性沉降物羽流中选择了一个区域进行修复（“试验场”在 1949 年至 1963 年期间，进行了 30 次地上核试验和 86 次大气层核试验）。减少和限制地表污染的最优方法是：最先对污染区域进行翻耕，然后再耙地，翻耕深度为 30~40 cm，翻耕总面积为 400 km$^2$。

在翻耕前，对地表污染水平进行了评估。根据 $^{137}$Cs、$^{241}$Am 和 $^{239,240}$Pu 等主要放射性核素含量来选择试验区域。根据表层土壤中 $^{241}$Am 和 $^{239,240}$Pu 含量，划定了修复区域（图 13-6a），编制了修复工作说明，提出了该区域污染控制限值。

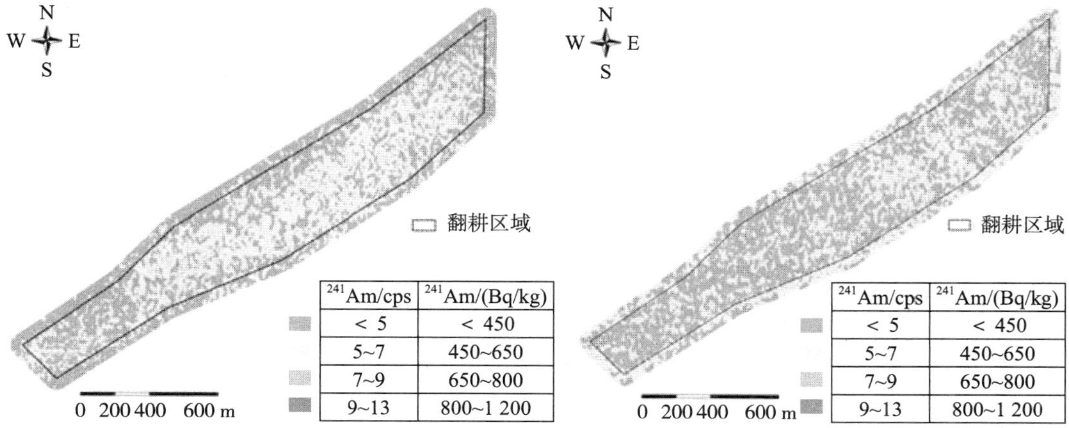


（a）修复前　　（b）修复后

图 13-6　P-7 修复前后场地 14 号点放射性沉降羽流区 $^{241}$Am 分布示意图

所选区域表层土壤 $^{239,240}$Pu 活度超过 $3.8 \times 10^3$ Bq/kg。

为了估算翻耕效率，进行了以下工作：

· 手持式 γ-剂量率测量，结果见图 13-6b；

· 土壤现场取样，实验室分析测定 γ、β 和 α 放射性核素。

对比 γ 剂量率的检测结果（图 13-6b）可以得出明确的结论，即修复活动显著降低了表层土壤中的主要放射性核素含量，从而降低了地块的辐射危害水平，改善了环境状况。

根据现场和实验室测量的结果，可以得出结论，在 400 km$^2$ 范围内进行的修复工作，显著减少了放射性沉降烟羽区的表面放射性污染。表层土壤中放射性核素活度浓度平均值下降了 10%，这将降低由于扬尘而导致放射性核素重新分布的风险，并降低区域内植物的放射性核素摄入量，从而降低所在区域的辐射危害水平，将改善环境状况。

## 3　清除核试验残余物对试验场放射性污染区域进行修复

对受到放射性污染的区域，清除放射性污染物件是一种行之有效的修复方法。

哈萨克斯坦国家核中心于 2014 年和 2016 年开展了从“试验场”污染地面识别的放射性热点区域清除放射性污染土壤的工作。热点的地块尺寸上相对较小，最大 300 m$^2$，但放射性核素含量很高。针对放射性“热点”面积小的问题，放射性污染土壤的清除采取了人工方法。

清除工作流程如下：

首先，划定了一个“地块”，确定土壤应该被清除的场地边界。为了做到这一点，先沿场地的轮廓放置木桩。然后，将土壤铲至拖拉机铲斗中逐层清除土壤（图 13-7）。

图 13-7　放射性污染土壤的整治修复操作

清除第一层后，在铁锹的深度，用手持式伽马能谱仪进行测量，如果总活度超过了特定值，则应将更深层的土壤移除，有时甚至超出场地最初确定的轮廓。

为了防止或减少从地面提取放射性物质时可能面临的严重阻碍，对被移走的土壤进行了特殊翻耕处理。为此，首先在土壤中加入一种特殊的成分，然后进行混合和固化后。一旦被翻耕后，土壤被放入运输包装容器（TPC）中，运输到临时存储区（图 13-8）。到目前为止，大约 100 $m^3$ 的放射性污染土壤已被清理。图 13-9 为清理污染土层前后区域的辐射特征。

图 13-8　将污染土壤装入运输容器

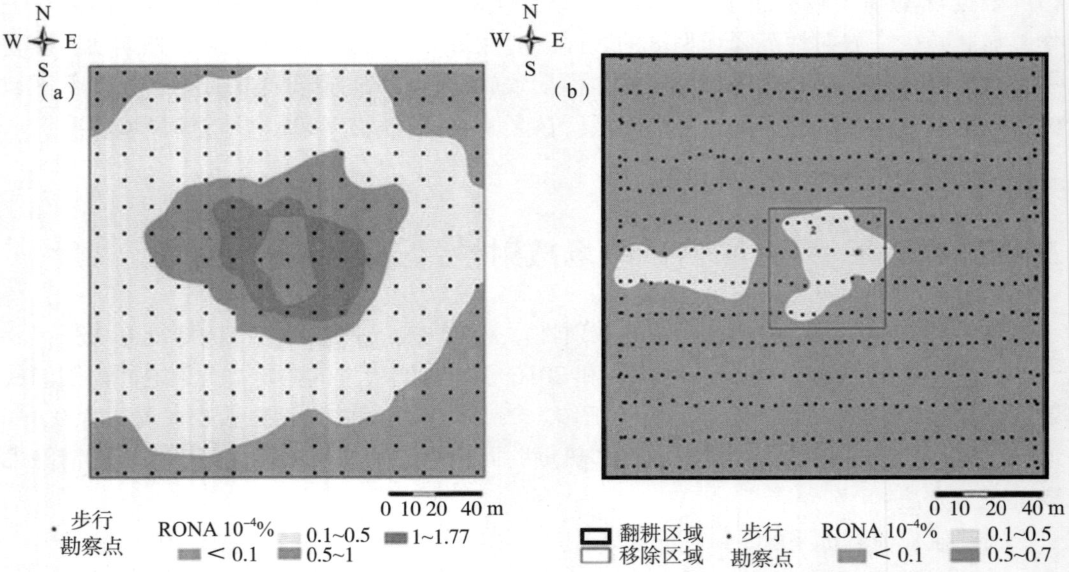


（a）修复前　　（b）修复后（残留 10%~4%）

图 13-9　修复前后地面核活动的残留（RONA）

# 4　放射性污染区域的客土法修复

2011 年至 2013 年期间，为了限制“Degelen”场地放射性污染的扩散，对 6 个临近地下核试验坑道入口的场地进行了修复，其中放射性污染最严重的是一个总面积为 6.5 $km^2$ 的地块。采用逐层填充洁净土壤的方法（客土法），使污染地块表面的剂量率低至 10 μSv/h。回填的未污染土层厚度达 20 cm。

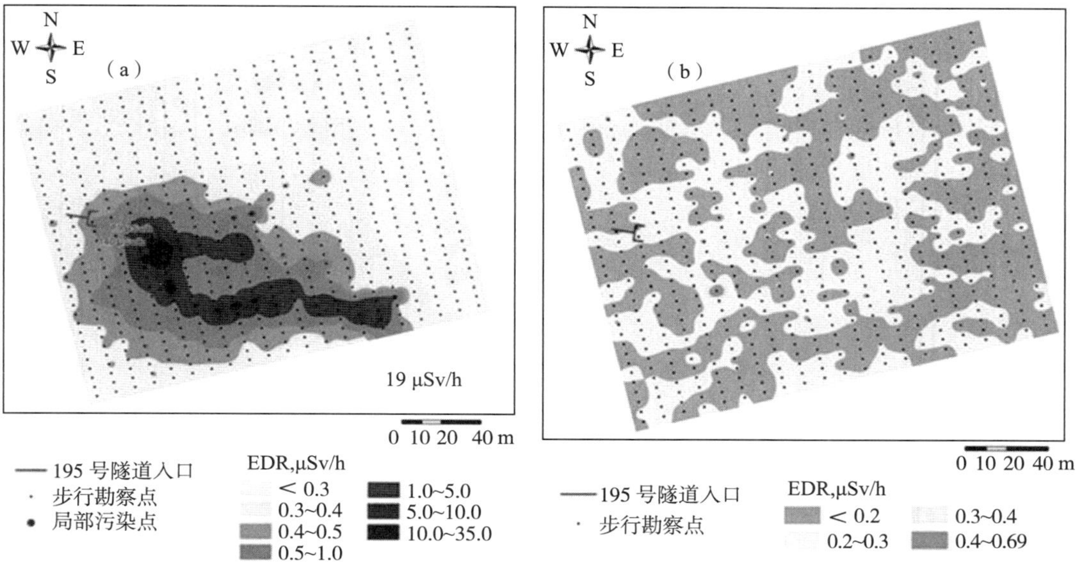


（a）修复前　　（b）修复后

图 13-10　修复前后坑道入口处剂量率（EDR）分布图

为准备坑道进出口场地的修复工作，首先在区域内进行了初步的放射性调查。按 10 m × 5 m 网格进行了当量剂量率（EDR）测量。在 20 m × 20 m 的网格上测量了 α 和 β 粒子的通量密度。从场地采集了土壤样品，进行了进一步的实验室分析。根据上述调查结果，划定了修复区域。一旦修复活动完成，按照同样的程序进行修复后的放射性调查。图 13-10 显示了修复前后当量剂量率（EDR）的变化情况。

# 5　塞米巴拉金斯克试验场区修复展望

在试验场修复放射性污染的土地，修复措施包括：收集放射性废物后将其安全储存，土壤深度翻耕，以壕沟和铁丝网栅栏的形式物理隔离，设置警告标志和建立辐射监测系统。

在塞米巴拉金斯克试验场地面上进行的地面核试验（30 次试验）导致场地和试验场区受到污染，有时甚至在试验场之外几百公里或几千公里的地方都受到污染。根据

《土地法》，试验场领土作为核武器试验场所，不能转让其所有权或土地使用权。因此，采取如下修复措施：在核爆炸的中心，在受污染最严重的地区，铲除放射性废物（体积为 1 000 $m^3$），然后再转运至处置场地进行倾倒或填埋。试验场内放射性落下灰污染区采用翻耕法进行修复（2 500 $hm^2$）。与此同时，“试验场”区域内相当部分的放射性污染仍然有待修复。为了限制人员进入“试验场”的放射性污染区域，将建造物理屏障，如壕沟、带铁丝网的围栏和警告标志。

在试验场区域进行的浅层地下核爆试验，会导致地表裂隙，放射性物质喷出，造成严重污染。结果是数百万立方米的放射性污染土壤被喷射出来，在距离爆坑几公里到几十公里距离的地方，形成放射性落下灰污染区。污染最严重的是“原子湖”和“Telkem”场地的 2 个爆坑，以及“Sary-Uzen”场地的几个爆坑（3 个）。由于喷射出的放射性污染土壤体量巨大，在这些场地进行修复似乎是不可能的。因此，修复将采取土地翻耕、挖沟和设置围栏的方式进行。

塞米巴拉金斯克试验场的地下核试验是在“Degelen”场地的坑道中进行的（209 次试验）以及在“Balapan”“Sary-Uzen”和“Telkem”场地的竖井中进行的（131 次试验）。大多数情况下，由于这些试验，核爆炸的产物仍然深埋在地下。然而，在核试验之后，也存在放射性物质释放到大气中的情况，造成坑道和竖井的进出口受到污染。土壤和植被受到的放射性污染多数集中在几百米的区域，极少数情况下是几公里。坑道出入口的污染水平与放射性废物水平相当。

在 Degelen 场地，以前组织过核试验基础设施的清除活动，还开展过降低放射性污染水平的工作。在 Degelen 场地的周边，有一个物理防护系统。这个系统被证明是有效的，因为它完全限制了未经授权的人员进入该区域。在坑道进出口，用干净的土壤回填了放射性污染点。今后，安全操作将延伸到对现有物理防护系统可操作性的维护。

计划从污染最严重的实验场“Balapan”和“Sary-Uzen”地下核试验场的储存设施中移走并倾倒约 1 500 $m^3$ 的放射性废物。靠近坑道入口的区域将通过翻耕进行修复。由于“Balapan”和“Sary-Uzen”的场地面积很大，因此只在出入口附近区域建立了访问控制系统。为此，还将建造带有铁丝网的战壕和围栏。

除了核试验之外，还在塞米巴拉金斯克试验场进行过放射性核素试验。含有 $^{90}Sr$ 的放射性废物被运到 STS 试验场，并在 $4^{\#}$ 和 $4a^{\#}$ 试验场地进行了不同方式的布撒，从而导致这些场地内 30 多个地点受到污染。某一地点的放射性污染程度与中等活度放射性废物相当。土壤中的放射性核素形态、核素迁移潜势和高放射性污染，使这些地点对试验场区域内的自然环境以及试验场开发利用后从事经济活动的公众造成了。因此，重点对 $4^{\#}$ 和 $4a^{\#}$ 场地进行了修复。修复过程中，清除和填埋了超过 45 000 $m^3$ 的放射性废物。放射性废物被移除后，通过深耕对污染地块进行了修复。试图进入污染地块将受到物理屏障（壕沟和铁丝网围栏）的限制。距离库尔恰托夫市 20 km 的一个“mortuary”试验场地有辐射危害。早期修复活度中，收集转运了 5 $m^3$ 的放射性废物，并储存于“Baikal-1”。根据对“mortuary”场地放射性污染的评估，可以计算出剩余还需要清理的放射性废物。修复内容包括清运并储存 1 000 $m^3$ 的放射性废物。这一区域的物理防护系统创建较早。哈萨克斯坦共和国目前没有允许倾倒塞米巴拉金斯克试验场废物的放射性废物储存库。因此，计划直接在试验场场地上建立一个放射性废物储存设施。50 $m^3$ 的放射性废物储存库，可满足试验场放射性废物的倾倒储存需要。

总之，对塞米巴拉金斯克试验场的修复，对试验场的最高辐射危险地块，采取的是将放射性污染土壤铲除，并运到储存库进行储存。在试验场其他地区，为降低辐射污染水平、减少自然环境的辐射剂量，设置了物理隔离屏障，限制市民、野生动物和家禽进入辐射危险区域。在修复完成后，在核试验测试区和围栏之外的试验场其他区域，开展经济活动时环境和人员的辐射安全是有保障的。自然环境中的放射性核素含量和控制区以外人群的辐射量将不超过哈萨克斯坦的管制标准。今后，试验场的工作还将包括维持进入限制系统（物理屏障）的完整性，建立一个水和空气辐射监测系统，以监控试验场的辐射情况。

## 6　结论

对放射性核素污染地块的翻耕修复效率评估表明，土壤翻耕至 30 cm 深度后，由于放射性核素从表层向底层移动，当量剂量率水平和 β 射线通量密度显著下降。因此，翻耕技术在减少塞米巴拉金斯克试验场栗钙土表层放射性污染方面是相当有效的。

研究表明，尽管土壤表面污染减少，但放射性核素仍被植被吸收回到地上。在对土壤进行修复时应考虑到这一因素。在研究过程中，根系类型对植物吸收放射性核素没有明显的影响。种植麦草后进行收割的植物修复技术是最可取的，因为须根系的麦草等草原植被形成很快，可以防止直根系的杂草植物蔓生，因为直根系能够穿透到含有放射性核素的深层土壤中。

因此，根据已开展的研究，在塞米巴拉金斯克试验场的草原条件下，对核试验导致的放射性核素污染，最适宜的修复技术是土壤翻耕，翻耕深度为 30 cm，翻转 180°，翻耕后播种草原植被。

总的来说，已对总面积为 786 000 $km^2$ 的塞米巴拉金斯克试验场地区进行了全面的环境调查。为了消除试验影响，开始对“试验场”和“Degelen”场地的大多数严重污染地块进行修复。移出了 70 $m^3$ 的污染土壤，在“Baikal-1”库长期保存。在与这些地块相邻的 405 $km^2$ 的区域，深耕降低了放射性污染水平。在“Degelen”场地对污染最严重的 40 个坑道入口位置附近的地块进行了修复，修复面积为 6.5 $km^2$。修复采用的是洁净土壤覆盖的客土法。为了限制人们进入“试验场”和“Degelen”核试验场地以及放射性战剂（radiological warfare agents, RWA）区域，在 $4^{\#}$ 和 $4a^{\#}$ 场地建立了出入控制系统。

对放射性污染的土地的进一步修复还包括对放射性废物进行提取处理，以及提取后残渣的倾倒储存，翻耕土壤，以壕沟和用带刺铁丝网围篱的形式建立隔离屏障，安装警告标志及设置辐射监测系统。

## 参考文献

Aidarkhanov A O, Lukashenko S N, Lyakhova O N,et al. (2013). Mechanisms for surface contamination of soils and bottom sediments in the Shagan river zone within former Semipalatinsk nuclear test site. J Environ Radioact,124:163-170.

Dzhanpeisov R D, Zonov G V, Smagulov T. (1990). Effect of erosion and deflation on soil cover structure of semi-deserts and deserts of Kazakhstan. Nauka Publishing House, Alma-Ata: 28.

Lyakhova O N, Lukashenko S N, Larionova N V, et al. (2012). Contamination mechanisms of air basin with tritium in venues of underground nuclear explosions at the former Semipalatinsk test site. J Environ Radioact,113:98-107.

Panitskiy A V, Lukashenko S N. (2015). Nature of radioactive contamination of components of ecosystems of streamflows from tunnels of Degelen massif. J Environ Radioact,144:32-40.

Report on scientific and technical activities of the Institute of Radiation Safety and Ecology. (2011). NNC RK made within the framework of measure 0346 “development of nuclear energy in the Republic of Kazakhstan” for 2010-2011: IRSE NNC RK； headed by Lukashenko SN, Report by STP - Kurchatov:98.

Turchenko D V, Lukashenko S N, Aidarkhanov A O,et al. (2014). Studying of tritium content in snowpack of Degelen mountain range. J Environ Radioact,132:1-6.

# 第 14 章　放射性污染区域修复措施评估相关辐射防护基础

Jozef Sabol

## 1　简介

正常情况下，现行法规或规范严格管控向环境中排放放射性物质，在落实各项规章制度的情况下，任何过量的放射性污染都是可预测的，因此这些排放对人口照射量的贡献是微小的，而且比天然本底照射低得多。为了比较不同辐射源对人员照射量的贡献大小，图 14-1 给出了世界人口（UNSCEAR，2010）和美国人口（NCRP，2009；UNSCEAR，2010）的年平均照射量的数值以及其构成比例。

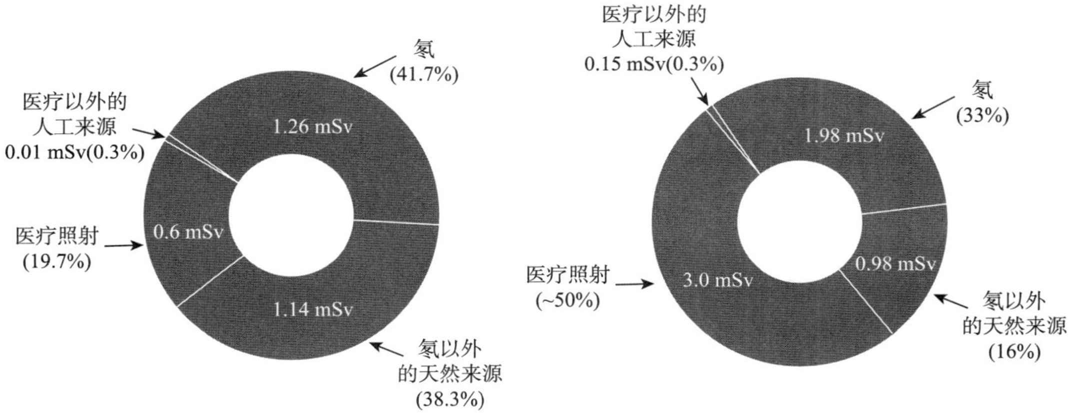


（a）世界人口年平均值（UNSCEAR，2010）　　（b）美国人口年平均值（NCRP，2009）

图 14-1　人口年平均照射量及其构成

由图 14-1 知，美国人口年平均照射量中医疗照射所占比例最高，约 50%，在一些发达国家中也存在类似情况，预期世界上很多其他国家迟早也会如此，即来自医疗的照射量会显著增长。

但这并不是意味着可以忽视来自人为活动的照射量，相反的是，遵循最优化原则，要把这些放射性排放或者放射性污染尽可能降到最小。照射量用有效剂量表示，与辐射随机性效应直接相关，单位 mSv。

J. Sabol (✉)
PACR 危机管理部门，捷克布拉格（Department of Crisis Management, PACR, Prague, Czech Republic）

目前，环境中过量的放射性污染可能来自核事故或者核事件，导致空气、水和土壤受到不可控的污染，或者造成放射性污染源周围乃至较远距离处的地面或地表污染，因为含有放射性尘埃的空气可能会将放射性物质输送到非常远的地方。事实上，空气中任何放射性污染的主要成分迟早会沉积在地球表面的某个地方。在这些事例中，评估人员的受照射程度时均要求使用国际公认的量值，最好与国际放射防护委员会（ICRP）（ICRP, 2007）和国际辐射单位与测量委员会（ICRU）（ICRU, 2011）推荐的量和单位一致。

判断放射性污染场地修复措施是否有效的依据，也应该用国际公认的量和单位表示，对修复措施的评判标准是这些干预活动是否具有正当性，即是否利大于弊。换言之，修复行为应遵从最优化原则，即在考虑到经济和社会因素的情况下，将受照射的可能性、受照射的人数以及受照剂量降到可合理达到的最低值（Voigt and Fesenko, 2009）。

作为污染环境修复的首要步骤，基于辐射水平和放射性污染监测的场地表征，以及相关的法规和标准，都应以公认的量和单位表示，以免产生歧义，同时，这也便于使用相同的方法，比较分析评估结果的数据和修复措施的有效性。因此，在评估放射性污染及其对人员的照射影响时，引入一套完备且适用的量和单位是极其重要的。

# 2　描述放射源和辐射场的量

## 2.1　放射源

所有放射源都由一种或多种放射性核素组成，每种放射性核素都具有一些特有的性质，例如衰变类型，发射的粒子种类和能量，活度和半衰期等。众所周知，一个放射性原子含有一个不稳定的原子核，该原子核通过发射电离辐射释放能量，自发蜕变（衰变）成其他原子。

虽然放射性物质的数量可以用它的质量来表示，但更合适的衡量其发射电离辐射能力的物理量是放射性核素的活度（$A$）。放射性核素的活度与其衰变速率有关，即：

$$A = -\frac{\mathrm{d}N}{\mathrm{d}t} = \lambda N \cong \frac{\Delta N}{\Delta t} \tag{14-1}$$

式中，$\mathrm{d}N$ 是在时间间隔 $\mathrm{d}t$ 内，处于特定能态的放射性核素自发衰变数的期望值；$\lambda$ 是衰变常数；式中的负号，是因为 $N$ 随着时间 $t$ 的增加而减小。在实际应用中，这个量的定义，以及在其他类似的物理量的定义中，无穷小值 $\mathrm{d}N$ 和 $\mathrm{d}t$ 可以近似为有限的极小值 $\Delta t$（足够小），以及对应的 $\Delta N$。关于活度和其它辐射防护量及单位的更详细的解释可参考其他相关出版物。例如（Sabol and Weng，1995；Martin，2000；Martin et al, 2012）。

活度的国际单位是贝克勒尔（becquerel），简称贝可（Bq），表示放射性核素在 1 s

内衰变一次。过去使用的活度单位是居里（Ci），表示放射性核素在 1 s 内衰变了 $3.7\times10^{10}$ 次。

放射源的形态可能是点源（它们的尺寸非常小，相对于周围环境而言基本上可以忽略不计）或者分布在一定体积的材料中或其表面上。在这些情况下，可以引入其他的物理量表示放射性，例如活度浓度，即单位质量或单位体积内的放射性核素的活度，或者受污染物质表面或地面单位面积的活度。

因此，对于体积活度浓度（$a_\mathrm{v}$）、质量活度浓度（$a_\mathrm{m}$）和表面活度浓度（$a_\mathrm{s}$）的表达式可表示为：

$$a_\mathrm{v}=\frac{\mathrm{d}A}{\mathrm{d}V},\ a_\mathrm{m}=\frac{\mathrm{d}A}{\mathrm{d}M},\ a_\mathrm{s}=\frac{\mathrm{d}A}{\mathrm{d}S} \tag{14-2}$$

式中，d$A$ 分别指小体积元、小质量元和小面积元内的活度，单位分别是 $\mathrm{Bq/m^3}$（或 Bq/L），Bq/kg 和 $\mathrm{Bq/m^2}$。

活度是时间的函数，表达式为：

$$A(t)=A_0\mathrm{e}^{-\lambda t} \tag{14-3}$$

式中，$A(t)$ 是 $t$ 时刻的活度；$A_0$ 是起始活度（对应 $t_0$ 时刻）；$\lambda$ 是衰变常数，其与半衰期 $T_{1/2}$ 的关系为 $\lambda=0.693/T_{1/2}$，半衰期表示初始活度衰减到一半时所用的时间。表 14-1 列出了一些常见核素的半衰期。

**表 14-1　常见核素的半衰期**

| 核素 | $T_{1/2}$ | 核素 | $T_{1/2}$ |
|---|---|---|---|
| $^{238}\mathrm{U}$ | $4.5\times10^9$ a | $^{125}\mathrm{I}$ | 8.0 d |
| $^{137}\mathrm{Cs}$ | 30.1 a | $^{222}\mathrm{Rn}$ | 3.8 d |
| $^{60}\mathrm{Co}$ | 5.3 a | $^{99\mathrm{m}}\mathrm{Tc}$ | 6 h |
| $^{32}\mathrm{P}$ | 14.3 d | $^{18}\mathrm{F}$ | 110 min |

放射性衰变是一个随机过程，因此放射性的测量必须用统计方法来处理。探测器只有对相当数量的辐射粒子进行测量，才能使平均计数率的统计误差（标准偏差）达到可接受的水平。如果样品的活度较低，则须测量更长的时间，或增加样品的体量，亦或选择使用更灵敏的探测系统，以获得满意的计数统计。

放射性核素的辐射发射是各向同性的，这意味着粒子或光子以相同的概率向所有方向发射。然而，并非所有的辐射源都如此，所以用发射概率（$N_\mathrm{r}$）表示更确切。

$$N_\mathrm{r}=\frac{\mathrm{d}N_e}{\mathrm{d}t} \tag{14-4}$$

式中，d$N_e$ 是时间间隔 d$t$ 内向全方向（4π 空间）发射的粒子或光子数，发射概率的单位是 1/s，即放射源每秒发射的粒子数。有时，在表征非各向同性的辐射源时需要确定其不同方向上的发射概率。

## 2.2 辐射场

在任何辐射源周围，都会形成一个辐射场。不同种类不同能量的粒子，如电子、光子、中子等，其注量分布构成不同的辐射场，即辐射场可用注量、注量率、能量注量和能量注量率等来表征。

注量（$\Phi$）定义为入射到截面积为 d$a$ 的小球体内的粒子数 d$N$，即：

$$\Phi = \frac{\mathrm{d}N}{\mathrm{d}a} \tag{14-5}$$

式中，d$N$ 是入射到截面积为 d$a$ 的小球内的粒子数。使用小球体的概念是因为小球体的截面与入射粒子垂直，即从不同方向进入到小球体内的所有粒子都能被记录。注量的单位是 $1/\mathrm{m}^2$（每平方米的粒子数）。

能量注量（$\Psi$）定义为入射在截面积为 d$a$ 的小球内的粒子的能量 d$E$。如果粒子的能量均为 $E$，注量为 $\Phi$，则能量注量就是 $\Psi=\Phi E$。能量注量的 SI 单位是 $\mathrm{J/m^2}$ 或 $\mathrm{eV/m^2}$（$\mathrm{keV/m^2}$、$\mathrm{MeV/m^2}$ 等）。

粒子的注量和能量注量对时间求商，就定义了另外两个物理量，即注量率（$\varphi$）和能量注量率（$\psi$）：

$$\varphi = \frac{\mathrm{d}\Phi}{\mathrm{d}t}, \quad \psi = \frac{\mathrm{d}\Psi}{\mathrm{d}t} \tag{14-6}$$

注量率和能量注量率的 SI 单位分别为 $1/(\mathrm{m}^2\cdot\mathrm{s})$ 和 $\mathrm{J}/(\mathrm{m}^2\cdot\mathrm{s})$。在实际应用中，能量单位通常使用 eV 代替 J，其转换系数为 $1\ \mathrm{eV}=1.6\times10^{-19}\ \mathrm{J}$。

# 3 电离辐射与物质的相互作用

电离辐射与物质的相互作用是辐射物理学中最重要的部分，这对于理解剂量学、辐射防护、辐射的生物学效应以及由各辐射探测器和监测设备的测量值解读所测物理量尤为重要。

任何放射性核素或放射性污染物质发出的辐射总是在源周围形成辐射场。如果辐射源附近的空间充满了某些物质，则辐射粒子将与它们的原子和分子相互作用。在这个过程中，辐射能量被周围的物质吸收，从而导致物质的电离。

不带电粒子（间接电离辐射）和带电粒子（直接电离辐射）与物质的相互作用之间存在很大差异。间接电离辐射的强度随着吸收体的厚度呈指数下降，但另一方面，带电粒子在其路径上仅损失小部分能量，最终在其射程的末端失去全部能量。由于这些特有的现象，间接电离辐射在物质中的衰减，或者不带电粒子和光子在物质中数量的减少，均与吸收物质的厚度相关。图 14-2 显示了这个过程，其中 $\mu$ 是伽马辐射的线衰减系数，与伽马光子的能量和吸收材料的成分有关。

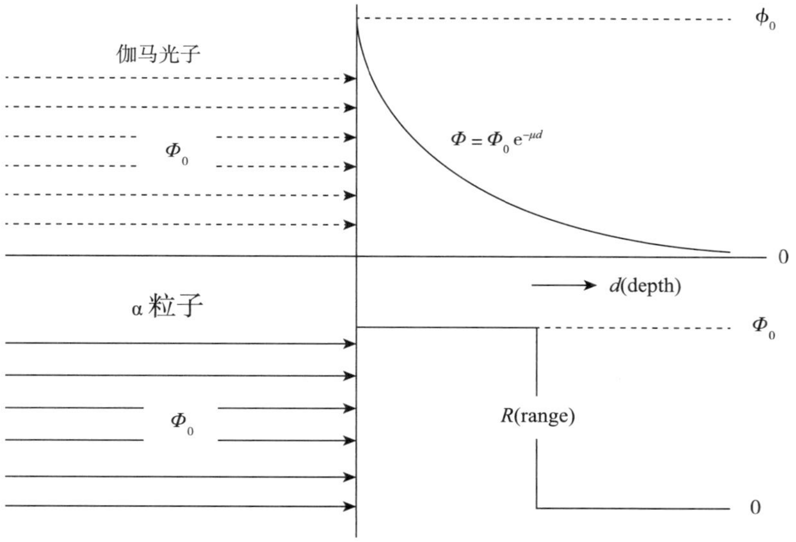


图 14-2 伽马光子和 α 粒子与物质相互作用过程

任何单个不带电粒子或光子都可能以一定的概率通过几种不同的物理过程与物质的原子和原子核相互作用。通常，在一定距离上，不带电的粒子可能与周围物质没有发生任何相互作用，当然也可能被物质吸收或者散射。因此，就单个辐射粒子而言，它可能会在很短的距离内被物质吸收，也可能没有发生任何相互作用而传播很长一段距离，这就是为什么不带电粒子没有射程，只能定义衰减，而且是基于大量粒子的统计规律。

X 射线和伽马辐射通过多种物理机制与物质相互作用，其中最重要的 3 个过程是光电效应、康普顿散射和电子对效应。

在光电效应中，光子的所有能量都转移给原子的轨道束缚电子，电子获得能量后脱离原子核的束缚成为自由电子在周围介质中传播，最终被周围介质吸收。这个作用过程会在原子壳层留下空位，通常是 K 层或 L 层，其他外层电子会填充这个空位，两个壳层的结合能之差，则转换为特征 X 射线。

相反，当发生康普顿散射时，光子只有部分能量转移给原子电子，电子获得能量后脱离原子核，继而导致周围介质发生电离。被散射的光子损失能量后继续运动，通常偏离它原来的运动方向。

如果入射光子的能量大于阈值能量 1.02 MeV，则在靠近原子核附近，在原子核强电场作用下生成一个正电子和一个负电子，光子则完全消失。根据能量和动量守恒定律，入射光子能量除了转化为两个电子静止能量外，其余部分转化为正、负电子的动能。正电子是负电子的反粒子，当在介质中损失掉其动能后，会与介质中的负电子相互作用，两个正负电子湮灭，转化为两个方向相反能量为 0.511 MeV 的光子。发生电子对效应的概率与吸收介质原子序数平方和光子的能量成正比。

这些相互作用的结果是将入射光子的全部或大部分能量转移给电子，同时入射光子被散射。也就是说，介质并不能完全阻止光束中的所有光子，只能减少它们的数量，这取决于入射光子的能量以及介质材料的种类和厚度，用半值层（HVL）这个物理量来表征介质材料对光束的衰减能力。介质材料的半值层是入射光子的数量减少到 1/2 时对应的介质材料的厚度。它可以表示为：

$$\mathrm{HVL}=\frac{\lg 2}{\mu}\cong\frac{0.693}{\mu} \tag{14-7}$$

式中，当线衰减系数 $\mu$ 以 1/m 为单位时，HVL 以 m 为单位。

其他常见的间接电离辐射也存在类似情况。例如中子，基本上只与原子核相互作用，但其相互作用过程复杂。每一种作用过程发生的概率（截面）与中子能量和介质材料成分都有关。在其中一种相互作用中，介质材料的稳定核素因吸收中子而成为新的放射性核素。许多人工放射性核素就是通过这种对稳定核素的中子活化反应产生的。

间接电离辐射的相互作用系数，除了线衰减系数 $\mu$ 外，还包括质量衰减系数（$\mu/\rho$），质量能量转移系数（$\mu_{tr}/\rho$），质量能量吸收系数（$\mu_{en}/\rho$），这些物理量多用于光子，而对于中子，通常使用作用截面（$\sigma$）。这些系数的值取决于辐射的类型和能量，以及发生相互作用的介质材料的成分。

上面提到的相互作用系数的关系式见式（14-8）：

$$\frac{\mu}{\rho}=\frac{1}{\rho \mathrm{d}l}\frac{\mathrm{d}N}{N}，\frac{\mu_{tr}}{\rho}=\frac{1}{\rho}\frac{\mathrm{d}R_{tr}}{R}，\frac{\mu_{en}}{\rho}=\frac{1}{\rho}\frac{\mathrm{d}R_{tr}}{R}(1-g)，\sigma=\frac{P}{\Phi} \tag{14-8}$$

式中，$\mathrm{d}N/N$ 是粒子在密度为 $\rho$ 的介质材料中穿过距离 $\mathrm{d}l$ 发生相互作用的比例，$\mathrm{d}R_{tr}/R$ 是粒子在密度为 $\rho$ 的介质材料中穿过距离 $\mathrm{d}l$ 发生相互作用，粒子的辐射能量转换成带电粒子动能的比例，$g$ 是作用过程产生的自由带电粒子在介质材料中损失能量的比例，$P$ 是粒子通量为 $\Phi$ 时发生某种反应的概率。

式（14-8）中，前 3 个相互作用系数的 SI 单位为 $m^2/kg$，而反应截面的单位为 $1/m^2$。

高能光子通过与原子、原子核和电子的复杂相互作用将其能量传递给物质。这些相互作用也可以简化为光子与目标原子、原子核或电子之间的碰撞。

带电粒子，作为直接电离辐射（电子、正电子、质子、重离子），通过剥离原子的外层电子而直接电离物质，使其变成正离子。与带电粒子相比，不带电粒子或光子只能通过与物质的相互作用产生的次级带电粒子使物质电离。

直接电离辐射与物质的相互作用过程中，用到的作用系数主要有线阻止本领（$S_l$）、质量阻止本领（$S_m$）、传能线密度 ($l$) 和平均电离能（$W_i$），这些量的计算式如下：

$$S_l=-\frac{\mathrm{d}E_k}{\mathrm{d}l}，S_m=\frac{S_l}{\rho}，W_i=\frac{E_c}{N_i} \tag{14-9}$$

式中，$\mathrm{d}E_k$ 是带电粒子在距离 $\mathrm{d}l$ 上损失的动能（即 $S_l$ 是带电粒子在单位路径上的能量损失），$\rho$ 是材料的密度，$E_c$ 是粒子的初始能量，$N_i$ 是粒子产生的离子对数。

在评估电离辐射的生物效应时，带电粒子在介质中的传能线密度（LET）起着重要作用。这个量是 $\mathrm{d}E$ 对 $\mathrm{d}l$ 的商，即特定能量的带电粒子在穿过 $\mathrm{d}l$ 的距离时在介质中沉积的平均能量。传能线密度（LET）和线阻止本领是有区别的：虽然两者的定义一致，但 LET 不包括粒子的韧致辐射损失的能量（这些损失的能量没有被介质吸收）。LET 与生物损伤密切相关，生物损伤的严重程度与粒子在路径上的能量沉积率直接相关。

带电粒子（α、β、正电子和重离子）与介质原子的电子相互作用，不断损失动能。如果带电粒子能量足够大，会将能量传递给一个电子（通常是外层电子）使其脱离原电子轨道，这个过程就是电离。当发生电离辐射时，电子从原子中剥离出来成为自由电子，失去电子的原子成为带正电的离子，电子和带正电的离子被称为离子对。产生一对离子对的平均能量 $W_i$，即平均电离能，是吸收介质的特有属性。例如，空气或水的平均电离能大约是 33 eV（25~40 eV）。

用比电离表示带电粒子通过单位路径所产生的离子对数目。多电荷的重带电粒子（α 粒子）的比电离比少电荷轻带电粒子（电子）的比电离高。传能线密度与比电离的关系：α 粒子是高传能线密度辐射，β 粒子和光子是低传能线密度辐射。

在穿过吸收体时，电子与介质原子的每次相互作用都会损失能量，每次损失的能量也是变化的。因此，相同能量的电子在介质中的传输距离存在差异，能达到 3%~4%，这种差异称为射程岐离。而较重的 α 粒子的射程岐离则非常小，没有显著变化。

α 和 β 粒子主要通过与吸收介质中的原子电子的相互作用而损失能量。转移到电子的能量使它们要么被激发到更高的能级（激发），要么脱离原子（电离）。另一个重要的效应是，当带电粒子快速降低速度时，它们会以 X 射线的形式发射能量，这被称为韧致辐射（制动辐射），这种效应对 β 辐射尤为重要。

正如前面内容提到的，带电粒子的射程是它在静止之前行进的距离。假设粒子以连续的方式损失其能量，并且损失能量的速率等于线阻止本领 $S_l$。由于阻止本领是粒子在单位路径上的能量损失，射程可以由下式计算：

$$R(E_i) = \int_{E_0}^{E_i} \frac{dE}{S_l(E)} \tag{14-10}$$

式中，$E_i$ 是带电粒子的初始能量，$E_0$ 是粒子被有效吸收的能量。射程是粒子经过的路径长度。粒子的路径通常因散射而不是直的，因此其实际路径总是比投影射程长，投影射程是粒子进入介质的点与粒子被吸收（或静止）点之间的距离。标准温度和气压下，电子、正电子和 α 粒子在空气中的射程范围如图 14-3 所示。

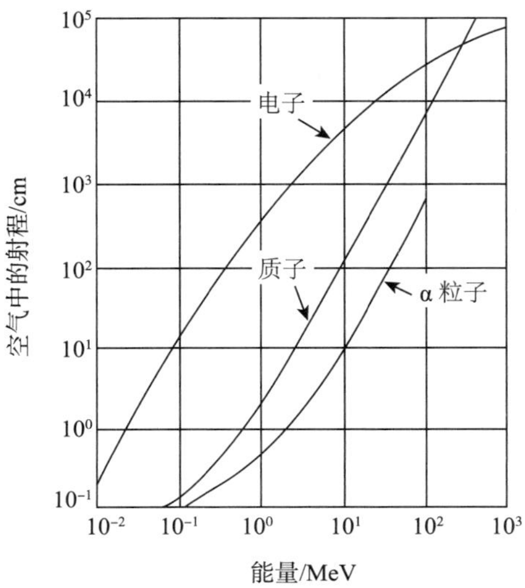


图 14-3　电子、质子和 α 粒子在空气中的射程

# 4 剂量学的量和单位

在较早时期，为了评估辐射照射的生物学效应，使用了一些简单的物理量。这些量逐渐演变成更复杂的剂量学的量，并使用各种适当的因子进行修正，逐渐演变为我们现在使用的辐射防护量。这些物理量能更准确的评估低水平照射时生物的随机性效应。

## 4.1 照射量

单位伦琴（R）是1928年引入的第一个单位。最初的定义已经改变了多次，才演变为现在的照射量的概念，单位也由R（伦琴）改为C/kg。

对照射量（$X$）、照射量率（d$X$/d$t$）的定义，用照射量表征光子辐射场（$\Psi$），光子（包括X辐射、γ辐射或湮灭辐射）与空气的相互作用过程，以及它们之间的计算关系，分别如下式所示：

$$X=\frac{\mathrm{d}Q}{\mathrm{d}m}\ ,\quad X=\frac{\mathrm{d}X}{\mathrm{d}t},\ X=\Psi\left(\frac{\mu_{\mathrm{en}}}{\rho}\right)_{\mathrm{air}}\frac{e}{W_{\mathrm{i,air}}} \tag{14-11}$$

式中，d$Q$是光子在质量为d$m$的空气中释放出来的全部电子（正电子和负电子）完全被空气阻止时一种符号的离子的总电荷的绝对值。$\Psi$是能量注量，$\mu_{\mathrm{en}}/\rho$是质量能量吸收系数，$W_{\mathrm{i,\,air}}$是在空气中产生离子对所需的平均能量，$e$是电子电荷。

照射量和照射量率的SI单位分别为C/kg和W/kg。旧（传统）单位：1 R=2.54×$10^{-4}$ C/kg。

## 4.2 吸收剂量

辐射剂量一词最初延用的是药理学中的意思，与医学上开处方时剂量的含义类似。现在，辐射剂量学则是一门纯粹的物理学科。

吸收剂量（$D$）这个量，尤其是剂量的概念，是最普遍使用的剂量学量；它可以用于任何辐射和任何材料或物质。间接电离辐射（$D_{\mathrm{i}}$）和直接电离辐射（$D_{\mathrm{d}}$）在某点处的吸收剂量（有时特指剂量）和剂量率可以写成以下形式：

$$D=\frac{\mathrm{d}\bar{\varepsilon}}{\mathrm{d}m}\ ,\ \dot{D}=\frac{\mathrm{d}D}{\mathrm{d}t},\ D_{\mathrm{i}}=\Psi\left(\frac{\mu_{\mathrm{en}}}{\rho}\right)_{\mathrm{m}},\ D_{\mathrm{d}}=\Phi E\left(\frac{S}{\rho}\right)_{\mathrm{m}} \tag{14-12}$$

式中，d$\bar{\varepsilon}$是辐射粒子授予质量为d$m$的物质的平均能量。剂量和剂量率的SI单位是戈瑞（Gy）和戈瑞每小时（Gy/h）。在实际应用中，也经常使用mGy、μGy和mGy/h或μGy/h等单位。剂量的SI单位与旧剂量单位的关系：1 Gy=100 rad。

需要强调的是，在剂量的定义中，能量不是全部的授予能，而是所考虑的体积内沉积的能量。授予能量和沉积能量可以表示为：

$$\varepsilon=\sum_i\varepsilon_i\ ,\ \varepsilon_i=\varepsilon_{\mathrm{in}}-\varepsilon_{\mathrm{out}}+Q_{\mathrm{r}} \tag{14-13}$$

式中，$\varepsilon_i$ 是第 $i$ 次相互作用中沉积的能量，$\varepsilon_{in}$ 是入射电离粒子的能量（不包括静止能量），$\varepsilon_{out}$ 是离开相互作用位置的所有电离粒子的能量之和（不包括静止能量），$Q_r$ 是原子核和所有参与相互作用的粒子的静止能量的变化（静止能量减少时，$Q_r > 0$；静止能量增加时，$Q_r < 0$）。

对于注量为 $\Phi(E)$ 的带电粒子，其吸收剂量的表达式为：

$$D = \int \frac{S_1(E)}{\rho} \Phi \mathrm{d}E \tag{14-14}$$

式中，$S_1(E)/\rho$ 是介质对不同能量带电粒子的质量阻止系数，这些数值可查表获得。

## 4.3 比释动能

比释动能 kerma 是 Kinetic Energy Released per Unit Mass 的缩写，只能用于物质的间接电离辐射。比释动能 $(K)$ 的定义如下：

$$K = \frac{\mathrm{d}E_{tr}}{\mathrm{d}m} \tag{14-15}$$

式中，$\mathrm{d}E_{tr}$ 是不带电粒子与质量为 $\mathrm{d}m$ 的物质相互作用释放的所有带电粒子的初始动能总和。不同种类和能量的粒子在不同介质中的比释动能的值是不同的，可查阅相关的标准。

比释动能的单位是戈瑞（Gy）；比释动能和剂量的单位相同，都是戈瑞（Gy）。早些时候使用的旧单位是拉德（rad），现在不再推荐使用，它们的关系是：1 Gy=100 rad。

对于能量为 $E$，注量为 $\Phi(E)$ 的不带电粒子，在某材料中的比释动能 $(K)$，以及空气中的比释动能（$K_{air}$）与照射量（$X$）之间的关系由下式给出：

$$K = \int \Phi(E)\ E \frac{\mu_{tr}(E)}{\rho} \mathrm{d}E\ ,\ K_{air} = \frac{W_{i,air}}{e(1-g)} X \tag{14-16}$$

式中，$g$ 是非带电粒子与物质相互作用产生的电子通过韧致辐射损失能量占总能量比例的平均值。类似地，也可以推导出某材料的吸收剂量 $D_m$ 与该点处空气比释动能 $K_{air}$ 的关系。

空气比释动能率常数通常用于表征发射伽玛射线的单位活度点源在 1 m 处产生比释动能率的能力。

比释动能通常用不带电粒子的注量分布 $\Phi(E)$ 来表示。

$$K = \int \frac{\mu_{tr}}{\rho} \Phi(E)\ E \mathrm{d}E \tag{14-17}$$

式中，（$\mu_{tr}/\rho$）是能量为 $E$ 的不带电粒子在介质中的质量能量转移系数，可查表获得。

上文提到的所有量都可以对时间求商，即 $\mathrm{d}X/\mathrm{d}t$、$\mathrm{d}K/\mathrm{d}t$ 和 $\mathrm{d}D/\mathrm{d}t$，分别称为照射量率、比释动能率和剂量率，对应的单位为 A/kg 和 Gy/s。

# 5 辐射防护量

辐射防护的主要目的是确保对包括辐射工作人员、患者和公众在内的人员提供充分的保护，同时也要确保环境安全。近年来，还对可能被用于核和辐射恐怖活动的高活度放射源的安全给予足够的重视。

ICRP 在其最新的“基本建议书”（ICRP, 2007）中重新定义或修改了一些先前建议进一步规范的物理量，以限制外照射的照射量和放射性核素的摄入。此外，ICRU（ICRU, 2011）定义了一组实用物理量，用于外照射的辐射防护测量。

## 5.1 剂量当量和剂量当量率

剂量当量（$H$）是辐射防护专业使用的初始量之一。组织中某点的剂量当量是该点处的吸收剂量（$D$）与品质因数（$Q$）的乘积。$Q$ 取决于带电粒子在水中的传能线密度 ($L$)。某点处的剂量当量和剂量当量率由如下关系式定义：

$$H=\int_L Q(L)D(L)\,\mathrm{d}L,\ \dot{H}=\frac{\mathrm{d}H}{\mathrm{d}t} \tag{14-18}$$

式中，$Q(L)$ 和 $D(L)$ 分别是品质因数和吸收剂量，都是传能线密度 ($L$) 的函数。剂量当量的单位是希沃特（Sv），即 J/kg。剂量当量与吸收剂量的关系可简单表示为下式：

$$H=DQ \tag{14-19}$$

式中，$D$ 是吸收剂量，$Q$ 是辐射粒子在某点处的品质因数。

## 5.2 当量剂量和待积当量剂量

当量剂量（$H_T$）是入射到体内的 R 类辐射在组织或者器官 T 中产生的平均吸收剂量（$D_{T,R}$）与 R 类辐射权重因子（$w_R$）的乘积。

待积当量剂量 $H_T(\tau)$ 是参考人（器官或组织的当量剂量可以计算的理想人）受到辐射后，其组织或器官的当量剂量率对时间 $\tau$ 的积分，其中 $\tau$ 是以年为单位的积分时间（成年人为 50 年，儿童为 70 年）。这个量反映了内照射对总当量剂量的贡献。

当量剂量 $H_T$、平均剂量 $D_T$ 和待积当量剂量 $H_T(\tau)$ 由下式给出：

$$H_T=\sum_R w_R D_{T,R}\ ,\ D_T=\frac{1}{m_T}\int_{m_T} D\mathrm{d}m\ ,\ H_T(\tau)=\int_{t_0}^{t_0+\tau}\frac{\mathrm{d}H_T}{\mathrm{d}t}\mathrm{d}t \tag{14-20}$$

式中，$m_T$ 是组织或器官的质量，$D$ 是质量单元 d$m$ 中的剂量。事实上，剂量 $D_T$ 等于传递给组织或器官的能量 $\varepsilon_T$ 与该组织或器官的质量 $m_T$ 之比。积分时间是从摄入能量的时刻 $t_0$ 后的 $\tau$ 时间段内。

由于辐射权重因子是无量纲的，因此当量剂量和待积当量剂量的单位均为 Sv（剂量以 Gy 为单位）。

## 5.3 有效剂量和待积有效剂量

有效剂量（$E$）是辐射防护中评估低剂量生物效应的主要物理量，它仅针对随机性效应。有效剂量定义为：

$$E = \sum_{T} w_{T} \sum_{R} w_{R} D_{T,R} \tag{14-21}$$

放射性核素摄入对总有效剂量的贡献通过待积有效剂量 $E(\tau)$ 进行评估，$E(\tau)$ 定义为待积当量剂量和组织权重因子 $w_T$ 的乘积。上述两个量的基本单位都是 Sv。ICRP 最新推荐的辐射权重因子 $w_R$ 和组织权重因子 $w_T$ 的值参见表 14-2。

**表 14-2　推荐的辐射权重因子（$w_R$）和组织权重因子（$w_T$）**

| 辐射类型 | $w_R$ | 组织或器官 | $w_T$ |
|---|---|---|---|
| 光子，所有能量 | 1 | 骨髓（红）、结肠、肺、胃、乳房、其余组织 [a)] | 0.12 |
| 电子 | 1 | 性腺 | 0.08 |
| 质子 | 2 | 膀胱、食道、肝脏、甲状腺 | 0.04 |
| α、裂变碎片、重离子 | 20 | 骨表面、大脑、唾液腺、皮肤 | 0.01 |

注：a）肾上腺、脑、小肠、肾、肌肉、胰腺、脾、胸腺、子宫。

## 5.4 外照射评估

当量剂量、有效剂量等与人体有关的辐射防护量，不能被直接测量，因此不能在辐射监测中直接使用。这就是为什么 ICRU 引入了所谓的实用量。

引入这些实用量的目的是提供照射情况下防护量的评估值或者上限值，或者在多种辐照条件下人员的潜在照射。实用量通常用于旨在控制外照射风险的法规或导则中。几个实用量的定义如下：

辐射场中某一点处的周围剂量当量 $H^*(10)$ 是相应的齐向扩展场在 ICRU 球体内，逆向齐向场方向的半径上深度 10 mm 处产生的剂量当量。周围剂量当量是目前唯一用于测量外照射的量。

辐射场中某一点处的定向剂量当量 $H'(0.07,\Omega)$ 是相应的扩展辐射场在 ICRU 球体内，指定方向的半径上深度 0.07 mm 处产生的剂量当量，定向剂量当量用于弱贯穿辐射的评估监测。

个人剂量当量 $H_p(d)$ 是身体上某一指定点下面深度 $d$ 处软组织的剂量当量。对于强贯穿辐射，通常使用 10 mm 的深度，而对于弱贯穿辐射，通常使用 0.07 mm 的深度。

所有实用量的基本单位是 Sv，其他的一些辐射防护量也用 Sv 这个单位。

## 5.5 内照射评估

虽然外辐射对总有效剂量的贡献与一个人受到照射的时间有关，但对于内照射，它的影响会在食入或吸入后持续相当长的时间。此外，没有实用量可以直接评估内照射。

由于摄入放射性核素而进行的评估首先取决于对放射性核素摄入量的评估，通常基于对身体放射性的直接测量（例如，通过全身计数器或用外部探测器测量特定器官和组织的放射性）或间接测量（例如，测量尿液、粪便、呼出气体或其他环境样品中的放射性核素的活度）。

一旦知道摄入量，就可以使用 ICRP 推荐的参考剂量系数计算有效剂量；这些系数已被欧盟（基本安全标准导则，Basic Safety Standards Directive）和原子能机构（国际基本安全标准，International Basic Safety Standards）采用。

## 5.6 辐射源是造成人员照射的原因

人们已经进行了许多努力试图定义一个通用量来量化辐射对人的照射，以评估辐照可能造成的损害，无论是哪种类型的辐射或照射条件如何，包括单个器官的非均匀照射。为实现这一目的，采用了有效剂量这个量，并且已经做出了广泛的努力将其值与全身随机性效应联系起来。理论上，这是通过引入相关权重因子 - 辐射权重因子和组织权重因子来实现的，它们将物理学的吸收剂量转换为以 Sv 表示的生物学的量。这些主要基于流行病学研究的权重因子不断被修改（并且推测这个过程也将在未来继续），以便能基于最新科学发现，使有效剂量的数值与外照射的随机性效应相一致。同理，当量剂量的数值用于估算电离辐射条件下单个器官或组织的随机性效应。

原则上，随机剂量必须考虑两个组成部分，即外照射和内照射（见图 14-4）。

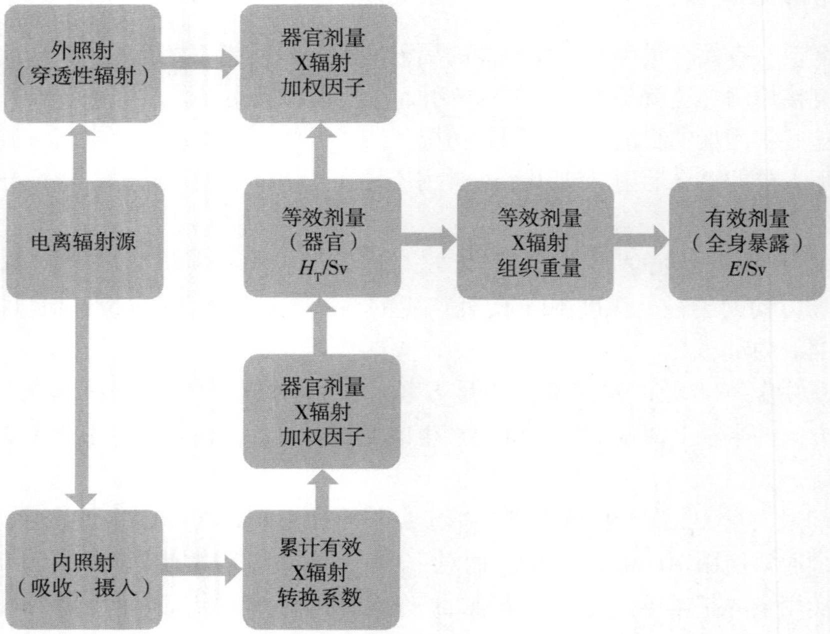


图 14-4　电离辐射外照射和内照射导致的随机性效应

目前的辐射剂量评估系统是基于不同时期的可用信息和科学知识并经历了多个阶段发展起来的。该系统的主要目的是努力全面评估有害的随机性效应。显然，人们必须考虑一些重要的生物学因素，这些因素与不同类型的电离辐射对不同组织或器官造成的损伤密切相关。因此，用以表征随机性效应的量不仅仅是物理量，而是生物 - 物理量，显然这些量不能仅使用纯物理学理论来评估，这就是为什么不能直接测量有效剂量和当量剂量的原因。这些量的数值只能使用专门定义的实用量进行近似。

## 6 职业人员和公众的剂量限值

将辐射照射保持在推荐的剂量限值以下，同时根据辐射防护的基本原则之一，最优化原则（As Low As Reasonably Achievable，ALARA），即将照射合理地降到尽可能低，可以确保对辐射工作人员（职业照射）和公众成员的充分保护。ICRP 提出并由 IAEA、EU 和其他国际组织推荐的最新剂量限值见表 14-3。

**表 14-3 计划照射情况下的推荐剂量限值**

| 限值类型 | 职业限值 /a | 公众限值 /a |
|---|---|---|
| 有效剂量 | 20 mSv[a)] | 1 mSv[b)] |
| 眼睛晶状体的当量剂量 | 20 mSv | 15 mSv |
| 皮肤当量剂量 | 500 mSv | 50 mSv |
| 手足当量剂量 | 500 mSv | — |

注：a）平均超过 5 年，任何单独 1 年剂量不超过 50 mSv；
b）在例外情况下，如果 5 a 以上的剂量平均值不超过 1 mSv，则其中一年内可以允许更高的有效剂量值。

所有涉及辐射工作的从业者，包括辐射源的使用者，都应熟悉天然辐射的照射平均值、剂量限值，并至少大致了解主要的人工辐射源及其应用造成的辐射。在与公众打交道和沟通时，他们应该充分利用这些信息。为了与公众建立良好的沟通氛围，不要使用复杂的或专业性太强的科学术语。正常情况下，按照辐射防护基本要求，照射不应超过上面提到的剂量限值。相反，必须尽一切可能将实际风险保持在可达到的最低水平，通常远低于这些限值。然而，在发生事故的情况下，为了限制应急人员的照射，已经推荐了一些指导值。在这种情况下，应急人员为了开展营救生命、阻止更严重的确定性效应或者阻断灾难性态势的发展，限制其外照射的指导值，可以高达 500 mSv。

## 7 辐射照射的生物效应

众所周知，当辐射与物质相互作用时，它可以直接（带电粒子）或间接（不带电粒子产生的次级带电粒子）在物质中沉积能量。沉积的能量通常导致原子和分子的电离和激发。如果器官或组织暴露于辐射下，可能会导致某些特定的生物效应。在低水平照射下，可能会诱发癌症（以一定的概率发生，概率值与照射量成正比），或者照射量高于一定的阈值时，会导致生物损伤。前者称为随机性效应（对受照射的个体来说，可能发生也可能不发生），而后者称为确定性效应（接受高辐照的个体肯定会发生这种效应）。

在低辐射水平下，人员被照射后不会出现可见的或临床上的症状。然而，当足够多的细胞被高于阈值水平的辐照剂量杀死或者损伤时，就会发生确定性效应。所谓的阈值水平，是指当低于该阈值时不会出现可见的健康效应，但高于该阈值时则肯定会出现。这意味着受到如此高剂量照射的人员会有健康影响，并且严重程度随着剂量的增加而增加。

相对低 LET 值的辐射（即光子和电子或正电子），具有高 LET 值的辐射，例如 α 粒子、重离子以及中子等每单位吸收剂量会产生更大的损害。对于低 LET 值辐射的量化，用剂量这个量足够了，但是对高 LET 值辐射的量化，推荐使用相对生物学效应加权剂量。这个量由 ICRP 提出并由 IAEA 采纳，用于评估急性照射，定义为 R 种辐射在器官或组织 T 中产生的平均吸收剂量 $D_{T,R}$ 与该种辐射在 T 中的相对生物学效应因子 $RBE_{T,R}$ 的乘积。为了区别于剂量的单位 Gy，相对生物学效应加权剂量的单位用 Eq-Gy 表示。

IAEA 制定了国际核和辐射事件分级表（INES）（IAEA, 2009），以便于比较各类核事故，同时也考虑了此类核事故的后果影响（图 14-5）。虽然这个分级表并不完美，但它至少部分地满足了广义上公众认识的需求。在福岛核事故（Thielen, 2012）之后，使用该分级表的问题变得更加突出，因为根据 INES 对福岛核事故进行分级时存在一些疑惑。按照分级表，它应该属于第 7 级（Level 7），但从后果来看，其影响远低于切尔诺贝利核事故（Balonov, 2012、2013），后者被归类为第 7 级核事故，这也是最高等级了。

公众更喜欢像里氏震级这样简单明了的东西，它反映了地震的震级，用一种非线性表示事件的规模而不是其后果。在发生核事故时，公众希望有个等级值，来反映即时和潜在的伤亡人数，以及对环境和未来后代的影响。

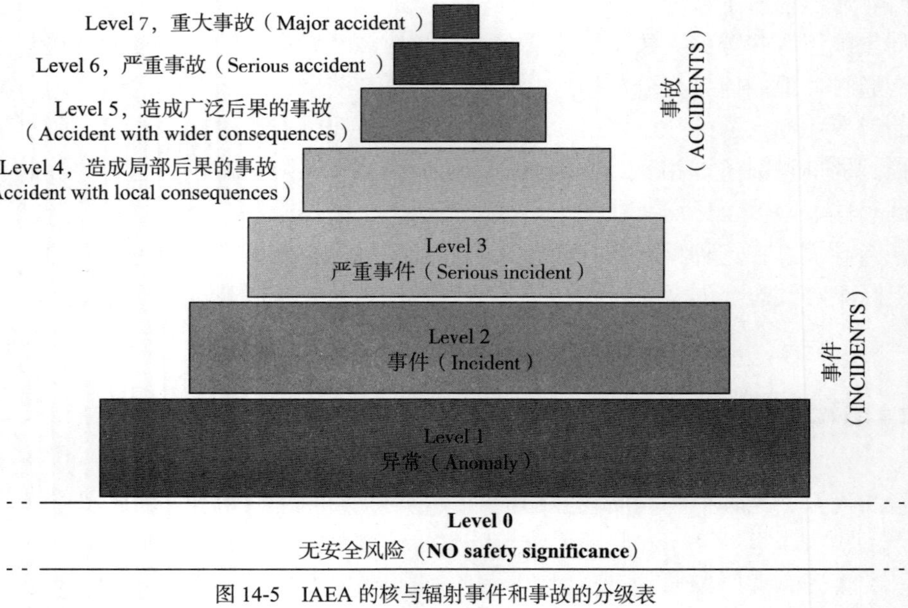


图 14-5 IAEA 的核与辐射事件和事故的分级表

# 8 辐射测量和监测

辐射测量的基础是各种类型的电离辐射与物质的相互作用。辐射探测设备包括便携式和实验室用设备，前者主要用来探测外照射和吸收剂量等，后者则用来精确定量分析和识别放射源。使用的探测器有多种，大致可以分为两类：气体腔室类和闪烁体类。这些探测器的基本原理都是在探测介质中产生电离并通过电子学系统对电子离子进行收集和处理。

除了需要电源驱动产生电信号的主动式辐射探测器，还有一些被动式探测器。这类探测器不断累积所测量（通常是剂量）的信息，测量结束后用特定的方法和读出器读取累积的量值。典型的例子就是胶片式剂量计或者热释光剂量计（TLDs），这类探测器用来测量人员一段时间内受到的辐射剂量，通常为一个月或一个季度。对于短期工作的辐射监测，通常使用袖珍型电离室剂量计或者电子剂量计，因为它们可以设置报警阈值并能超阈值时实时报警。

对于现场测量和调查，多种类型的探测器被广泛使用。然而，必须了解它们的局限性，因为没有任何一种探测器能适用于所有情况。表 14-4（Voigt and Fesenko, 2009）列出了几种探测器的基本性能及它们的适用范围。

**表 14-4 基于不同探头的监测设备的主要特点**

| 探测器 | α | β | x/ γ | n | 可探测能量范围 | |
|---|---|---|---|---|---|---|
| | | | | | 下限 /keV | 上限 /MeV |
| 电离室 | — | 一般 | 优 | — | 40~60 | 1.3~3 |
| 气体正比计数器 | 优 | 优 | 差 | 差 | 5~50 | 6~9 |
| G-M 探测器 | 一般 | 优 | 差 | 差 | 30~60 | 1~2 |
| ZnS（Ag）闪烁体探测器 | 优 | 差 | — | — | 30~50 | 8~9 |
| NaI（Tl）闪烁体探测器 | — | 一般 | 优 | — | 10~60 | 0.1~3 |
| CsI（Tl）闪烁体探测器 | — | 差 | 优 | — | 40~60 | 1.3~3 |
| 塑料闪烁体探测器 | — | 一般 | 优 | — | 40~60 | 1.3~3 |
| $BF_3$ 正比计数管 | — | — | — | 优 | 0.025 | 100 |
| $^{3}$He 正比计数管 | — | — | | 优 | 0.025 | 200 |

# 9 辐射防护的基本原则

辐射防护的主要任务是避免任何确定性效应的发生，降低随机性效应到可接受的水平。因此，辐射防护的主要目标可以归为如下几条：

（1）保持剂量值低于阈值水平，防止确定性效应发生；

（2）实施有效的防护措施和其他手段，保证在正常或计划照射情况下有充分的防护，保持剂量值低于监管部门规定的剂量限值和剂量约束值，合理降低随机性效应的风险。

**正当性**要求任何可能改变辐射照射状态的决定都必须满足利大于弊的原则。**最优化**是在考虑了经济和社会因素后，采取所有可能的措施，使发生照射的可能性、受照射的人数、个人受照剂量的大小均保持在可合理达到的尽量低水平。**剂量限值**是除了患者的医疗照射，任何人受到来自许可应用放射源或计划照射的总剂量不能超过监管部门设定的剂量限值。

审管部门负责修复措施与行动的规划、实施和监察，包括：

· 批准修复行动计划并进行必要的授权；
· 建立评估安全的标准和方法；
· 审查工作程序、监控计划和记录；
· 审查和批准某些程序或设备的重大变更，这些变更可能对环境产生影响或可能改变工作人员或公众的照射条件；
· 接收和评估异常事件报告；
· 进行定期检查，并在必要时采取执法行动；
· 监察是否符合法律和监管要求，包括为修复计划制定的废物管理和排放标准；
· 必要时，制定治理后控制措施的监管要求（Voigt and Fesenko, 2009；IAEA, 2007、2016）。

对放射性污染的生态系统实施修复措施的总体目标是改善受辐射影响人群的放射性状况，用相关的量和单位明确定义人员和环境所受的照射是否符合相关的标准。为实现这一目标，重点在于减少剩余放射性污染所造成的不利辐射影响。

根据国际标准，修复行动的主要目标是：

· 减少可能受到照射的个人或群体的剂量；
· 避免未来可能受到照射的个人或群体的剂量；
· 防止或减少污染区域中存在的放射性核素对环境造成的影响。

减少对个人的照射以及对环境的影响应该通过干预措施来实现，包括移除污染源、改变照射方式或者减少受照射的人数等。

## 10 结论

核科学与技术提供了许多有益的和平应用，包括核能和用于医学诊断和癌症治疗的放射性核素生产等。所有放射源和核材料以及核装置在其使用寿命结束时必须谨慎处置。目前，在启动任何涉及使用放射性物质的新计划之前，均应提前制定最终退役、放射性物质安全处置和必要的修复措施计划。当然，情况也并非总是如此，因为过去在建造和运营许多辐射装置、核设施和采矿设施时，并没有像今天这样严格的安全和安保方面的要求。许多国家现在正在实施或制定停运此类设施并修复这些放射性污染场地的计划。国际原子能机构也在利用其在这方面的专业（Amano，2016）积极促进这些计划的实施。核设施退役和环境修复等活动的重要组成部分之一是知识共享，这就需要使用统一的术语，其中正确理解和解释辐射防护中的量和单位起着非常重要的作用。

## 参考文献

Amano Y. (2016). Decommissioning and remediation: enhancing safety of the public and the environment. IAEA Bull:1 www.iaea.org/bulletin.

Balonov M I. (2012). On protecting the inexperienced reader from Chernobyl myths. J Radiol Prot,32:181-189.

Balonov M I. (2013). The Chernobyl accident as a source of new radiological knowledge: implications for Fukushima rehabilitation and research programmes. J Radiol Prot,33:27-32.

IAEA. (2007). Remediation process for areas affected by past activities and accidents. IAEA safety standards series No. WS-G-3.1. IAEA, Vienna.

IAEA. (2009). The international nuclear and radiological event scale user's manual. IAEA, Vienna

IAEA. (2016). Advancing implementation of decommissioning and environmental remediation programmes. IAEA nuclear energy series No. NW-T-1.10.

ICRP. (2007). The 2007 Recommendation of the International Commission on Radiological Protection.

ICRP Publication 1003. Annual Report ICRP 37:2-4.

ICRU. (2011). Fundamental quantities and units for ionizing radiation (Revised). ICRU Report No. 85. J ICRU 11:1.

Martin J E. (2000). Physics for radiation protection. Wiley, New York.

Martin A, Harbison S, Beach K, et al. (2012). An introduction to radiation protection. Hodder Arnold, London.

NCRP. (2009). Ionizing radiation exposure of the population of the United States. NCRP Report No. 160. NCRP, Bethesda.

Sabol J, Weng P S. (1995). Introduction to radiation protection dosimetry. Scientific World Publisher, Singapore.

Thielen H. (2012). The Fukushima Daichi nuclear accident - an overview. Health Phys,103:169-170.

UNSCEAR. (2011). Report of the United Nations Committee on the effects of atomic radiation sources and effects of ionizing radiation (UNSCEAR) 2010. United Nations, New York.

Voigt G, Fesenko S. (2009). Remediation of contaminated environments. Elsevier Science, Oxford.